Hans-Jürgen Becker / Ralf Swoboda

Bomber • Jäger • Aufklärer

Von den Anfängen bis heute
Eine Typenschau in Farbe

Die Jahre 1935-1940 können als Blütezeit der Tarnanstriche und Tarnschemen bezeichnet werden. In keinem anderen Zeitraum entstanden so viele und unterschiedliche Tarnbemalungen. Ein gutes Beispiel ist die hier gezeigte Macchi C.200 der italienischen Luftstreitkräfte, die den um 1939 üblichen Anstrich für Nordafrika trägt.

Hans-Jürgen Becker/Ralf Swoboda

Bomber Jäger Aufklärer

Von den Anfängen bis heute
Eine Typenschau in Farbe

Motor buch Verlag

Einbandgestaltung: Dos Luis Santos

Bildnachweis: Sämtliche Farbzeichnungen stammen von Ralf Swoboda.

ISBN 978-3-613-03088-6

1. Auflage 2009

Sie finden uns im Internet unter
www.motorbuch-verlag.de

Lektorat: Alexander Burden/Joachim Köster
Innengestaltung und Satz: Günther Nord
Druck und Bildung: Fortuna Libri SK, 85101 Bratislava
Printed in Slowak Republic

Inhalt

Einleitung

Die Militärfliegerei blickt inzwischen auf eine hundertjährige Geschichte zurück. In dieser Zeit entstanden ungezählte Muster in ebenso vielen Varianten. Aufgabe dieses Buches ist es, einige davon vorzustellen und den Leser auf eine Zeitreise, die sich von den Anfängen bis in die heutige Zeit erstreckt, mitzunehmen.

Da dem Umfang des Buches Grenzen gesetzt sind, war es klar, dass nur ein Bruchteil der Gesamtentwicklung dokumentiert werden konnte. Die Auswahl der vorgestellten Muster war rein subjektiv. Dennoch stand die Absicht im Vordergrund, einen Querschnitt des Militärflugzeugbaus zu zeigen, der einen Überblick über die verschiedenen Entwicklungstendenzen in den einzelnen Zeitabschnitten bietet. Aus diesem Grund werden neben bekannten Flugzeugen auch weniger verbreitete Muster vorgestellt und zwar nach dem Datum ihres Erstfluges, sodass eine chronologische Übersicht gewährleistet ist.

Bei der Konzeption des Buches stellte sich die Frage, in welcher Form es illustriert werden sollte. Dabei fiel die Wahl auf Farbzeichnungen. Zum einen, weil sie dem Leser mehr Details als Fotos bieten, und zum anderen, weil sie den Wandel der Tarnanstriche, Bemalungen und Markierungen am besten wiedergeben.

Im Zeitalter der Personal-Computer haben sich viele professionelle Illustratoren einen Fundus von sogenannten Rohzeichnungen angelegt. Einmal angefertigt, lassen sich diese Abbildungen beliebig und mit wenig Aufwand abändern. Dass dies so ist, soll nicht kritisiert, sondern nur angemerkt werden. Ralf Swoboda – von dem sämtliche Zeichnungen in diesem Buch stammen – arbeitet anders. Er hat sein Handwerk von der Pike auf gelernt und fertigt noch jede einzelne Zeichnung »von Hand an«. Gerade dies macht den Charme und die Unverwechselbarkeit seiner Arbeiten aus, was besonders die Modellbauer anspricht, zumal Ralf Swoboda eine Reihe von exotischen Bemalungen vorstellt.

Das vorliegende Buch soll aber mehr sein als ein Nachschlagewerk für Farbzeichnungen. Es möchte vielmehr in prägnanter Form viele Fakten zu den einzelnen Mustern darbieten, sodass neben technischen Daten auch die Darstellung der Baureihen Platz findet.

Hans-Jürgen Becker
Dortmund, im Frühjahr 2009

1910 Etrich Rumpler Taube

Zu Beginn der Luftfahrt orientierten sich die Konstrukteure bevorzugt an Beispielen aus der Natur. Insbesondere der Zanonia-Samen schien für die Entwicklung eines Tragwerkes als Vorbild geeignet. Auch der österreichische Luftfahrt-Pionier Igo Etrich verfolgte diesen Gedanken, der zuvor von Otto Lilienthal mit seinen Gleitapparaten in die Praxis umgesetzt worden war.

Im Winter 1909/10 wandte sich Etrich mit seinem zweiten Flugzeug vom ursprünglichen Gedanken ab und orientierte sich nunmehr am Gleitflug der Taube. Folgerichtig sah das Höhensteuer des Flugzeuges einem Taubenschwanz ähnlich. Kein Wunder, dass die Etrich II schon bald den Namen Taube trug. Das Flugzeug mit 40 PS-Motor erwies sich als großer Wurf. Flüge in Höhen um 450 m und fast zweistündiger Dauer waren möglich. Damals sensationell.

Rasch eroberte der schnittige Eindecker das Terrain der Flugwettbewerbe, indem er Preise und Auszeichnungen in großer Zahl einheimste. Dies alles reichte Etrich nicht aus, er strebte eine industrielle Fertigung an, die aber in Österreich mangels Interesse nicht realisiert werden konnte. Daraufhin wandte sich Etrich an den deutschen Flugzeugfabrikanten Edmund Rumpler, mit dem er einen Lizenzvertrag schloss. Nach anfänglich guter Zusammenarbeit kam es zum Zerwürfnis. Als Folge daraus resultierte der Bau einer Vielzahl von Taube-Ableitungen. So gab es eine Gotha-, Harlan-, Jato-, Albatros- und Jeannin-Taube. Alle unterschieden sich mehr oder weniger stark vom Original.

Am Ende waren es die Rumpler- und Jeannin-Flugzeuge, die das deutsche Militär in nennenswerten Zahlen orderte. Rumpler baute zwischen 1910 und 1918 etwa 105 Tauben, die meist als zweisitzige Aufklärer zum Einsatz kamen und dabei Hervorragendes leisteten. Während der Schlacht von Tannenberg flog zum Beispiel eine Taube tief in das russische Hinterland ein und kam mit wertvollen Erkenntnissen zum Einsatzort zurück. Ein Flug, der damals für Furore sorgte.

Rumpler fertigte den Aufklärer in zwei Partien. Einmal 55 Stück mit 100 PS (74 kW) Argus-Motor und einmal etwa 50 Exemplare mit 105 PS (77 kW) Daimler D I-Motor.

Während sich all die genannten Tauben meist durch Veränderungen des Tragwerkes und der Motoranlage voneinander unterschieden, ging Emil Jeannin einen großen Schritt weiter. Seine Stahltaube zeichnete sich durch eine verschweißte Stahlrumpf-Konstruktion aus, die die Belastbarkeit und Lebensdauer des Flugzeuges deutlich steigerte. Kaum hatte die erste Stahltaube im April 1913 vom Boden abgehoben, konnte Jeannin einen Erstauftrag über 26 Flugzeuge zum Stückpreis zwischen 22.000 und 25.000 Mark verbuchen. Neben Jeannin bauten auch DFW und Jatho Stahltauben. Doch darüber ist so gut wie nichts überliefert worden.

Zweifelsfrei gehört die Taube zu den richtungsweisenden Konstruktionen der Luftfahrtgeschichte und so findet sich heute eine reiche Zahl von Nachbauten in den verschiedenen Luftfahrt-Museen.

Rumpler Taube (Aufklärer mit Argus-Motor)	
Spannweite	13,70 m
Länge	10,30 m
Höhe	3,20 m
Flügelfläche	31,0 m²
Leermasse	500 kg
Startmasse	700 kg
Höchstgeschwindigkeit	100-110 km/h

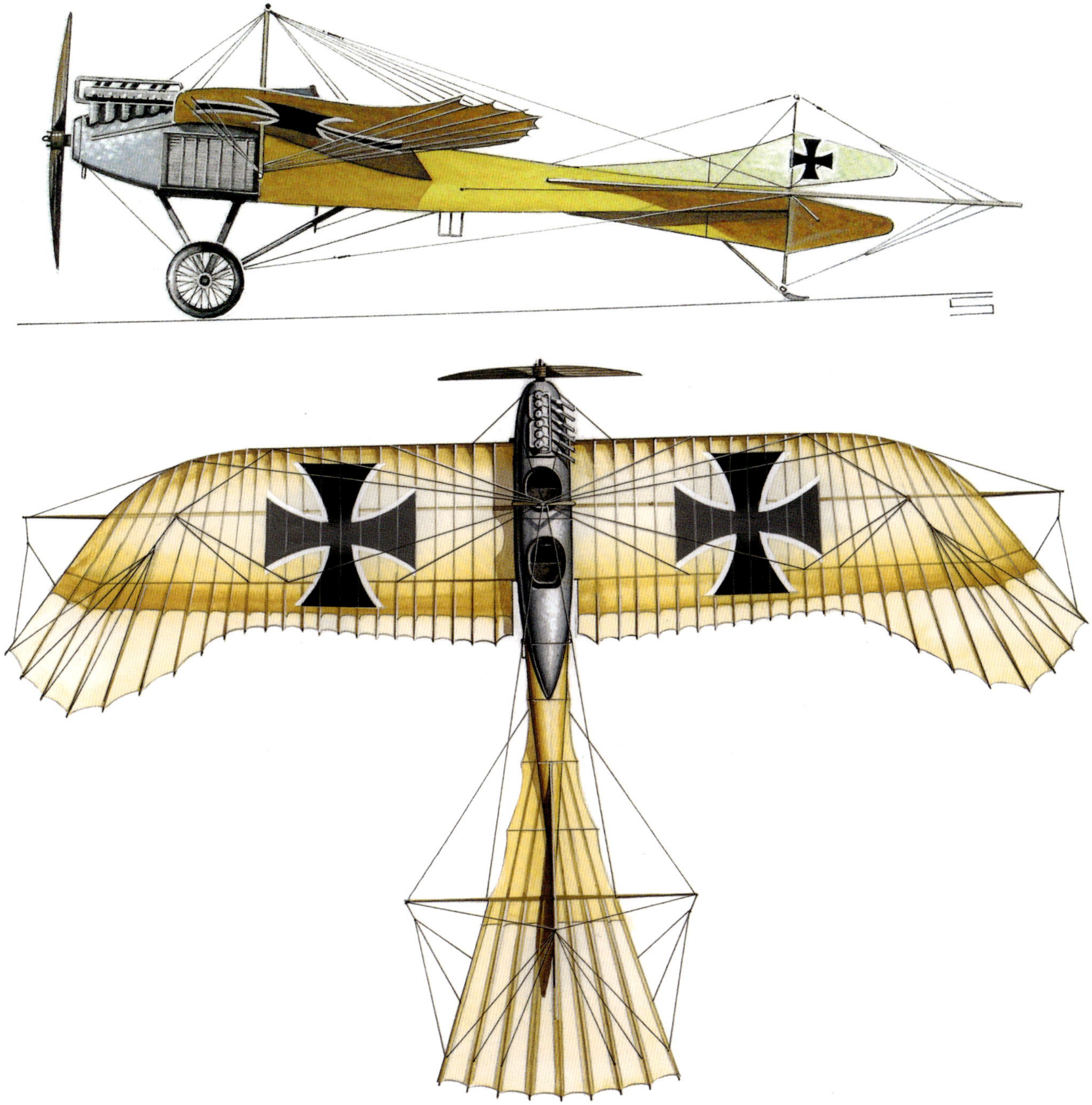

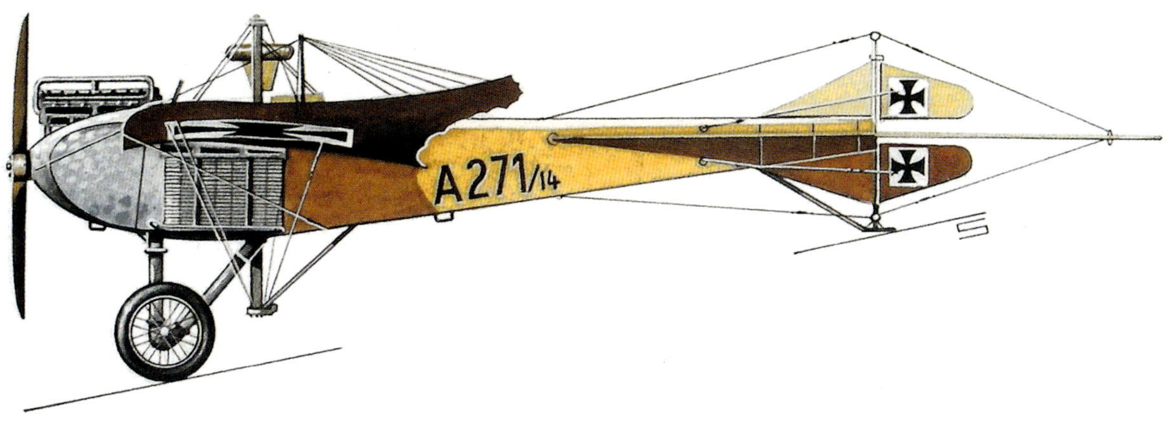

Jeannin Stahltaube

1915 **Gotha G1**

Der Erste Weltkrieg brachte eine beachtliche Zahl von exotischen Flugzeugen hervor. Zu diesen zählt auch das von Oskar Ursinius unter Mitarbeit von Helmut Friedel entworfene gepanzerte Kampf- und Aufklärungsflugzeug FU (Friedel-Ursinius). Ein zweimotoriger Doppeldecker, bei dem die beiden Mercedes D.I Motoren mit einer Startleistung von 100 PS (75 kW) auf dem Unterflügel lagerten und Zugschrauben antrieben. Der Rumpf war oberhalb der Motoren platziert. Dies hatte in erster Linie zwei Vorteile. Die Motoren lagen so dicht wie möglich beieinander, sodass beim Ausfall eines Antriebs der damit verbundene asymmetrische Effekt nur in geringem Maße auftrat. Des Weiteren bot die Bauweise dem Bug-Schützen eine freies Schussfeld, das nicht von den Luftschrauben eingegrenzt wurde. Eine weitere Besonderheit des Flugzeuges stellte die Rumpfbeplankung mit Alu-Blechen dar, die einen gewissen Schutz gegen Beschuss bieten sollte. Ansonsten entsprach die Konstruktion dem üblichen Standard. Das erste Exemplar des dreisitzigen Flugzeuges wurde von der Fliegerersatz-Abteilung 3 in Darmstadt gefertigt. Es absolvierte am 30. Januar 1915 seinen Erstflug. Die Inspektion der Fliegertruppe (Idflieg) wählte die FU unter der Militärbezeichnung G I für den Serienbau aus, der bei der Firma Gotha durchgeführt wurde. Dort existierte für das Muster die interne Bezeichnung GUH (Gotha-Ursinius-Heeresflugzeug).

Vermutlich wurden 18 Flugzeuge hergestellt. Das erste von ihnen flog am 27. Juli 1916. Zwölf hatten Benz Bz III-Motoren (150 PS/110 kW). Sechs wurden von Mercedes D.III (160 PS/120 kW) angetrieben. Nach dem die FU ab 1915 an der Ostfront bei der Feld-Flieger-Abteilung 28 als Aufklärer im Dienst stand, folgten im Oktober des Jahres die G I-Serienflugzeuge. Sie kamen in der Mehrheit ab September 1916 beim Kagohl 1 (Kampfgeschwader der Obersten Heeres-Leitung) in Rumänien und Mazedonien mit zwei MG und Bombenlasten von bis zu 200 kg zum Einsatz.

Gotha leitete aus der G I ein Seeflugzeug-Exemplar mit zwei Schwimmern unter der Bezeichnung UWD (Ursinius-Wasser-Doppeldecker) bzw. WD 4 ab. Während der Erprobung kletterten sechs Mann als »Ballast« in den Rumpf. Daraus resultierte der Spitzname »trojanisches Pferd«. Das Muster wurde vor allem wegen eines erfolgreichen Angriffs gegen das Fort Langton und die Shoulder of Mutton Batterie bei Dover bekannt.

Gotha G1	
Spannweite	22 m
Länge	12,90 m
Flügelfläche	82 m²
Leermasse	1.800 kg
Startmasse	2.800 kg
Dienstgipfelhöhe	2.750 m
Reichweite	540 km

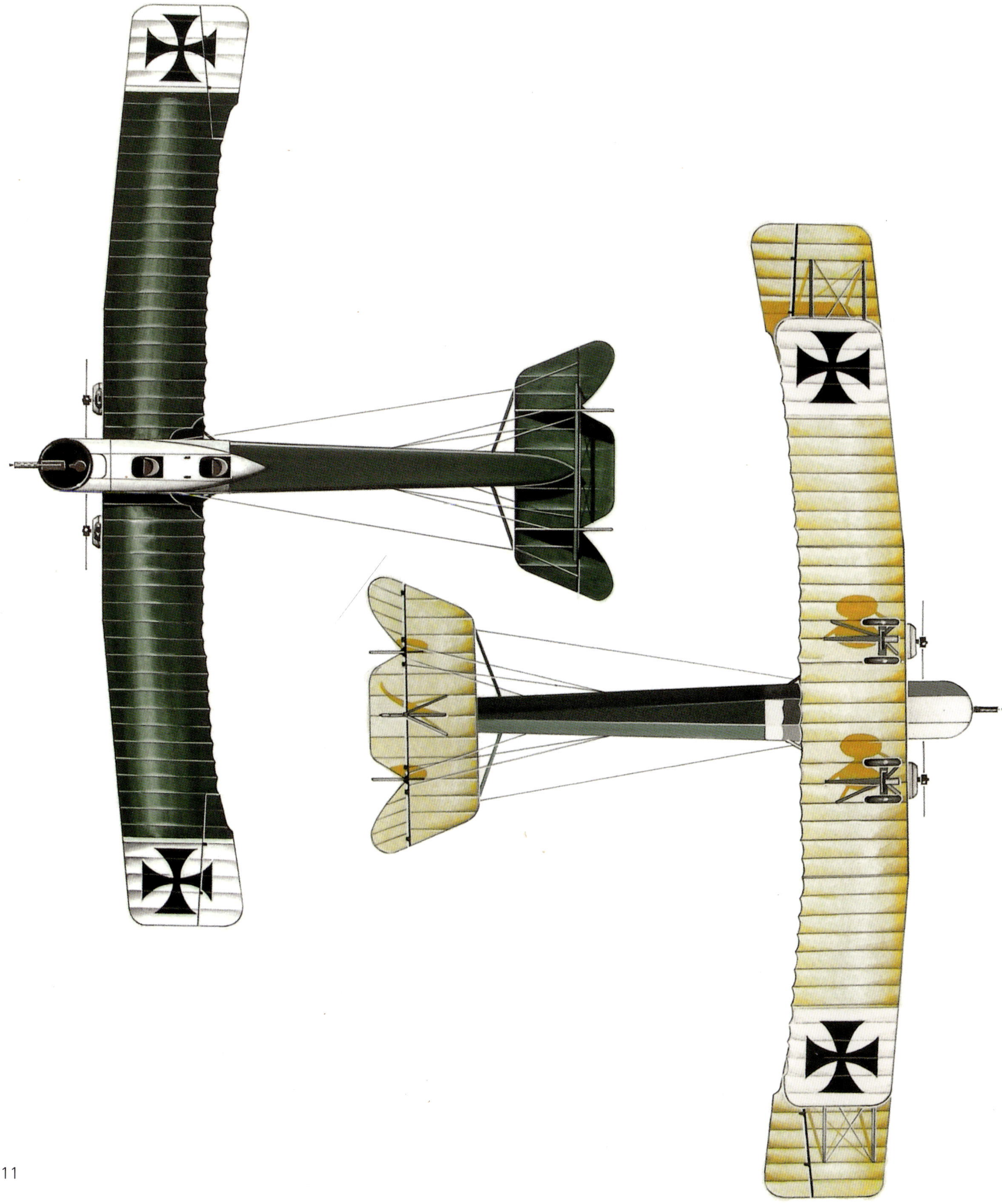

1915 Fokker Eindecker E I, E II, E III und E IV

Franz Schneider, technischer Leiter bei LVG, hatte um 1913 den Gedanken des nach vorne starr bewaffneten Flugzeuges entwickelt. Zusammen mit der Firma Daimler konstruierte er einen Motor, bei dem ein MG durch eine hohle Propellerwelle feuern konnte. Parallel dazu entwarf Schneider einen Mechanismus, der es erlaubte, durch den Luftschraubenkreis zu feuern, ohne dabei die Propellerblätter zu treffen. Wenngleich beide Lösungen patentiert wurden, blieben sie zunächst unbeachtet. Dies änderte sich ab Mai 1915, als den Deutschen ein französisches Flugzeug mit starrer Vorwärtsbewaffnung in die Hände gefallen war. Das Besondere daran waren die gepanzerten Propellerblätter. Die Franzosen schossen einfach durch den Luftschraubenkreis, wobei auftreffende Geschosse von der Panzerung abgewiesen wurden.

Deutschland sah sich genötigt zu reagieren und ebenfalls in den Jagdflugzeugbau einzusteigen. Anthony Fokker wurde beauftragt, ein Flugzeug zu entwickeln, das den französischen Morane-Eindeckern entgegentreten und ähnlich bewaffnet sein sollte.

Fokker legte die Arbeiten in die Hände seines Chef-Konstrukteurs Reinhold Platz. Dieser schuf einen Mitteldecker mit Holztragfläche, Stahlrohrrumpf und Stoffbespannung. Spanntürme auf der Rumpfober- und -unterseite verliehen dem Tragwerk die nötige Festigkeit. Die Steuerung erfolgte über das konventionelle Leitwerk und durch Verwindung des Tragwerkes, eine bei Eindeckern damals übliche Praxis. Motorseitig kam ein 7-Zylinder-Umlauf Oberursel UO von 80 PS (60 kW) zum Einbau. Der Einsitzer hatte ein 7,9 mm-MG über dem Motor, das synchronisiert war und durch den Luftschraubenkreis schoss. Für diese Entwicklung hatte der Leiter der Waffenabteilung, Heinrich F.A. Lübbe, verantwortlich gezeichnet. Das System – auch Fokker-Steuerung genannt – bewährte sich und hielt auch bei anderen Flugzeugwerken Einzug.

Das als Fokker E I bezeichnete Flugzeug* nahm im Frühsommer 1915 die Flugerprobung auf. In der Folgezeit wurden 56 Stück gebaut. Im nächsten Schritt gelangte der 9-Zylinder Oberursel UO mit 100 PS (74 kW) zum Einbau. 23 Flugzeuge verließen als E II die Werkhallen. Nächste Ausführung war die E III, die mit 258 Exemplaren die Hauptbaureihe darstellt. Sie wies gegenüber den Vorgängern einige Verstärkungen auf. Den Abschluss der Serie bildete die E IV mit 160 PS (118 kW) Oberursel UIII-Motor. Das Muster wurde geringfügig vergrößert. Es erreichte 160 km/h und eine Höhe von 4.500 m. Die rund 40 Flugzeuge hatten eine aus zwei bis drei 7,9 mm-MG bestehende Bewaffnung.

Die ersten elf Eindecker trafen im Sommer 1915 bei den Einsatzverbänden ein. Deutsche Jagdasse wie Boelcke und Immelmann verbuchten mit ihnen erste Erfolge. Im April 1916 befanden sich nicht weniger als 173 Fokker an der Front. Weitere gingen an verbündete Nationen. Bulgarien erhielt drei, das osmanische Reich 22 und Österreich-Ungarn 18.

Aus heutiger Sicht kann der Fokker Eindecker als der Urahn des modernen Jagdeinsitzers bezeichnet werden. Doch nicht nur das, es war auch eines der ersten Flugzeuge, bei dem Tarnkappeneigenschaften untersucht wurden. Mindestens eine E III hatte eine

* E I war die militärische Kennung. Intern wurden die Eindecker als M5K (E I), M14 (E II und E III) und M15 (E IV) bezeichnet.

Fokker E III	
Spannweite	9,52 m
Länge	7,20 m
Höhe	2,40 m
Flügelfläche	15,40 m²
Leermasse	400 kg
Startmasse	610 kg
Höchstgeschwindigkeit	140 km/h
Dienstgipfelhöhe	3.600 m
Reichweite	220 km

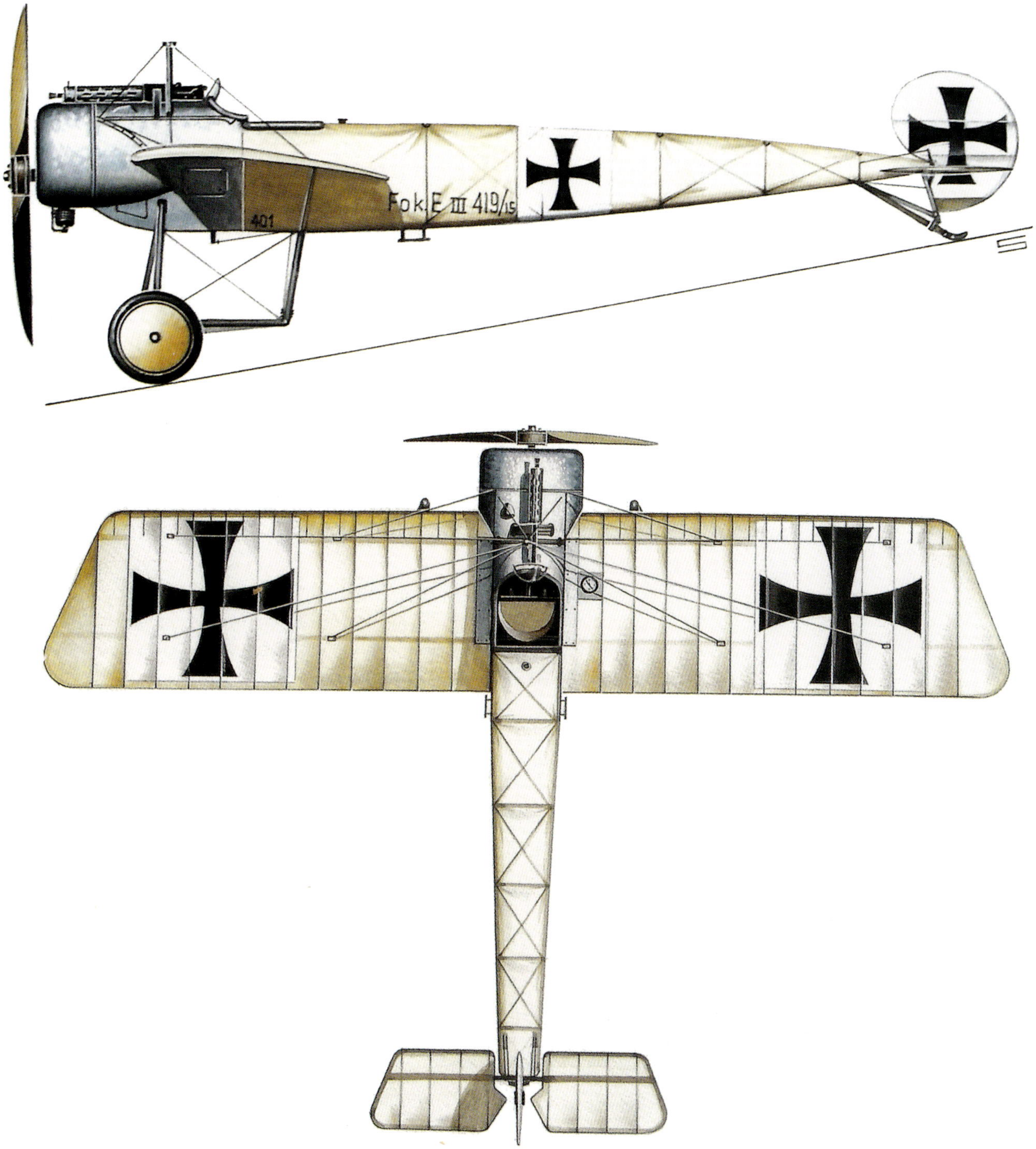

Fokker E III

komplette Bespannung aus durchsichtigem Cellon. Dadurch sollte das Flugzeug weitgehend »unsichtbar« gemacht werden. Der auf Celluloid basierende Werkstoff wies aber einige unerwünschte Eigenschaften auf. So dehnte er sich bei Wärme stark aus, sodass es beim Versuch blieb.

Noch heute erfreut sich die Konstruktion großer Beliebtheit, die sich durch eine beachtliche Zahl von Nachbauten dokumentiert. Ein Original ist erhalten geblieben, es befindet sich im Londoner Science Museum.

1915 Handley Page Type O

Captain Murray Sueter – Chef des britischen Royal Naval Air Services (R.N.A.S.) – forderte Ende 1914 den Bau eines schweren Bombenflugzeuges mit großer Reichweite, das bevorzugt zur Bekämpfung der deutschen Hochsee-Flotte dienen sollte. Frederick Handley Page griff die Anforderung sofort auf. Sein Unternehmen bestand zwar schon seit 1909, hatte aber in den folgenden Jahren noch nicht einmal ein Dutzend Flugzeuge gebaut und brauchte dringend Aufträge.

Handley Page schlug einen zweimotorigen, zweistieligen Doppeldecker für eine zweiköpfige Besatzung vor, der mit einem beweglichen MG bewaffnet sein sollte und eine Bombenlast von bis zu 270 kg transportieren konnte. Neben einer Funkanlage war an den Einbau einer wannenartigen Panzerung für die Mannschaft gedacht. Der quadratische Rumpf war ebenso wie das Tragwerk in Gemischtbauweise erstellt. Während der Oberflügel 34,75 m maß, hatte der Unterflügel eine Spannweite von 30,17 m. Zur Unterbringung in den Feldhangars des R.N.A.S. ließ sich das Tragwerk beiklappen. Das Flugzeug verfügte über ein Kastenleitwerk und separate Hauptfahrwerke mit je einer Achse und zwei Rädern, sowie einen Schleifsporn. Die 150 PS (110 kW) Sunbeam-Motoren lagerten auf Böcken zwischen Ober- und Unterflügel.

Das als Type O geführte Projekt wurde vom R.N.A.S. akzeptiert, musste aber in einigen Bereichen modifiziert werden. Die Spannweite des Oberflügels wurde auf 30,50 m und die des Unterflügels auf 25,60 m verkürzt, wodurch die Flächenbelastung deutlich anstieg. Als Gegenmaßnahme ersetzten zwei Rolls-Royce Eagle II (je 250 PS/184 kW) die Sunbeam-Motoren.

Unter der Kennung O/100 wurden vier Versuchsmuster und acht Serienflugzeuge bestellt. Der erste Prototyp (Registrierung 1455) startete am 17. Dezember 1915 zum Jungfernflug. Damals gab es nur wenige wissenschaftlich fundierte Untersuchungen zum Thema Luftfahrt. Es war die Zeit von Versuch und Irrtum und auch die O/100 musste bis zum Abstellen aller Probleme – bei denen Heckschwingungen herausragten – einen langwierigen Prozess durchlaufen.

Ab dem dritten V-Muster bildeten drei Mann die Besatzung. Vom vierten Flugzeug an kamen 320 PS (235 kW) Eagle III-Motoren zum Einbau und die Bewaffnung wurde durch zusätzliche Abwehrstände auf der Rumpfober- und -unterseite verstärkt. Ferner stieg die maximale Bombenlast auf 848 kg.

Inzwischen war der Serienbau angelaufen. Dem Erstauftrag (Kennung 1455-1466) folgten 28 Flugzeuge (Kennung 3115-3142) bei Handley Page und zwölf (Kennung B8802-B8813) bei der Royal Aircraft Factory mit 320 PS Sunbeam Cossacks-Motoren.

Im August 1916 konnten fünf Flugzeuge als sogenanntes Handley Page Squadron für Kampfeinsätze gegen Ziele im Saarland abgestellt werden. Eines der Flugzeuge fiel am 1. Januar 1917 unbeschädigt nach einer Außenlandung in deutsche Hände.

In den folgenden Monaten gab es eine Reihe von Feindflügen, bei denen u.a. ein

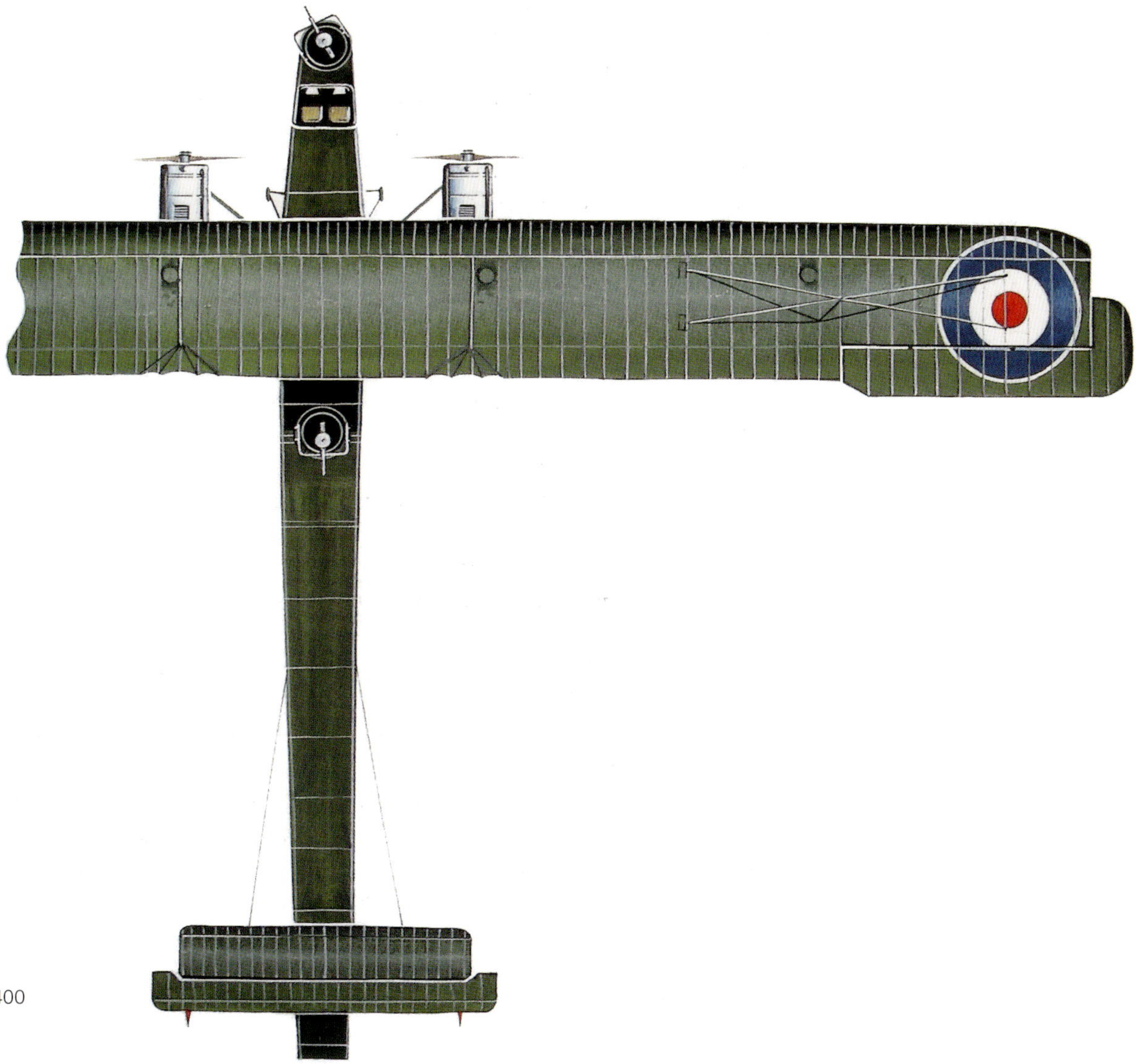

Handley Page Type O/400

Zerstörer versenkt wurde. Auf der anderen Seite machte den Bombern die Jagdabwehr so zu schaffen, dass fast nur noch Nachteinsätze geflogen wurden, deren militärische Wirkung fraglich blieb.

Nachdem die Türkei auf deutscher Seite in den Krieg eingetreten war, wurden deutsche Kriegsschiffe in die Dardanellen verlegt. Zu ihrer Bekämpfung stellte der R.N.A.S. eine O/100 (3124) ab. Im Juni 1917 flog der Bomber über Frankreich, Italien und Griechenland in das Einsatzgebiet. Dabei legte er die 3.600 km lange Strecke in 55 Stunden zurück. Zur gleichen Zeit hatte Handley Page in seiner neuen Fabrik in Cricklewood fünf Flugzeuge (B9446-B9451) gebaut, die ausschließlich für Schulungszwecke Verwendung fanden. Darüber hinaus wurde der Einbau anderer Motoren untersucht, von denen schlussendlich der Rolls-Royce Eagle VIII von 360 PS (265 kW) als Antrieb für die neue Baureihe O/400 ausgewählt wurde. Musterflugzeug war die 3138. Unterschiede zum Vorgänger bildeten in der Hauptsache Strukturverstärkungen und ein neues Kraftstoffsystem, bei dem die Tanks nicht mehr direkt am Motor lagerten, sondern sich im Rumpf befanden. Die erhöhte Motorleistung machte auch die Mitführung von Bomben bis zu einem Kaliber von bis zu 750 kg möglich (maximale Bombenlast 900 kg).

Der Ausbau der Serienfertigung und die militärischen Erfolge der Alliierten führten ab Mitte 1917 zum verstärkten Einsatz des Flugzeuges, das in Verbänden von bis zu 40 Stück an der Front auftauchte und ab Januar 1918 den Bombenkrieg gegen deutsche Städte wie Mannheim, Frankfurt am Main und Köln aufnahm.

Das Muster avancierte so zum bevorzugten britischen Bombenflugzeug, das in großen Stückzahlen geordert wurde. Außerdem schaltete sich die in New Jersey beheimatete Standard Aircraft Corporation in die Fertigung ein. Per Schiff wurden die Baugruppen für 100 Flugzeuge in die USA gebracht. Dort entstanden insgesamt 107 O/400. Handley Page baute 281 und weitere 253 kamen von anderen Firmen hinzu. Bei Kriegsende wurden sämtliche offene Bestellungen gestrichen.

Nach dem Krieg blieb das Flugzeug bis 1919 im Bestand der Royal Navy. Dann erfolgte ihre Verschrottung bzw. die Abgabe an zivile Betreiber, die das Muster als Transport- und Verkehrsflugzeug einsetzten. Zu ihnen zählte China, das sechs Flugzeuge als O/7 1920 übernahm. Nach anfänglicher friedlicher Nutzung setzten die Chinesen das Muster als Bomber bei innerchinesischen Auseinandersetzungen ein.

Handley Page Type 0	
Spannweite oben	30,50 m
Länge	19,20 m
Höhe	6,70 m
Flügelfläche	153,10 m^2
Leermasse	3,720 kg
Startmasse	6.350 kg
Höchstgeschwindigkeit	156 km/h
Dienstgipfelhöhe	2.625 m
Reichweite	1.120 km

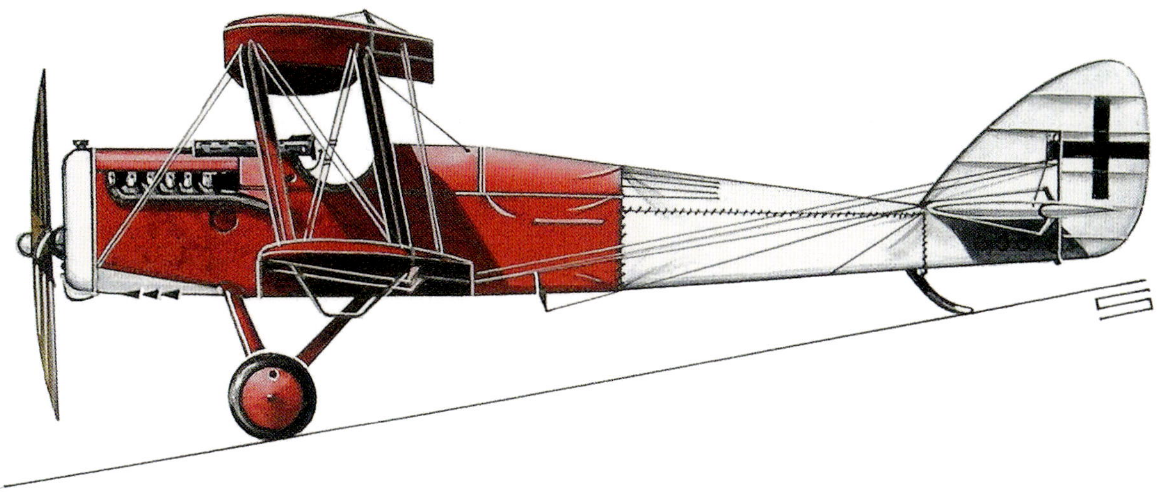

Die Jasta 18 nutzte eine erbeutete DH-4 als Reiseflugzeug.

US-Militärbaureihen

DH-4A
Geänderte Kraftstoffzuführung. 500 l-Tank.

DH-4B
Flugzeugführer und Beobachter rückten näher zusammen. Daher Reduzierung des Tankvolumens auf 400 l. B-1 hatte wieder den 500 l-Tank. B-2 war ein Trainer. B-3 hatte einen 614 l-Tank. BG war ein Vernebelungsflugzeug. BK war Nachtausführung der Baureihe B. BM-1 und BM-2 waren Schulflugzeuge mit Doppelsteuer. Als Einzelstück entstand der Fotoaufklärer BP. BW hatte den 300 PS (221 kW) Wright H.

DH-4C
Ausführung mit 300 PS (221 kW) Packard 1A-1116 oder 1A-1237.

DH-4M
Boeing und Atlantik entwickelten Stahlrohrrümpfe, die die bisherige Holzbauweise ablösten. M-1K und M-2K dienten als Zielschlepper und M-1T und M-2T als Trainer. M-2P war ein Fotoaufklärer und die Amb-1 und Amb-2 Sanitätsflugzeuge für bis zu zwei Tragen. Für das Marine Corps entstand auf Basis der M-1 der Aufklärer O2B-1.

XCO-7, XCO-7A, XCO-7B und XCO-8
Versuchsausführungen als Beobachterflugzeuge. 7A mit breitspurigem Fahrwerk. 7B mit Liberty V-1410-Motor. XCO-8 hatte ein neues Tragwerk.

1916 **Airco DH-4**

Geoffrey de Havilland, Chef-Entwickler der Aircraft Manufacturing Co. Ltd. (Airco), konstruierte im Jahre 1916 einen zweisitzigen Doppeldecker, der als leichter Tag-Bomber zum Einsatz kommen sollte. Das als DH.4 bezeichnete Muster wurde in Holzbauweise erstellt. Es konnte Bombenlasten von bis zu 208 kg an Außenträgern transportieren. Die Bewaffnung bestand aus einem starr nach vorne eingebauten 7,7 mm Lewis-MG, das durch den Luftschraubenkreis feuerte, sowie aus einem beweglichen 7,7 mm Vickers-MG, das vom Beobachter bedient wurde. Als Antrieb hatte de Havilland den neuen BHP-Motor von 230 PS (169 kW) ausgewählt, der auch das erste Versuchsmuster bei seinem Jungfernflug im August 1916 antrieb. Probleme mit dem Motor zwangen aber zu einem Wechsel und so erhielten die ersten 50 Serienflugzeuge den Rolls-Royce Eagle III (250 PS/184 kW). Später kamen andere Ausführungen des Eagle zum Einbau, wobei sich die Baureihe VIII mit 375 PS (276 kW) als ideal erweisen sollte. Der Motor konnte allerdings nicht in den geforderten Stückzahlen geliefert werden, sodass die DH.4 mit einer Vielzahl von Antrieben zum Fliegen kam. Von ihnen sollen nur der RAF3A (200 PS/147 kW), der Siddeley Puma (230 PS/169 kW) und der Fiat 12 (260 PS/191 kW) erwähnt werden.

Die Flugerprobung der DH.4 offenbarte keine nennenswerten Schwächen, worauf die Großserienfertigung bei Airco, Westland und weiteren Firmen anlief.

Als erster Verband des Royal Flying Corps erhielt das in Frankreich stationierte 55. Squadron Anfang März 1917 das Flugzeug. In der Folgezeit bewährte sich das Muster außerordentlich. Pluspunkte waren die hohen Flugleistungen, die es erlaubten auch ohne Begleitschutz zu fliegen, und die Handhabung des Flugzeuges, die keine Wünsche offen ließ. Es gab aber auch eine negative Seite des Entwurfs. Der Kraftstoffbehälter befand sich im Rumpf zwischen der Besatzung. Das erschwerte die Kommunikation untereinander und barg außerdem eine hohe Brandgefahr.

Neben dem RFC diente die DH.4 auch beim Royal Navy Air Service und dem US

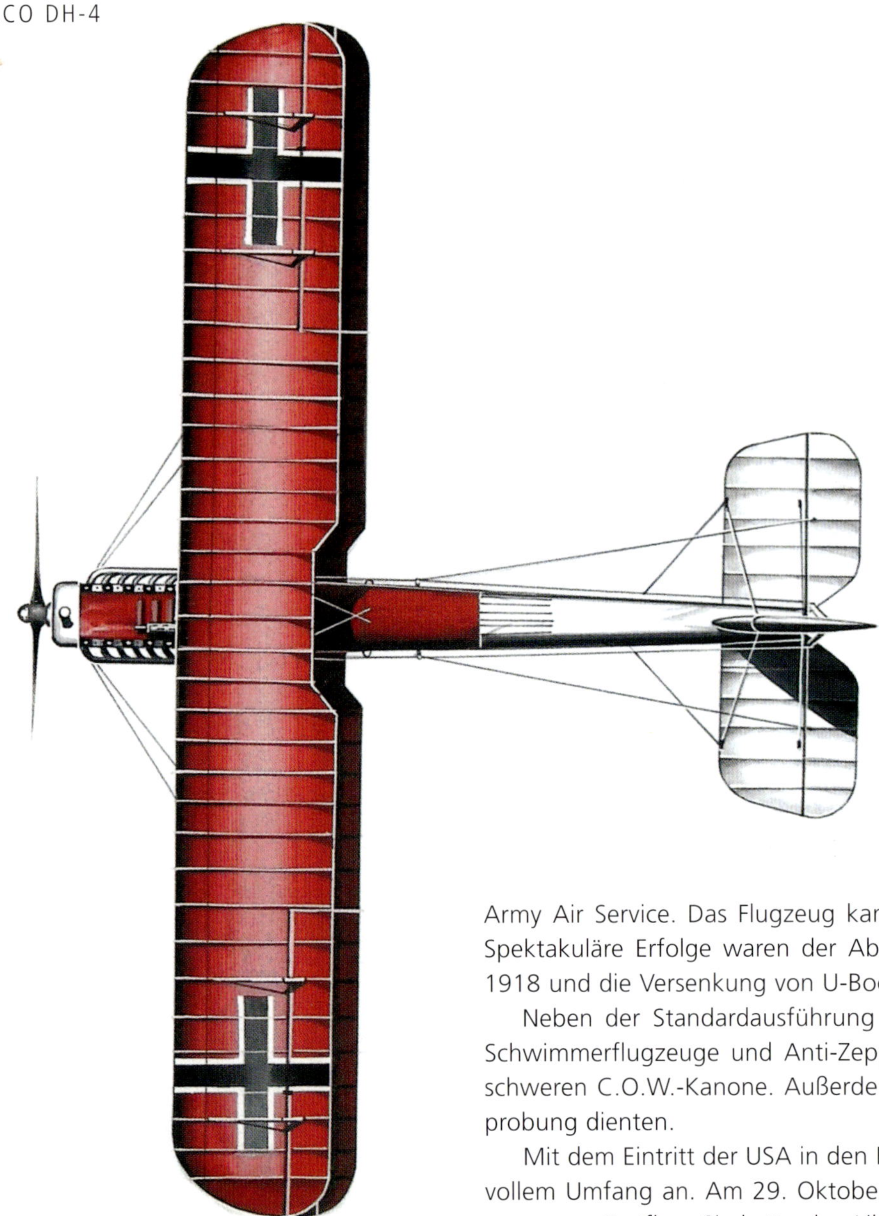

Army Air Service. Das Flugzeug kam in Frankreich, Italien und der Ägäis zum Einsatz. Spektakuläre Erfolge waren der Abschuss des Zeppelin-Luftschiffes L70 am 5. August 1918 und die Versenkung von U-Boot UB 12 am 19. August des Jahres.

Neben der Standardausführung existierten noch einige Versuchsmodelle. Darunter Schwimmerflugzeuge und Anti-Zeppelin-Jäger mit einer schräg nach oben feuernden, schweren C.O.W.-Kanone. Außerdem gab es noch diverse Flugzeuge, die der Motorerprobung dienten.

Mit dem Eintritt der USA in den Ersten Weltkrieg lief dort die Rüstungsmaschinerie in vollem Umfang an. Am 29. Oktober 1917 startete die erste DH-4 amerikanischer Fertigung zum Erstflug. Sie hatte den Liberty 12-Motor, der 400 PS (294 kW) leistete.

Bei Kriegsende hatten die britischen Werke 1.449 DH-4 produziert. Weitere 4.587 kamen von der US-Industrie, von denen etwas mehr als 1.800 auf dem europäischen Kriegsschauplatz zum Einsatz gekommen waren. Nach dem Krieg lief die Produktion in den USA weiter. Nun standen zivile Ausführungen im Vordergrund, von denen 259 Stück gebaut wurden. Nicht eingerechnet sind dabei die Umbauflugzeuge, deren militärische Verwendung in eine zivile geändert wurde. Die DH-4 war in den 1920er Jahren ein sehr beliebtes und leistungsfähiges Flugzeug, das durch erste Flugbetankungsversuche im Jahre 1923 sowie einige Fernflüge aufhorchen ließ. 1922 führten zwei Flugzeuge einen Flug von Haiti nach San Franzisko und zurück durch. Es war der bis dato längste Flug in der Geschichte der US-Luftfahrt. Die DH-4 spielte aber auch in der Entwicklung von Luftfahrtgesellschaften eine Rolle, auf die an dieser Stelle nicht näher eingegangen werden kann. Außerdem kam sie bei diversen Luftstreitkräften zum Einsatz. Darunter Kanada, Neuseeland, Belgien, Chile, Kuba, Griechenland, Iran, Nicaragua, Spanien und Südafrika.

Die Zahl aller DH-4-Varianten übersteigt deutlich die Zahl 60, sodass aus Platzgründen nur einige US-Militärversionen vorgestellt werden.

Airco DH-4 mit Eagle VIII	
Spannweite	13,21 m
Länge	9,35 m
Höhe	3,35 m
Flügelfläche	40,10 m²
Leermasse	1.085 kg
Startmasse	1.578 kg
Höchstgeschwindigkeit	171 km/h
Dienstgipfelhöhe	6.700 m
Flugdauer	3 3/4 Stunden

Spad VII bei den polnischen Luftstreitkräften im Jahre 1919.

1916 **SPAD VII**

Die französische Société Anonyme pour l´Aviation et ses Derives, kurz SPAD, brachte 1916 mit der SPAD V einen einsitzigen Jagddoppeldecker heraus, der mit einem 150 PS (110 kW) Hispano-Suzia 8Aa motorisiert und als Antwort auf die überlegenen Fokker-Jagdflugzeuge gedacht war. Das Flugzeug – das im April des Jahres in die Erprobung ging – offerierte eine gute Geschwindigkeit und Steigleistung, sodass noch vor Ende der Versuchsfliegerei ein Auftrag über den Bau von 268 Exemplaren erteilt wurde.

Unter der neuen Bezeichnung SPAD VII verließen die ersten Flugzeuge im Herbst 1916 die Werkhallen. Bis zum Jahresende hatte das Unternehmen bereits 167 fertig gestellt und an die Front geliefert. Hier zeigte sich, dass die Motorkühlung viel zu wünschen übrig ließ, worauf verschiedene Maßnahmen, z.B. das Anbringen von Löchern in die Motorabdeckung, eingeleitet wurden. Ferner waren verschiedene Verstärkungen der Zelle erforderlich. Das Militär zeigte sich mit den Konstruktionsprinzipien des SPAD-Chefkonstrukteurs Louis Béchereau unzufrieden und beauftragte Louis Breguet mit der Überprüfung und Änderung der Flugzeugstruktur. Am Ende stand ein robustes Flugzeug, das ein Lastvielfaches von 7,9 aufwies, während das Anforderungsprofil lediglich 6 forderte. Die belastbare Struktur der bullig wirkenden SPAD erlaubte hohe Sturzgeschwindigkeiten von bis zu 400 km/h. Ein großer Vorteil bei Luftkämpfen. In kritischen Situationen konnte sich der Flugzeugführer so dem Gegner entziehen.

Die aufgezählten Vorzüge, zu denen noch eine geringe Beschussanfälligkeit und eine hohe Zuverlässigkeit zählten, führten rasch zu einer Aufstockung des Erstauftrages und die Einschaltung von Subunternehmen. Alles in allem wurden bis Kriegsende etwa 3.500 SPAD VII gefertigt.

Bei den Einsatzverbänden waren die Piloten nicht restlos von dem Muster überzeugt, da es nicht so wendig wie sein Vorgänger – die Nieuport 17 – war und außerdem wurden

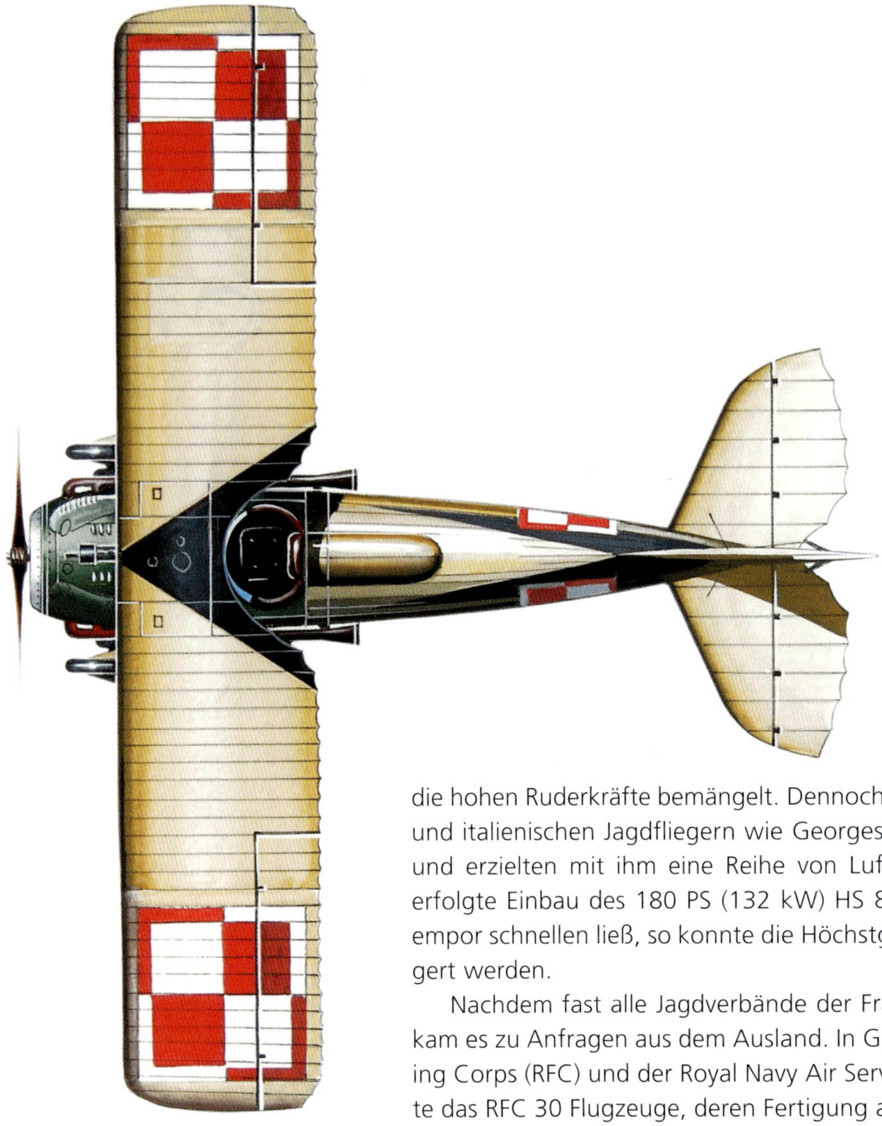

die hohen Ruderkräfte bemängelt. Dennoch flogen auch die Asse unter den französischen und italienischen Jagdfliegern wie Georges Gynemer und Francesco Baracca das Muster und erzielten mit ihm eine Reihe von Luftsiegen. Dabei spielte der ab Frühjahr 1917 erfolgte Einbau des 180 PS (132 kW) HS 8Ab eine Rolle, der die Leistungen des Jägers empor schnellen ließ, so konnte die Höchstgeschwindigkeit von 197 auf 212 km/h gesteigert werden.

Nachdem fast alle Jagdverbände der Franzosen mit der SPAD VII ausgerüstet waren, kam es zu Anfragen aus dem Ausland. In Großbritannien interessierten sich das Royal Flying Corps (RFC) und der Royal Navy Air Service (R.N.A.S.) für das Muster. Zunächst orderte das RFC 30 Flugzeuge, deren Fertigung aber sehr schleppend verlief, worauf beschlossen wurde, eine Lizenz-Produktion in Großbritannien aufzubauen, in die verschiedene Firmen einbezogen wurden. Tatsächlich kam es zum Bau von etwa 220 Exemplaren, deren Qualität deutlich hinter dem französischen Standard herhinkte. Die Briten bemängelten die schwache Bewaffnung der SPAD mit nur einem Vickers 7,7 mm-MG. Sie montierten daraufhin ein zweites MG auf dem oberen Tragflügel. Da der Anbau der Waffe zu einer deutlichen Verschlechterung der Flugeigenschaften und -leistungen führte, blieb es bei wenigen Flugzeugen. Auch Russland schaltete sich in die Fertigung der SPAD VII ein. Nachdem im Frühjahr 1917 43 Maschinen aus Frankreich eingetroffen waren, baute die Firma Dux 100 Exemplare in Lizenz.

In größeren Stückzahlen hatte auch Italien das Flugzeug im Einsatz, ohne jedoch eine eigene Fertigung aufzubauen und die American Expeditionary Force, die in Europa kämpfte, verfügte ebenfalls über das Muster. Die Amerikaner erhielten das erste von 189 Flugzeugen im Dezember 1917. Zu dieser Zeit rückte die SPAD VII bereits in die zweite Reihe der Frontmaschinen, sodass die US-Truppen sie überwiegend für Schulungszwecke verwendeten.

Nach dem Krieg fand das Jagdflugzeug eine weltweite Verbreitung, so flog es unter anderem in Argentinien, Belgien, Chile, Rumänien, Portugal, Peru, Japan und Thailand.

SPAD VII (mit Hispano-Suiza 8Ab)	
Spannweite	7,82 m
Länge	6,08 m
Höhe	2,20 m
Flügelfläche	17,85 m^2
Leermasse	500 kg
Startmasse	705 kg
Höchstgeschwindigkeit	212 km/h in 2.000 m
Reichweite	360 km
Dienstgipfelhöhe	6.553 m

Zeppelin-Staaken RVI

1916 **Zeppelin-Staaken RVI**

Während des Ersten Weltkrieges entstand in Deutschland eine ganz besondere Flugzeuggattung: die Riesenflugzeuge, kurz R-Flugzeuge genannt.

In nur wenigen Jahren kam eine Reihe von wirklichen Großflugzeugen mit drei, vier, fünf oder sechs Motoren und Spannweiten von mehr als 40 m zum Fliegen.

Das bekannteste unter diesen Mustern war die Zeppelin-Staaken RVI mit vier wassergekühlten Maybach Mb IV- oder Mercedes D IVa-Motoren von 245 oder 260 PS (180/191 kW). Die Triebwerke waren in Tandembauweise in Gondeln zusammen gefasst, wobei die hinteren Luftschrauben nicht direkt, sondern über Wellen angetrieben wurden.

Damals war die Luftfahrtindustrie noch nicht in der Lage, solche Flugzeuge in nennenswerten Stückzahlen aufzulegen und so wurden von der R VI alles in allem nur 18 Exemplare hergestellt. Während das Zeppelin-Werk in Staaken das Musterflugzeug – die R25 – fertigte, kamen die übrigen (R26 bis R39 und R52 bis R54) aus den Fabriken von Schütte-Lanz (7), Aviatik (6) und den OAW (4). Es waren Unikate, die sich mehr oder weniger stark voneinander unterschieden. So gab es Abweichungen bei der Zahl der Kraftstoffbehälter. Es waren entweder acht oder zehn à 245 Liter vorhanden. Aber auch der Rumpfbug mit seiner Flugzeugführerkabine und dem Doppelsteuer war uneinheitlich. Er war unterschiedlich verglast oder sogar offen. Insgesamt gesehen überwogen aber die Gemeinsamkeiten.

Die RVI war ein Doppeldecker mit Doppeldecker-Leitwerk. Das Leitwerk war so enorm, dass seine Abmessungen dem Tragwerk eines Jagdflugzeuges gleichkam. Das Flugzeug wurde weitgehend aus Holz mit Stoffbespannung gefertigt. Davon gab es nur wenige Ausnahmen. Zu ihnen gehörten das Leitwerk, dessen Struktur aus Aluminium gebildet wurde, und die Querruder, deren Aufbau aus Stahlrohren bestand. Der Rumpf war so groß, dass er unterhalb der Tanks Platz für 18x100 kg-Bomben bot. Die RVI konnte aber weitaus größere Bomben mitführen und zwar bis zum Kaliber 1.000 kg. Solchen Lasten – die während des Krieges nur dreimal abgeworfen wurden – lagerten

halbversenkt im Rumpf. Je nach Einsatz bzw. Reichweite konnten 750 bis 2.000 kg transportiert werden. Zur Abwehr verfügte das Muster über mehrere Stände, die wahlweise besetzt wurden. Sie befanden sich auf dem Rumpfbug, den Tragflächen oberhalb der Motorgondeln sowie auf der Rumpfober- und -unterseite. In den meisten Fällen wurden vier Parbellum oder Lewis MG mitgenommen. Das Fahrwerk war der Größe des Flugzeuges angepasst. Die Haupteinheiten hatten je acht Räder und das Bugfahrwerk zwei. Ferner existierte noch ein Schleifsporn.

Die Flugerprobung der R25 liegt im Dunkeln. So weit bekannt, erfolgte sie in der zweiten Hälfte 1916. Am 8. Juni 1917 wurde das Flugzeug an den Auftraggeber abgeliefert. Die R25 und die folgenden Flugzeuge wurden den Riesenflugzeugabteilungen (Rfa) 500 und 501 zugeführt. Eine Ausnahme bildete lediglich die R30, die als Erprobungsträger für Lader-Motore diente und Flughöhen von 5.900 m erreichte.

Die Rfa 500 und 501 begannen vom Großraum Gent aus mit dem strategischen Bombenkrieg gegen England. Zusammen mit den Gotha-Kampfflugzeugen trugen sie den Krieg von der Front in das Heimatland des Gegners. Allein die R39 warf zwischen September 1917 und Mai 1918 26 Tonnen über England ab. Damit waren R-Flugzeuge die Vorboten der schrecklichen Bombenangriffe, denen die Zivilbevölkerung der verschiedenen Nationen während des Zweiten Weltkrieges ausgesetzt waren.

Während der Einsätze gingen zwei Flugzeuge durch Feindeinwirkung verloren. Eines durch Flak und eines durch einen Nachtjäger. Ferner gab es noch eine Reihe von technisch bedingten Unfällen bzw. Notlandungen. Dennoch stellten die R-Flugzeuge Meilensteine des Flugzeugbaus dar. Es wundert nicht, dass die Siegermächte besonderes Interesse an ihnen hatten. Die R30 wurde nach dem Krieg sogar als Zivilflugzeug mit dem Schriftzug »Fletcher's World« eingesetzt.

Zeppelin-Staaken RVI	
Spannweite	42,20 m
Länge	22,10 m
Höhe	6,30 m
Flügelfläche	332 m²
Leermasse	7.921 kg
Startmasse	11.848 kg
Höchstgeschwindigkeit je nach Motor und Flughöhe	135 bis 160 km/h
Dienstgipfelhöhe	4.320 m
Flugdauer	7-10 Stunden

Jagdeinsitzer S.E.5

1916 Royal Aircraft Factory S.E.5

Hispano-Suzia kündigte Anfang 1915 den flüssigkeitsgekühlten HS 8-Motor von 200 PS (147 kW) mit Luftschraubengetriebe an, der den Einbau eines MG zwischen den Zylinderköpfen erlaubte, sodass die Bordwaffe durch die hohle Propellernabe schießen konnte. Frank Goodden und H.P. Folland interessierten sich für den Motor. So begannen Sie bei der Royal Aircraft Factory mit der Entwicklung eines auf den neuen Motor zugeschnittenen Jagd-Doppeldeckers unter der Bezeichnung S.E.5 (Scout Experimental).

Die Dinge um den V-8 gingen aber schleppender voran als erwartet und so sollte es bis zum 16. November 1916 dauern, ehe das erste von drei Versuchsmustern (Kennung A4561) in die Flugerprobung gehen konnte. Allerdings mit einem Motor, der nur 150 PS (110 kW) abgab und kein Luftschraubengetriebe besaß.

Der zweite Prototyp – die A4562 – hatte ebenfalls diesen Motor, verfügte aber über ein gesteuertes 7,7 mm-MG auf der Motoroberseite. Erst das dritte V-Muster (A4563) erhielt einen 200 PS-Motor.

Im Rahmen der Mustererprobung gab es geteilte Meinungen zum Flugzeug. Als am 28. Januar 1917 die A4562 wegen Flügelbruch abgestürzt war und Goodden dabei den Tod fand, schien es schlecht um die S.E.5 bestellt. Umfangreiche Verstärkungen der Struktur konnten das Problem beheben, worauf mit der Serienfertigung und der Umrüstung der Verbände begonnen wurde. Als die ersten Flugzeuge beim 56. Squadron eintrafen, entfernten die Mechaniker als Erstes die halboffene Cockpitverglasung (Gewächshaus genannt), die mehr hinderlich als nützlich war.

In Großbritannien hatte die Firma Wolseley die Nachbaurechte für den HS 8 erworben, kam aber nicht mit der Fertigung zurecht und auch die Leistung von 200 PS wurde nicht erreicht. Die ersten Serienflugzeuge kamen mit 150 PS-Motoren zur Auslieferung. Sie sollten später auf stärkere Antriebe umgebaut werden. Weitere Änderungen betrafen die Verkürzung der Spannweite und die Verlegung der Bordwaffe auf den Oberflügel.

Royal Aircraft Factory S.E.5a	
Spannweite	8,11 m
Länge	6,38 m
Höhe	2,89 m
Flügelfläche	22,67m²
Leermasse	639 kg
Startmasse	902 kg
Höchstgeschwindigkeit	222 km/h
Dienstgipfelhöhe	5.200 m
Reichweite	485 km

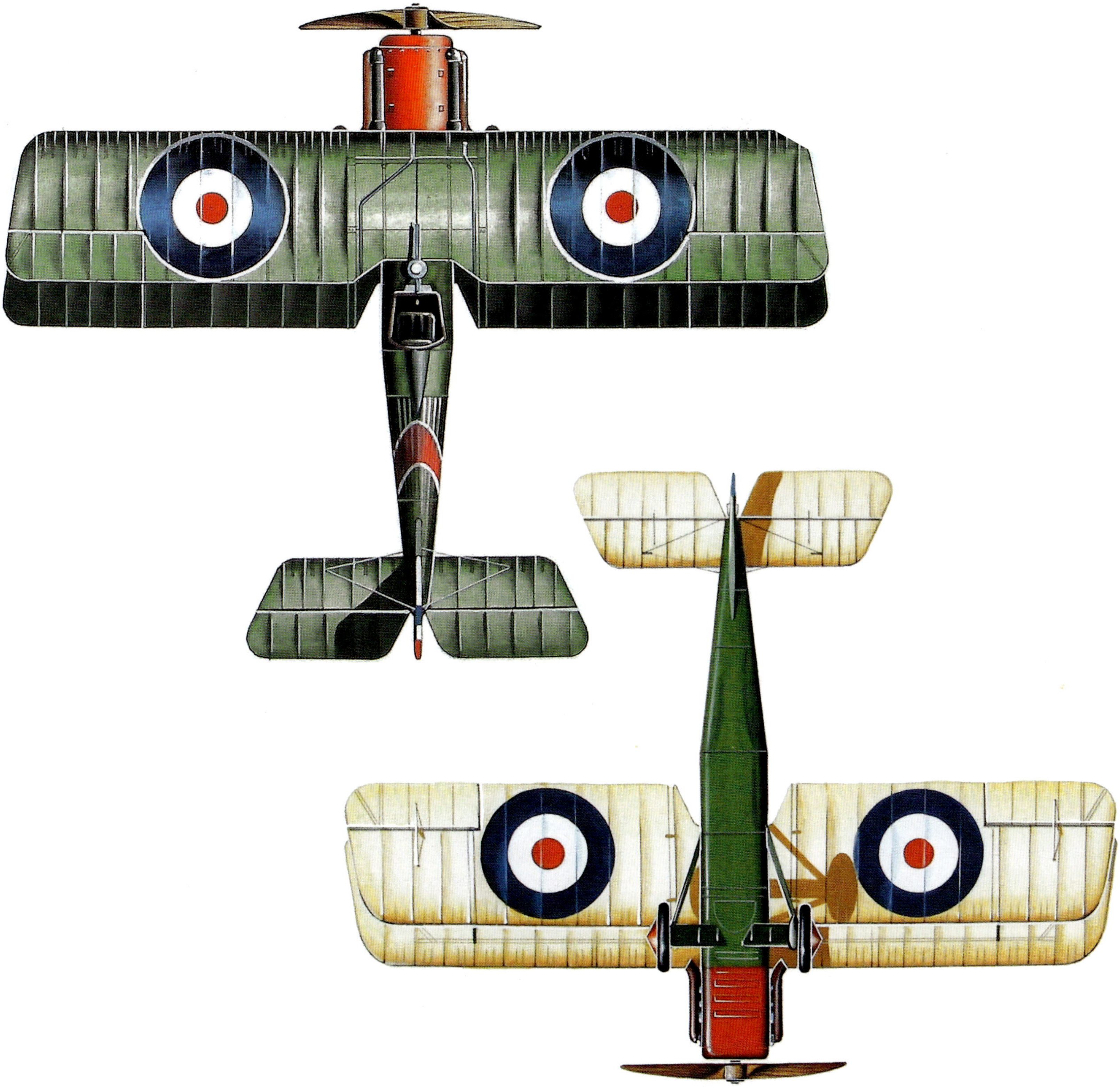

S.E.5 Frontansicht

Das Lewis-MG lagerte in einer Forster-Lafette, die auch ein Schießen nach schräg oben erlaubte. Dies war nur eine Notlösung bis zur Verfügbarkeit der Vickers-MG-Steuerung, die einen starren Einbau über der linken Motoroberseite gestattete.

Nach der Fertigung von 77 Serienflugzeugen ging die Produktion mit der S.E.5a, die den HS 8a hatte, der die versprochene Leistung brachte, aber nicht in den geforderten Stückzahlen verfügbar war, weiter. Im Frühjahr 1917 standen rund 400 Zellen ohne Motor da. Um Abhilfe zu schaffen, wurde die Verdichtung des 150 PS-Motors bei Wolseley so erhöht, dass er im Standlauf bis zu 220 PS (162 kW) erreichte. Die Änderungen führten zu der neuen Bezeichnung Viper und zur Beseitigung der Lieferprobleme.

Trotz diverser Schwierigkeiten schaffte das Flugzeug den Durchbruch. Bei den Besatzungen kam es gut an. Es wurde als robust, leicht zu fliegen und als gute Waffenplattform beschrieben. Lord Douglas of Kirtleside – später Marshall der Royal Air Force – äußerte sich in seiner Autobiografie wie folgt zur S.E.5 »viele von uns fühlten, dass es der beste britische Jäger des Ersten Weltkrieges war«. Tatsächlich stand das Muster bei vielen Jagdfliegern höher im Kurs als die Sopwith Camel.

Während der Fertigung wurden zahlreiche Versuche durchgeführt, die in der Hauptsache die Zelle und die Motorkühlung betrafen. Einiges davon schlug sich auf die Ausführung S.E.5b nieder, die ab Frühjahr 1918 in die Erprobung ging und unterschiedliche Spannweiten beim Ober- und Unterflügel sowie eine strömungsgünstige Verkleidung des Motors aufwies. Letztlich blieb es beim Bau eines Flugzeuges.

Die Produktion der S.E.5 wurde kurz nach Kriegsende mit der Ablieferung des 5.269sten Exemplares eingestellt. Hinzu kamen noch 60 Maschinen, die die Eberhart Company in den USA aus Ersatzteilen hergestellt hatte und deren Rümpfe anstelle einer Stoffbespannung mit Sperrholz bekleidet waren. Sie trugen die Bezeichnung S.E.5e.

Neben dem Royal Flying Corps, das bei Kriegsende 21 Squadrons mit dem Jagdflugzeug ausgerüstet hatte, flogen auch das Australian Flying Corps und das American Expeditionary Force das Muster, das außerdem bei den kanadischen, südafrikanischen und polnischen Luftstreitkräften anzutreffen war.

1916 **Sopwith Camel**

Seit ihrem Erstflug sind Jahrzehnte vergangen und doch ist die Sopwith Camel noch heute, vor allem in Großbritannien und den USA, ein populäres Flugzeug, das Einzug in den Alltag gehalten hat. So benannte sich Mitte der 1960er Jahre eine Pop-Band nach ihr, und der Dschungelbuch-Autor Rudyard Kipling widmete ihr einige Zeilen. Weltweite Bekanntheit erreichte das Muster aber durch Snoopy –dem witzigen Hund der Cartoon-Serie »The Peanuts«. In Snoopys Phantasie war seine Hütte eine Sopwith Camel, mit der er Manfred von Richthofen – den Roten Baron – zu Luftkämpfen herausforderte.

Doch wenden wir uns nun dem Flugzeug als solchem zu. Der von Herbert Smith konzipierte Jagdeinsitzer stellte die direkte Weiterentwicklung der Sopwith Pup dar, war aber gegenüber dem Vorgänger größer und schwerer.

Das erste Flugzeug – noch als Big Pup bezeichnet – hob im Dezember 1916 vom Boden ab. Als Motor diente ein Clerget 9Z-Umlaufmotor von 110 PS (81 kW). Zwei oberhalb des Motors gelagerte, durch den Luftschraubenkreis feuernde 7,7 mm Vickers-MG bildeten die Bewaffnung. Der Aufbau des Musters entsprach dem damaligen Standard, also Holzbauweise mit Drahtverstärkung und einer Bespannung aus Holz und Stoff. Die Camel F.1 war ein kleines Flugzeug. Auf 5,50 m Rumpflänge waren Motor, Bewaffnung, Flugzeugführer, Kraftstoff und Leitwerk zusammengefasst. Diese Konzentration der Massen sollte sich zusammen mit den am Ober- und Unterflügel befindlichen Querrudern als Vorteil erweisen. Das Muster zeichnete sich durch eine außergewöhnliche Wendigkeit aus. Dennoch war es nicht frei von Fehlern. Die richtige Einstellung des Kraftstoff-Luft-Gemischs bereitete Probleme und führte zu vielen Unfällen während des Starts. Ein anderes Manko waren Strömungsabrisse und Trudeln. Demzufolge hatte der alte Fliegerspruch »Fahrt ist das halbe Leben« bei der Camel eines besondere Bedeutung. Anfänger taten sich mit dem Muster sehr schwer.

In der Hand eines erfahrenen Flugzeugführers hingegen war die Sopwith eine effektive Waffe. Dies wird auch durch die Abschusszahlen während des Krieges deutlich. Danach fielen 1.294 Gegner der Camel zum Opfer. Auch das britische Flieger-As Major William Barker erzielte die meisten seiner 46 Luftsiege gegen Flugzeuge und Ballone mit der Sopwith Camel.

Doch zurück zum Beginn der Serienfertigung. Sie lief nach dem Erstflug rasch an, wobei zahlreiche Nachbaufirmen eingeschaltet wurden. Unter ihnen Boulton & Paul, March, Jones & Cribb, Hooper, British Caudron, Clayton & Shuttleworth, um nur einige zu nennen. Zum Jahresende 1917 hatten die Jagdverbände 1.325 Flugzeuge erhalten. Unter ihnen 143 für die American Expeditionary Force. Sie hatten den Gnome Monosoupape 9B-2 oder 9N mit 110 PS (81 kW) bzw. 150 PS (110 kW) als Motor. Die Motorisierung der Camel war recht unterschiedlich. Die ersten Exemplare hatten entweder den 130 PS (96 kW) Clerget 9B oder den 150 PS (110 kW) Bentley Rotary. Später kam der 110 PS (81 kW) Le Rhone 9J hinzu. Trotz verschiedener Motoren trat das Muster von den Leistungen her auf der Stelle. Ab Frühjahr 1918 rückten die Jagdeinsätze mehr und mehr in den Hintergrund. Dafür wurde die Camel verstärkt

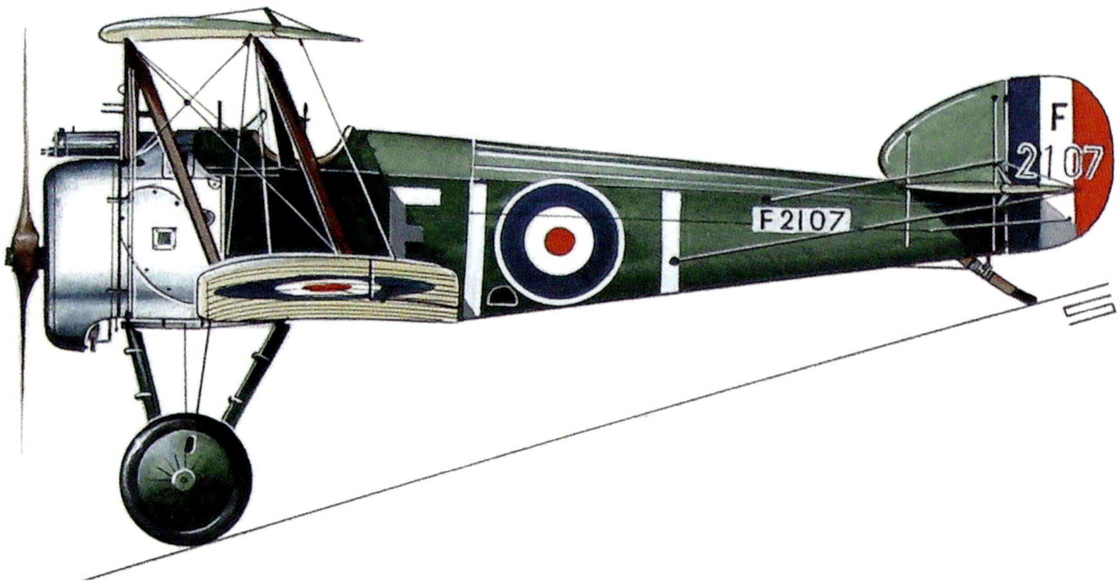

Eine von der Firma Hopper gefertigte Sopwith F.1 Camel.

als Tiefangriffsflugzeug mit 11 kg-Bomben in die Kämpfe geschickt. Ob alle bestellten 5.490 Flugzeuge abgeliefert wurden, ist fraglich. Fakt hingegen ist, dass 50 Squadrons des Royal Flying Corps (RFC) mit dem Muster ausgerüstet waren und auch das Australian Flying Corps und der Royal Naval Air Service (R.N.A.S.) die Camel übernommen hatten. Die Marineflieger erhielten neben der F.1 die Version 2F.1, die als Bordjäger über eine verringerte Spannweite und eine geänderte Bewaffnung verfügte. Außerdem war der Rumpf zweiteilig. Er konnte hinter dem Cockpit abgetrennt und somit besser auf den Schiffen verstaut werden. Ein Vickers-MG befand sich über dem Motor, ein 7,7 mm-Lewis auf dem Oberflügel. Als Motor kam serienmäßig der Bentley Rotary zum Einbau. Nicht weniger als fünf Flugzeugträger, zwei Schlachtschiffe und 26 Kreuzer waren mit der Camel 2F.1 ausgerüstet. Neben dem Jagdeinsatz tat das Muster auch als Sturzbomber mit zwei 22 kg-Bomben Dienst. Einige wenige wurden von der US Navy übernommen.

Der Erste Weltkrieg forderte Millionen Tote, doch auch in dieser Zeit gab es Ereignisse, die zum Schmunzeln anregen. Einer der Naval-Piloten sah bei eingeschränkter Sicht über sein nach unten gerichtetes Periskop ein deutsches U-Boot, das er sofort mit seinen Bordwaffen angriff. Nach mehren Anflügen tauchte das Boot ab. Nach der Landung wollte sich der Flieger als U-Boot-Zerstörer feiern lassen. Doch dann stellte sich heraus, dass es sich bei dem U-Boot in Wahrheit um einen Wal gehandelt hatte!

Sonderversionen der Camel waren der »Comic« Nachtjäger, die F.1/1 und der Trench Fighter T.F.1. Beim Nachtjäger saß der Pilot weiter hinten. Um Blendungen durch Mündungsfeuer zu vermeiden, befanden sich die beiden MG auf dem Oberflügel. Die F.1/1 hatte versuchsweise Trapezflügel und die T.F.1 verfügte über eine Panzerplatte für den Flugzeugführer und schräg nach unten feuernde MG zur Bekämpfung von Bodenzielen. Sie war zugleich Vormuster für die Sopwith Salamander.

Die Camel fand auch außerhalb Großbritanniens eine weite Verbreitung. So traf man sie in Kanada, Schweden, Estland, Lettland, Griechenland, Polen und den Niederlanden an.

Sopwith F.1 Camel (mit 130 PS Clerget-Motor)	
Spannweite	8,50 m
Länge	5,50 m
Höhe	2,60 m
Flügelfläche	21,50 m²
Leermasse	436 kg
Startmasse	672 kg
Höchstgeschwindigkeit in 3.050 m	168 km/h
Dienstgipfelhöhe	5.480 m
Reichweite	485 km

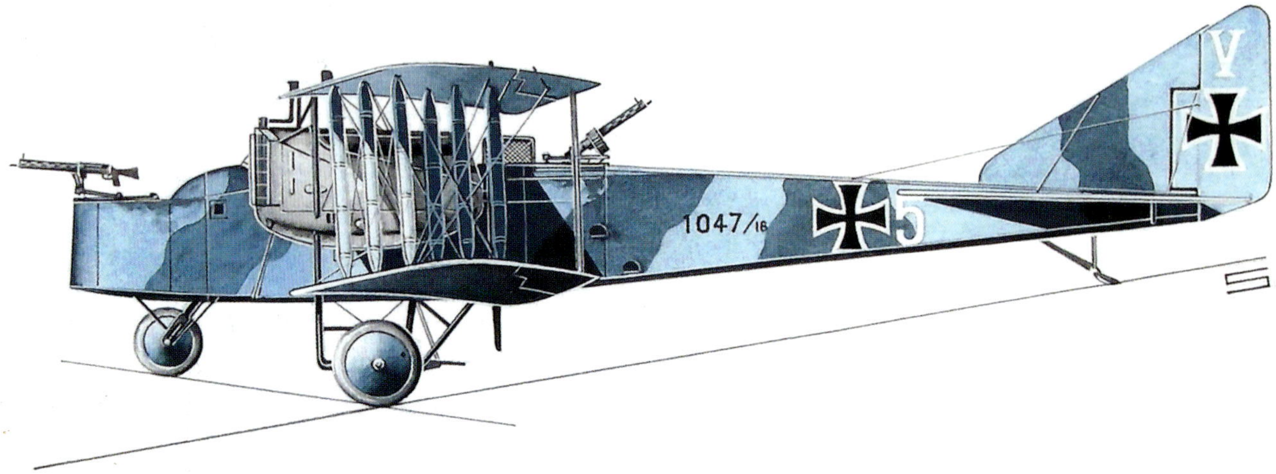

Flugzeugbau Friedrichshafen G III mit unterschiedlichen Tarnschemen und Hoheitskennzeichen.

1917 **Flugzeugbau Friedrichshafen G III**

Wenngleich der Flugzeugbau Friedrichshafen Hauptlieferant der kaiserlichen Marine war, befasste sich das Unternehmen auch mit schweren, landgestützten Bombenflugzeugen. Das erste von ihnen – die FF 36 – kam als G I in die Erprobung, gefolgt von der in etwa 160 Stücken gebauten G II, die nur 300 kg-Bomben tragen konnte. Mit der G III (intern FF 45) kam Anfang 1917 dann ein wirklich starkes Kampfflugzeug zum Fliegen, das mit den besten Mustern des In- und Auslandes Schritt halten konnte. Der drei- bis viersitzige, dreistielige Doppeldecker hatte offene Sitze. Er war mit zwei im Drehkranz montierten Maschinengewehren mit je 500 Schuss bestückt. Die Bombenlast von 800 kg wurde im Rumpf (10 x 10 kg) oder an Trägern unter dem Rumpf und dem Mittelflügel mitgeführt. Es wird berichtet, dass das Muster auf kurzen Strecken bis zu 1.000 kg Bomben mitführen konnte. Der Aufbau der G III entsprach dem damaligen Standard aus Holz, Stahlrohr und Spanndrähten. Sperrholz und Stoff dienten als Bekleidung. Querruder befanden sich am Ober- und Unterflügel. Zwischen den Tragflächen waren die wassergekühlten Daimler D Iva-Motoren mit einer Leistung von 260 PS (177 kW) angeordnet. Sie trieben Druckschrauben an. Der Kraftstoff wurde in Rumpfbehältern mitgeführt. Das Fahrwerk bestand aus einem Bugrad und zwei Haupteinheiten mit je zwei Rädern. Das herkömmliche Einfachleitwerk hatte eine Besonderheit. Die Flosse des Höhenleitwerkes war im Fluge verstellbar.

Die G III bildete zusammen mit der Gotha G IV das Rückgrat der deutschen Bomberflotte. Erste Einsätze erfolgten unter dem Dach der Kagohl 1 im Sommer 1917 gegen Dünkirchen. Später kamen die Bomber zu den Bombergeschwadern 1, 2, 5 und 7. Einsatzschwerpunkte waren die Bekämpfung von Bodenzielen in Frankreich sowie Angriffe gegen Paris. Ob das Muster auch gegen London flog, ist nach wie vor umstritten.

Neben der Basisversion, von der etwa 240 gefertigt wurden, existierten noch 280 Exemplare der G III a mit Kastenleitwerk. In die Produktion beider Varianten waren auch die Hanseatischen Flugzeugwerke und die Daimler-Motoren Gesellschaft eingebunden.

Flugzeugbau Friedrichshafen G III	
Spannweite	23,70 m
Länge	12,80 m
Flügelfläche	86,0 m²
Leermasse	2.695 kg
Startmasse	3.930 kg
Höchstgeschwindigkeit	145 km/h
Dienstgipfelhöhe	4.500 m
Flugdauer	5 Stunden

Flugzeugbau Friedrichshafen FF 49b

1917 Flugzeugbau Friedrichshafen FF 49

Der Flugzeugbau Friedrichshafen hatte sich bereits vor 1914 intensiv mit dem Wasserflugzeugbau befasst. Dieser Linie blieb das Unternehmen auch nach Beginn des Ersten Weltkrieges treu und so entstand eine ganze Reihe bemerkenswerter Seeflugzeuge, von denen die FF 49 besonders zu erwähnen ist. Das Muster wurde im Mai 1917 vorgestellt und kurz darauf in die Fertigung genommen. Es war ein dreistieliger Doppeldecker in herkömmlicher Bauweise mit konventionellem Schwimmwerk. Das zweisitzige Flugzeug kam zunächst als Bomber mit hinten sitzendem Flugzeugführer an die Front. Den 17 Exemplaren der Serie B folgten 270 Kampfzweisitzer der Ausführung C, bei denen der Pilot vorne saß. Ihm stand ein fest eingebautes MG zur Verfügung, während der Beobachter ein bewegliches Maschinengewehr bediente. Als Antrieb kam bei allen Flugzeugen der 6-Zylinder-Reihenmotor Benz Bz IV mit 240 PS (177 kW) zum Einbau. Die hohen Stückzahlen führten zur Einschaltung von Sablatnig und LFG als Nachbaubetriebe.

Die FF 49 bewährten sich im Einsatz voll und ganz. Sie war bei den Besatzungen wegen ihrer guten Flugeigenschaften, ihrer Seetüchtigkeit und ihrer robusten Bauweise beliebt. Nach dem Krieg wurden einige als Zivilflugzeug unter der Bezeichnung FF 71 angeboten. Das letzte dieser Muster wurde erst 1934 stillgelegt.

Flugzeugbau Friedrichshafen FF 49c	
Spannweite	17,15 m
Länge	11,65 m
Höhe	4,25 m
Flügelfläche	71,20 m^2
Startmasse	1.485 kg
Höchstgeschwindigkeit	140 km/h
Dienstgipfelhöhe	3.500 m
Reichweite	700 km

Baureihen und Varianten

CL II
439 mit Argus III 180 PS (132 kW) gebaut.

CL III / CL IIIa / CL IIIb / CL IIIc
Zunächst wurden 80 Stück mit Mercedes DIII 160 PS (118 kW) gebaut. Da der Motor für den Jagdflugzeugbau benötigt wurde, erfolgte die Umschaltung auf die CL IIIa, von der 537 mit Argus III gefertigt wurden. Einzelstücke waren die CL IIIb mit vergrößerter Spannweite und zwei Stielen, sowie die CL IIIc mit 190 PS (140 kW) NAG-Motor.

C IV
Fünf Flugzeuge kamen zur Erprobung. Sie waren mit 1.375 kg Startmasse und 245 PS (180 PS) Maybach Mb.IV deutlich schwerer und mit einer Spannweite von 12,56 m auch größer als die Vorgänger, sodass der Kennbuchstabe L (für leicht) entfiel.

CL V
Von dieser Baureihe entstanden etwa 50 Stück mit BMW IIIa 185 PS (136 kW). Bei einigen wurde auf das obere Leitwerk verzichtet. Die Flugzeuge hatten zwei starre und ein bewegliches 7,9 mm-MG.

F3 / F3e / F6
Unter diesen Bezeichnungen entstanden einige Zivilflugzeuge. F3 auf Basis der CL III. F3e mit geschlossenem Raum für einen Passagier. Die F6 baute auf der CL V auf. Mit einem solchen Flugzeug wurde 1919 ein Höhenrekord von 8.340 m aufgestellt.

Hannover CL IIIa	
Spannweite	11,70 m
Länge	7,58 m
Höhe	2,80 m
Flügelfläche	33,10 m²
Leermasse	717 kg
Startmasse	1.081 kg
Höchstgeschwindigkeit	165 km/h in 800 m
Dienstgipfelhöhe	7.500 m
Reichweite	500 km

1917 Hannover CL

Die Hannoversche Waggonfabrik AG (Hawa) stieg 1915 in den Flugzeugbau ein. Zunächst als Lizenzbetrieb für Aviatik, Halberstadt und Rumpler. 1916 begann unter der Leitung von Hermann Dorner eine eigenständige Entwicklungsreihe, die ihren Ausgang in einer Ausschreibung der Flugmeisterei hatte. Diese forderte den Bau eines leichten C-Flugzeuges*, das bei einer Leermasse von maximal 750 kg mit einem Motor von 160-180 PS auskommen sollte. Mit dem Pflichtenheft wollte die Flugmeisterei dem Trend nach immer schwereren und unbeweglicheren C-Flugzeugen entgegentreten. Neben Halberstadt konnte sich Hawa mit ihrer CL II durchsetzen. Ab 1917 baute man von diesem Muster und ihren Nachfolgern mehr als 1.000 Stück, wobei die Firma Roland als Nachbaubetrieb in die Fertigung einbezogen war.

Die zweisitzige CL II wies von der Bauweise her keine Besonderheiten auf. Sie wurde überwiegend aus Holz hergestellt. Ihre Behäutung bestand aus Sperrholz und Stoff. Metallbekleidung befand sich nur im Bereich des Motors. Die Besatzung saß in offenen Kabinen. Ein 7,9 mm-MG 08/15 wurde starr nach vorne feuernd eingebaut. Ein weiteres, in einem Drehkranz montiertes 7,9 mm-MG stand dem Beobachter/Bordschützen zur Verfügung.

Die CL II hob sich vom Erscheinungsbild her kaum von anderen Doppeldeckern ab. Ausgenommen davon blieb das elliptische Doppeldecker-Leitwerk, dass für ein so kleines Flugzeug eine Seltenheit darstellte. Grund für die Bauweise war der Umstand, dass dadurch die Spannweite des Höhenleitwerkes klein gehalten wurde und sich für den Bordschützen ein besseres Schussfeld ergab.

Zunächst wurden drei Flugzeuge bestellt, die am 21. Juli 1917 die Typenprüfung mit Bravour absolvierten, worauf eine erste Bestellung über 200 Flugzeugen bei Hawa eintraf. Die ersten Exemplare erschienen im Spätsommer 1917 an der Front. Hier sollten sie als Schutzstaffeln Begleitschutz für die schwereren C-Flugzeuge fliegen. Die Aufgabenstellung machte aber schon bald dem Erdkampfeinsatz Platz, der von den Schlachtstaffeln geflogen wurde. Für diese Aufgabe ließen sich Abwurfwaffen von bis zu 50 kg mitführen. Die Hawa CL-Muster bewährten sich sehr gut. Sie boten dem Flugzeugführer und dem Beobachter beste Sicht- und Schussfelder. Darüber hinaus waren sie robust und von der Wendigkeit her den meisten Jagdmaschinen ebenbürtig.

Nach Kriegsende lief die Fertigung noch einige Zeit weiter, sodass noch insgesamt 62 Flugzeuge für zivile Zwecke entstanden. Außerdem nahm die norwegische Firma Kjeller den Nachbau der CL V in den 1920er Jahren unter der Bezeichnung FF.7 Hauk vor.

* Die Fliegertruppe unterteilte ihre Flugzeuge in Kategorien, die durch Buchstaben gekennzeichnet wurden. A- und B-Flugzeuge waren unbewaffnete Aufklärer. C-Flugzeuge dienten ebenfalls der Aufklärung, trugen aber Waffen. Jagddoppeldecker wurden unter D geführt, während Jagdeindecker den Buchstaben E erhielten. Großflugzeuge trugen ein G. Sie fungierten ebenso wie die Riesenflugzeuge (R) als Bomber.

Hannover CL I

CL IIIa der Schlachtstaffel 24b

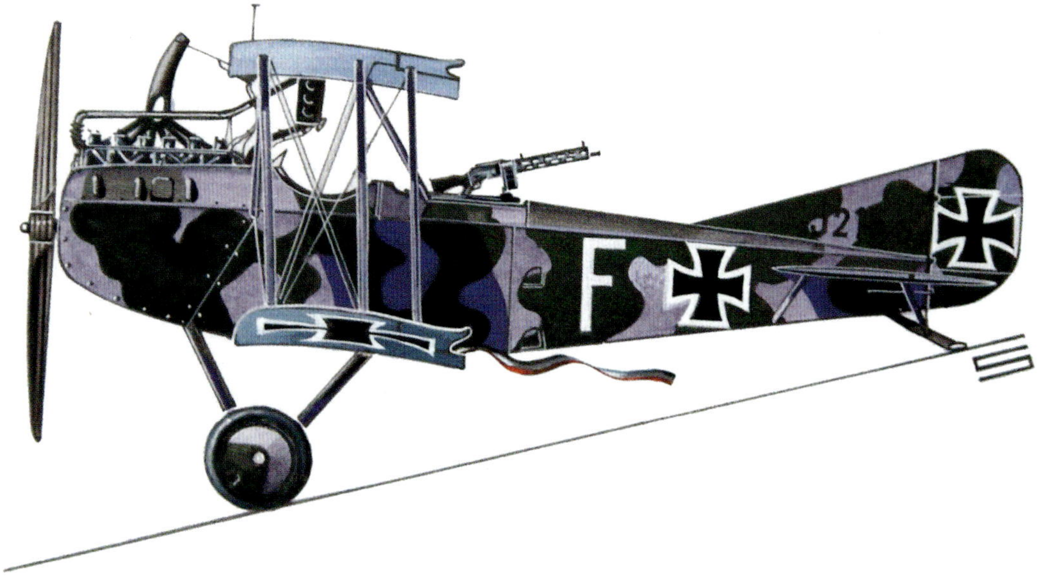

A.E.G. JII

1917 **A.E.G. JI und JII**

1917 entstand in Deutschland mit dem Infanterieflugzeug (Kennbuchstabe J) eine neue Flugzeugklasse, die als Vorläufer der heutigen Schlacht- oder Erdkampfflugzeuge anzusehen ist.

Zu den ersten Firmen, die sich mit einem solchen Muster befassten, gehörte die Allgemeine Elektrizitäts-Gesellschaft, kurz A.E.G. genannt. Hier entwarf das Konstruktionsbüro auf Basis der CIV die JI, die den 200 PS (147 kW) Benz-Bz.IV hatte und eine Panzerung aus 5,1 mm dicken Stahlplatten besaß, die wie eine Wanne geformt waren und den Motor sowie die zweiköpfige Besatzung gegen Beschuss von vorne, den Seiten und hinten schützte und 380 kg wog. Ansonsten entsprach das Flugzeug der damaligen Bauweise, d. h. der Rumpf und das Tragwerk hatten eine Struktur aus Stahlrohren die mit Stoff bespannt war.

Zwei 7,7 mm-MG 08/15 waren im Rumpfboden eingebaut. Sie feuerten im Winkel von 45° nach unten, wobei ihre Betätigung über einen Bowdenzug erfolgte. Das Zielen erfolgte über ein kreisrundes Sichtloch vorne rechts im Cockpit. Zur Verteidigung stand ein 7,7 mm Parabelum-MG in einer Ringlafette zur Verfügung.

Gegenüber der CIV war die Flugmasse von 1.120 auf 1.740 kg angewachsen, sodass die Steuerung sehr schwerfällig war. Ab der JIa kamen daher auch Querruder am Unterflügel zum Anbau, die mit denen des Oberflügels verbunden waren. Die Maßnahme reichte allem Anschein nicht aus. 1918 erschien mit der JII eine weitere Baureihe. Sie hatte größere Querruder am oberen Tragwerk und eine vergrößerte Seitenflosse. Von der JI wurden 300 und von der JII 308 Exemplare gefertigt.

Der militärische Nutzen der A.E.G Infanterieflugzeuge war sehr begrenzt. Dies lag vor allem an den ungenügenden Zielmöglichkeiten der Starrwaffen.

A.E.G. JI	
Spannweite	13,46 m
Länge	7,42 m
Höhe	3,35 m
Flügelfläche	33,18 m^2
Leermasse	1.455 kg
Startmasse	1.740 kg
Höchstgeschwindigkeit	150 km/h
Dienstgipfelhöhe	4.500 m
Flugdauer	2,5 Stunden

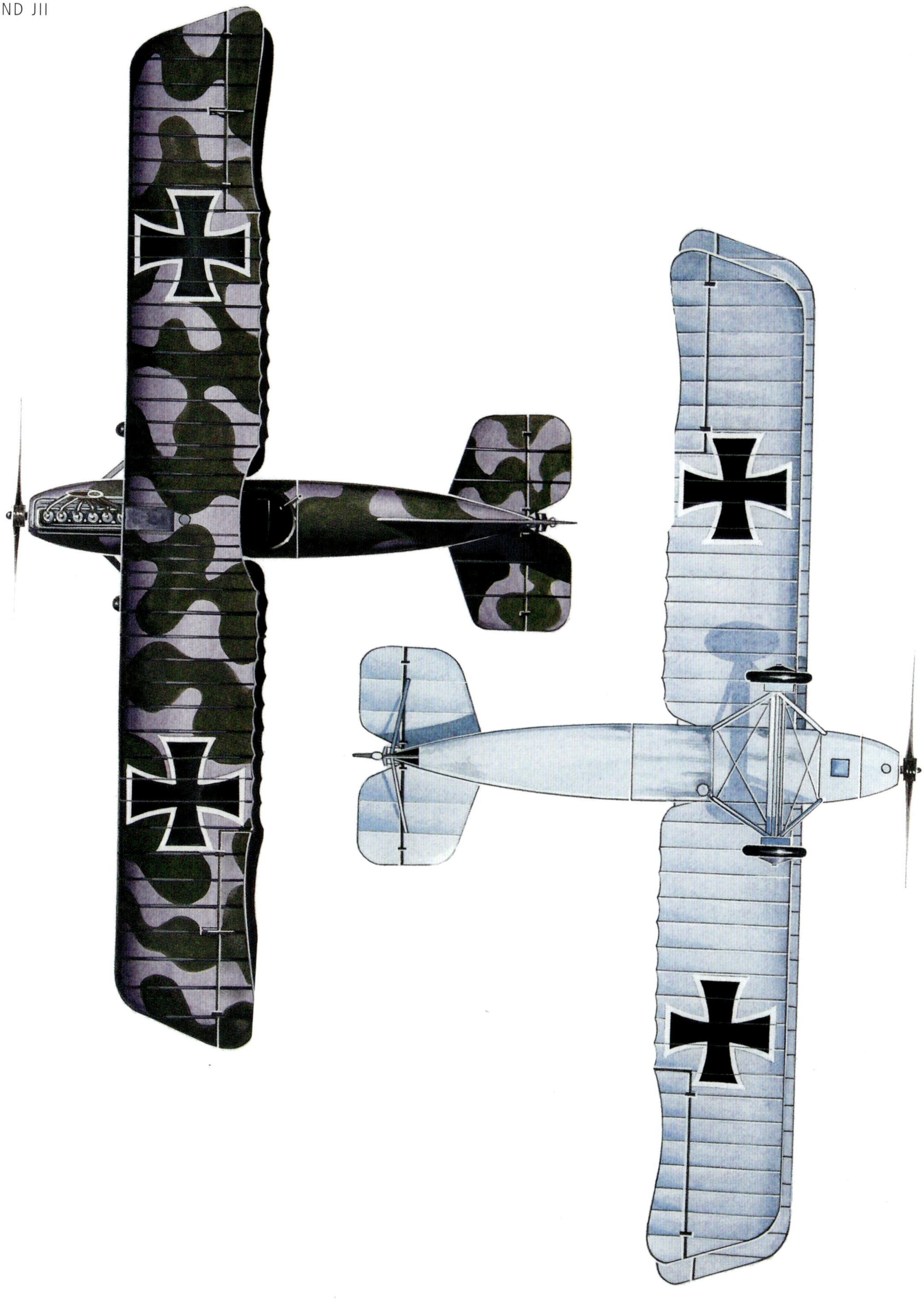

1918 **Siemens-Schuckert D IV**

Dipl.-Ing. Harald Wolff begann Ende 1916 bei den Siemens-Schuckert Werken (SSW) mit dem Entwurf eines Jagdeinsitzers, der ganz auf den neuen Siemens & Halske Rotationsmotor Sh III mit 160 PS Startleistung zugeschnitten war. Das Ergebnis der Arbeiten war der schnittige, einstielige Doppeldecker D II, der mit zwei MG 08/15 bewaffnet war. Das erste von drei Versuchsmustern konnte Anfang 1917 in die Erprobung gehen. Die erreichte Geschwindigkeit lag dabei im Rahmen des Normalen. Die Steigleistung indes war außergewöhnlich gut. 5.000 m wurden in etwas mehr als 14 Minuten erreicht. Für die Luftstreitkräfte Grund genug, drei Vorserienflugzeuge mit unterschiedlicher Spannweite in Auftrag zu geben. Zwei als D II c kurz bezeichnete Flugzeuge hatten ein Tragwerk von 8,50 m, das dritte, die D II lang, hingegen eines von 9,00 m.

Auf Grundlage der D II c kam gegen Ende 1917 die D III heraus, von der 80 Stück bestellt wurden. Im Einsatz zeigte sich, dass die Motorkühlung nicht optimal gelöst war und es zu Überhitzungen kam. Daraufhin erfolgte eine Änderung der Motorverkleidung, die nun unten ausgeschnitten wurde, wodurch die sogenannte Frackhaube entstand.

Die Fliegertruppe sah in der D III nur eine Übergangslösung bis zur Verfügbarkeit der D IV, von der sie im März 1918 280 Exemplare orderte. Heinrich Kamm hatte bei diesem Muster das Tragwerk überarbeitet. Das Profil war dünner und der Oberflügel hatte eine geringere Tiefe. Bis zum Kriegsende kamen um die 120 Flugzeuge zur Ablieferung, von denen etwa die Hälfte bei den Einsatzverbänden – darunter die Jasta 11, 14 und 22 – eintrafen. Die D IV wurde wegen ihrer sehr guten Steigleistung vornehmlich zur Bomberabwehr in der Heimatverteidigung eingesetzt. Nach dem Krieg flogen einige bei der Reichswehr und beim Grenzschutz Ost zur Abwehr sowjetischer Übergriffe. 1926 baute Albatros eine D IV zum Höhenflugzeug H I um. Das Tragwerk maß nun 12,56 m. Die Luftschraube hatte einen Durchmesser von 3,68 m! Einzelheiten zu den Flugversuchen sind nicht bekannt. Heute befindet sich die H I im Krakauer Luftfahrtmuseum.

Siemens-Schuckert D IV	
Spannweite	8,35 m
Länge	5,70 m
Flügelfläche	15,12 m²
Leermasse	540 kg
Startmasse	738 kg
Höchstgeschwindigkeit	184 km/h
Reichweite	385 km

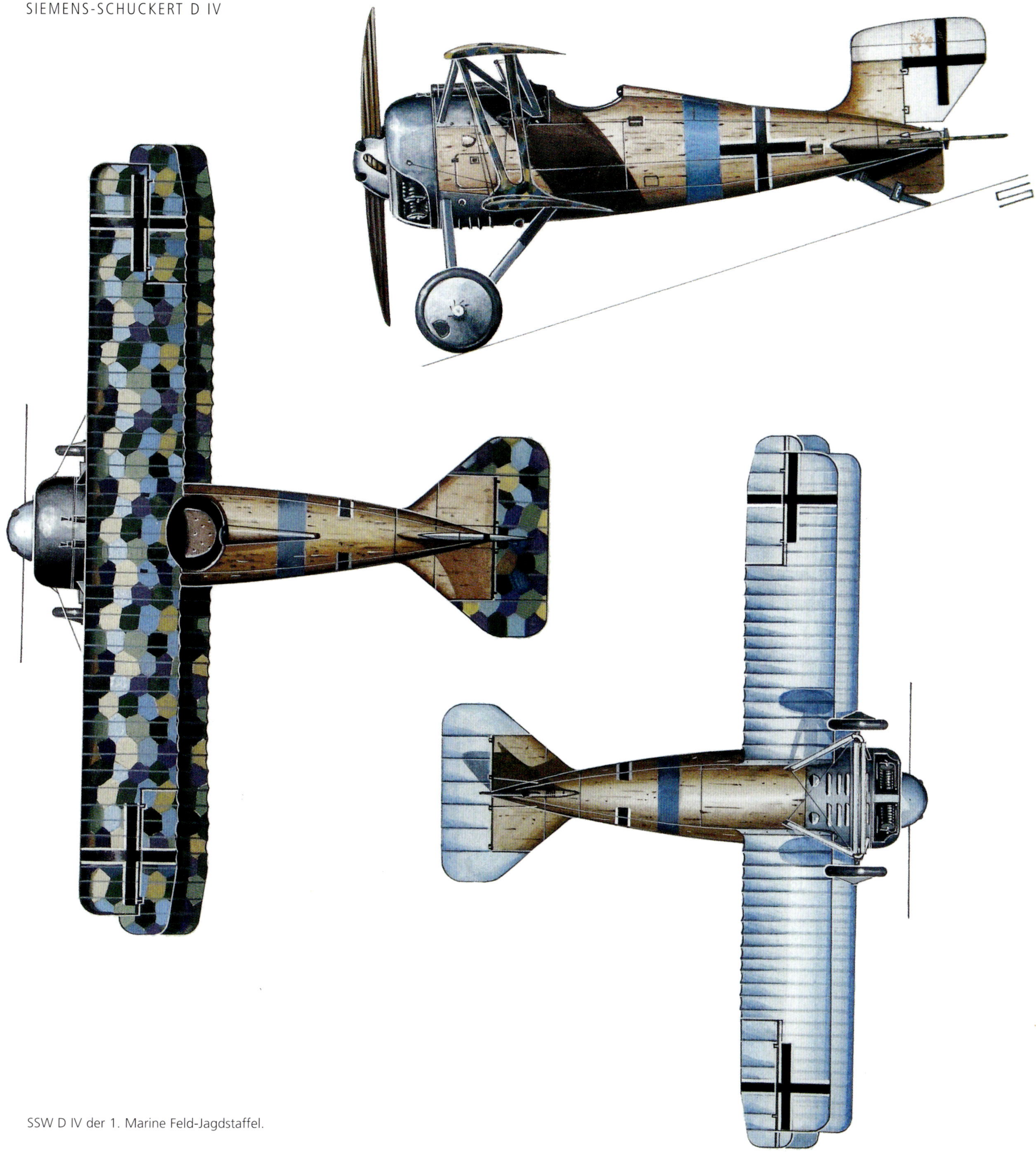

SSW D IV der 1. Marine Feld-Jagdstaffel.

1918 **Fokker D VII**

Ende 1917 befassten sich Anthony Fokker und sein Chef-Konstrukteur Reinhold Platz mit einem neuen Jagdflugzeug, das die gegnerische Luftüberlegenheit brechen sollte. Das Flugzeug – die Fokker V 11 – nahm rasch Gestalt an, enttäuschte aber fliegerisch, sodass diverse Änderungen vorgenommen werden mussten. Allen voran eine Rumpfverlängerung und der Anbau einer Flosse vor dem Leitwerk. In dieser Form nahm das Muster im Januar 1918 an einem in Adlershof durchgeführten Jagdflugzeug-Wettbewerb teil, den es für sich entscheiden konnte. Insbesondere die sehr guten Steigleistungen und die ausgezeichneten Abkippeigenschaften sprachen für das Flugzeug, das nun mit der Bezeichnung Fokker D VII in die Fertigung ging. Der Erstauftrag der Fliegertruppe über 400 Flugzeuge überforderte Fokkers Kapazitäten, sodass die Albatross Werke in Johannisthal und Schneidemühl (Ostdeutsche Albatross Werke, OAW) in die Produktion einbezogen wurden. Mangels einheitlicher Zeichnungssätze gab es zwischen den einzelnen Fertigungsstätten einige Abweichungen vom Grundmodell. Dies änderte aber nichts am Siegeszug des Einsitzers, der mit seinen zweiholmigen Holzflügeln und seinem Stahlrohrrumpf der damaligen Bauweise entsprach.

Anzumerken bleibt, dass Albatross noch ein Flugzeug ganz in Holzbauweise erstellte, dessen Leermasse überraschenderweise höher als bei der Standardbauweise lag. So blieb es beim Versuch.

Die Fokker D VII wurde ab April 1918 den Jagdstaffeln (Jasta) 4, 6, 10 und 11 des Geschwader 1 zugeführt. Im Sommer 1918 befanden sich bereits mehr als 400 Flugzeuge im Einsatz. Wenige Monate später waren es sogar 775. Damit bildete das Muster das Rückgrat der deutschen Jagdwaffe.

Der mit zwei Spandau 08/15-MG vom Kaliber 7,9 mm bewaffnete Doppeldecker kam zunächst mit einem 160 PS (118 kW) Mercedes DIII an die Front. Später wurde der Motor durch den 185 PS (136 PS) BMW III abgelöst, der dem Flugzeug eine Höchstgeschwindigkeit von 205 km/h ermöglichte. In dieser Form lautete die Bezeichnung D VIIF.

Bei den Jastas bewährte sich das Flugzeug dank ausgezeichneter Flugeigenschaften und -leistungen außerordentlich gut. So erreichte der Jäger eine Höhe von 6.000 m in nur 18 Minuten und seine Geschwindigkeit lag bei knapp 200 km/h. Schon bald war das Muster beim Gegner gefürchtet. Dies führte dazu, dass nach Kriegsende die Siegermächte die Herausgabe beziehungsweise Zerstörung der Fokker D VII besonders forderten.

Anthony Fokker war zu dieser Zeit in seine niederländische Heimat zurückgekehrt. Dabei hatte er einige Güterwaggons mit mehr oder weniger fertig gestellten D VII mitgenommen. Diese Flugzeuge wurden nun endmontiert und einige Jahre lang in Niederländisch Ost-Indien eingesetzt.

Fokker D VII (mit Mercedes DIII Motor)	
Spannweite	8,90 m
Länge	6,95 m
Höhe	2,75 m
Flügelfläche	20,2 m^2
Leermasse	684 kg
Startmasse	910 kg
Höchstgeschwindigkeit	187 km/h
Flugzeit	1,5 Stunden
Reichweite	450 km
Dienstgipfelhöhe	8.000 m

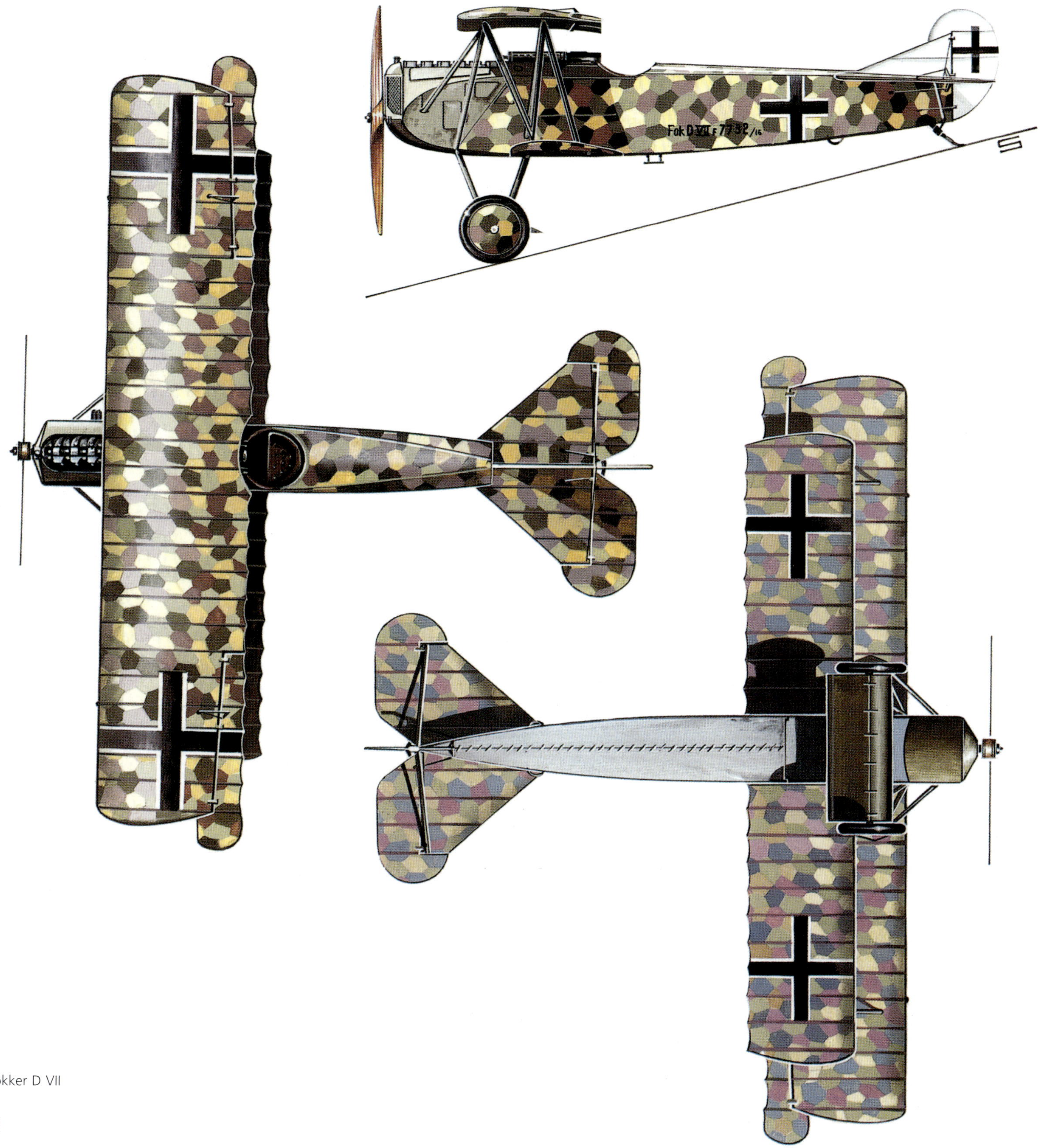

Fokker D VII

1918 Hansa-Brandenburg W29

Ernst Heinkel, Chef-Konstrukteur der Hansa- und Brandenburgischen Flugzeugwerke, hatte mit dem See-Kampfzweisitzer W12 ein hervorragendes Schwimmerflugzeug entwickelt, das im Januar 1917 die Flugversuche aufnahm und schon bald danach den Kampfverbänden zugeführt wurde. Besonderes Merkmal des Doppeldeckers war das umgekehrte Seitenleitwerk, das dem Bordschützen ein ungestörtes Schussfeld bot. Das Gros der Flugzeuge ging an die in Zeebrügge stationierten Seeflieger, die sich erbitterte Kämpfe mit den Engländern lieferten. Mittels der W12 bekamen die Deutschen die Oberhand. Sie konnten spektakuläre Erfolge erzielen. Unter Führung von Oberleutnant »Krischan« Christiansen schossen drei W12 am 11. Dezember 1917 das britische Luftschiff C 27 ab.

Mit zunehmender Kriegsdauer drehte sich das Rüstungskarussell immer schneller, die Flugzeuge alterten rasch und mussten durch neue Entwicklungen ersetzt werden, so auch die W12. Als Christiansen Anfang 1918 Heinkel einen Besuch abstattete, forderte er ihn zum Bau eines leistungsstärkeren Flugzeuges auf, das in kurzer Zeit verfügbar sein sollte. Heinkel sah nur eine Möglichkeit, das Ziel rasch zu erreichen. Er konstruierte die W12 zum Eindecker um. Dadurch verringerte er den Frontwiderstand und konnte bei gleicher Motorleistung Fortschritte erzielen. Tatsächlich war bei dem als W29 bezeichneten Muster in der Hauptsache nur das Tragwerk neu. Alles andere wurde mehr oder weniger unverändert übernommen. Als Antrieb diente der Benz Bz III mit 150 PS (110 kW). Nur die letzten vier der insgesamt 78 Flugzeuge hatten den Benz IIIa mit 185 PS (136 kW). Die Leistungsgausbeute war selbst mit dem schwachen Motor beachtlich. Die Höchstgeschwindigkeit stieg von 160 auf 175 km/h, die Flugdauer von dreieinhalb auf vier Stunden. Noch gravierender war der Zuwachs bei der Steigleistung. Für 2.000 m wurden nur 13 Minuten benötigt. Bei der W12 waren es noch 19 Minuten.

Von Hause aus sollte das Muster mit zwei starr nach vorne feuernden und einem beweglichen MG bestückt werden. Oft war es aber so, dass nur eine starre Waffe mitgeführt wurde. Dafür hatten einige Maschinen bereits Funk an Bord.

Auch mit der W29 – allgemein als bestes Schwimmerflugzeug des Krieges bezeichnet – konnten die Seeflieger große Erfolge erzielen. Dabei ragt die Versenkung von drei britischen Küstenmotorbooten (C.M.B.) heraus.

Den Engländern war die Seestation in Zeebrügge schon lange ein Dorn im Auge, sodass sie beschlossen, in der Nacht vom 22. auf den 23. April 1918 mit einem Luftangriff die Basis auszuschalten. Doch die Deutschen waren clever. Sie parkten ihre W29 nach Einsatzende auf niedrigen Waggons. Die Lokomotive blieb unter Dampf. Als der Angriff bemerkt wurde, zog sie die Flugzeuge aus der unmittelbaren Gefahrenzone und der Luftschlag ging ins Leere.

Nach Kriegsende meldeten viele Länder Ansprüche gegen Deutschland auf Entschädigung an. Zum Teil wurden die Reparationsleistungen durch Flugzeuge abgegolten. Finnland, Japan und Norwegen übernahmen einige W29 und die niederländische Firma van Berkel erwarb die Nachbaurechte. Unter der Bezeichnung W-B wurden ab September 1920 sechs mit 360 PS (265 kW)-Motor gebaut und auch in Dänemark entstanden fünfzehn Nachbauten.

Hansa-Brandenburg W29	
Spannweite	13,50 m
Länge	9,36 m
Höhe	3,00 m
Flügelfläche	31,60 m²
Leermasse	1.000 kg
Startmasse	1.490 kg
Höchstgeschwindigkeit	175 km/h
Dienstgipfelhöhe	5.000 m
Reichweite	600 km

Hansa-Brandenburg W29

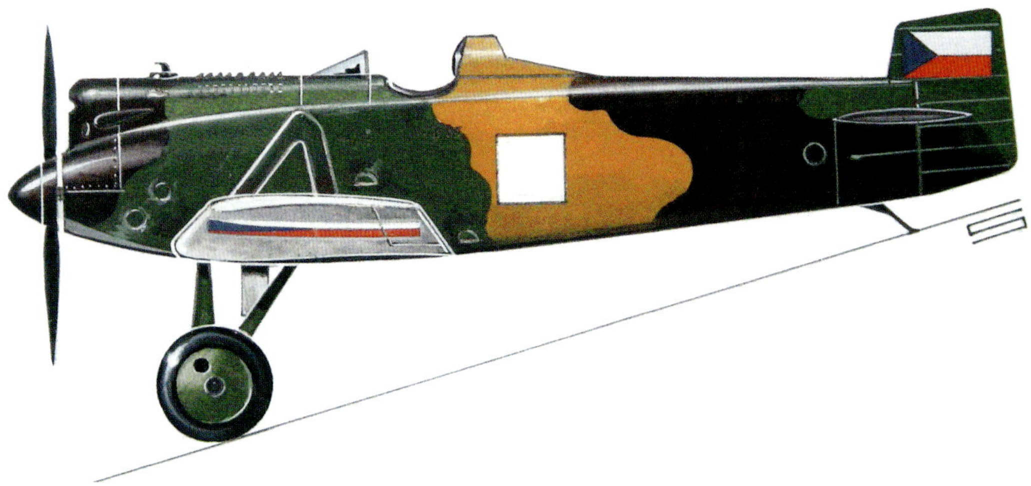

Avia BH-3 in den Farben der tschechischen Luftstreitkräfte.

1921 **Avia BH-3**

Die nach ihren Konstrukteuren – Pavel Beneš und Miroslav Hajn – benannte BH-3 startete in Form der BH-3.01 am 16. Dezember 1921 zum Jungfernflug. Am Steuer saß Werkpilot Bohumil Munzar. Der Gedanke, der hinter der Entwicklung stand, beinhaltete den Wunsch, mit einem relativ schwachen Motor ein leistungsfähiges Jagdflugzeug herauszubringen. Der Schlüssel zum Erreichen des Zieles lag in der Verringerung des Frontwiderstandes. Folgerichtig hieß es, weg vom Doppeldecker mit seinen Stielen und Spanndrähten und hin zum Eindecker. Die BH-3 war zwar kein freitragender Tiefdecker, aber es gab nur zwei V-förmige Abstrebungen zum Rumpf, die geringen Widerstand erzeugten.

Das Flugzeug hatte zwei Vickers 7,7 mm-MG über dem Motor und als Antrieb den BMW IIIa, der sich im Ersten Weltkrieg bewährt hatte und 185 PS (138 kW) leistete. Er trieb eine 2-Blatt-Luftschraube an. Der Wasserkühler befand sich unter dem Rumpf zwischen dem festen Fahrwerk.

Das einsitzige, in Holzbauweise erstellte Muster zeigte von vornherein gute Flugeigenschaften, sodass es Vertretern des Verteidigungsministeriums am 6. Juni 1922 im Fluge vorgestellt wurde. Dabei kam es zum Desaster. Munzar stürzte ab und kam ums Leben. Avia gelang es jedoch, das Ministerium davon zu überzeugen, dass der Absturz seine Ursache nicht in der Konstruktion hatte. Tatsächlich wurde ein Auftrag über zehn Serienflugzeuge erteilt, die ab 1923 unter der Kennung B-3 beim 1. Fliegerregiment in Prag-Kbely eintrafen.

Eines der Flugzeuge, die BH-3.4, verblieb beim Hersteller und wurde mit dem Walter W-IV von 220 PS (162 kW) ausgestattet. Doch es blieb beim Versuch und auch die Weiterentwicklung BH-4 mit Hispano-Suiza 8 Ba kam nicht in den Serienbau. Bereits 1927 schieden die B.3 bei den Einsatzverbänden aus.

Avia BH-3	
Spannweite	10,24 m
Länge	6,98 m
Höhe	2,77 m
Flügelfläche	15,76 m²
Leermasse	778 kg
Startmasse	1.025 kg
Höchstgeschwindigkeit	225 km/h
Dienstgipfelhöhe	7.800 m
Reichweite	500 km

Polikarpow Po-2 (U-2)

Polikarpow Po-2	
Spannweite	11,40 m
Länge	8,17 m
Höhe	3,10 m
Flügelfläche	33,20 m²
Leermasse	770 kg
Startmasse	1.030 kg
Maximale Startmasse	1.350 kg
Höchstgeschwindigkeit	152 km/h
Dienstgipfelhöhe	3.000 m
Reichweite	630 km

1928 **Polikarpow Po-2**

Klein, unscheinbar, preiswert, einfach in der Wartung und äußerst erfolgreich. So könnte man den 1927 von Nikolai Polikarpow entwickelten, einmotorigen, zweisitzigen Doppeldecker U-2 mit wenigen Worten beschreiben. Das Muster war als Ablösung für die U-1 (Avro 504) gedacht und sollte als Mehrzweckflugzeug dienen, wobei die Aufgabenbereiche Schulbetrieb und Sprühflugzeug im Vordergrund standen.

Polikarpow wollte das Fluzeug möglichst einfach halten. Das bedeutete den Einbau eines luftgekühlten Motors, eines starren Fahrwerks und einfache Ersatzteilhaltung. Möglichst viele Baugruppen sollten austauschbar sein. Alle vier Tragwerke waren beispielsweise vollkommen identisch. Der Aufbau des Flugzeuges entsprach dem damaligen Standard. Holz und Stahlrohre bildeten Rumpfgerüst und Flügelstruktur. Die Bekleidung erfolgte mit Holz und Stoff.

Zunächst kam Anfang 1927 mit der TKP ein Versuchsflugzeug mit M-11-Motor (99 PS/73 kW) heraus, dessen Leistungen aber nicht genügten, sodass eine vollständige Revision des Entwurfs erfolgte, die zur U-2 führte. Die ab dem 7. Januar 1928 begonnene Flugerprobung befriedigte voll. Die anschließende Serienfertigung lief in der Hauptsache in einem neu eingerichtetes Werk. Später folgten weitere Betriebe. Am Beginn der Fertigung standen die Baureihen AP und AO. Es waren landwirtschaftliche Sprühflugzeuge mit gesondertem Rumpftank.

Die U-2 deckte in den kommenden Jahren eine Vielzahl von Aufgaben ab. Neben den bereits erwähnten waren es unter anderem leichter Transporter, Vermessungsflugzeug, Reise- und Verbindungsflugzeug, Sanitätsflugzeug, Nahaufklärer und Störkampfflugzeug. Alles in allem existierten rund 40 Varianten und Baureihen, die teilweise über Rumpfabdeckungen verfügten und bis zu vier Personen beförderten. Darüber hinaus gab es unterschiedliche Motoren bis 125 PS (92 kW) und Ausführungen mit Skifahrwerk und Schwimmern.

Die U-2 stand bis 1944 in der UdSSR in der Serienfertigung. Nach dem Tod Polikarpows im Jahre 1944 ordnete Josef Stalin die Umbenennung in Po-2 an. Inoffiziell lautete die Bezeichnung Kukuruznik, was in etwa Kornschnitter bedeutet. Von 1948 bis 1953 erfolgte

Militärische Hauptbaureihen und Varianten

U-2VOM-1 (auch U-2LSh genannt)
Einige Hundert als leichtes Angriffsflugzeug mit einem beweglichen 7,62 mm-MG gebaut. Bombenlast bis zu 120 kg. Mitführung von vier RS-82-Raketen möglich.

U-2LNB
Leichter Nachtbomber. Oft einsitzig. Bis zu 200 kg Bombenlast. Leuchtfackeln und Suchscheinwerfer. Auspuff mit Schalldämpfer.

Po-2NAK
Artilleriebeobachter für den Nachteinsatz. Funkgerät vorhanden.

Po-2GN
Propagandaflugzeug mit Lautsprecheranlage.

die Lizenzfertigung in Polen. In der Sowjetunion wurden bis 1959 weitere Flugzeuge aus Ersatzteilen zusammengebaut. Nach Schätzungen wurden etwa 40.000 Stück gefertigt.

Ab 1942 kam die Po-2 in großer Zahl als nächtliches Störkampfflugzeug an die Front, wobei ihr das typische Rattern des M-11-Motors bei den Landsern den Spitznamen »Nähmaschine« einbrachte. Der Waffeneinsatz war nicht so entscheidend, viel wichtiger war die psychologische Wirkung. Die permanent über den deutschen Truppen kreisenden Flugzeuge raubten den Soldaten den Schlaf und erzwangen eine ständige Alarmbereitschaft. Die Abwehr der fast geräuschlos anfliegenden Maschinen erwies sich als sehr schwierig, da die Po-2 unterhalb der Abreißgeschwindigkeit der deutschen Jagdeinsitzer flog. Eine besondere Rolle bei den Einsätzen spielte das 558. Nachtbomber-Regiment, das vollständig von Frauen (den sogenannten Nachthexen) gebildet wurde. Die meisten der Flugzeugführerinnen konnten bei Kriegsende um die 1.000 Einsätze vorweisen. Die erfolgreiche Taktik wurde im Übrigen von den Kommunisten während des Korea-Krieges fortgeführt.

Nach Ende des Zweiten Weltkrieges fand die Po-2 große Verbreitung bei den Satelliten-Staaten der Sowjetunion. Noch heute sind etliche Exemplare erhalten geblieben.

PZL 11c der 7 Eskadra Mysliwska.

1931 Panstowe Zaklady Lotnicze PZL 11

Die Ende 1918 gegründete staatliche Flugzeugfabrik Centralne Warszlaty Lotnicze fungierte in den kommenden Jahren als Reparaturbetrieb für Flugzeugzellen und -motoren. Außerdem kam es zum Nachbau einiger Muster. 1927 war dies den maßgeblichen polnischen Ämtern zu wenig, worauf das Unternehmen eine Reorganisation erfuhr und ab dem 1. Januar 1928 den Namen Panstowe Zaklady Lotnicze, kurz PZL, führte. PZL sollte die polnische Luftfahrt nach vorne bringen und eigene Flugzeuge entwickeln. Für den Anfang waren fünf Typen vorgesehen und zwar: Jagdflugzeug, Verbindungsflugzeug, Kampfflugzeug, Verkehrsflugzeug und Schulflugzeug.

Unverzüglich begann der junge, frisch von der Hochschule kommende Zygmunt Pulawski unter der Bezeichnung P.1 mit dem Bau eines Jagdflugzeuges, dessen Auslegung den Grundstein für eine Jagdflugzeugfamilie legte, die insbesondere in Osteuropa Anklang fand. Die P.1 war ein abgestrebter Hochdecker mit Knickflügeln, dessen Wurzeln in der Rumpfoberseite befestigt waren, sodass sich dem Flugzeugführer ein gutes Sichtfeld nach vorne bieten sollte. Das Flugzeug hatte ein festes Fahrwerk, ein offenes Cockpit, ein konventionelles Leitwerk und war weitgehend in Metallbauweise erstellt. Damals noch eine Besonderheit. Als Motor hatten die beiden P.1-Versuchsmuster einen wassergekühlten Hispano-Suiza von 600 PS (441 kW). Insgesamt gesehen war das Flugzeug in Ordnung, stellte aber noch nicht zufrieden, sodass bei identischer Auslegung zwei neue Jäger, die P.6 und P.7, in je zwei Exemplaren mit luftgekühltem Motor entstanden. Die Unterschiede zwischen den Mustern betrafen die Bauweise und die Motorisierung. Während die P.6 aus Duraluminium gefertigt wurde und einen Jupiter VI.F4 von 450 PS (330 kW) hatte, wies die P.7 Stahlbau auf. Als Antrieb diente ein Jupiter VII.F4 von 485 PS (356 kW). Die Flugzeuge kamen 1930 zur Erprobung und bewährten sich gut, sodass 150 Exemplare der P.7a für die polnischen Streitkräfte gefertigt wurden. Bei Ausbruch des Zweiten Weltkrieges befanden sich noch etwa 100 bei den Einheiten. Als die Sowjet-

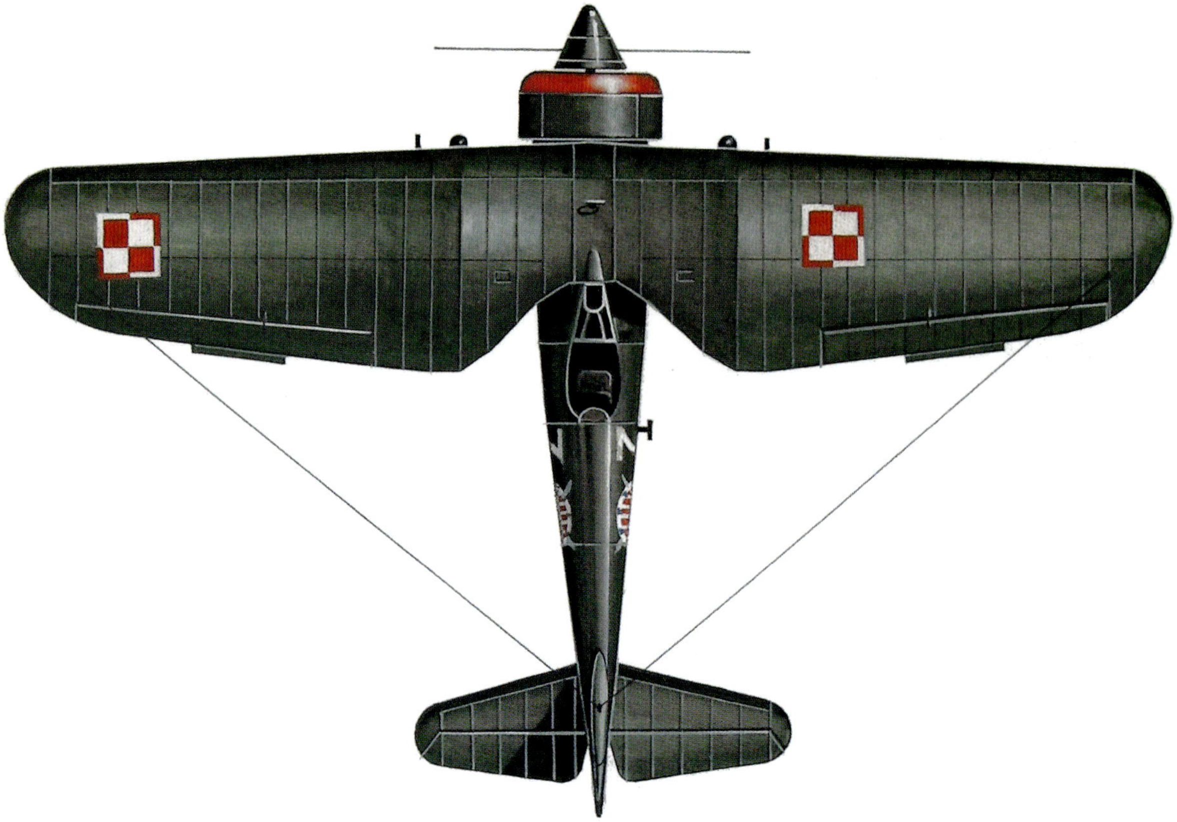

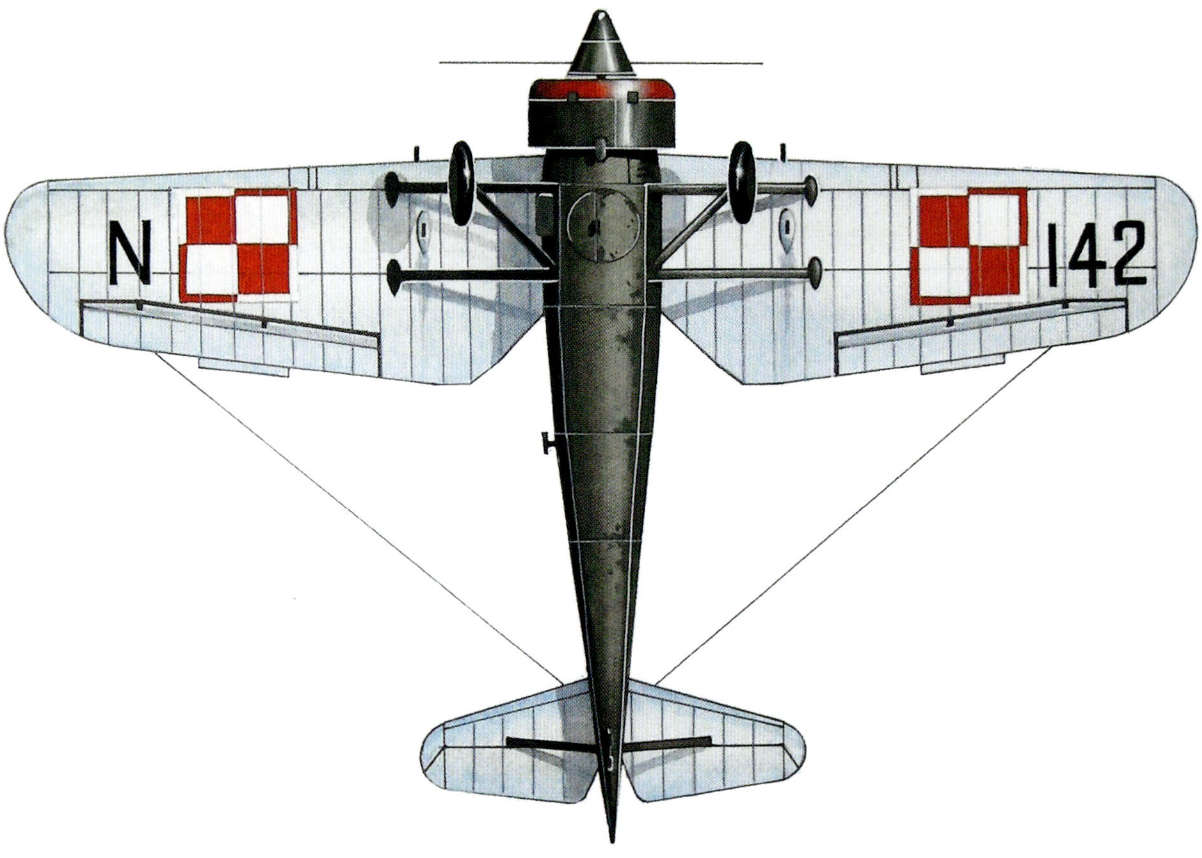
N
142

Baureihen und Varianten

P.11a
Basisausführung mit Skoda Mercury IV S2-Motor und zwei 7,7 mm-MG (je 700 Schuss). 30 Stück gebaut.

P.11b
50 Stück für Rumänien mit Gnome-Rhone Mistral-Motor aus rumänischer Lizenzfertigung mit 525 PS (386 kW). Geänderte Leitwerksgeometrie. Später Nachbau des Flugzeuges als P.11f in Rumänien.

P.11c
175 Stück für Polen gebaut. Antrieb durch Mercury V.S2 oder Mercury VI.S2 mit 560 PS (412 kW), respektive 645 PS (474 kW). Wegen der schlechten Sicht des Flugzeugführers gab es folgende Änderungen: Motor um 10 cm nach unten verlegt, Führersitz 5 cm höher und 30 cm weiter nach hinten gelegt, Flügelwurzeln dünner ausgeführt, Ausschnitt der Flügelhinterkante vergrößert und Einstellwinkel des Tragwerks verändert.
Zwei 7,7 mm-MG an den Rumpfseiten und zwei 7,7 mm-MG im Tragwerk. Ein Drittel der Flugzeuge mit vier Waffen ausgeliefert, der Rest nur mit zwei Rumpfwaffen.

P.11f
Nachbau mit IAR Mistral-Motor in Rumänien. Zirka 80 Stück gefertigt.

P.11g
Einzelstück. Kobuz genannt. Interimslösung bis zur Verfügbarkeit des modernen Jagdtiefdeckers P.50. 840 PS (617 kW) Mercury VIII-Motor. Kabinenhaube. Erstflug 15. August 1939. Rechnerische Höchstgeschwindigkeit 420 km/h.

PZL P.11c

Spannweite	10.72 m
Länge	7,55 m
Höhe	2,85 m
Flügelfläche	17,9 m²
Leermasse	1.147 kg
Startmasse	1.630 kg
maximale Startmasse	1.800 kg
Höchstgeschwindigkeit	375 km/h
Dienstgipfelhöhe	8.000 m
Reichweite	700 km

union am 15. September 1939 in Polen einmarschierte, verlegten etwa 50 P.7a nach Rumänien. Die von deutschen Truppen erbeuteten Exemplare wurden ins Reich verlegt und hier vorwiegend als Schulflugzeuge genutzt.

Vor dem Krieg hatte Pulawski weiter an seinem Konzept gearbeitet. Er war der Auffassung, dass ein wassergekühlter Motor einen kleinen Rumpfquerschnitt und somit höhere Leistungen ermöglichte. So entstanden die P.8/I mit Hispano-Suiza 640 PS (470 kW)-Motor und die P.8/II mit Lorraine Petrel-Motor, der etwa 740 PS (544 kW) abgab. Verschiedene Lösungen zur Motorkühlung wurden untersucht. Die Unterschiede zwischen den Mustern führten dazu, dass die P.8/II auch als P.9 bezeichnet wurde. Trotz aller Mühen konnte sich das Konzept nicht durchsetzen. Pulawski setzte wieder auf den luftgekühlten Motor und wollte die Linie mit der P.11, die auf der P.7 basierte, fortführen. Doch bevor die Arbeiten voll anlaufen konnten, kam der Konstrukteur am 31. März 1931 bei einem Absturz ums Leben.

Sein Nachfolger Wsiewolod Jakimiuk zeichnete nun für das neue Flugzeug verantwortlich. Das erste Versuchsmuster, die P.11/I, nahm im August 1931 die Flüge auf und erreichte auf Anhieb mit einem 515 PS (379 kW)-Jupiter IX.ASF 300 km/h. Der zweite Versuchsträger (P.11/II) wurde wirkungsvoll auf der Pariser Luftfahrtschau 1932 mit Mistral-Motor vorgestellt und zog sofort das Interesse des Auslandes auf sich, doch dazu später mehr. Zunächst kamen noch die V-Muster III, IV und V mit verschiedenen Antrieben zum Fliegen. Musterflugzeug für die Serienvariante P.11a war die VI mit einem von den polnischen Skoda-Werken gefertigten Mercury IV-S2 von 500 PS (368 kW).

Insgesamt gesehen waren die Rüstungsmittel begrenzt. Dies führte dazu, dass bei Kriegsbeginn nur 185 P.11 – vorwiegend der Baureihe c – vorhanden waren, von denen sich 125 bei zwölf Jagdstaffeln befanden, während der Rest zur Wartung oder Generalüberholung abgestellt war. Zu dieser Zeit hatte die P.11 – die von den Fliegern Jedenastka (die Elfte) genannt wurde – ihren Zenit längst überschritten. Wenngleich das Muster der deutschen Luftwaffe Verluste zufügen konnte, war es der Messerschmitt Bf 109 doch hoffnungslos unterlegen.

Das große Auslandsinteresse führte noch zur Entwicklung der P.24, die die Exportversion der P.11 darstellte und im März 1933 in drei Exemplaren die Flugversuche aufgenommen hatte. Die Türkei, Griechenland, Bulgarien und Rumänien entschieden sich für das Muster, das teils auch in Lizenz vor Ort gefertigt wurde.

1932 Boeing P-26

Nachdem Boeing in den 1920er Jahren mit Erfolg verschiedene Jagd-Doppeldecker aufgelegt hatte, wandte sich das Unternehmen mit der XP-963 (Modell 248) dem Eindecker zu. Das Flugzeug war als Experimentalmaschine konzipiert und hatte einen Pratt & Whitney SR-1340E Wasp-Sternmotor mit einer Leistung von 522 PS (384 kW) als Antrieb. Das robuste Äußere des Flugzeuges wurde durch sein Fahrwerk mit Hosenbeinverkleidung noch verstärkt. Das Muster wurde in Ganzmetall-Bauweise erstellt, was damals noch ein Novum war und die Gefahr einer zu hohen Leermasse barg. Aus diesem Grund entschlossen sich die Ingenieure, anstelle einer freitragenden Bauweise das Tragwerk über Spanndrähte abzusichern, sodass die Flügelstruktur etwas leichter gebaut werden konnte.

Das Army Air Corps (AAC) orderte zunächst drei Versuchsmuster, von denen das erste am 20. März 1932 zum Jungfernflug startete. Nach einer Neuordnung des Bezeichnungssystems erhielt jedes der drei Flugzeuge eine neue Kennung und zwar XP-26, Y1P-26 und P-26.

Während der Flugerprobung überzeugte das Flugzeug in jeder Hinsicht. Es erreichte eine Höchstgeschwindigkeit von 358 km/h und war damit um 44 km/h schneller als der Boeing Doppeldecker P-12F. Doch nicht nur das, auch in der Steigleistung war die P-26 mit 145 m pro Minute überlegen.

Das AAC bestellte 111 P-26 und stockte diesen Auftrag später auf 136 Stück auf. Das war der größte Einzelauftrag, den die Luftfahrtindustrie seit mehr als 12 Jahren erhalten hatte, wobei sich der Preis auf 9.999 US-Dollar je Exemplar belief.
Das erste dieser Flugzeuge absolvierte am 10. Januar 1934 seinen Erstflug. Bei den Einsatzverbänden zeigte sich, dass die Landegeschwindigkeit für den durchschnittlichen Flugzeugführer zu hoch war. Nachdem Boeing versuchsweise Landeklappen angebaut hatte und somit die Landegeschwindigkeit deutlich reduzieren konnte, wurden sie an alle P-26 angebaut.

Das Muster tat nicht nur im Heimatland einschließlich Hawaii Dienst, sondern war auch auf den Philippinen und am Panama-Kanal zu finden. Beim Eintritt der USA in den Zweiten Weltkrieg traf man es aber nicht mehr bei den Einsatzverbänden an. Überschüssige P-26 – Spitzname Peashooter – wurden an die Philippinen und Guatemala abgegeben. Während sich die Philippinen verhältnismäßig schnell von dem Muster trennten, befand es sich in Mittelamerika noch bis 1955 im Einsatz!

Baureihen und Varianten

P-26A Werknr. 1804 bis 1914 / AAC Serial Numbers 33-28 bis 33-138
Hauptbaureihe mit Pratt & Whitney R-1340-27-Motor (600 PS / 441 kW) und einer aus einem 7,7 mm- und einem 12,7 mm-MG bestehenden Bewaffnung. Wahlweise konnten auch zwei 12,7 mm-MG eingebaut werden. Ferner ließen sich zwei 45 kg- oder fünf 13 kg-Bomben mitführen.

P-26B Werknr. 1916 und 1919 / AAC Serial Numbers 33-179 und 33-180
Sonderausführung mit Kraftstoffeinspritzung.

P-26C Werknr. 1915, 1917, 1918, 1920 bis 1939 / AAC Serial Numbers 33-181 und 33-183 bis 33-203
Die 23 Flugzeuge entsprachen bis auf einen geänderten Vergaser und ein überarbeitetes Kraftstoffsystem der Baureihe A.

Modell 281
Mitte der 1930er Jahre orderten Spanien (1) und China (11) die Exportversion der P-26, die auf der P-26C basierte.

P-26A	
Spannweite	8,52 m
Länge	7,18 m
Höhe	3,06 m
Flügelfläche	14,8 m²
Leermasse	997 kg
Startmasse	1.342 kg
Höchstgeschwindigkeit	377 km/h
Reichweite	1.020 km
Dienstgipfelhöhe	8.350 m

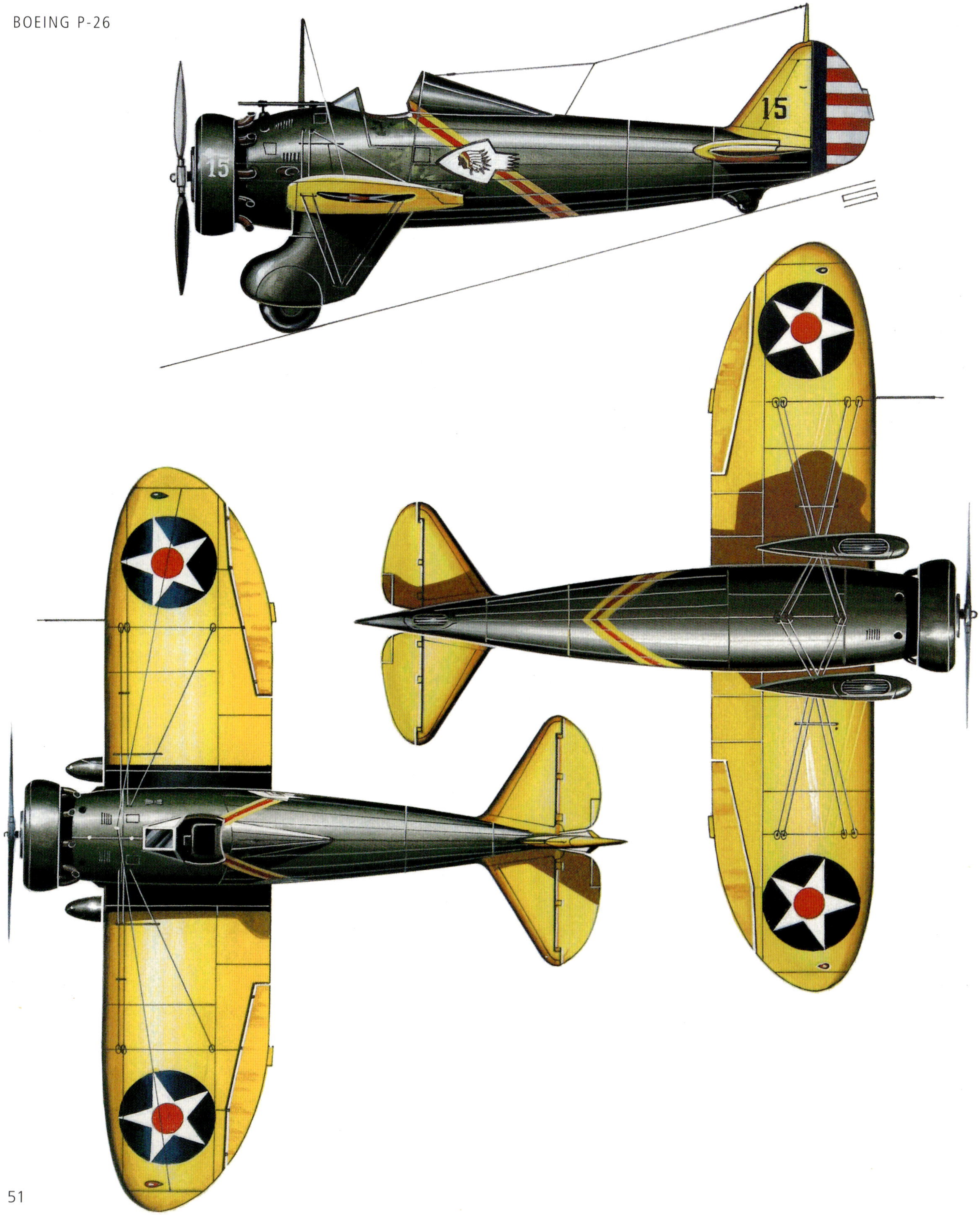
15
15

1933 **Heinkel He 51**

Baureihen und Varianten

He 51 A-0 und A-1
119 Exemplare der Basisausführung wurden mit BMW VI-Motor (750 PS / 551 kW) und Zweiblatt-Luftschraube gebaut. Serienmäßig bestand die Bewaffnung aus zwei 7,9 mm-MG 17.

He 51 A-2
Die elf gebauten Flugzeuge entsprachen der A-1, waren als Schwimmerflugzeuge jedoch katapultfähig.

He 51 B-1
Geänderte Profildrähte zwischen den Tragflächen und die permanente Mitführung eines 170 l-Zusatztanks unter dem Rumpf bildeten die Hauptunterschiede zur A-1. 274 Stück wurden abgeliefert.

He 51 B-2
In 16 Exemplaren entstand diese Version, die baugleich mit der B-1, aber katapultfähig war.

He 51 C-1
Von dieser speziell für den Erdkampf konzipierten Variante, die bis zu vier 50 kg-Bomben mitführen konnte, wurden 105 Stück gefertigt.

Zu Beginn der 1930er Jahre dominierte im Jagdflugzeugbau der einsitzige Doppeldecker mit starrem Fahrwerk. Die von Siegfried Günter bei Heinkel entwickelte He 51 ist ein typischer Vertreter dieser Konzeption. In der Auslegung und der Konstruktion entsprach das Muster dem Zeitgeist. Holztragflächen mit Holz- und Stoffbehäutung waren damals ebenso gebräuchlich wie der Rumpf aus Stahlrohren, dessen Form Holzleisten bildeten. Blechbekleidungen fanden sich nur im Bereich des Motors und des Leitwerkes.

Zunächst erfolgte die Fertigung von zwei Versuchsmustern, denen weitere folgten. Unter ihnen auch die He 51 V5, die als Höhenjäger über ein vergrößertes Tragwerk verfügte, wobei der Oberflügel 13,82 m aufwies. Des Weiteren wurde für die Konstruktion der V5 in großem Umfang Hydronalium verwendet. Die Unterschiede zur He 51 führten zur Bezeichnung He 52.

Die Flugerprobung der He 51 verlief völlig normal, sodass das Muster vom Reichsluftfahrtministerium neben der Arado Ar 68 als Standardjagdflugzeug der Luftwaffe ausgewählt wurde. Der Bau erfolgte bei Heinkel, Arado, Ago, Fieseler und Erla. Ohne die erwähnten ersten zwei Versuchsmuster belief sich die Gesamtfertigung auf 525 Stück.

Anfang 1935 gingen die ersten Serienflugzeuge an die 1. Gruppe des Jagdgeschwaders 132 »Richthofen«, das in Döberitz bei Berlin stationiert war. Zu dieser Zeit verfügte die Marine noch über eigene Luftkräfte, die den Jagddoppeldecker HD 38 flogen. Dieser wurde nun von der He 51 mit Schwimmern abgelöst.

Zu scharfen Einsätzen kam es ab 1936, als die ersten von 56 He 51 B-1 in Spanien eintrafen und unter Führung der Legion Condor am Bürgerkrieg teilnahm. Hier zeigten sich rasch die Grenzen des Flugzeuges, das seinen sowjetischen Gegnern – den Polikarpow I-152 und I-16 – eindeutig unterlegen war. Aus diesem Grunde wurde die Heinkel nach und nach durch die moderne Bf 109 als Jagdflugzeug abgelöst und mit Bomben beladen im Erdkampf eingesetzt. Bei Ausbruch des Zweiten Weltkrieges war die He 51 nicht mehr bei den Einsatzverbänden der Luftwaffe zu finden.

He 51 C-1	
Spannweite oben	11,00 m
Spannweite unten	8,60 m
Länge	8,50 m
Höhe	3,30 m
Flügelfläche	27,23 m²
Leermasse	1.471 kg
Startmasse	1.900 kg
Höchstgeschwindigkeit	330 km/h
Dienstgipfelhöhe	7.700 m
Reichweite	730 km

He 51 der 2. Gruppe des Jagdgeschwaders 132 in Döberitz.

1933 **Polikarpow I-16**

Bei der Brigade Nr. 2 des Zentralen Konstruktionsbüros (TsKB) entwickelte Nikolai N. Polikarpow den Jagdeinsitzer TsKB-12, der später als I-16 (I für Istrebitel/Jagdflugzeug) insofern Luftfahrtgeschichte schrieb, als es sich um den ersten freitragenden Tiefdecker mit Einziehfahrwerk und geschlossener Kabine handelte, der in den Serienbau ging.

Die TsKB-12 hatte einen luftgekühlten 480 PS (353 kW) M-22-Motor, der mit einer NACA-Haube ummantelt war. Das Muster wurde in Gemischtbauweise erstellt. Die Rumpf- und Tragwerk-Struktur bestand weitgehend aus Holz. Ausnahmen bildeten das Höhenleitwerk aus Duraluminium und die Tragflächenholme aus rostfreiem Stahl. Die Behäutung bestand aus Speerholz und zum geringeren Teil aus Stoff. Später kam in wenigen Bereichen auch Duraluminium hinzu.

Von Valeriy P. Chkalov geführt, absolvierte das Flugzeug am 30. Dezember 1933 seinen Erstflug. Anfang 1934 folgte der zweite Prototyp, der mit einem 600 PS (441 kW) R-1820F-2 Cyclone motorisiert war.

Die Bewertung durch die staatliche Abnahme-Kommission war anfänglich negativ. Zu radikal erschien der Schritt vom Doppeldecker mit starrem Fahrwerk zum Eindecker mit Einziehfahrwerk. Neben der deutlich höheren Landegeschwindigkeit wurde die Fahrwerkbetätigung kritisiert. Zum Ein- und Ausfahren musste der Flugzeugführer eine Handkurbel 44-mal drehen und war so von anderen Dingen abgelenkt. Die Leistungen des Musters waren aber überzeugend. Selbst mit dem schwachen M-22 erreichte das Flugzeug 359 km/h auf Meereshöhe und mit dem Cyclone-Motor sogar 437 km/h in 5.000 m. Bereits 1934 liefen die ersten Flugzeuge vom Band. Bis zum Ende der Serienproduktion im Jahre 1941 waren es insgesamt 10.298 Exemplare der verschiedenen Baureihen.

Ihre Feuertaufe erlebte die I-16 im spanischen Bürgerkrieg. Dort trafen im Oktober 1936 die ersten 31 ein. Sie sollten sich gegenüber den deutschen Jagdmaschinen He 51 und Ar 68 überlegen zeigen und auch bei der Bekämpfung der Ju 52/3m-Behelfsbomber waren sie erfolgreich. Schwieriger sollten sich aber die Luftkämpfe mit der wendigen und gut bewaffneten Fiat C.R.32 und später mit der Messerschmitt Bf 109 erweisen.

Bei den Republikanern war das Muster schon bald als Mosca (Fliege) bekannt, während die Nationalisten den wenig schmeichelhaften Spitznamen Rata (Ratte) verwendeten. Wie viele I-16 nach Spanien geliefert wurden, ist nicht restlos geklärt. Die meisten Quellen gehen von 276 zuzüglich vier Zweisitzer aus. Ferner kamen 14 Exemplare aus spanischer Fertigung hinzu.

Während der spanische Bürgerkrieg tobte, kam ein neues Einsatzgebiet hinzu. Im Rahmen einer geheimen Vereinbarung hatte die Sowjetunion 1937 855 Maschinen an China geliefert bzw. dort montieren lassen. Das Muster kämpfte gegen die Japaner, die überfallartig in das Land eingedrungen waren. Auch an dieser Front konnte sich die I-16 mit Erfolg behaupten.

Polikarpow I-16

I-16 tip 10 (in Klammern tip 24)	
Spannweite	9,00 m
Länge	6,10 m
Höhe	2,56 m
Flügelfläche	14,54 m²
Leermasse	1.327 kg (1.382 kg)
Startmasse	1.716 kg (1.882 kg)
Höchstgeschwindigkeit	448 km/h in 3.000 m (489 km/h in 4.850 m)
Dienstgipfelhöhe	8.500 m (10.800 m)
Reichweite	525 km (440 km)

Als die UdSSR am 30. November 1939 ihren Angriff auf Finnland startete, stand die I-16 wieder an vorderster Front und erwies sich als wirkungsvolles Jagdflugzeug. Dennoch hatte das Muster zu dieser Zeit seinen Zenit lange überschritten. Leistungsmäßig hinkte es deutlich hinter den neueren sowjetischen Typen wie der Jak-1, LaGG-1 oder der MiG-1 hinterher. Da das Umschalten auf diese Flugzeuge zu spät bzw. in zu geringem Umfang erfolgt war, mussten die Luftstreitkräfte die I-16 länger als erwartet im Einsatz halten. Als schließlich Hitler am 22. Juni 1941 die UdSSR angriff, waren von den 4.226 Jagdflugzeugen an der Westflanke des Landes 38 % I-16. Die Ablösung des Musters ging von da an zwar rasch vonstatten, es war aber noch bis 1943 in größeren Zahlen – unter anderem bei den Marinefliegern – anzutreffen. Erst im Jahre 1945 schieden die letzten Flugzeuge endgültig aus dem Kriegseinsatz aus.

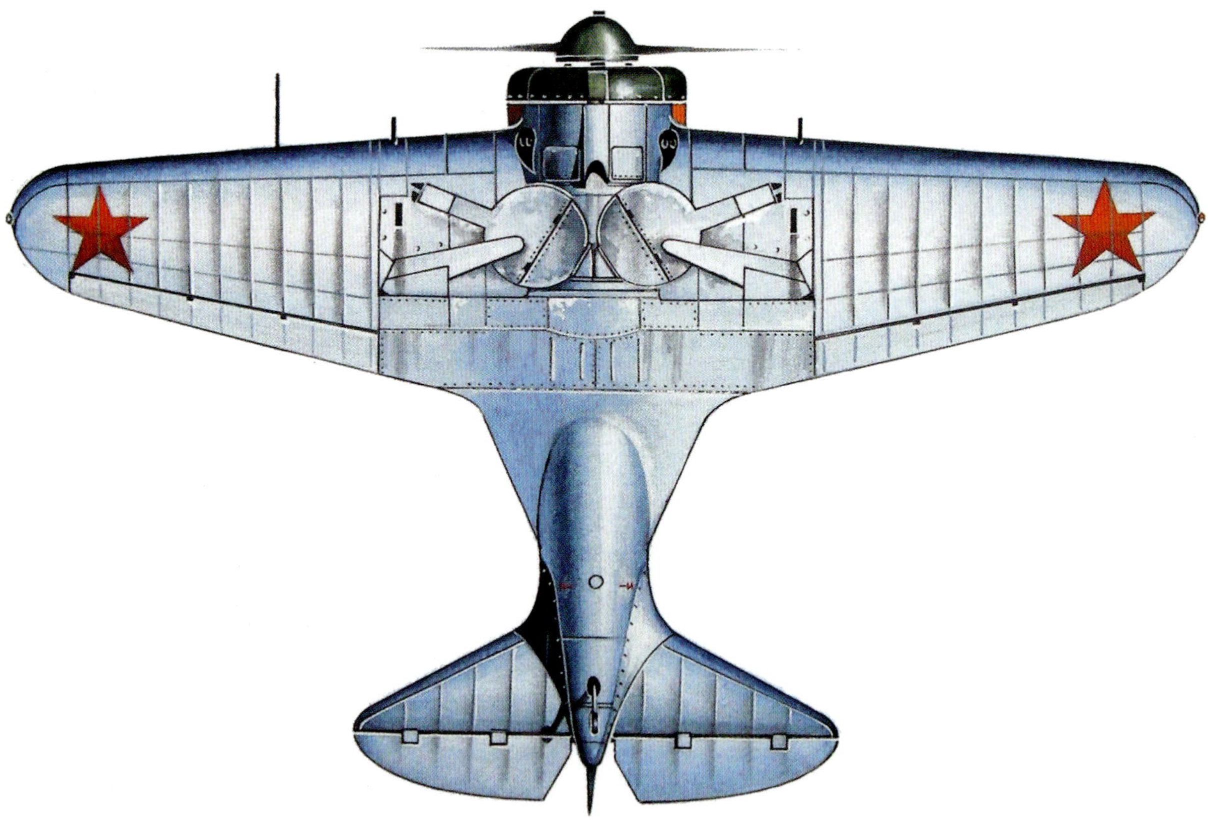

Baureihen und Varianten

I-16 tip 4
Die Bezeichnung »tip« steht für Variante. Tip 4 ist also die 4. Version des Basismodells. Die Ausführungen tip 1 bis 3 wurden nicht gebaut. Die I-16 tip 4 hatte den M-22-Motor und eine aus zwei 7,62 mm-MG bestehende Bewaffnung. Eine Abwandlung der tip 4 stellte das Einzelstück TsKB-18 dar. Sie hatte vier 7,62 mm-MG und konnte zwei 100 kg-Bomben mitführen.

I-16 tip 5
Diese Baureihe flog mit M-25A-Motor (730 PS/545 kW). Sie verfügte über eine verstärkte Struktur, eine Sauerstoffanlage, einen Starter-Motor und einen geänderten Fahrwerkantrieb.

I-16 tip 6
30 Stück wurden mit einer auf drei 7,62 mm-MG verstärkten Bewaffnung gefertigt.

I-16 tip 9
Einzelstück als Schlachtflugzeug mit starrem Fahrwerk und sechs 7,62 mm-MG. Außenstationen für sechs 25 kg-Bomben waren vorhanden.

I-16 tip 10
Nach tip 5 die zweite Großbaureihe. Das Flugzeug hatte den M-25V (750 PS/560 kW), Landeklappen mit pneumatischem Antrieb, eine verbesserte Cockpit-Verglasung und vier 7,62 mm-MG, zwei davon im Tragwerk. Wahlweise war der Anbau eines Ski-Fahrwerkes möglich. Der Versuchsträger für die Erprobung der Landeklappen nannte sich I-163-1.

I-16 tip 12 (I-16P)
12 Stück wurden für den Spanieneinsatz mit zwei 7,62 mm- und zwei 20 mm-MG bestückt. Ansonsten wie tip 5. Musterflugzeug war die TsKB-12P.

I-16 tip 17
Wie tip 10, aber mit Bewaffnung wie tip 12.

I-16 tip 18
Shvetsov M-62-Motor (1.000 PS/735 kW). Verschiedene Luftschrauben. Höchstgeschwindigkeit in 5.000 m 464 km/h.

I-16 tip 19 (I-16SN)
Nur ganz geringe Stückzahlen dieser Variante mit 7,62 mm SN-MGs wurden gebaut. Das SN hatte eine Schussfolge von 2.800 bis 3.000 pro Minute gegenüber 1.800 des üblicherweise eingebauten ShKAS.

I-16 tip 20
Analog tip 20, jedoch mit Zusatztanks.

I-16 tip 24
1940 erschien diese Baureihe mit Shvetsov M-63 (1.100 PS/808 kW).

I-16 tip 27
Baugleich mit tip 18, aber zwei 7,62 mm- und zwei 20 mm-MG.

I-16 tip 28
Entsprach der tip 27, jedoch mit M-63-Motor.

I-16 tip 29
Die ab Mitte 1940 aufgelegte Baureihe hatte den M-63-Motor und eine aus zwei 7,62 mm- und einem 12,7 mm-MG bestehende, starre Bewaffnung. Zusätzlich konnten bis zu sechs 82 mm RS-82 Luft-Boden-Raketen unter dem Tragwerk mitgeführt werden.

I-16SO, I-16PS und I-16V
Unter den o.a. Bezeichnungen wurden Versuchsträger geführt. Die SO hatte zwei 12,7 mm-MG an den Motorseiten. Die PS verfügte über zwei 20 mm-MG auf dem Motor und die I-16V wurde ab Mitte 1938 mit zwei TK-1-Turboladern und M-25A bzw. M-62 erprobt. Mit M-62 lag die Höchstgeschwindigkeit in 8.600 m bei mehr als 500 km/h.

I-16SPB (TsKB 29)
Sturzbomber mit verstärktem Tragwerk und zwei 250 kg-Bomben. Unter der Bezeichnung Zveno führten einige TB-3-Bomber zwei I-16SPB unter dem Flügel mit. Bis zur Trennung vom Trägerflugzeug erfolgte die Kraftstoffversorgung über die Bombertanks. Etwa 50 km vor dem Ziel erfolgte die Trennung. Die I-16SPB kehrte dann zum nächsten Flugfeld zurück. Die ab Mai 1936 erprobten Gespanne führten einige Einsätze während des Krieges durch.

UT-2, UTI-2, UTI-3, UTI-4 und UTI-4 (tip 15B)
Zweisitzige Schulflugzeuge. UT-2 und UTI-2 mit M-22-Motor. UTI-3-Einzelstück mit M-58-Motor. UTI-4 mit M-25A oder M-25V. UTI-4 (tip 15B) mit zwei 7,62 mm- und einem 12,7 mm-MG. Die UT-2 hatte eine geschlossene Haube über beide Sitze. Die anderen Schulflugzeuge flogen mit offenen Cockpits.

I-161
Versuchsträger mit vier 7,62 mm-MG, zwei 20 mm-MG und vier Bomben von je 20 kg.

I-163-2
Musterflugzeug für größere, öl-pneumatisch arbeitende Landeklappen. Nicht geflogen.

I-164-1 (I-16S)
Begleitjäger mit Flügeltanks. 2.000 km Reichweite. Nur V-Muster gebaut.

I-165 (I-16bis)
Zwei Flugzeuge mit neuem Tragflächenprofil und geänderter Rumpfkontur, sowie M-62-Motor und öl-pneumatischem Fahrwerk. Nicht geflogen.

I-166
Ein weiteres Versuchsflugzeug. M-25V-Motor und modifizierte NACA-Haube.

Do 17 P-1 der Luftflotte 2. Frankreich 1940.

Dornier Do 17 Z-3 (in Klammern Do 215 B-4)	
Spannweite	18,00 m
Länge	15,79 m
Höhe	4,56 m
Flügelfläche	55,0 m²
Leermasse	5.570 kg (5.800 kg)
Startmasse	8.910 kg (8.880 kg)
Höchstgeschwindigkeit	410 km/h (480 km/h)
Dienstgipfelhöhe	6.900 m (9.000 m)
Reichweite ohne Bomben	2.000 km (2.450 km)

1934 **Dornier Do 17 und Do 215**

Die Do 17 – genannt der »fliegende Bleistift« – gehörte neben der He 111 und der Ju 86 zum Trio der modernen deutschen Bombenflugzeuge der 1930er Jahre. Wie auch bei den anderen Mustern dachte die Reichswehr daran, dem Flugzeug eine Doppelrolle als Bomber und Verkehrsflugzeug zu übertragen. Im Rahmen der Auftragserteilung stellte die Reichswehr jedoch klar, dass bei der Auslegung die militärische Verwendung im Vordergrund stehen sollte. Nachdem die Vorarbeiten 1932 angelaufen waren, konnte 1934 die 1:1 Attrappe fertiggestellt werden. Zunächst wurden zwei Flugzeuge bestellt. So entstand zunächst die militärische Do 17 C (alias V1) und die zivile Do 17 A (alias V2) mit flüssigkeitsgekühltem BMW VI. Im Oktober 1933 trat Dornier mit dem Wunsch nach einem dritten Flugzeug an das Reichsluftfahrtministerium (RLM) heran, dem stattgegeben wurde. Es war die Do 17 D (alias V3), die mit Hispano-Suiza-Motoren als Verkehrsflugzeug vorgesehen war.

Die Do 17 V1 (D-AJUN) hob erstmals am 23. November 1934 vom Boden ab. Das Muster war ein eleganter Hochdecker mit schlankem, runden Rumpf in Metallbauweise. Es hatte ein Einziehfahrwerk und ein konventionelles Leitwerk. Später kam jedoch ein Endscheibenleitwerk zum Anbau, dass sich bewährte und von allen Nachfolgern übernommen wurde. Während die V1 ausgiebig erprobt wurde, untersuchte die Lufthansa die V2 nur kurz. Das Flugzeug erwies sich wegen des engen Rumpfes als Verkehrsflugzeug ungeeignet.

Das RLM hatte inzwischen weitere Versuchsflugzeuge bestellt, die zahlreiche Aufgaben übernahmen. Neben der Waffenerprobung fungierten sie als Musterflugzeuge für verschiedene Baureihen oder kamen als Reiseflugzeuge zum Einsatz.

Der Serienbau lief Anfang 1936 mit den Baureihen E (Bomber) und F (Aufklärer) an. Da der BMW VI am Ende seiner Entwicklungsmöglichkeiten angelangt war, wurde mit der Baureihe Do 17 M der Wechsel zum luftgekühlten Bramo 323 vorgenommen, der mit

Do 17 Z-2 der 1./KG 2

Do 17 Z-2 des Kampfgeschwaders 76.

Do 17 Z-10 der 3. Staffel des Nachtjagdgeschwaders 1.

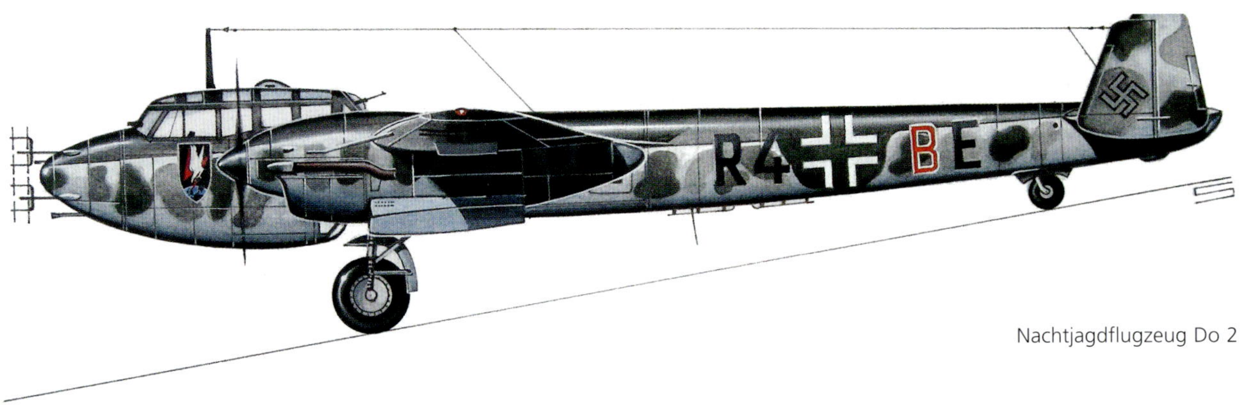

Nachtjagdflugzeug Do 215 B-5 des NJG 1.

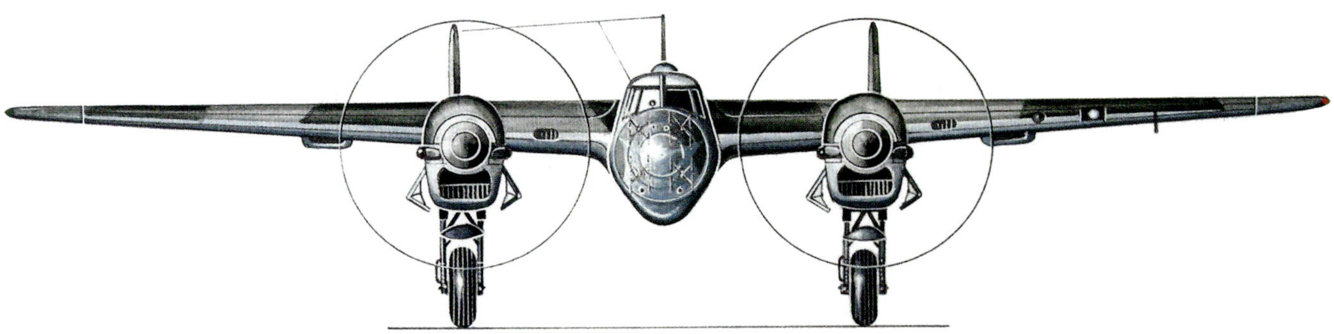

Baureihen und Varianten

Do 17 E
Horizontalbomber. Drei Mann Besatzung. BMW VI-Motor. Startleistung 700 PS (515 kW). VDM 3-Blatt-Verstellschrauben. MG 15 zur Abwehr im B-Stand. Später ein MG 15 in Bodenluke und in Frontscheibe des Flugdecks. Zehn 50 kg-Bomben oder zwei 250 kg-Bomben. Jungfernflug der ersten E-1 am 30. Mai 1936. Weitere Baureihen waren die E-2 und E-3.

Do 17 F
Fotoaufklärer. Analog der Baureihe E. Anstelle der Bombenlast konnten Zusatztanks mitgeführt werden. Baureihen waren die F-1 und F-2.

Do 17 K
Exportausführung für Jugoslawien. 36 Stück geliefert. Davon 20 als Ka-1, 14 als Ka-2 und zwei als KB. Während die Ka-1 und 2 auf der Do 17 E fußten, entsprach die KB der Baureihe M.

Do 17 M
Verbesserte Variante mit blechbeplanktem Tragwerk, geschlossenem B-Stand, vollständig abgedecktem Fahrwerk und Bramo 323 D-Motor mit NACA-Haube. Bombenlast 1.000 kg. Dienstgipfelhöhe von 5.100 m auf 6.700 m erhöht. 200 Stück.

Do 17 P
Aufklärerversion der Baureihe M, aber mit BMW 132 N-Motor (865 PS/636 kW). Zusätzliche Tanks im Bombenschacht.

Do 17 R
Vier Flugzeuge (R-1, R-2, R-3, R-4) für geheime Aufklärungsflüge gefertigt. Vier Mann Besatzung und DB 601-Motor. Diverse Kameras im Einsatz. Leucht- und Blitzbomben für Nachtaufnahmen an Außenträgern. Höchstgeschwindigkeit 532 km/h!

Do 17 U
Führungsflugzeug mit umfangreicher Funk- und Navigationsanlage, vergrößerter Kabine und sechs Mann Besatzung. Sonst wie Baureihe M.

Do 17 Z
Neues Rumpf-Vorderteil mit aufgesetztem Kabinendach, überarbeitetem Rumpfbug mit neuer Verglasung und Bodenwanne mit Abwehrstand. Vier Mann Besatzung. Z-1 noch mit Bramo 323 D, alle anderen mit Bramo 323 P mit 1.000 PS (735 kW) und verbesserter Höhenleistung. Z-1, Z-2 und Z-3 waren Horizontalbomber. Z-4 fungierte als Schulflugzeug mit Doppelsteuer. Z-5 war Bomber mit Seenotausrüstung. Z-6 Wettererkunder. Z-7 und Z-10 Nachtjäger mit starrer Bewaffnung und teilweise mit Infrarot-Anlage »Spanner« (Reichweite 4 km). Z-8 als Schlachtflugzeug konzipiert, aber nicht gebaut. Z-9 Bomber mit elektrischem Vertikal-Bombenmagazin.

Do 215 B
Wie Do 17 Z, aber DB 601 A-Motor. Rund 100 Stück. B-1 Aufklärer. B-2 Bomber. Fünf MG 15 zur Abwehr. B-4 weiterer Aufklärer, mit DB 601Aa. Nachtjägereinsatz von B-5 mit vier MG 17 und einem MG 151.

900 PS (662 kW) auch deutlich stärker war. Für das Flugmeeting des Jahres 1937 in Dübendorf stellte das RLM ein Flugzeug mit DB 601 A-Sondermotor ab, der 1.300 PS (955 kW) leistete. Die Do 17 nahm am Alpen-Rundflug teil, der von Dübendorf über Thun nach Bellinzona und zurück nach Dübendorf führte. Das Flugzeug absolvierte die 367 km lange Strecke in knapp 59 Minuten und deklassierte damit die teilnehmenden ausländischen Jagdeinsitzer, deren Bestzeit bei 63 Minuten lag. Der Erfolg wurde propagandistisch voll ausgewertet und führte zu einer Bestellung aus Jugoslawien, das auch die Nachbaurechte erwarb.

Inzwischen hatte die Zahl der von der Luftwaffe georderten Flugzeuge so stark zugenommen, dass in die Fertigung weitere Firmen wie Siebel, Henschel und der Hamburger Flugzeugbau eingeschaltet werden mussten. Parallel dazu legte Dornier weitere Varianten auf, von denen die Baureihe Z mit völlig neuem Rumpfbug die wichtigste war. Diese Ausführung kam auch erstmals als Nachtjäger zum Einsatz.

Bei der Luftwaffe übernahmen als erste Verbände die Kampfgeschwader 153 und 155 sowie die Aufklärungsgruppe 122 das Flugzeug, das im spanischen Bürgerkrieg seine Feuertaufe erlebte.

Als der Zweite Weltkrieg ausbrach, zeigte sich, dass das Muster wegen seiner geringen Eindringtiefe und Bombenlast für den strategischen Luftkrieg ungeeignet war. Diese Aussage gilt auch für die Baureihe Z, die noch 1939 große Teile der E-, F- und M-Bestände abgelöst hatte. Bei der Luftwaffe wurde die Do 17 ab 1940 rasch durch andere Muster abgelöst. Überzählige Flugzeuge wurden an Bulgarien (12) und Finnland (15) abgegeben. Einschließlich der Do 215 wurden 2.139 Flugzeuge hergestellt.

Die Do 215 stellte keinen eigenständigen Entwurf dar, sie ist vielmehr eine weitere Spielart der Do 17. Da jedoch alle Kennbuchstaben vergeben waren, musste für die zum Export vorgesehene Variante eine separate Bezeichnung gewählt werden.

Aus umgebauten Do 17 Z entstanden die ersten Versuchsmuster, die ab Oktober 1938 in der Erprobung standen. Neu war in erster Linie die aus DB 601 A bestehende Triebwerkanlage.

Das Interesse des Auslandes war beachtlich. Schweden und Jugoslawien zeigten Kaufabsichten, doch der Krieg verhinderte das Geschäft. Lediglich zwei Flugzeuge gingen in die Sowjetunion. Den Rest übernahm die Luftwaffe, die es als Aufklärer, Bomber und Nachtjäger einsetzte. Ebenso wie die Do 17 Z »Kauz«-Nachtjäger übernahmen die Do 215-Nachtjäger die Rolle von Vorreitern. Sie erprobten neue Taktiken und die ersten Funkmessgeräte (Radar).

1935 Mitsubishi A5M Claude

Die japanische Marine gab 1934 ein Pflichtenheft für einen modernen Bordjäger an Mitsubishi und Nakajima heraus, das zum Bau der Mitsubishi A5M führte. Chef-Konstrukteur Jiro Horikoshi entwarf einen einsitzigen, freitragenden, offenen Tiefdecker mit Knickflügel, luftgekühltem 600 PS (441 kW) Nakajima Kotobuki 5-Motor, 2-Blatt-Propeller und starrem Fahrwerk. Berechnungen hatten gezeigt, dass ein Einziehfahrwerk komplex und schwer ausfallen und der Geschwindigkeitszuwachs allenfalls bei 3 % liegen würde.

Das Flugzeug nahm unter der Werkbezeichnung Ka-14 am 4. Februar 1935 die Flugversuche auf und zeigte erstaunliche Leistungen. Mit 450 km/h übertraf es die geforderten 350 km/h bei weitem. Dennoch gab es beim zweiten Versuchsmuster eine einschneidende Änderung. Der Knickflügel machte einem herkömmlichen Tragwerk Platz. Insgesamt wurden sechs Ka-14 gebaut. Die Flugzeuge 3, 4 und 5 hatten den Nakajima Hikari 1 (800 PS/588 kW) und die Nummer 6 den Mitsubishi Kinsei A-8 mit 720 PS (529 kW) und 3-Blatt-Luftschraube.

Nachdem das Muster die Marine beeindruckt hatte, wurde es als A5M bzw. Type 96 geordert*. Inzwischen waren die Luftstreitkräfte des Heeres auf das Flugzeug aufmerksam geworden und bestellten eine Mustermaschine unter der Kennung Ki-18. Später folgten noch zwei weitere als Ki-33 bezeichnete Flugzeuge mit geschlossenem Cockpit und Nakajima-Motor (745 PS/548 kW). Schlussendlich konnte sich die Mitsubishi nicht beim Heer durchsetzen, sodass es bei den Marineaufträgen blieb.

Nachdem die A5M Anfang 1937 in Dienst gestellt werden konnte, nahm sie schon bald im chinesisch-japanischen Krieg an Luftkämpfen teil, bei denen sie auch auf moderne Boeing P-26-Jagdeinsitzer traf und sich überlegen zeigte.

Als Japan am 7. Dezember 1941 Pearl Harbor überfallen hatte, befanden sich nur noch wenige A5M bei den Einsatzverbänden. Die US-Geheimdienste waren aber davon überzeugt, dass dieses Flugzeug die Mehrheit der Träger-Jagdflugzeuge stellte und teilten ihm den Kodenamen »Claude« zu. Tatsächlich führten A5M die letzten Jagdeinsätze am 7. Mai 1942 durch. Wesentlich später kehrten sie noch einmal als Kamikaze-Flugzeuge in den Krieg zurück. Insgesamt wurden 1.094 Flugzeuge gebaut.

* Die japanische Marine nutzte bis 1942 zwei Bezeichnungssysteme. A5M1 steht für das Kurzsystem. A ist der Kennbuchstabe für Träger-Jagdflugzeuge. Die Zahl 5 weist daraufhin, dass es sich um das fünfte Flugzeug dieser Kategorie handelt. M steht für Mitsubishi. Die 1 gibt einen Hinweis auf die Baureihe und ein kleiner Buchstabe wie bei A5M2a zeigt eine minimale Modifizierung an. Das Typennummern-System ist anders aufgebaut. Die Typennummer richtet sich nach dem Baujahr des Flugzeuges und dem japanischen Kalender (1940 schrieb Japan bereits das Jahr 2600), wobei nur die beiden letzten Ziffern verwendet wurden. Somit wurde die A5M auch als Type 96 (Jahr 2596) geführt. Die erste Baureihe erhielt den Zusatz Modell 11. Die zweite wurde als Modell 21 bezeichnet. Erfolgten neben Änderungen der Zelle auch der Einbau eines anderen Motors, wurde die letzte Ziffer geändert, so entstand das Modell 22. 1942 begann die Marine damit, ihren Flugzeugen aus Gründen der Verschleierung Namen zu geben. Träger- und Seeflugzeuge erhielten Namen mit den Endungen pu oder fu (für Wind).

Baureihen und Varianten

A5M1
Erste Serienausführung. Bordjäger mit zwei 7,7 mm-MG über dem 9 Zylinder Kotobuki 2 KAI-Motor (850 PS/625 kW). 2-Blatt-Luftschraube. Ein Flugzeug als A5M1a mit zwei Oerlikon 2 cm-Kanonen.

A5M2a
Variante mit 690 PS (507 kW) Kotobuki 2 KAI 3A und 3-Blatt-Propeller.

A5M2b
Ausführung mit NACA-Motorhaube und 640 PS (470 kW) Kotobuki 3-Motor, 3-Blatt-Luftschraube und geschlossenem Cockpit. Zwei Bombenschlösser für bis zu 30 kg unter dem Tragwerk.

A5M3a
Zwei Versuchsflugzeuge mit flüssigkeitsgekühltem Hispano-Suiza 12 Xcrs (690 PS/507 kW), 3-Blatt-Propeller und Hispano 2 cm-Motorkanone.

A5M4
NACA-Haube, Kotobuki 41 KAI-Motor (785 PS/585 kW), geschlossenes Cockpit und abwerfbarer 160 l-Zusatztank. Mitführung von zwei 30 kg-Bomben möglich.

A4M4-K
103 Stück als zweisitziges Schulflugzeug beim Dai-Nijuichi Kaigun Kokusko in Omura gebaut.

Mitsubishi A5M4 Claude	
Spannweite	11,00 m
Länge	7,56 m
Höhe	3,27 m
Flügelfläche	17,80 m²
Leermasse	1.216 kg
Startmasse	1.671 kg
Höchstgeschwindigkeit	440 km/h
Dienstgipfelhöhe	9.800 m
Reichweite	1.200 km

W-107

1935 **Messerschmitt Bf 109**

Als die Messerschmitt Bf 109 am 28. Mai 1935 zum Erstflug startete, war sie der Prototyp des modernen Jagdflugzeuges. Ihre Konzeption – freitragender Tiefdecker, Einziehfahrwerk, geschlossene Kabine und flüssigkeitsgekühlter Motor – setzte international Maßstäbe.

Ausgangspunkt der Entwicklung war ein Pflichtenheft des Technischen Amtes des Reichsluftfahrtministeriums (RLM), das zunächst die Überschrift »Rüstungsflugzeug IV« trug und später unter dem Begriff »Verfolgungs-Jagdeinsitzer« firmierte.

Die Bf 109, deren Konstruktion sich an der des eleganten, richtungsweisenden Kabinen-Reiseflugzeuges Bf 108 anlehnte, musste sich zunächst gegen die Konkurrenzmuster von Heinkel (He 112), Focke-Wulf (Fw 159) und Arado (Ar 80) durchsetzen, ehe der Weg für eine Serienfertigung frei war. Am 12. März 1936 gab das RLM grünes Licht für die Beschaffung der Bf 109 als künftigen Standardjäger der Luftwaffe.

Nach dem ersten Versuchsmuster (V1) D-IABI mit Rolls-Royce Kestrel-Motor und dem zweiten (V2, D-IILU) mit 680 PS (500 kW) Jumo 210 A folgte am 8. April 1936 mit der V3 (D-IOQY) das erste bewaffnete Flugzeug, das neben zwei 7,9 mm-MG 17 mit einer C/30L-Motorkanone bestückt werden konnte. Zugleich diente sie als Musterflugzeug für die Baureihe A, von der aber nur 20 Stück gefertigt wurden. Am 23. September 1936 kam mit der V4 (D-IALY) der Prototyp der Bf 109 B zum Fliegen, die die erste größere Serie repräsentierte und mit der als erster Verband der Luftwaffe die in Jüterbog-Damm stationierte zweite Gruppe des Jagdgeschwaders 132 »Richthofen« ab Februar 1937 ausgerüstet wurde.

Während die Produktion anlief, verließen nebenher zahlreiche neue V-Muster die Werkhallen. Sie fungierten überwiegend als Erprobungsträger für Motoren und Bewaffnung, kamen aber auch für Propagandazwecke zum Einsatz. Anlässlich des Internationalen Flugmeetings vom 23. Juli – 1. August 1937 im schweizerischen Dübendorf wurde die Bf 109 einem breiten Publikum vorgestellt. Darüber hinaus gewann das Muster zwei der angesetzten Wettbewerbe, und zwar das Luftrennen und den Alpenrundflug. Doch die damaligen Machthaber wollten mehr, die Bf 109 sollte den Geschwindigkeitsweltrekord nach Deutschland holen. Tatsächlich gelang Hermann Wurster am 11. November 1937 das Unterfangen. Mit der auf Hochglanz polierten Bf 109 V13 D-IPKY erreichte er 610,950 km/h und überbot damit den bestehenden Rekord um rund 45 km/h. Für den Rekordflug hatte das Muster einen Daimler-Benz DB 601-Rennmotor Re IV mit 1.660 PS (1.220 kW) erhalten.

Nachdem der Rekord kurz darauf verloren gegangen war, unternahm Messerschmitt einen erneuten Anlauf. Am 26. April 1939 konnte Fritz Wendel mit 755,138 km/h den Rekord zurückholen. Offiziell wurde das Rekordflugzeug als Bf 109 R bezeichnet. Tatsächlich war es aber die Me 209 D-INJR, die nichts mit der Bf 109 gemein hatte.

Unter dem Eindruck dieser Erfolge, aber auch wegen des Spanischen Bürgerkrieges, in

Bf 109 B des Jagdgeschwaders 2
»Richthofen«.

dem die Bf 109 ab Oktober 1936 als überlegenes Jagdflugzeug zum Einsatz gekommen war, trafen Exportaufträge für das Muster ein. Die Schweiz, Bulgarien, Japan, Rumänien und Jugoslawien bestellten nach und nach mehr oder weniger große Stückzahlen. Ferner übernahm Spanien die Messerschmitt. Nachdem zunächst die ersten V-Muster beim VJ/88 der Legion Condor zum Einsatz gekommen waren, trafen später Flugzeuge der Baureihen A und B in Spanien ein, die in der Folgezeit durch weitere Flugzeuge – hauptsächlich Bf 109 E – ergänzt wurden.

Doch zurück zur Serienfertigung. Der Baureihe B folgten die Versionen C und D mit unterschiedlichen Jumo 210-Motoren und unterschiedlicher Bewaffnung.

Am 18. Dezember 1937 flog mit der Bf 109 V15 D-IPHR das Musterflugzeug für die Baureihe E – allgemein als Emil bekannt. Sie hatten als Antrieb den DB 601 A mit 1.175 PS (864 kW) und VDM 3-Blatt-Verstellschraube. Der Einbau des Motors bedingte eine komplette Änderung des Kühlsystems, sodass die Bf 109 ein neues Aussehen erhielt.

Als Adolf Hitler durch den Angriff auf Polen den Zweiten Weltkrieg auslöste, hatte die Luftwaffe etwa 1.000 Jagdflugzeuge im Einsatz, rund 90 % davon waren Bf 109 der verschiedenen Baureihen. Rasch machten die älteren Versionen der neuen Bf 109 E Platz. Die Emil erwies sich in den kommenden Monaten als ein Flugzeug, das allen Gegnern überlegen war. Mit den Kampfeinsätzen traten aber auch die Schwächen des Musters zutage. Start und Landung erforderten die volle Aufmerksamkeit des Flugzeugführers und die schwache Fahrwerkkonstruktion führte zu zahllosen Brüchen und Ausfällen. Ein Mangel, der erst bei der Bf 109K weitgehend abgestellt werden konnte.

Mit Beginn der »Luftschlacht um England« im August 1940 traf die Messerschmitt mit der Supermarine Spitfire erstmals auf einen ebenbürtigen Gegner. Dies machte sich durch eine Zunahme der Verluste schmerzhaft bemerkbar.

Dem Erstarken der gegnerischen Jagdwaffe wurde durch die Einführung der Baureihe F (Friedrich) Rechnung getragen. Erste Erprobungsträger für diese Baureihe flogen bereits Anfang 1939. Die bis dahin »eckige« Bf 109 erhielt nun abgerundete Formen, sodass die wohl eleganteste Ausführung des Flugzeuges entstand.

Wenngleich die Bf 109 F von den Leistungen her einen deutlichen Schritt nach vorne darstellte, war das Muster als solches ab 1942 veraltet. Messerschmitt war es nicht gelungen, einen Nachfolger in die Fertigung zu bringen und musste nun versuchen, das Flugzeug in einer neuen Variante in der Produktion zu halten. Durch den Einbau des starken DB 605 mit 1.475 PS (1.085 kW) sollte das Flugzeug an die neue Generation der Feindjäger anschließen. So kam es zum Bau der Bf 109 G (Gustav), die mit weitem Abstand die meist gebaute Ausführung des Flugzeuges darstellt. Verschiedenen Schätzungen zufolge dürften um die 12.000 Exemplare entstanden sein.

1942 stand Messerschmitt unter erheblichem Druck. Sein Bf 109-Nachfolger, die Me 309, erwies sich als Fehlschlag und die Me 209 konnte sich nicht gegen die Fw 190 D durchsetzen. Ludwig Bölkow erhielt am Ende des Jahres den Auftrag, die Bf 109 komplett zu überarbeiten. Ziel war es, die bisherigen Schwächen abzustellen und die Leistung drastisch zu erhöhen. Bölkow führte rund 1.000 Änderungen durch und sah den Einbau des DB 605L mit 1.700 PS (1.250 kW) vor. Das Ergebnis der Arbeiten war die Baureihe K (Kurfürst), die noch einmal den Anschluss an die besten Jagdflugzeuge der Gegner schaffte. Für einen entscheidenden Durchbruch war es aber zu spät. Knapp 1.000 Bf 109 K der verschiedenen Ausführungen konnten bis Kriegsende fertig gestellt werden. Viele von ihnen erreichten die Einheiten nicht, sie fielen Luftangriffen zum Opfer. Andere hingegen trafen in schlechtem Zustand bei den Jagdstaffeln ein und mussten hier erst aufwendig hergerichtet werden, und schließlich verhinderte der katastrophale Treibstoffmangel Einsätze in

Bf 109 B	
Spannweite	9,90 m
Länge	8,70 m
Höhe	2,45 m
Flügelfläche	16,0 m²
Leermasse	1.432 kg
Startmasse	2.000 kg
Höchstgeschwindigkeit	446 km/h
Dienstgipfelhöhe	8.750 m
Reichweite	650 km
Bf 109 E-3	
Spannweite	9,90 m
Länge	8,80 m;
Höhe	2,60 m
Flügelfläche	16,40 m²
Leermasse	1.865 kg
Startmasse	2.608 kg
Höchstgeschwindigkeit	555 km/h
Dienstgipfelhöhe	10.000 m
Reichweite	665 km
Bf 109 F-4	
(in Klammern G-6)	
Spannweite	9,92 m
Länge	8,94 m
Höhe	2,60 m
Flügelfläche	16,02 m²
Leermasse	2.255 kg (2.680 kg)
Startmasse	2.980 kg (3.200 kg)
Höchstgeschwindigkeit	625 km/h (630 km/h)
Dienstgipfelhöhe	11.600 m (12.000 m)
Reichweite	650 km
Bf 109 K-4	
Spannweite	9,92 m
Länge	9,02 m
Höhe	2,68 m
Flügelfläche	16,02 m²
Leermasse	2.755 kg
Startmasse	3.400 kg
Höchstgeschwindigkeit	700 km/h
Dienstgipfelhöhe	12.000 m
Reichweite	700 km

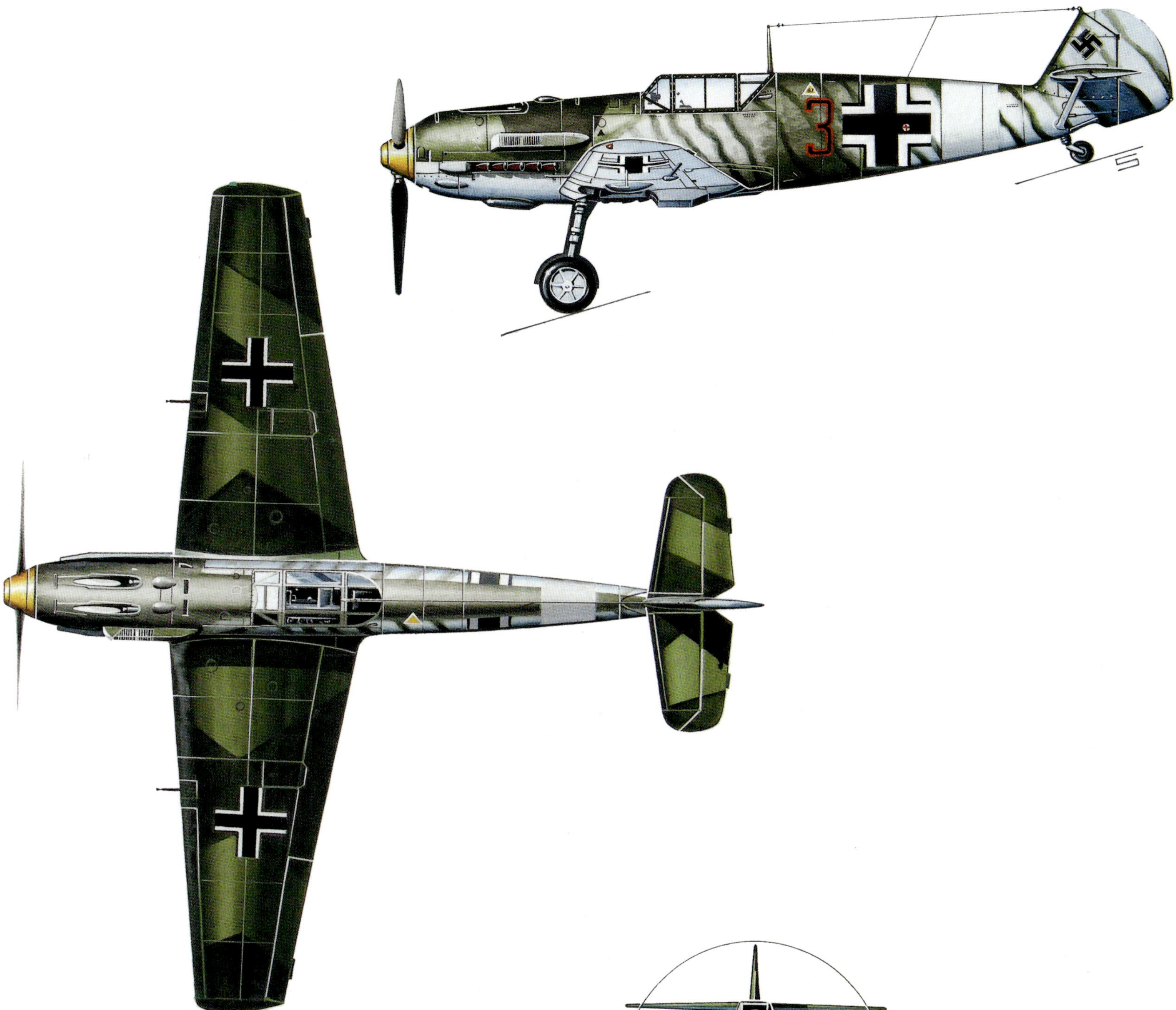

Bf 109 E-7/Trop des Jagdgeschwaders JG 27 während des Mittelmeereinsatzes.

größerem Umfang. Als der Zweite Weltkrieg am 8. Mai 1945 in Europa endete, hatte sich die Bf 109 einen legendären Ruf verschafft, der sich bis heute gehalten hat. Das Muster, das allgemein als Me 109 angesprochen wird, kämpfte an allen Fronten. Neben seiner ureigensten Aufgabe fungierte es auch als Jagdbomber, Aufklärer und Schulflugzeug. Während seiner rund neunjährigen Fertigungszeit erfuhr die Bf 109 zahllose Änderungen, sodass am Ende kaum noch ein Bauteil der Basisversion vorhanden war. Wie sehr sich das Muster in der Zeit wandelte, wird an der Flugmasse, der Höchstgeschwindigkeit und der Motorleistung deutlich. Während die Baureihe B mit einem 720 PS (530 kW)-Motor flog, eine Startmasse von 2 Tonnen hatte und 446 km/h erreichte, lauten die Daten für die Bf 109 K: 1.700 PS (1.250 kW) Motorleistung, 3,4 Tonnen Startmasse, 700 km/h.

Mit rund 32.000 Exemplaren ist die Bf 109 neben der russischen Il-2/Il-10-Flugzeugfamilie und der Polikarpow U-2 das mit großem Abstand meistgebaute Flugzeug der Welt. Diese Stückzahlen konnte Messerschmitt trotz Ausbau der Kapazitäten nicht allein fertigen, sodass viele weitere Firmen, unter ihnen Erla in Leipzig und WNF in Wiener-Neustadt, in die Produktion einbezogen wurden.

Die Bf 109 diente auch bei den deutschen Verbündeten, allen voran Finnland, Rumänien, Ungarn und Italien in nennenswerten Zahlen zum Einsatz.*

Während des Krieges wurde das Flugzeug in Ungarn nachgebaut und in Rumänien waren Arbeiten für eine Lizenzfertigung angelaufen.

Nach Kriegsende bauten Rumänien und die Tschechoslowakei die Bf 109 nach, wobei die Tschechen sogar neue Varianten mit Jumo 211-Motor entwickelten, von denen mehrere nach Israel verkauft wurden.

Einige Bf 109 sind bis heute erhalten geblieben, ja es existieren sogar flugfähige Exemplare, die bei ihrem Auftreten immer wieder Aufsehen erregen.

* Die Einsatzgeschichte der Bf 109 im Ausland einschließlich der Beuteflugzeuge wird ausführlich in dem 2007 beim Motorbuch Verlag erschienenen Band »Messerschmitt 109 unter fremden Flaggen« des Autorenteams Hans-Jürgen Becker / Rudolf Höfling dargestellt.

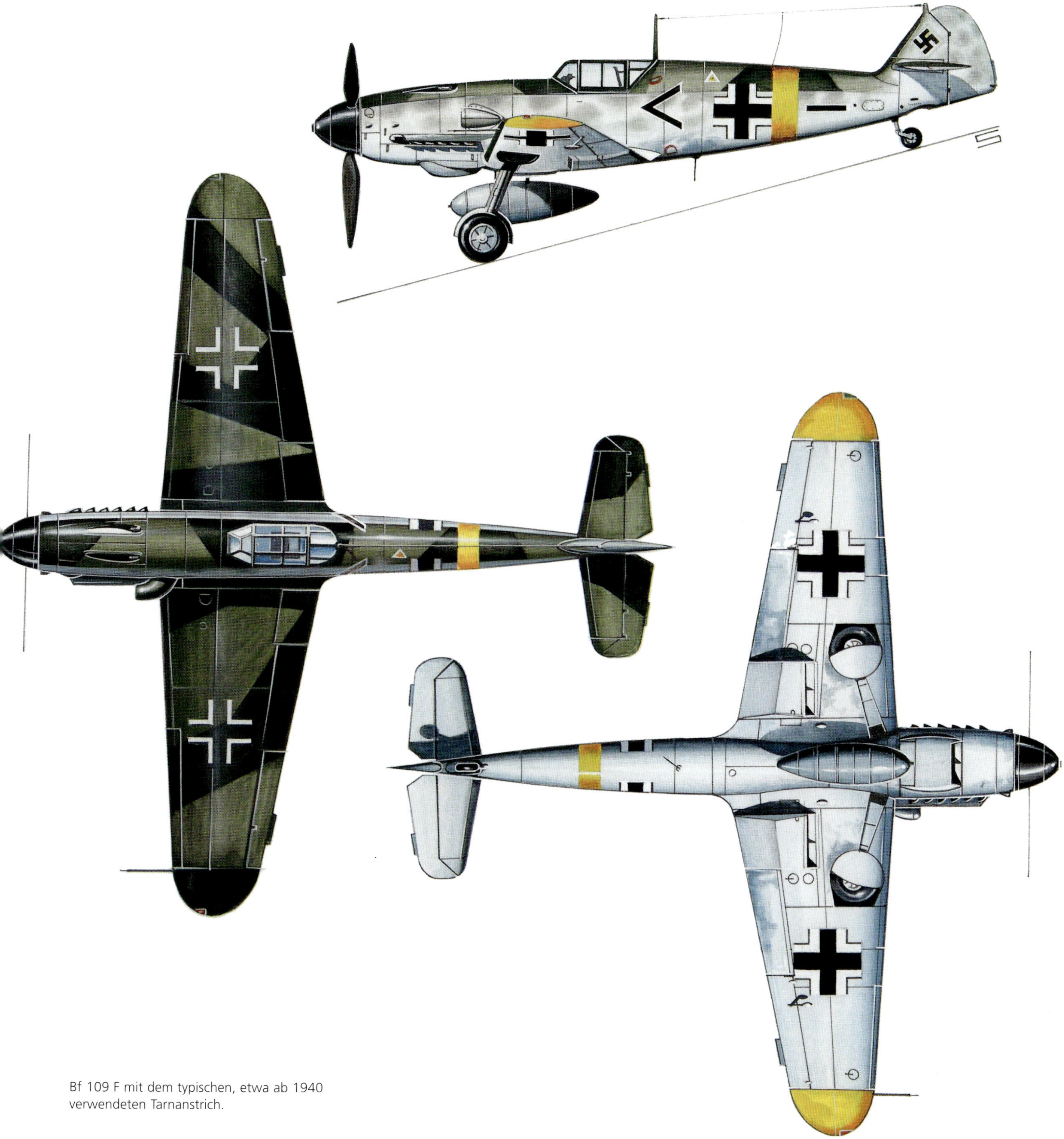

Bf 109 F mit dem typischen, etwa ab 1940 verwendeten Tarnanstrich.

Bf 109 G-2 mit einem ab etwa 1943 verwendeten Tarnschema.

Bf 109 G-5 des Jagdgeschwaders 52 mit dem Rumpfband der Reichsverteidigung.

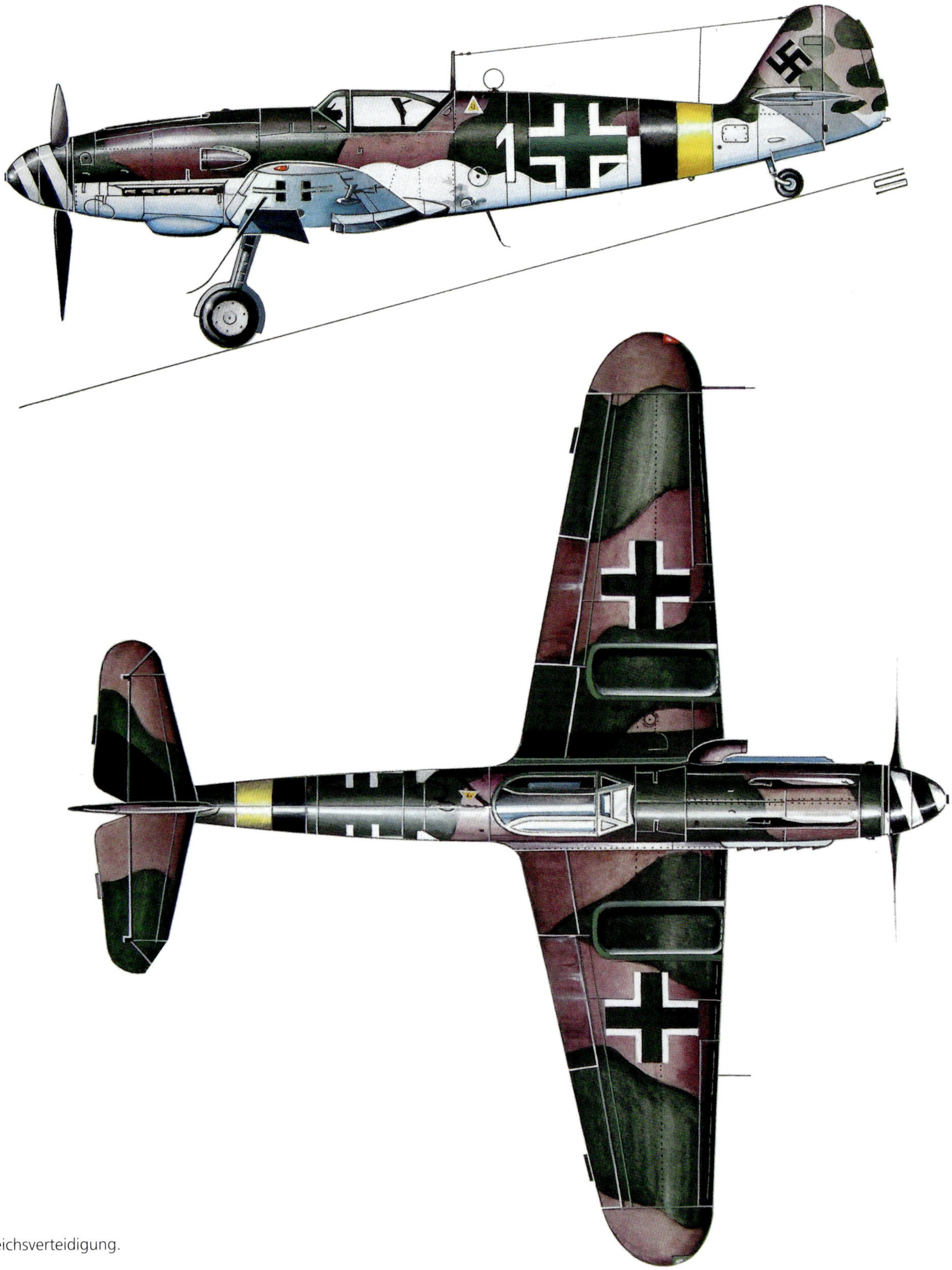

Bf 109 K-4 der Reichsverteidigung.

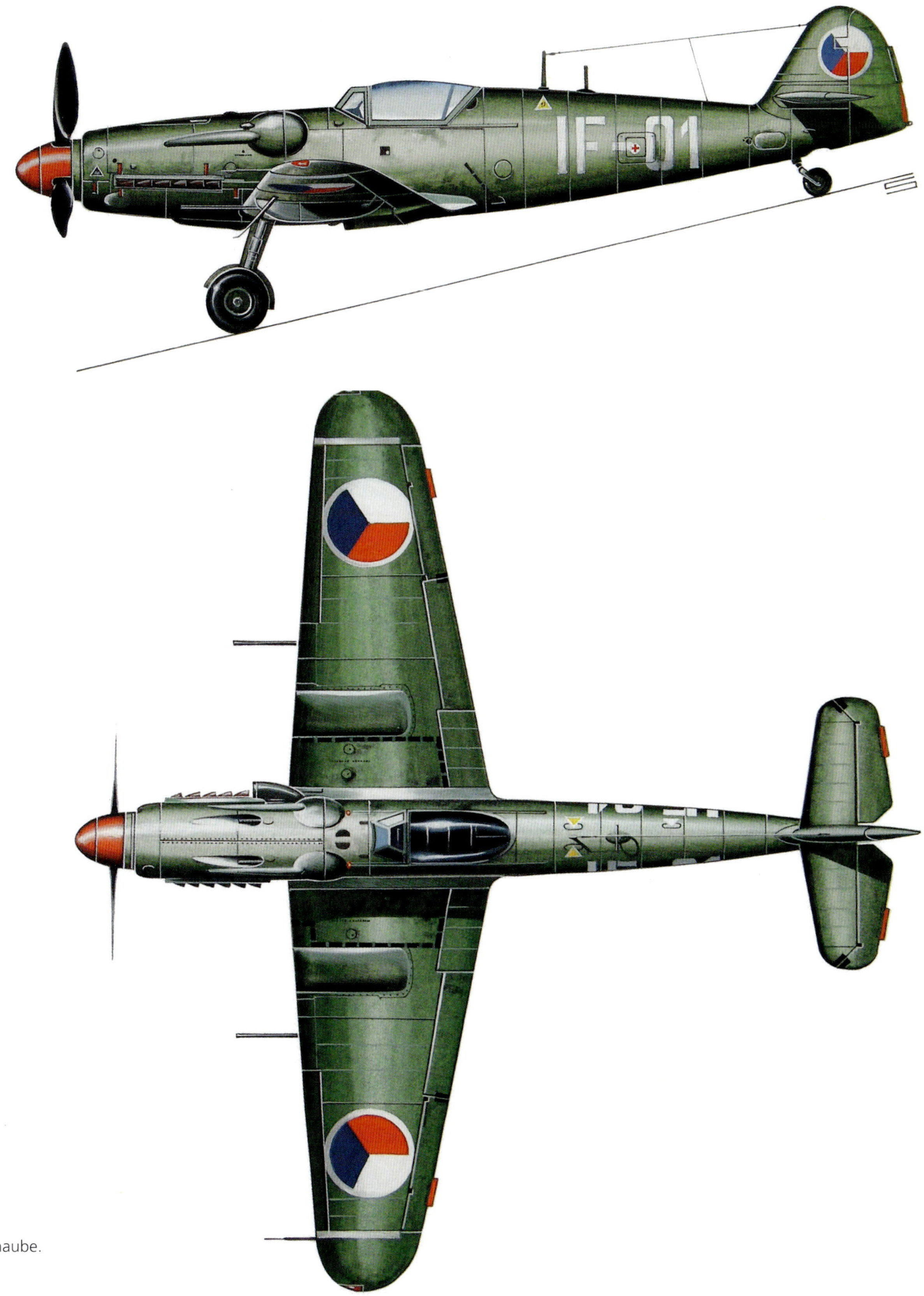

Avia S-199 mit Schiebehaube.

Baureihen und Varianten

Bf 109 A
20 Stück als Vorserienflugzeuge gebaut. Einsitziger Tiefdecker in Ganzmetall-Bauweise und automatischen Vorflügeln. Hauptfahrwerk von innen nach außen in das Tragwerk einziehbar. Fester Sporn. Zwei 7,9 mm-MG 17 über dem Motor. Hin und wieder Einbau der MG C/30L-Motorkanone. Vertikalmagazin für 5 x 10 kg-Bomben hinter dem Flugzeugführer.

Bf 109 B
341 Stück mit Jumo 210 D-Motor und 2-Blatt-Luftschraube. B-1 mit Holzschraube, B-2 mit Metall-Propeller. Zwei 7,9 mm-MG 17 mit je 500 Schuss. Einbau eines MG 17 mit 600 Schuss als Motorwaffe möglich.

Bf 109 C
Musterflugzeug war die V19 (D-IVSG). Erstflug 15.11.37. C-1 mit vier 7,9 mm-MG 17. Zwei davon im Tragwerk. C-3 mit zwei MG 17 und zwei 20 mm-MG.-FF als Flügelwaffen. Jumo 210 G-Einspritzmotor. 58 Stück gebaut.

Bf 109 D
Entsprach der C, hatte aber den Jumo 210 D-Vergasermotor. 647 Exemplare.

Bf 109 E
Erstflug des Musterflugzeuges V15 D-IPHR am 18.12.37. Einbau des Daimler-Benz DB 601A mit 1.175 PS (864 kW). Komplette Kühlanlage geändert. Strukturverstärkungen. Kraftstoffvolumen auf 400 l erhöht. Etwa 3.500 bis 3.900 Stück gebaut.
E-0 als Vorserienflugzeug. E-1 mit vier 7,9 mm-MG 17. E-1/B Jagdbomber mit einem Rumpf- und vier Flügelträgern. Rumpfträger für Kaliber von bis zu 500 kg, Flügelträger für je 50 kg. E-3 mit zwei 7,9 mm-MG 17 und zwei MG.-FF. E-3/B-Jabo mit Abwurfanlage der E-1/B. E-4 mit zwei MG 17 und zwei MG.-FF »M«, wobei M für Minengeschosse steht. E-4/B Jabo. E-4/N mit DB 601N. Startleistung wie DB 601A, aber bessere Kurz-, Dauer- und Höhenleistungen. E-4/NB-Jabo. E-5-Nahaufklärer mit einer Rb 21/18 Kamera. E-6/N-Aufklärer mit DB 601N und motorisierter Handkamera. E-7 entsprach der E-4, hatte aber einen ETC 500-Rumpfträger, an dem ein 300 l-Zusatztank mitgeführt werden konnte. E-7/N mit DB 601N. E-7/Z mit Tank für Sauerstoffträger GM-1, mit dem die Motorleistung oberhalb der Volldruckhöhe gesteigert werden konnte. E-8 wie E-1, aber mit 300 l-Zusatztank. E-9-Aufklärer mit Rb 50/30 Kamera und 300 l-Zusatztank.

Bf 109 F
Stark überarbeitete, aerodynamisch deutlich verbesserte Variante. Runde Flügelenden, abgerundetes, freitragendes Leitwerk. Verkürzte Vorflügel, eingestrakte Propellernabe. Spornrad halb einziehbar. Metalltank durch geschützten Sackbehälter ersetzt.
F-1 mit DB 601N, zwei MG 17 und einem MG.-FF als Motorkanone. F-2 mit neuer Luftschraube von 3 m Durchmesser und 15 mm-MG 151/15 als Motorkanone. F-2/U1-Umbau für den General der Jagdflieger Adolf Galland, bei dem die MG 17 durch MG 131 (13 mm) ersetzt wurden. F-4 mit DB 601E (1.350 PS/992 kW), breiteren Propellerblättern und 20 mm-MG 151/20 als Motorkanone. F-4/R1 mit zwei MG 151/20 als Gondelwaffen unter dem Tragwerk. F-4/R2-, R3-, R4- und R8-Aufklärer mit verschiedenen Kameras.
Nach Einbau der Tropenausrüstung (Sandabscheider usw.) trugen die Flugzeuge das Kürzel trop zur Typenbezeichnung.

Bf 109 G
Erste Erprobungsträger (G-0) für diese Baureihe flogen ab Frühjahr 1941. Leistungssteigerung durch Einbau des DB 605 mit 1.475 PS (1.085 kW). Vergrößerter Schmierstoffbehälter. Viele Detailänderungen z. B. Lagerung des Vorflügels. Einbau einer Druckkabine vorgesehen. Die »Gustav« war mit Abstand die Hauptbaureihe der Bf 109. Insgesamt wurden um die 12.000 Stück gefertigt. Bei vielen ersetzten zwei 13 mm-MG 131 die MG 17 auf dem Motor. Aus Platzgründen mussten beulenartige Verkleidungen angebaut werden, die dem Muster den Beinamen Beule einbrachte.
G-1 mit Druckkabine und verstärkter Panzerung. G-1/R2 mit GM-1-Anlage. Anbau von diversen Rüst- und Umbausätzen möglich, darunter R6 (2 MG 151 in Flügelgondeln) und U1 (Messerschmitt P6 Brems-Luftschraube). G-2 1.180 Stück und 406 Stück als G-2 trop gefertigt. Die Baureihe entsprach weitgehend der G-1, verzichtete aber auf die Druckkabine. Sonderausführungen waren die G-2/R1 und R2. R1 war ein Jagdbomber mit zwei Zusatztanks unter dem Tragwerk und einer 500 kg-Bombe unter dem Rumpf. Zur Vergrößerung der Bodenfreiheit beim Start wurde ein zusätzliches, abwerfbares Federbein unter dem hinteren Rumpf installiert. Die G-2/R2 war ein Fotoaufklärer. G-3 als Höhenjäger mit Druckkabine (50 Stück). G-4 hatte das neue Funkgerät 16Z, war ansonsten mit der G-2 identisch. Mitführung eines 70 l-Tanks für den Motorzusatz MW-50 möglich. G-4/R3 als Fotoaufklärer. Ab Mai 1943 wurde der Höhenjäger G-5 mit Druckkabine in 475 Exemplaren gefertigt. G-5/U2 hatte GM-1. G-5Y mit FuG ZY. G-5/AS mit DB 605 AS und neuer Motorhaube. Teilweise mit vergrößertem Holz-Leitwerk.
Mit Einführung der G-6 ab 1943 nahm die Anzahl der Unterversionen astronomische Ausmaße an. Die Standardbewaffnung bestand aus zwei MG 131 und einem MG 151/20. Teilweise mit gläsernem »Galland-Panzer« als Kopfschutz für den Piloten, teilweise mit »Erla«-Kabinenhaube und/oder großem Holz-Leitwerk. G-6/U4 mit 30 mm MK 108-Motorkanone. G-6/R2, R3, R3Fl und U3 waren Aufklärer. G-6/AS mit DB 605 AS und G-6Y und G-6ZE mit FuG 16 Z bzw. FuG 16ZE. G-6/U1 mit P6-Bremsschraube und Lenksporn. G-6/R6 mit Gondelwaffen.
G-8 war ein Fotoaufklärer und G-12 ein zweisitziges Schulflugzeug, das durch den Umbau vorhandener Flugzeug entstand (93 Stück). Mit der G-14 (etwa 5.500 Stück) wurde der mit der G-6 eingeschlagene Irrweg der unzähligen Änderungen fortgeführt. Nur noch jede 5.000ste Bf 109 war baugleich! Mit der G-10 – die nach der G-14 aufgelegt wurde – sollte der Missstand beseitigt werden, doch dies gelang nicht. Das Muster übernahm Baugruppen der G-1, 2, 5, 6, 14 und K-4. Es wurden etwa 2.600 gebaut.

Bf 109 H
Höhenjäger. V-Muster V49 und V50 mit DB 628, vergrößerter Spannweite und 9,28 m Länge. V54 und V55 mit DB 605 A und B und 13,26 m Spannweite. Sechs Flugzeuge durch Umbau von G-5 hergestellt, das erste flog am 5.9.44.

Bf 109 K
DB 605 L mit 1.700 PS (1.250 kW) in 9.600 m. Neue »beulenlose« Motorverkleidung. Fahrwerkrestabdeckung. Einziehbarer, verlängerter Sporn. Breitere Reifen. Tragwerk verstärkt, Auswölbung auf der Oberseite zur Unterbringung des Fahrwerkes. »Erla«-Haube. Vergrößertes Holz-Leitwerk. Etwa 1.000 Stück gefertigt. K-2-Einzelstück mit DB 605 AS. K-4 erstes Serienmodell mit DB 605 D 1.800 PS (1.324 kW) und zwei MG 131 und einer MK 108. K-6 mit DB 605 ASCM. K-8-Fotoaufklärer. K-10 mit MK 103-Motorkanone und K-12 zweisitziges Schulflugzeug. Letzte Ausführung war die K-14. Zwei Stück mit DB 605 L MW-50-Anlage, 4-Blatt-Luftschraube, drei MK 108 und zwei MG 131.

Bf 109 T
Bordjäger für den Flugzeugträger Graf Zeppelin auf Basis der Baureihe E. Katapultfähig. Fanghaken und gepolsterte Kopfstütze. Durchmesser der Luftschraube auf 2,90 m reduziert. Spannweite auf 11,08 m vergrößert. 70 Stück gebaut. Davon sieben als T-1 mit voller Trägerausrüstung. Der Rest als T-2 ohne Trägerausrüstung.

Avia S-199 und CS-199
Die tschechische Firma Avia begann 1946 mit dem Nachbau der Bf 109 unter der Bezeichnung C-10 (Einsitzer) und C-110 (zweisitziges Schulflugzeug). Als der DB 605 nicht mehr verfügbar war, entstand die S-199 (vormals C-210) mit Jumo 211 F-Motor und zwei MG 131 und zwei MG 17. Der Anbau von MG 151 als Gondelwaffen sowie Trägern unter Rumpf und Tragflächen war möglich. Zunächst mit Klapphaube, dann mit Schiebehaube. 551 Stück gebaut. Davon etwa 82 als zweisitzige Schulflugzeuge CS-199 (vormals CS-99).

Boeing B-17 G Flying Fortress

1935 **Boeing B-17 Flying Fortress**

Zusammen mit der Consolidated B-24 Liberator bildete die Boeing B-17 Flying Fortress während des Zweiten Weltkrieges das Rückgrat der US-Bomberverbände.

Auslöser für die Entwicklung des intern als Modell 299 bezeichneten Musters war eine Absichtserklärung des US Army Air Corps aus dem Jahre 1933. Die Militärs dachten daran, ein mehrmotoriges Bombenflugzeug zu beschaffen, das in der Lage sein sollte, eine Bombenlast von 908 kg mit einer Reisegeschwindigkeit von 330 km/h über eine Entfernung von mindestens 2.000 km zu transportieren. Leistungsdaten, die einem strategischen Kampfflugzeug entsprachen. Tatsächlich sollte das Muster von Land aus zur Abwehr von Seestreitkräften zum Einsatz kommen.

Damals arbeitete Boeing an zwei unterschiedlichen Flugzeugen. Dem zweimotorigen Verkehrsflugzeug Modell 247, das über ein Einziehfahrwerk und einen freitragenden Flügel verfügte, sowie an der XB-15, einem schweren viermotorigen Bomber mit mehr als 45 m Spannweite und einer Reichweite von rund 8.000 km. Als Boeing auf eigenes Risiko mit der Konstruktion des Modells 299 begann, griff das Entwicklungsbüro auf eine Reihe von Techniken zurück, die bereits bei den beiden anderen Flugzeugen zur Anwendung gelangt waren. Es entstand so ein viermotoriger, freitragender Tiefdecker in Ganzmetallbauweise mit Einziehfahrwerk und konventionellem Leitwerk, der die Zustimmung des USAAC fand.

Bereits am 28. Juli 1935 erfolgte unter Führung von Les R. Tower der Erstflug der XB-17 mit Pratt & Whitney R-1690 Hornet-Motoren (je 750 PS/551 kW). Das Flugzeug war für eine maximale Bombenlast von 1.816 kg ausgelegt, die im Rumpf mitgeführt wurde. Abwehrstationen mit je einem MG befanden sich im Bug, auf der Rumpfober- und -unterseite sowie an den Rumpfseiten.

Für die anschließende weitere Erprobung durch das Air Corps wurde das Flugzeug vom werkseigenen Flugplatz in Seattle nach Wright Field verlegt. Die 3.380 km lange Strecke

C

legte die XB-17 in einem neunstündigen Non-Stop-Flug zurück und unterstrich dabei ihr hohes Leistungspotenzial. Doch schon am 30. Oktober 1935 stürzte sie wegen blockierter Ruder beim Start ab und musste abgeschrieben werden. Die bis dahin gewonnenen Erkenntnisse reichten dem USAAC aber aus, um insgesamt 13 Vorserienflugzeuge zu bestellen. Das erste von ihnen kam im Dezember 1936 zum Fliegen. Es wurde wie alle anderen auch der 2nd Bombardement Group übergeben, die die Aufgabe einer Ausbildungseinheit übernahm.

Das Flugzeug überzeugte zwar und wurde auch ständig weiterentwickelt, aber die Stückzahlen blieben deutlich hinter den Erwartungen zurück. Grund war die Haltung der US Navy. Sie fühlte sich allein für die Verteidigung der amerikanischen Gewässer zuständig und wünschte keine Konkurrenz durch das Army Air Corps. So ging es mit der B-17 nur langsam voran. Die Royal Air Force erhielt 1941 20 Stück als Fortress I. Außerdem verlegte das Air Corps einige Flugzeuge nach Hawaii und auf die Philippinen. Die auf den Philippinen stationierte 8th Bombardement Group griff am 10. Dezember 1941 drei japanische Schiffe an. Es war der erste Bombenangriff des USAAC während des Zweiten Weltkrieges.

Der japanische Überfall auf Pearl Harbor hatte Signalwirkung. Von Stund an funktionierte die amerikanische Rüstungsmaschinerie, indem sie eine B-17 nach der anderen produzierte. Am Ende des Krieges hatten 12.731 Exemplare die Werkhallen von Boeing, Lockheed und Douglas verlassen. Damit ist die B-17 nach der B-24 der meist gebaute viermotorige Bomber der Luftfahrtgeschichte.

Für den Einsatz auf dem europäischen Kriegsschauplatz trafen am 1. Juli 1942 die ersten B-17 in Großbritannien ein. Nur wenige Tage darauf begannen die ersten Missionen, die sich aber nicht weit in das Festland hin erstreckten und bei Tageslicht mit mäßiger Wirkung erfolgten. Der erste B-17-Angriff auf Deutschland fand am 27. Januar 1943 statt. Ziel war Wilhelmshaven. Mit der Ausweitung der Einsätze gegen das Reich gingen hohe Verluste einher. Besonders schlimm traf es die B-17-Verbände am 17. August und 14. Oktober 1943, als insgesamt 667 Bomber den Großraum Schweinfurt angriffen und dabei 120 Maschinen nicht zurückkehrten sowie unzählige weitere mehr oder weniger schwer beschädigt wurden.

Die 8th Air Force schraubte daraufhin ihre Aktivitäten bis zur Verfügbarkeit von Langstreckenjägern zurück. Als diese ab 1944 bereitstanden, änderte sich das Bild. Die B-17 kehrten bei Tage nach Deutschland zurück und flogen ab 4. März 1944 auch regelmäßig Berlin an.

Wenngleich die B-17, die wegen ihrer starken Abwehrbewaffnung den Namen Flying Fortress trug, ab 1942 auch im Länderdreieck China-Burma-Indien sowie in anderen Gebieten Asiens zum Einsatz kam, lag der Schwerpunkt der Missionen doch in Nordafrika, dem Mittelmeerraum und dem europäischen Festland, wobei sich der strategische Bombenkrieg insbesondere gegen Deutschland und Österreich richtete.

Im Laufe der Kampfhandlungen kamen einige B-17 als Aufklärer zum Einsatz. Weitere wurden zu Transportern umgebaut und schließlich existierte unter der Bezeichnung BQ-7 eine Ausführung als unbemannte, ferngesteuerte Bombe. Bei der Flugerprobung einer solchen Waffe verunfallte Joseph Kennedy, ein Bruder des späteren US-Präsidenten John F. Kennedy, tödlich.

Bei Kriegsende war die B-17 veraltet, sodass sie rasch ausgemustert wurde, aber noch zahlreiche Sonderaufgaben übernahm. So erhielt die US Navy 17 Exemplare, die sie als PB-1-Frühwarnflugzeuge mit Suchradar oder als Seenotflugzeuge mit Rettungsboot einsetzte. Die Seenotvariante wurde später von der US-Küstenwache übernommen, die sich erst 1959 von der B-17 trennte.

B-17G Flying Fortress	
Spannweite	31,62 m
Länge	22,60 m
Höhe	5,82 m
Flügelfläche	131,92 m²
Leermasse	16.391 kg
Startmasse maximal	29.710 kg
Reisegeschwindigkeit	293 km/h
Höchstgeschwindigkeit in 7.620 m	462 km/h
Reichweite mit 2.722 kg Bombenlast	3.219 km
Dienstgipfelhöhe	10.850 m

Baureihen und Varianten

XB-17 Zivilkennzeichen X-13372
Erstflug 28. Juli 1935. Vier P&W R-1690 Hornet mit je 750 PS (551 kW). Acht Mann Besatzung. Fünf 7,9 mm-MG. Startmasse 17.276 kg. Höchstgeschwindigkeit 380 km/h.

YB-17 (Y1B-17) Serial Numbers 36-149 bis 36-161
13 Vorserienflugzeuge. Triebwerkanlage nun Wright R-1820-39 Cyclone mit 1.000 PS (735 kW). Besatzung auf sechs Mann reduziert. Startmasse 19.340 kg. Höchstgeschwindigkeit 412 km/h. Die Bruchzelle der YB-17 wurde flugfähig hergerichtet. Sie diente dann als Y1B-17A mit der Serial Number 37-369 zur Erprobung von Turboladern.

B-17B Serial Numbers 38-211 bis 38-223; 38-258 bis 38-270; 38-583 und 38-584; 38-610 und 39-1 bis 39-10
39 Flugzeuge. Erstflug am 27. Juni 1939. Vier Wright R-1820-51 mit 1.200 PS (882 kW). Vergrößertes Ruder und Landeklappen. Neugestalteter Rumpfbug.

B-17C Serial Numbers 40-2042 bis 40-2079
38 Flugzeuge. Erstflug 21. Juli 1940. 20 als Fortress I zur RAF. Abwehrstände vollständig geändert. Die Rumpfseitenstände (Schwalbennester genannt) wurden nun mit Planscheiben verglast. In dieser Weise wurde auch der Stand auf der Rumpfoberseite geändert und die tropfenförmige Verglasung unter dem Rumpf durch eine breite Wanne ersetzt. Reichweite mit 1.816 kg-Bomben 3.800 km. Höchstgeschwindigkeit 519 km/h.

B-17D Serial Numbers 40-3059 bis 40-3100
42 Flugzeuge. Verbessertes elektrisches System. 7-köpfige Besatzung. Kühlerklappen für die Motore.

B-17E Serial Numbers 41-2393 bis 41-2669; 41-9011 bis 41-9245
Mit 512 Exemplaren die erste Großserie. Erstflug 5. September 1941. Umfangreiche Änderung der Zelle gegenüber den Vorgängern. Neues Seitenleitwerk mit Seitenflosse. Ein Drehturm auf der Oberseite. Die ersten 112 Flugzeuge hatten einen ferngesteuerten Drehturm unter dem Rumpf, der ab dem 113. Flugzeug durch einen bemannten Kugelturm ersetzt wurde. Erstmals Einbau eines Hekkstandes. 45 Exemplare als Fortress IIA an die RAF geliefert.

B-17F Serial Numbers 41-24340 bis 41-24639; 42-2964 bis 42-3566; 42-5050 bis 42-5484; 42-5705 bis 42-6204; 42-29467 bis 42-31031; 42-33714 bis 42-33715; 42-33717 bis 42-37220
Mit 3.405 Exemplaren die zweite Großserie. Verbesserte R-1820-97-Motoren. Neuer Glasbug. Selbstdichtende Öltanks. Zusätzliche Kraftstoffbehälter im Tragflügel für 4.163 Liter. Breitere Luftschrauben. Bombenlast beim Einsatz von Außenträgern 3.632 kg. 19 als Fortress II an die RAF abgegeben.

B-17G Serial Numbers 42-3483 bis 42-3563; 42-31032 bis 42-32116; 42-37714 bis 42-38213; 42-39758 bis 42-40057; 42-97058 bis 42-97407; 42-97436 bis 42-98035; 42-102379 bis 42-102978; 42-106984 bis 42-107233; 43-37509 bis 43-39508; 44-6001 bis 44-7000; 44-8001 bis 44-9000; 44-83236 bis 44-83885 und 44-85492 bis 44-85841
8.670 Stück, damit Hauptbaureihe. Basierte auf dem Modell F, jedoch mit fernbetätigtem Drehturm unter dem Bug. Abwehrbewaffnung: elf bis zwölf 12,7 mm-MG. 10-köpfige Besatzung. R-1820-97-Motoren. Verbesserte Turbolader. Einige als Transporter bzw. Reiseflugzeuge umgebaut (CB-17G und VB-17G). Andere zu Trainern (TB-17G) abgeändert.

B-17H (SB-17G)
Umbau von Serienflugzeugen für Seenotrettung. Das Flugzeug führte zu diesem Zweck ein abwerfbares Rettungsboot unter dem Rumpf mit. Nur wenige umgebaut. TB-17H war die Trainingsausführung.

BQ-7
Ausgediente B-17 wurden zu unbemannten, ferngesteuerten Bomben umgebaut. Elf scharfe Einsätze erfolgten gegen Deutschland.

F-9, F-9A, F-9B und F-9C (FB-17)
35 Flugzeuge, darunter 10 B-17G, wurden zu Aufklärern mit verschiedenen Kameras umgebaut. Die B-17G-Aufklärer liefen auch unter der Bezeichnung RB-17G.

QB-17 und DB-17P
Nach dem Zweiten Weltkrieg zur Zieldarstellung verwendet. DB-17P war das Kontrollflugzeug für die unbemannte QB-17-Drohne.

XB-38
Lockheed baute ein Flugzeug (41-2401) mit vier flüssigkeitsgekühlten Allison V-1710-89.

XB-40, YB-40 und TB-40
Als Waffenigel sollte diese Spezialvariante die Bomberverbände begleiten und verteidigen. Die Bewaffnung war, was die Kaliber und Anzahl betraf, von Flugzeug zu Flugzeug verschieden. Bis zu 30 Waffen und Kaliber bis zu 40 mm wurden mitgeführt. Neun Einsätze ab 29. Mai 1943. Entwicklung abgebrochen. Vier Flugzeuge als TB-40-Trainer.

XC-108; XC-108A; XC-108 und YC-108
Umbauflugzeuge. XC-108 (41-2593) war ein Transporter für 38 Passagiere. XC-108A (41-2595) hatte eine Frachttür. XC-108B (42-30190) diente als Treibstofftransporter und YC-108 (42-6036) war ein VIP-Transporter.

1935 **Morane-Saulnier M.S.406**

Beim Ausbruch des Zweiten Weltkrieges war die Morane-Saulnier M.S.406 der einzige moderne Jagdeinsitzer, der der Armeé de l´Air in großen Stückzahlen zur Verfügung stand. Das Muster war das Ergebnis einer Ausschreibung aus dem Jahre 1934. In Form der M.S.405-01 nahm das erste Flugzeug am 8. August 1935 die Erprobung auf. Die M.S.405 war ein in Gemischtbauweise erstellter, freitragender Tiefdecker mit abgestrebtem Leitwerk, geschlossener Kabine, Einziehfahrwerk und Hispano Suiza 12 Ygrs Motor.

Die vom CEMA-Testzentrum durchgeführten Flüge zeigten gute Flugeigenschaften und ansprechende Leistungen auf. So lag die Höchstgeschwindigkeit in 4.000 m bei 480 km/h. Dennoch war nicht alles in Ordnung, sodass das zweite Versuchsmuster ein neues Tragwerk mit geänderter Planform und den HS 12Ycrs erhielt. Das modifizierte Flugzeug überzeugte, sodass fünfzehn Vorserienflugzeuge in Auftrag gegeben wurden, die alle mehr oder weniger verschiedenen Versuchen dienten. Bei der M.S.405-03 erfolgte der Austausch des Rumpftanks gegen Flügelbehälter. Der freigewordene Raum im Rumpf wurde zur Unterbringungen eines Agenten genutzt, der mit dem Fallschirm über fremden Gebieten abspringen sollte. Tatsächlich erfolgten Abwürfe von Dummys und die Umbenennung in M.S.407LP (Lance-Parachute). Über echte Einsätze ist nichts bekannt geworden. Die M.S.405-04 hatten den Hispana Suiza 12 Y-31 und die M.S.405-12 bekam ein Tragwerk mit verbesserter Struktur, bei der Dural-Platten die Speerholzbeplankung ablösten. Außerdem machte der halbeinziehbare Kühler einem fest eingebauten Platz, worauf die Bezeichnung M.S.411 lautete. Die M.S.405-13 hatte ebenfalls einen festen Kühler, verfügte aber über Flügelschächte für Leuchtkörper. Der Umbau kam auf Anfrage der Schweiz zustande. Erneut erfolgte eine Umbenennung, nun in M.S.408. Die Eidgenossen übernahmen zwei M.S.405 und erwarben darüber hinaus die Nachbaurechte für die Baureihe 406. Die M.S.406 war das Ergebnis der zahlreichen Vorserienversuche. Sie hatte die verstärkten Tragflächen der M.S.405-12
und den HS 12 Y-31 (860 PS/640 kW). Ihre Bewaffnung bestand aus einer 20 mm-Motorkanone und zwei 12,7 mm-MG.

Die Armeé de l´Air orderte 1.000 Flugzeuge, die auf zwei Fertigungsstraßen produziert wurden. Nach der Ablieferung der ersten Serienmaschine im Juni 1938 nahm die Produktion rasch an Fahrt auf, d. h. bis zu elf Flugzeuge pro Tag verließen die Werkhallen. Bei Kriegsausbruch kam es zu einer Aufstockung des Auftrages, sodass bis zur Niederlage Frankreichs 1.037 M.S.406 hergestellt wurden.

Im September 1939 waren vier Geschwader mit der Morane ausgerüstet. Im Kampf gegen die Messerschmitt Bf 109 tat sich das Muster schwer. Die Bf 109 E war in allen Belangen überlegen und so wundert es nicht, dass mindestens 400 M.S.406 bei den Kämpfen verloren gingen. Auf der anderen Seite reklamierten die M.S.406-Verbände 175 Luftsiege für sich.

Nachdem Frankreich kapituliert hatte, übernahm die Luftwaffe die vorhandenen Flug-

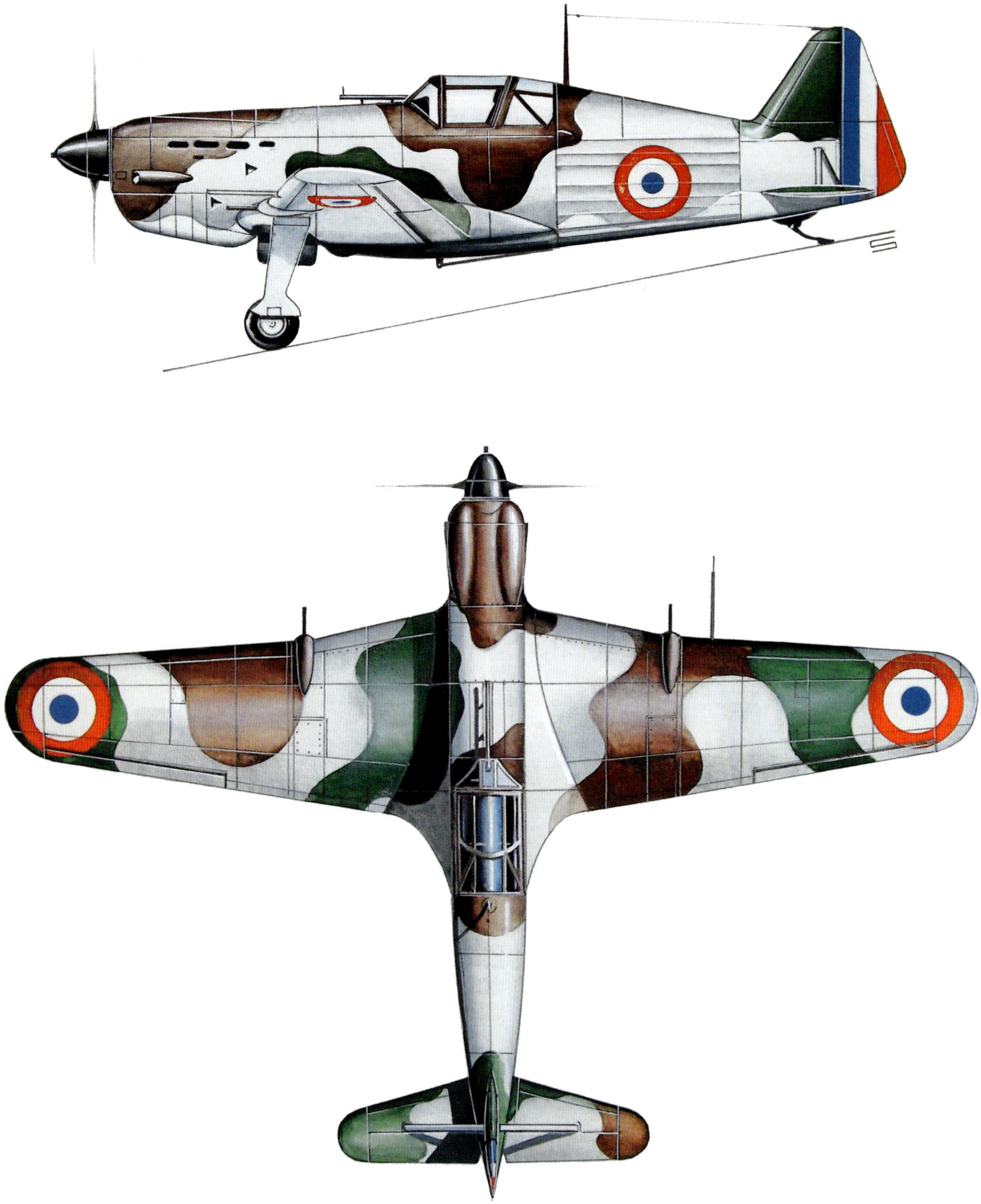

Morane-Saulnier M.S.406 der Armeé de l´Air
1940.

Baureihen und Varianten

M.S.406
Standardausführung mit 860 PS (640 kW) Hispano-Suiza-Motor und einer 20 mm-Motorkanone HS-9 oder HS-404 sowie zwei 7,5 mm MAC-MG. Die Werknummer 1005 erhielt ein höher gelegtes Leitwerk und zwei Zusatztanks. Die Werknummer 1028 wurde mit vier 7,5 mm-MG bestückt und als M.S.410 bezeichnet.

D-3800 und D-3801
Zunächst zwei Flugzeuge auf Basis der M.S.405 als D-3800 an die Schweiz geliefert. Dann 82 Stück vor Ort gefertigt. Später folgten noch zwei weitere, die aus Ersatzteilen hergestellt wurden. Mit der D-3801 kam noch eine weitere Baureihe hinzu, die über den HS 12 Y-51 (1.000 PS/735 kW) verfügte. 207 Stück wurden gebaut. 17 weitere entstanden aus Ersatzteilen. Höchstgeschwindigkeit 523 km/h in 4.500 m. Einsatz bis 1959 zu Schulzwecken. 1995 wurde aus vorhandenen Teilen und Baugruppen ein neues Flugzeug gefertigt und im Fliegermuseum in Altenrhein ausgestellt.

zeuge. Einige nutzte sie z. B. für Schulungsaufgaben selbst, andere gab sie an befreundete Länder ab.

Die M.S.406 war vor dem Krieg auf dem Luftfahrt-Salon in Le Bourget der Öffentlichkeit präsentiert worden und hatte das Interesse des Auslandes auf sich gezogen. Litauen und China bestellten je 12, die Türkei 45, Jugoslawien 25, Polen 160 und Finnland 30. Nur der türkische und finnische Auftrag konnte ausgeführt werden. 50 für Polen bestimmte Flugzeuge waren per Schiff auf dem Wege, als der Kriegsausbruch eine Ablieferung verhinderte. Litauen hatte seinen Auftrag vor Kriegsbeginn zurückgezogen. Grund könnte der Absturz des litauischen Versuchsfliegers Mikewas gewesen sein, der am 8. Dezember 1937 mit einer Morane zu Tode gekommen war. Die für China bestimmten Flugzeuge trafen zwar in Asien ein, sie wurden aber einer französischen Jagdstaffel in Indochina zugeführt, die ab Dezember 1941 gegen japanische Verbände zum Einsatz kam.

Deutschland teilte nach 1940 die erbeuteten M.S.406 auf Italien, Kroatien (48) und Finnland (75) auf. Des Weiteren wurde dem Vichy-Regime eine größere Anzahl überlassen, von denen ab 1943 20 Stück an Bulgarien weitergegeben wurden. Einzig die Finnen konnten mit dem Muster nennenswerte Erfolge erzielen, dies lag unter anderem daran, dass sie die M.S.406 mit russischen Beutemotoren vom Typ Klimow M-105P (1.100 PS/808 kW) ausstatteten. Da der Motor die gleichen Abmessungen und Anschlusspunkte wie der Hispano Suiza 12 aufwies, war dies auf einfache Art möglich. Das erste Umbauflugzeug kam im August 1943 zur Ablieferung. Weitere Flugzeuge folgten ab Juni 1944. Die als Mörkö-Morane bezeichneten M.S.406 blieben bis 1948 im Einsatz.

M.S.406	
Spannweite	10,61 m
Länge	8,17 m
Höhe	3,25 m
Flügelfläche	16,05 m²
Leermasse	1.895 kg
Startmasse	2.540 kg
Höchstgeschwindigkeit	486 km/h in 4.500 m
Dienstgipfelhöhe	9.400 m
Reichweite	800 km
Reichweite im Sparflug	1.100 km

1935 **Hawker Hurricane**

Unter den Bezeichnungen »Fury Monoplane« bzw. »Interceptor Monoplane« begannen ab Oktober 1934 bei Hawker erste Arbeiten an einem modernen Jagdeinsitzer.

Chefkonstrukteur Sidney Camm zeigte sich bei der Entwicklung des Musters noch dem Gemischtbau verpflichtet, sodass der schnittige Tiefdecker mit Einziehfahrwerk über stoffbespannte Tragflächen und Rumpfabschnitte verfügte. Das zunächst auf Privatinitiative gestartete Projekt zog das Interesse der Royal Air Force auf sich, die die Spezifikation F.5/34 auf das Flugzeug zuschnitt. Sie wurde recht schnell von der F.36/34 ersetzt, die ein Flugzeug vorsah, das 515 km/h in 4.500 m erreichte und mit vier 7,7 mm-MG bewaffnet sein sollte. Ferner wurde ein Munitionsvorrat gefordert, der 20 Sekunden Dauerfeuer erlaubte. Doch erneut kam es zu einer Überarbeitung der Spezifikation. Sie betraf in der Hauptsache die Bewaffnung, die auf acht 7,7 mm-MG erhöht wurde. Die Umsetzung der Forderung erfolgte umgehend, sodass die im August 1935 vorgestellte Attrappe entsprechend bestückt war. Auch sonst gingen die Dinge rasch voran. Am 6. November 1935 begann die Flugerprobung des Musters (Kennung K5083) unter der Leitung von George Bulman. Sie ergab keine grundsätzlichen Beanstandungen. Lediglich der am Anfang seiner Entwicklung stehende Rolls-Royce Merlin-Motor – der zu dieser Zeit in der Ausführung C 990 PS (728 kW) leistete – bereitete so manche Sorge.

Die weiteren Versuchsflüge führten zu einigen Modifikationen. Die Stützstreben des Höhenleitwerkes entfielen und der Durchmesser des unter dem Rumpf befindlichen Kühlers wurde vergrößert.

Bei den Leistungen blieb das Flugzeug leicht hinter den Erwartungen zurück, so erreichte es als Bestwert nur 507 km/h. Da das Muster aber insgesamt überzeugte und sehr gute Flugeigenschaften aufwies, erhielt Hawker einen Erstauftrag über 600 Flugzeuge, die unter dem Namen Hurricane britische Luftfahrtgeschichte schreiben sollten. Als Enddatum für die Ablieferung aller Flugzeuge war der März 1939 vorgesehen. Doch es traten Verzögerungen auf. Dies lag zum einen am Motor und zum anderen an der Tragwerkbehäutung. Rolls-Royce benötigte Zeit, um den Merlin in der Ausführung II (1.030 PS/757 kW) einsatzbereit zu bekommen und die Stoffbespannung des Flügels sollte möglichst rasch durch Blech ersetzt werden. Das erste Serienflugzeug – eine Hurricane I – startete daher erst am 12. Oktober 1937 vom Firmenflugfeld in Brooklands zum Werkflug. Nachdem sich der Zeitrahmen verschoben hatte, konnten die ersten vier Flugzeuge nicht vor Februar 1938 an das 111. Squadron in Northolt abgegeben werden. Es folgten das 3. Squadron in Kenley und das 56. in North Weald.

Zu dieser Zeit hatten Versuche unbefriedigende Trudeleigenschaften aufgezeigt, die durch Anfügen einer kleinen Flosse im Bereich des Spornrades verbessert werden konnten. Des Weiteren machte bei den meisten Flugzeugen die bis dahin verwendete 2-Blatt-Luftschraube einer dreiblättrigen Platz.

Nach ersten Geplänkeln mit deutschen Kampfflugzeugen während des sogenannten

Hawker Hurricane Mk.I

Sitzkrieges nahmen mit dem Vorstoß des deutschen Heeres nach Frankreich die Luftkämpfe stark zu. Dabei musste sich die Hurricane der Luftwaffe beugen. Bis Mai 1940 gingen rund 200 durch Abschüsse oder andere Ereignisse verloren. Als sich das britische Expeditionskorps nach Großbritannien zurückzog, nahm es 66 Hurricanes mit. Sie bildeten nun einen Bestandteil der britischen Heimverteidigung während der »Luftschlacht um England«, die im August 1940 entbrannte. Hawker produzierte zu dieser Zeit den Jäger auf zwei Straßen. Dies reichte nicht aus, sodass bei Gloster eine dritte Produktionslinie entstand und monatlich bis zu 249 Flugzeuge gefertigt wurden.

In der Zeit zwischen Juni und Oktober 1940 bildete die Hurricane mit 1.326 Stück das Rückgrat des Fighter Command, dessen Spitfire-Bestand in diesem Zeitraum bei 957 Maschinen lag.

Im Juni 1940 war eine Handvoll Hurricanes im Mittelmeerraum eingetroffen. Mit Abnahme der Luftangriffe auf Großbritannien entspannte sich die Situation, worauf weitere Flugzeuge nach dort folgten und schon bald sollten Nordafrika und der Mittelmeerraum das Haupteinsatzgebiet der Hawker werden. Auf dem Höhepunkt der Kämpfe befanden sich 22 Squadrons in Afrika. Sie wurden in großem Maße und mit viel Erfolg als Jagdbomber (Hurribomber), Schlachtflugzeuge und Fotoaufklärer eingesetzt. Aber auch auf dem asiatischen Kriegsschauplatz kam die Hurricane zum Einsatz, wobei sich Burma als Schwerpunkt herausbildete.

Wenngleich neue, stärker motorisierte und insgesamt verbesserte Varianten aufgelegt wurden, war das Muster um 1941/42 als veraltet anzusehen. Bei der Royal Air Force rückte die Hurricane ab 1943 verstärkt in die zweite Reihe. Dennoch blieb das Flugzeug bis zum September 1944 in der Fertigung. Bis dahin hatten Hawker und Gloster 10.030 respektive 2.750 Hurricanes abgeliefert. Weitere 1.451 waren bei der Canada Car and Foundry ab Januar 1940 entstanden. Die Kanadier nahmen im Übrigen mit einem Hurricane-Squadron an der »Luftschlacht um England« teil.

Vor Kriegsbeginn hatte die Hurricane gute Exportchancen. Belgien und Jugoslawien orderten den Jäger und vereinbarten seinen Lizenzbau. Jugoslawien erhielt 24 Flugzeuge und konnte bis April 1941 noch 20 Stück selbst herstellen, davon eines mit Daimler-Benz DB 601. In Belgien trafen 15 von 20 bestellten Hurricanes ein. Des Weiteren baute Fairey Belgien noch drei mit vier 12,7 mm-MG. Weitere Abnehmer waren u.a. Finnland (12), Rumänien (12), Türkei, Australien, Südafrika, Iran, Irland, Portugal und Ägypten. Ferner erhielten Indien rund 300 und die UdSSR knapp 3.000 Hurricanes.

Weltweit sind zahlreiche Hurricanes erhalten geblieben – etwa ein Dutzend sind flugfähig. Unter den Veteranen befinden sich auch Exemplare der Sea Hurricane. Zunächst wurden 50 Mk.I für den Einsatz auf Katapultschiffen (CAM, Catapult Armed Merchantman) umgebaut. Die Schiffe waren Bestandteil von Geleitzügen. Die Hurricanes sollten Luftangriffe abwehren. Sie starteten per Katapult, konnten aber nicht auf See landen. Es gab nur zwei Möglichkeiten, entweder wurde Land erreicht oder der Flieger musste abspringen und hoffen, dass er von einem Schiff aufgenommen wurde! Ein Himmelfahrtskommando, das relativ rasch durch den Bau kleiner Flugzeugträger (MAC, Merchant Aircraft Carrier) abgelöst wurde. Die von dort eingesetzten Hurricanes verfügten über Katapultbeschläge und einen Fanghaken. Rund 1.200 Flugzeuge wurden für den Trägereinsatz umgebaut.

Hawker Hurricane I	
Spannweite	12,19 m
Länge	9,58 m
Höhe	3,95 m
Flügelfläche	23,97 m²
Leermasse	2.308 kg
Startmasse	2.996 kg
Überlaststartmasse	3.024 kg
Höchstgeschwindigkeit	508 km/h in 5.410 m
Dienstgipfelhöhe	10.120 m
Reichweite	539 km
Reichweite mit maximalem Kraftstoffvorrat (Überlastfall) und 282 km/h:	965 km

Hawker Hurricane F. Mk. IV	
Spannweite	12,19 m
Länge	9,83 m
Höhe	4,04 m
Flügelfläche	23,97 m²
Leermasse	2.679 kg
Maximale Startmasse	3.860 kg
Höchstgeschwindigkeit	505 km/h in 4.115 m
Dienstgipfelhöhe	10.930 m
Reichweite mit maximalem Innenkraftstoff	765 km

Baureihen und Varianten

Hurricane I
Die ersten von insgesamt 600 Exemplaren, die bei Hawker gefertigt wurden, hatten noch stoffbespannte Tragflächen und 2-Blatt-Holz-Luftschrauben. Später kamen die Flugzeuge mit blechbeplanktem Tragwerk und 3-Blatt-Metall-Luftschraube zur Ablieferung. Gegen Ende der Fertigung löste der Merlin III den Merlin II ab.

Hurricane II
Musterflugzeug für die Baureihe war die P3269. Sie hatte den Merlin XX, der auf Volldruckhöhe 1.460 PS (1.073 kW) abgab und dem Muster eine Höchstgeschwindigkeit von 528 km/h in 5.486 m verlieh. Die ersten Flugzeuge trafen ab 2. September 1940 bei der RAF ein. Die Mark IIA hatte acht 7,7 mm-MG, während die ab April 1941 produzierte Mark IIB mit zwölf 7,7 mm-MG bestückt war. Die Mark IIC besaß vier 20 mm-Kanonen. Von dieser Version mit selbstdichtenden Tanks baute Hawker 4.711. An vier Unterflügelstationen konnten zwei 113 kg-Bomben und zwei 205 l-Tanks befestigt werden. Verstärkungen des Tragwerkes machten es später möglich, 227 kg-Bomben oder 410 l-Tanks mitführen zu können.
Zur Panzerbekämpfung kam die Mark IID mit zwei 40 mm-Vickers »S«-Kanonen in Nordafrika und Burma an die Front. Von ihr baute Hawker 296.
Ebenso wie für Hurricane I existierte auch für die Ausführung II eine Tropenausrüstung, die durch einen großen Sandfilter unter dem Rumpfbug erkennbar ist.
Die aus der Baureihe II abgeleiteten Fotoaufklärer trugen keine offizielle Bezeichnung, die sie als solche auswiesen. In einigen Unterlagen tauchen aber die Kürzel P.R. auf.
Der Iran erhielt zwei zweisitzige Trainingsflugzeuge als T.IIC.

Hurricane F. Mk. IV
Ursprünglich Mark IIE. Die Baureihe kam ab Februar 1943 mit Merlin 24 und 27 (1.620 PS/1.208 kW) zur Ablieferung. Sie hatte den sogenannten Universalflügel, der den Einsatz von zwei 40 mm-Kanonen, acht Luft-Boden-Raketen, zwei 227 kg-Bomben oder Langstreckentanks erlaubte. Hawker fertigte 524.

Hurricane F. Mk.V
Zwei Erdkampf-Erprobungsflugzeuge mit Merlin 32 und 4-Blatt-Luftschraube.

Hurricane X, XI, XII und XIIA
Canada Car baute zunächst die Baureihen I und II. 1940 kamen wegen Motorproblemen nur 76 Flugzeuge mit Packard Merlin zur Auslieferung. Die Situation besserte sich schließlich. Die Baureihe X (acht MG) wurde in 490 Stück aufgelegt. Die Mark XI (150 Stück) entsprach der X, hatte aber eine kanadische Ausrüstung. Die Mark XII kam zunächst mit zwölf MG heraus. Später hatte sie vier Kanonen. Die XIIA war ein Jäger und Jagdbomber mit acht MG.

Sea Hurricane IA, IB, IC, IIC, XIIA
Katapultjäger für den Einsatz auf CAM Schiffen war die IA. Die IB (340 Stück) entsprach der Mark IIA und verfügte über Katapultbeschläge und Fanghaken. Von der IC – die auf der Hurricane IIB und IIC basierte – wurden 400 durch Umbau hergestellt. Die 400 umgebauten IIC hatten Marinefunkgeräte und entsprachen ansonsten der landgestützten IIC. Die Sea Hurricane XIIA stammten aus kanadischer Fertigung.

1936 **Fokker DXXI**

Die Koninklijke Luchtmacht forderte Fokker am 14. November 1934 zum Bau eines einfachen, preiswerten Jagdflugzeuges für den Einsatz in Niederländisch-Ostindien auf. Fokker reagierte auf die Note mit der DXXI. Einem einmotorigen Jagdeinsitzer in Gemischtbauweise mit freitragendem Flügel, festem Fahrwerk und 650 PS (477 kW) Rolls Royce Kestrel IV-Motor. Zwei 7,62 mm-MG auf der Motoroberseite und zwei im Tragwerk waren vorgesehen. Der Erstflug erfolgte am 27. Februar 1936. Am Steuer des mit FD-322 registrierten Prototypen saß Emil Meinecke, ein deutscher Luftfahrtpionier, der das Fliegen 1913 bei Karl Jatho gelernt und den es über Umwege zu Anthony Fokker verschlagen hatte.

Es gab keine größeren Probleme. Allerdings wurde der Rolls-Royce-Motor bald durch einen Bristol Mercury VI-S von fast gleicher Leistung ersetzt. Inzwischen hatte die Luchtmacht ihre Pläne geändert. Sie stornierte den Ostindien-Auftrag und bestellte stattdessen 36 Flugzeuge mit dem 830 PS (619 kW) starken Mercury VIII für den Einsatz in Europa.

Als Deutschland am 10. Mai die Niederlande angriff, waren sämtliche DXXI ausgeliefert, aber nur 28 einsatzbereit. Sie unterstanden der 1. Jagdgruppe in Dekooy, der 2. Jagdgruppe in Schiphol und der 5. Jagdgruppe in Ypernbeurg. Die wenigen Flugzeuge konnten, auch wegen Mangel an Kraftstoff und Munition, nichts gegen die Luftwaffe ausrichten und gingen verloren. Die Geschichte des Flugzeuges ist aber damit noch nicht zu Ende. Am 18. November 1937 hatten die finnischen Luftstreitkräfte sieben DXXI gekauft und die Nachbaurechte für weitere Exemplare erworben.

1939 konnten 38 Flugzeuge mit Mercury-Motor hergestellt werden. In diesem Jahr überzog die Sowjetunion Finnland mit dem sogenannten Winterkrieg. Der erste finnische Luftsieg ging auf das Konto einer DXXI. Alles in allem bewährte sich der Jäger gut, erst mit dem Auftauchen der neuen Lawotschkin und Jakowlew Jagdflugzeuge wendete sich das Blatt.

Inzwischen musste der Nachbau des Flugzeuges geändert werden. Der Mercury-Motor wurde dringend für die finnischen Bristol Blenheim-Bomber benötigt, sodass für die DXXI 80 Pratt & Whitney R-1535 gekauft wurden. Es war ein 14-Zylinder-2-Sterne-Motor, der schwerer als der Mercury war, was zu einer Verschiebung des Schwerpunktes führte, worauf die Motorlagerung geändert werden musste. Ferner wurden nun alle vier MG im Tragflügel gelagert und die Cockpitverglasung geändert. Zunächst kamen 50 Stück zur Ablieferung. 1944 folgten weitere fünf. Zu dieser Zeit wurde das Muster überwiegend zur Aufklärung eingesetzt. Die letzten Exemplare schieden 1948 aus dem Dienst aus.

1938 hatte Dänemark zwei DXXI gekauft und die Lizenzrechte erworben. Drei Flugzeuge wurden 1939 und sieben 1940 mit Mercury VI-S-Motor und zwei unter dem Flügel befindlichen 20 mm-Kanonen gefertigt. Die spanischen Republikaner hatten ebenfalls die Nachbaurechte erworben und waren dabei, eine Produktionsstätte einzurichten, doch der Verlauf des Bürgerkrieges verhinderte eine Fertigung.

Zwei Flugzeuge sind heute in hervorragendem Zustand im niederländischen Luchtvaart Museum in Soesterberg und im zentralen finnischen Luftfahrtmuseum ausgestellt.

Fokker DXXI mit Twin Wasp	
Spannweite	11,00 m
Länge	8,20 m
Höhe	2,95 m
Flügelfläche	16,20 m²
Leermasse	1.450 kg
Startmasse	2.050 kg
Höchstgeschwindigkeit	418 km/h
Dienstgipfelhöhe	9.000 m
Reichweite	800 km

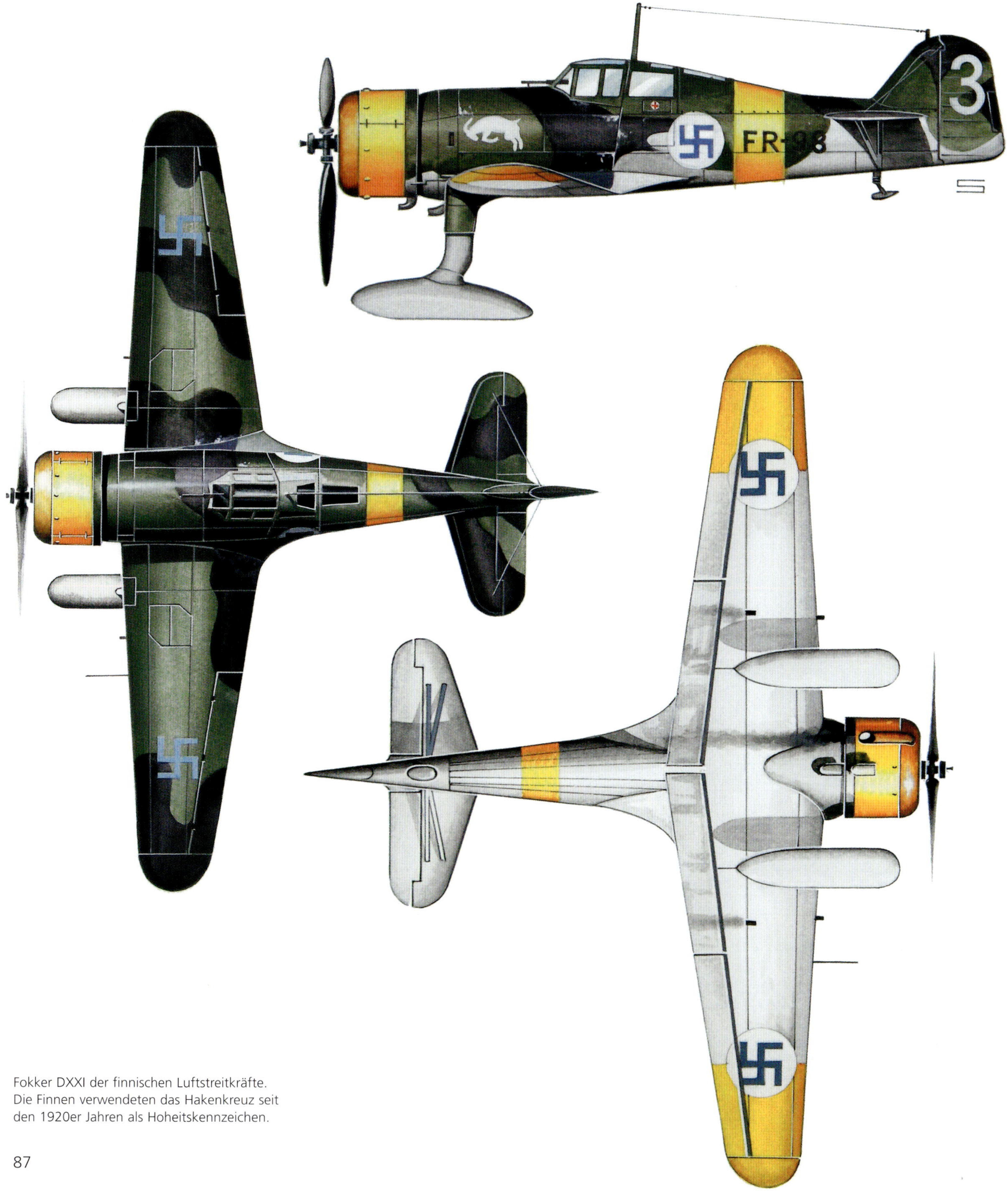

Fokker DXXI der finnischen Luftstreitkräfte. Die Finnen verwendeten das Hakenkreuz seit den 1920er Jahren als Hoheitskennzeichen.

Supermarine Spitfire Mk.I

1936 **Supermarine Spitfire**

Auf der Liste der berühmtesten Flugzeuge ist die Supermarine Spitfire ganz oben zu finden. Der Jagdeinsitzer wurde aufgrund einer Spezifikation der RAF im Jahre 1935 von J. R. Mitchell konzipiert. Bereits am 5. März 1936 hob Jeffrey Quill mit dem ersten Versuchsmuster (Registrierung K5054) vom Boden ab. Das Muster profitierte von den umfänglichen Erfahrungen, die Mitchell in den Jahren zuvor beim Bau von See-Rennflugzeugen für die Schneider Trophy gesammelt hatte. Kein Wunder, dass sich Mitchell am bewährten Konzept orientierte und die Spitfire wie folgt auslegte: freitragender Tiefdecker mit flüssigkeitsgekühltem Motor, geschlossenem Cockpit und hydraulisch betätigtem Fahrwerk, das von innen nach außen in die Tragflächen einschwenkte. Das Ganzmetall-Flugzeug hatte einen schlanken Rumpf, der in Halbschalenbauweise erstellt wurde. Charakteristisches Merkmal des Musters war der einholmige Tragflügel von elliptischer Form, dessen Hinterkante stoffbespannte Querruder und Landeklappen bildeten.

Die Gesamtauslegung entsprach der Messerschmitt 109. Auch sonst wiesen die beiden Flugzeuge, die sich bei ungezählten Luftkämpfen gegenüberstanden, viele Gemeinsamkeiten auf. Beiden blieben bis Kriegsende in der Fertigung und erreichten große Stückzahlen. Sie wurden als Jäger, Jagdbomber und Aufklärer eingesetzt. Außerdem gab es zweisitzige Schulflugzeuge und Ausführungen als Bordjäger. Die Muster wurden mit neuen Motoren ausgestattet, ständig weiterentwickelt und in zahlreichen Baureihen und Sonderversionen aufgelegt. Bei der Spitfire drückt sich die permanente Weiterentwicklung in folgenden Zahlen aus: Steigerung der Startmasse 40 %, Erhöhung der Motorleistung 100 %, Zuwachs an Geschwindigkeit 35 %, Verbesserung der Steigleistung 80 %.

Von Beginn an zeigte sich, dass ein großer Wurf gelungen war. Das Flugzeug erreichte 567 km/h in 5.121 m und eine Flughöhe von 10.790 m. Die Testpiloten des Aeroplane & Armament Experimental Establishment (A&AEE) bescheinigten dem Muster sehr gute Flugeigenschaften und waren auch sonst mit der Spitfire mehr als zufrieden, sodass das

Air Ministry im Sommer 1936 einen Auftrag über den Bau von 310 Flugzeugen erteilte, deren Ablieferung bis März 1939 erfolgen sollte. Die Serienfertigung begann zwar 1937, es dauerte jedoch bis zum Juni 1938, ehe die ersten Flugzeuge ausgeliefert werden konnten. Sie wurden an das in Duxford beheimatete No. 19 Squadron übergeben. Beim Ausbruch des Zweiten Weltkrieges waren 4.000 Flugzeuge bestellt, aber erst neun Staffeln des Fighter Command und der Auxiliary Air Force mit der Spitfire ausgerüstet. Ursächlich dafür waren anhaltende Produktionsprobleme, die nichts mit dem Flugzeug als solchem zu tun hatten. In die ab 1936 begonnene Aufrüstung der RAF wurden sogenannte Schattenfabriken einbezogen. Es handelte sich zum Teil um Betriebe, die zuvor nichts mit dem Flugzeug- oder Flugzeugmotorenbau zu tun hatten. Unter ihnen auch die Castle Bromwich Aircraft Factory (CBAF), die im ersten Schritt 1.000 Spitfires bauen sollte. Das Unternehmen bekam das Muster nicht in den Griff. Die Vorderkante des elliptischen Tragwerks machte Probleme, zu denen sich auch organisatorische Schwierigkeiten und fehlende Fachkräfte gesellten. All dies führte dazu, dass Vickers-Armstrong die Oberaufsicht über die Fabrik erhielt und sich nach und nach alle Mängel abstellen ließen.

Am Beginn der Fertigung stand die Baureihe I, die über Nordfrankreich, der Kanalküste und dem Firth of Forth zum Einsatz kam und rasch erste Erfolge bei der Bomberbekämpfung verbuchen konnte. Die Zahl der eingesetzten Flugzeuge hielt sich dabei in Grenzen. Erst während der »Luftschlacht um England«, die im August 1940 ihren Anfang nahm, trat die Spitfire in großem Umfang auf den Plan.

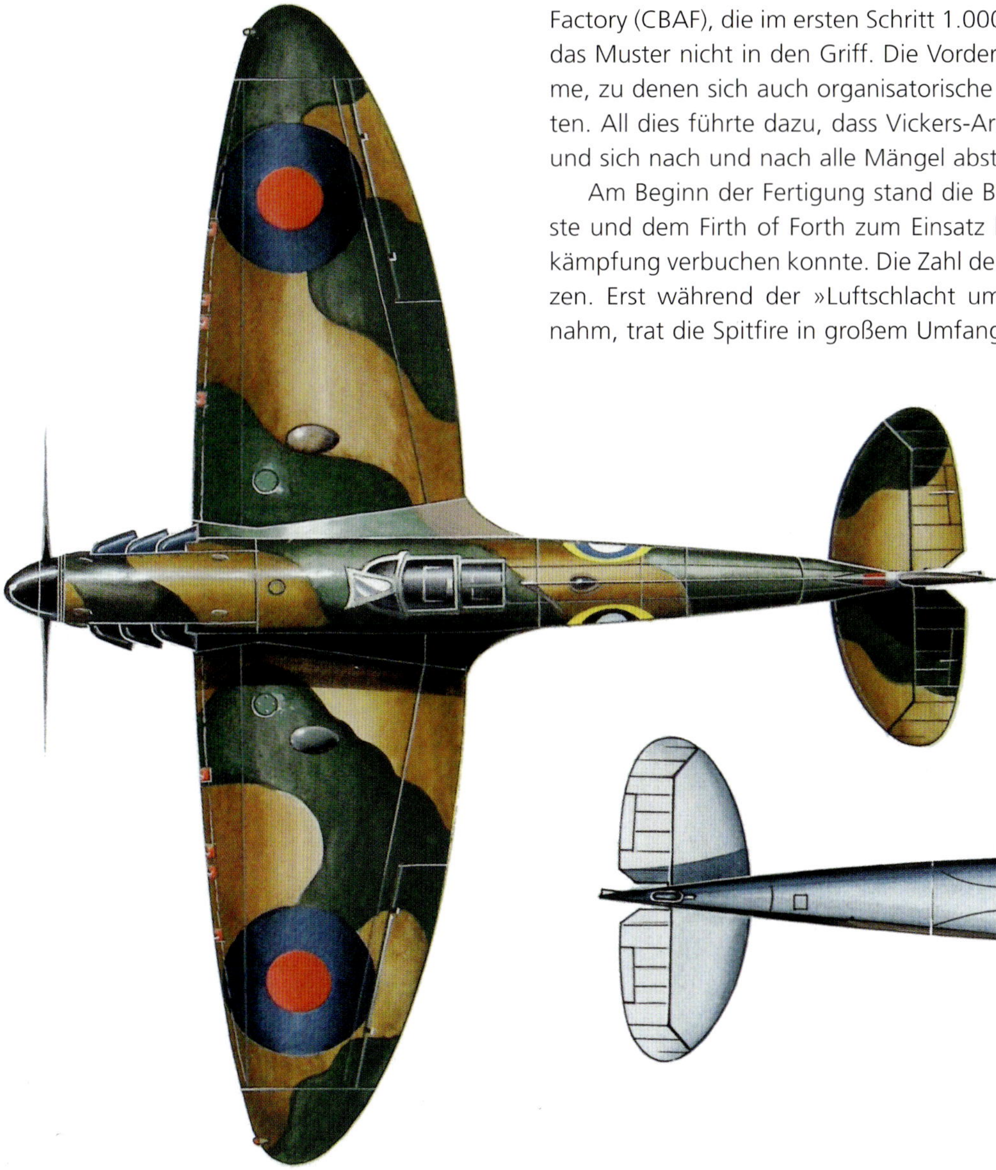

Die geschilderten Fertigungsprobleme sorgten dafür, dass der Jäger an der Heimatfront verblieb und sich in neuen Varianten – wie der Baureihe II – der Bf 109 stellen musste. Ab 1942 waren die Schwierigkeiten bei CBAF abgestellt und auch Supermarine und Westland konnten ihre Produktion steigern, sodass nun an Auslandseinsätze gedacht werden konnte. Zunächst wurden 385 Spitfire per Flugzeugträger nach Malta transportiert, um die Abwehr der unter dem Bombenhagel deutscher und italienischer Verbände liegenden Insel zu stärken. Später erhielten die Jäger einen 409 l-Überführungstank, der einen Direktflug von Gibraltar nach Malta erlaubte. Zu dieser Zeit trat die Fw 190 erstmals in größerer Zahl in Erscheinung. Sie war der neuesten Spitfire Variante – der Baureihe V – klar überlegen. Als Gegenmaßnahme kam ab Frühjahr 1943 der Rolls-Royce Griffon mit 1.750 PS (1.286 kW) zum Einbau, der auch bessere Höheneigenschaften offerierte.

Dank des stärkeren Antriebes und einer Reihe von aerodynamischen Verbesserungen konnte die Spitfire im Kampf gegen die deutschen Jagdeinsitzer mehr und mehr die Oberhand gewinnen. Erst mit Einführung der Bf 109 K und der Fw 190 D wurde das Gleichgewicht wieder hergestellt. Die Spitfire war ab 1943 an allen Fronten anzutreffen. An der Kanalküste ebenso wie in Nordafrika, dem Mittelmeer und Asien. Für den Tropeneinsatz stand ein besonderer Bausatz zur Verfügung, der im Wesentlichen aus einem Sand- und Staubabscheider für den Motor bestand, der sich unter dem Rumpfbug befand und das ansonsten harmonische Gesamtbild des Flugzeuges beeinträchtigte.

Die Optimierung der Serienfertigung machte es möglich, von 1943 an die Spitfire an verbündete Nationen abzugeben. Die Sowjetunion war mit 1.333 Exemplaren unterschiedlicher Baureihen der Hauptabnehmer. Aber auch die USA erhielten rund 600 Flugzeuge, die überwiegend im Mittelmeerraum zum Einsatz kamen. Darüber hinaus wurden Commonwealth-Länder wie Australien, Kanada und Südafrika mit dem Jagdflugzeug beliefert.

Im Laufe der Serienfertigung kam es immer wieder zu mehr oder weniger einschneidenden Änderungen. Neben der Motorisierung betraf dies u.a. das Leitwerk, die Kabinenhaube und das Tragwerk, dessen Spannweite je nach Aufgabenstellung variierte. Die Flügel wurden in unterschiedlichen Bewaffnungsvarianten als A-, B- oder C-Flügel gebaut. Ferner existierten unterschiedliche Spannweiten. Normalerweise wurde das elliptische Tragwerk mit 11,23 m Spannweite angebaut. Da die Rollgeschwindigkeit nicht ganz den Wünschen der Jagdflieger entsprach, gab es noch ein Tragwerk mit abgeschnittenen Flügelspitzen und 9,80 m Spannweite und für die Höhenjäger stand ein Flügel von 12,24 m zur Verfügung.

Nach dem die Royal Navy um 1940 großes Interesse an der Spitfire angemeldet hatte, begann Supermarine mit der Entwicklung des Trägerflugzeuges Sea Spitfire, das in Seafire umbenannt wurde und in den Großserienbau ging. An dieser Stelle kann auf dieses Muster ebenso wenig eingegangen werden wie auf die Seafang- und Spitful-Jagdflugzeuge, die unmittelbar auf der Spitfire basieren.

Noch vor Kriegsausbruch hatten zwölf Länder Kaufinteresse gezeigt. Es kamen aber nur wenige Flugzeuge zur Auslieferung. Frankreich und Polen erhielten 1939 je eine Spitfire. An die Türkei wurden 1940 fünfzehn geliefert und Portugal erhielt 1942 18, denen 1943 weitere folgten.

Der Rückzug deutscher Truppen aus den verschiedenen europäischen Ländern führte dazu, dass die befreiten Nationen eigene Luftstreitkräfte aufbauten, die unter anderem mit der Spitfire flogen. Unter ihnen Belgien, Dänemark, Norwegen, Griechenland, Frankreich und die Niederlande. Aber auch in Irland, Ägypten, Burma, Thailand und Indien war das Muster ebenso anzutreffen wie in Israel, wo es Seite an Seite mit der Avia S.199 (tschechischer Nachbau der Bf 109 mit Jumo-Motor) gegen die arabischen Nachbarländer kämpfte.

Die exakte Zahl der gefertigten Spitfires ist nicht eindeutig geklärt. William Green – britischer Luftfahrtexperte – gibt 20.360 an.

Supermarine Spitfire IA	
Spannweite	11,23 m
Länge	9,12 m
Höhe	3,86 m
Flügelfläche	22,48 m²
Leermasse	2.049 kg
Startmasse	2.615 kg
Höchstgeschwindigkeit	557 km/h in 4.575 m
Dienstgipfelhöhe	9.296 m
Reichweite	668 km
Reichweite im Sparflug (282 km/h)	1.014 km

Supermarine Spitfire F Mk IX	
Spannweite	
je nach Tragwerk	11,23 bzw. 9,80 m
Länge	9,47 m
Höhe	3,86 m
Flügelfläche	
je nach Tragwerk	22,48 bzw. 21,46 m²
Leermasse	2.556 kg
Startmasse	3.583 kg
Maximale Startmasse	4.309 kg
Höchstgeschwindigkeit	657 km/h in 7.620 m
Dienstgipfelhöhe	13.106 m
Reichweite	698 km
Reichweite mit 409 l-Zusatztank	1.577 km

Supermarine Spitfire F Mk XIV	
Spannweite	
je nach Tragwerk	11,23 bzw. 9,93 m
Länge	9,96 m
Höhe	3,86 m
Flügelfläche	
je nach Tragwerk	22,48 bzw. 21,55 m²
Leermasse	2.994 kg
Maximale Startmasse	3.856 kg
Höchstgeschwindigkeit	721 km/h in 7.925 m
	671 km/h in 3.658 m
Dienstgipfelhöhe	13.564 m
Reichweite bei 394 km/h	740 km
Reichweite mit Zusatztanks	1.368 km

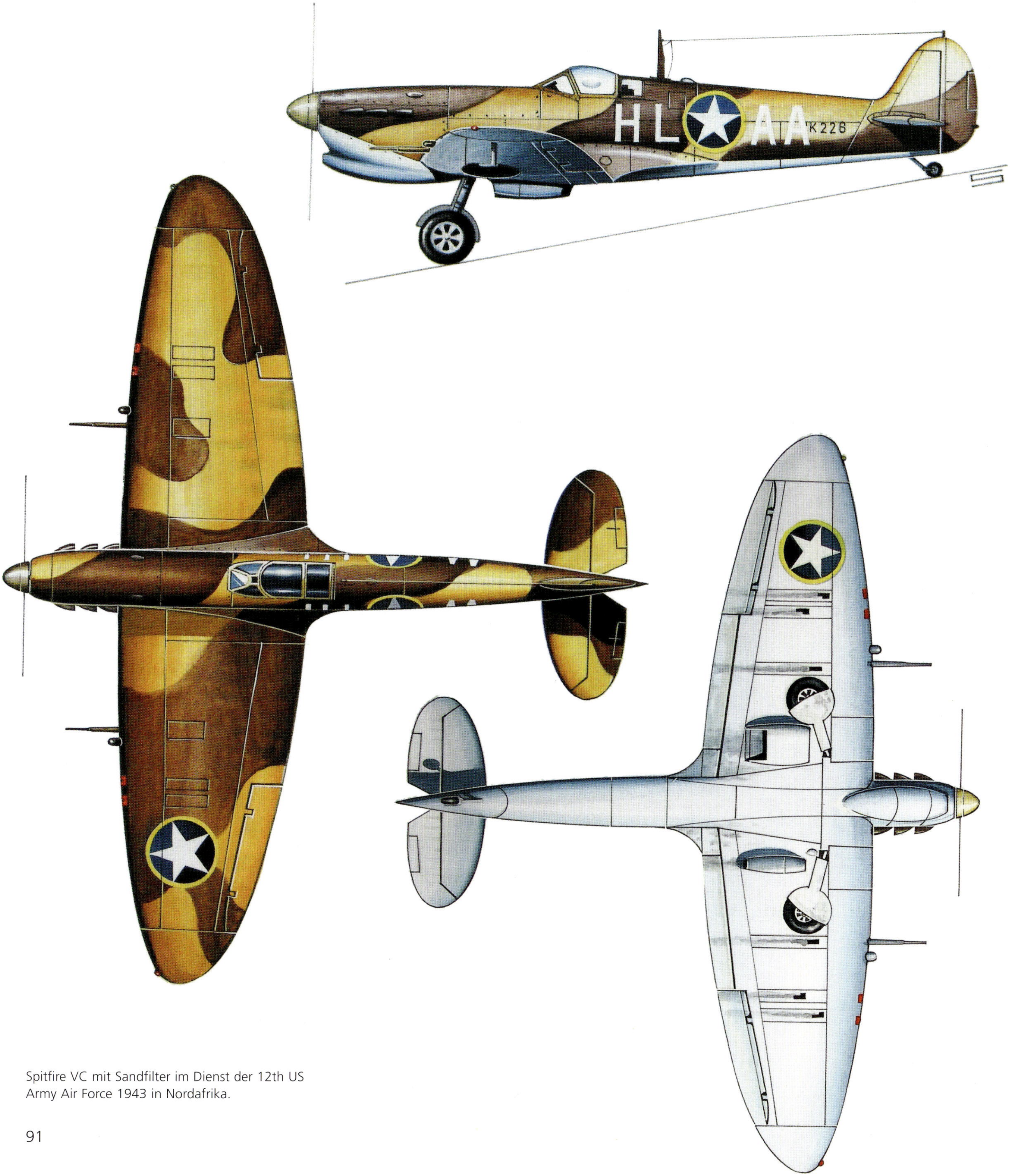

Spitfire VC mit Sandfilter im Dienst der 12th US Army Air Force 1943 in Nordafrika.

Spitfire V mit Schwimmwerk. Der Buchstabe P und die gelben Unterseiten weisen das Flugzeug als Prototyp bzw. Versuchsmuster aus.

Spitfire F.R.XIV

Baureihen und Varianten

Spitfire I
1.583 Stück. Merlin II-Motor mit 1.050 PS (772 kW). Ab 175. Flugzeug Merlin III mit 1.080 PS (794 kW). 2-Blatt-Holzschraube oder 3-Blatt-Metall-Propeller. Einige wenige als Fotoaufklärer.
Mit Waffenflügel A (8 x 7,7 mm-MG mit je 300 Schuss) als Spitfire IA oder mit Waffenflügel B (2 x 20 mm-MG) als Spitfire IB. Später wurde der B-Flügel für 2 x 20 mm-MG und 4 x 7,7 mm-MG ausgelegt.

Spitfire II
Ab Juni 1940 920 Stück gebaut. Merlin XII mit 1.175 PS (864 kW). Zusätzlicher 136 l-Tank am linken Flügel. Anbau der Waffenflügel A oder B möglich. Einige Flugzeuge wurden auf den Stand der Baureihe V gebracht.
50 Flugzeuge als IIC für Seenotaufgaben mit abwerfbarem Schlauchboot gebaut. Um Verwechselungen mit dem Waffenflügel C zu vermeiden, erfolgte die Umbenennung in ASR II.

Spitfire III
Merlin XX (1.240 PS / 911 kW). Strukturverstärkungen. Windschutz aus Panzerglas. Verbesserte Motorpanzerung. Spornrad voll einziehbar. Drei verschiedene Waffenflügel und zwar A, B und C. Der C-Flügel (auch Universalflügel genannt) konnte wahlweise die Bewaffnung des A- oder B-Flügels mitführen oder mit 4 x 20 mm-MG bestückt werden.

Spitfire P.R. IV
229 Stück als Fotoaufklärer mit Merlin 46 (1.100 PS / 808 kW). F.52-Kamera. Unbewaffnet, dafür zusätzliche Tanks im Tragwerk.
Ab Ende 1942 führte die RAF ein neues Bezeichnungssystem ein. Die Baureihen wurden nun als Mark (Mk.) bezeichnet und der Verwendungszweck als Kürzel vorweg gestellt. P.R steht für Photo-Reconnaissance.

Spitfire V
Mit 6.479 (davon 2.447 als VC) Stück eine Hauptbaureihe. Fertigung ab Juni 1941. Merlin 45M, 50M oder 55M mit 1.470 PS (1.080 kW). A-, B- oder C-Flügel möglich. Als Jabo mit einer 227 kg- oder zwei 112 kg-Bomben. Anbau von 136 l-, 205 l- oder 409 l- (nur Überführung) Zusatztanks. Ab 1943 mit verbessertem Tragwerk gefertigt. Zwei mit Schwimmwerk und Heckflosse umgebaut.

Spitfire VI
100 als Höhenjäger mit Druckkabine, Merlin 47 (1.415 PS / 1.040 kW) und 4-Blatt-Luftschraube ab April 1942 zur Abwehr der deutschen Ju 86-Höhenflugzeuge gebaut. Spannweite auf 12,24 m vergrößert. Musterflugzeug ab Juni 1941 erprobt.

Spitfire VII
140 Höhenjäger mit Merlin 61, breiterem Ruder und spitz zulaufendem Seitenleitwerk.

Spitfire P.R.VII
Bewaffneter Aufklärer. Zusatztank im hinteren Rumpf.

Spitfire VIII
Insgesamt 1.658 Exempare mit Merlin 61, 4-Blatt-Luftschraube und spitzem Seitenleitwerk wurden gebaut. Spitfire F.VIII mit geraden Flügelspitzen und verringerter Spannweite (9,80 m) zur Verbesserung der Rollgeschwindigkeit. L.F.VIII (LF für Low Fighter) mit normalem Tragwerk. H.FVIII (HF für High Fighter) mit großem Flügel und 12,24 m Spannweite.

Spitfire P.R.VIII
26 Flugzeuge zu Tiefflug-Aufklärern mit Merlin 32 umgebaut.

Spitfire IX
Mit 5.739 Exemplaren eine weitere Hauptbaureihe. 1.160 PS (853 kW) Merlin 61. Entsprach ansonsten der Baureihe VC. Verschiedene Tragwerke für die Ausführungen F., L.F. und H.F.
C-Flügel nun mit 2 x 20 mm- und 2 x 12,7 mm-MG. Insgesamt 30 Exemplare ab 1946 als zweisitzige Schulflugzeuge T.9 an ausländische Abnehmer geliefert.

Spitfire P.R.X
Fotoaufklärer. 16 Umbauflugzeuge mit Druckkabine.

Spitfire P.R.XI
Eine weitere Aufklärerbaureihe. Insgesamt 471 Flugzeuge mit Merlin 61. Höchstgeschwindigkeit 680 km/h.

Spitfire XII
Erste Baureihe mit Griffon-Motor. Die Motoren der Baureihen II und III gaben bis zu 1.735 PS (1.275 kW) ab. Beginn der Fertigung war das Frühjahr 1943.

Spitfire P.R.XIII
18 als Tiefflug-Fotoaufklärer mit 1.620 PS (1.190 kW) Merlin 32.

Spitfire F.R.XIV/F.R.XIV(e)
Jagdaufklärer mit Griffon 65 (2.050 PS / 1.506 kW).

Spitfire XVI
1.054 Exempalre mit amerikanischem Packard Merlin 266 (1.705 PS / 1.253 kW). Sowohl mit normalem als auch mit gekürztem Tragwerk. Teils Tropfenhaube. In Form der VIIE als Jabo mit 2 x 20 mm- und 2 x 12,7 mm-MG geflogen. Bombenlast bis zu 454 kg. Mitführung ungesteuerter Raketen möglich.

Spitfire F.XVIII/F.R.XVIII
Als Jagdflugzeug und Aufklärer gefertigt. Trag- und Fahrwerk verstärkt.

Spitfire P.R.XIX
Unbewaffneter Aufklärer mit Griffon 65 oder 66. Höchstgeschwindigkeit 740 km/h.

Spitfire F.21
122 ab März 1945 hergestellt. Griffon 85 (2.375 PS/1.770 kW) mit gegenläufigen Luftschrauben.

Spitfire F.22
287 Stück auf Basis der F.21. Überarbeitete Flügel-Rumpf-Anschlüsse.

Spitfire F.24
Entsprach der F.22, hatte aber zwei zusätzliche 150 l-Tanks im hinteren Rumpf und 20 mm Hispano Mk V-Kanonen mit kurzem Lauf.

1936 **Messerschmitt Bf 110**

Unter der Überschrift »Rüstflugzeug III« forderte das Reichsluftfahrtministerium (RLM) ein drei- bis viersitziges Flugzeug mit zwei 2 cm-Kanonen und einem Zwillings-MG, das eine Höchstgeschwindigkeit von 400 km/h und eine Reichweite von 2.000 km aufweisen sollte. Hauptaufgabe des als Flugzeugzerstörer bezeichneten Musters war der Begleitschutz für die in der Entwicklung befindlichen Großbomber Ju 89 und Do 19. Als weitere Aufgabenstellungen sah der Auftraggeber Aufklärung und Bombenwurf vor.
Die Ausschreibung ging an Henschel, Focke-Wulf und Messerschmitt. Während sich Henschel und Focke-Wulf mit ihren Flugzeugen (Hs 124, Fw 57) an die Vorgaben hielten, ging Messerschmitt mit der Bf 110 einen anderen Weg. Er wich vom Mehrzweckflugzeug ab und setzte dafür auf ein Baukastensystem, dessen Kern eine Basiszelle bildete. Je nach Einsatzzweck konnten Teilbereiche des Flugzeuges abgeändert und angepasst werden. Nach diesem Schema entstanden drei Muster: die Bf 110 als schwerer Jäger, die Bf 161 als Aufklärer und die Bf 162 als Kampfflugzeug.

Messerschmitts Rechnung ging aber nur zum Teil auf. Die Bf 161 und Bf 162 konnten sich nicht durchsetzen und es blieb beim Bau von Versuchsmustern. Die Bf 110 hingegen kam in den Großserienbau.

Der zweimotorige, freitragende Tiefdecker in Ganzmetall-Bauweise hatte ein Einziehfahrwerk und ein Endscheiben-Leitwerk. Die zweiköpfige Besatzung saß hintereinander Rücken an Rücken in einer langen Kabine, die über eine durchgängige Verglasung verfügte. Der Funker übernahm auch die Funktion des Bordschützen. Dafür stand ein bewegliches 7,9 mm-MG 15 bereit. Für den Angriff verfügte das Muster über vier im Rumpfbug angeordnete 7,9 mm-MG 17 mit je 1.000 Schuss. Die Motoranlage bestand aus Jumo 210-Motoren, mit 680 PS (500 kW) damals die stärksten ihrer Art.

Chefpilot Hermann Wurster absolvierte am 12. Mai 1936 mit der D-AHOA den Erstflug. Das zweite Versuchsmuster, die D-AQYE, folgte am 24. Oktober 1936. Es hatte den neuen DB 600, der 1.000 PS (735 kW) abgab und die Leistungen des Musters nach oben schnellen ließ. Es folgten weitere Versuchsflugzeuge bzw. die ersten A-0-Vorserienflugzeuge, die überwiegend noch mit dem Jumo 210 motorisiert waren.

Nachdem die Bf 110 keine gravierenden Schwächen oder Probleme aufwies, konnte 1938 die Fertigung anlaufen, wobei die Firmen Gothaer Waggonfabrik und Focke-Wulf mit einbezogen wurden. Recht schnell kam die Baureihe heraus, die auf den stärkeren Jumo 210 G mit 730 PS (535 kW) zurückgreifen konnte. Es war ein Einspritzmotor, der im Gegensatz zum Vergaser-Modell in allen Fluglagen und -manövern einwandfrei lief. Neu war auch der zusätzliche Einbau von zwei 2 cm-MG.-FF, die die Feuerkraft für damalige Verhältnisse geradezu dramatisch erhöhte.

Messerschmitt Bf 110 B-1

Bf 110 C-4/B 6. Staffel Zerstörergeschwader ZG 76 1940.

Bf 110 D mit festem Zusatztank, Dackelbauch genannt.

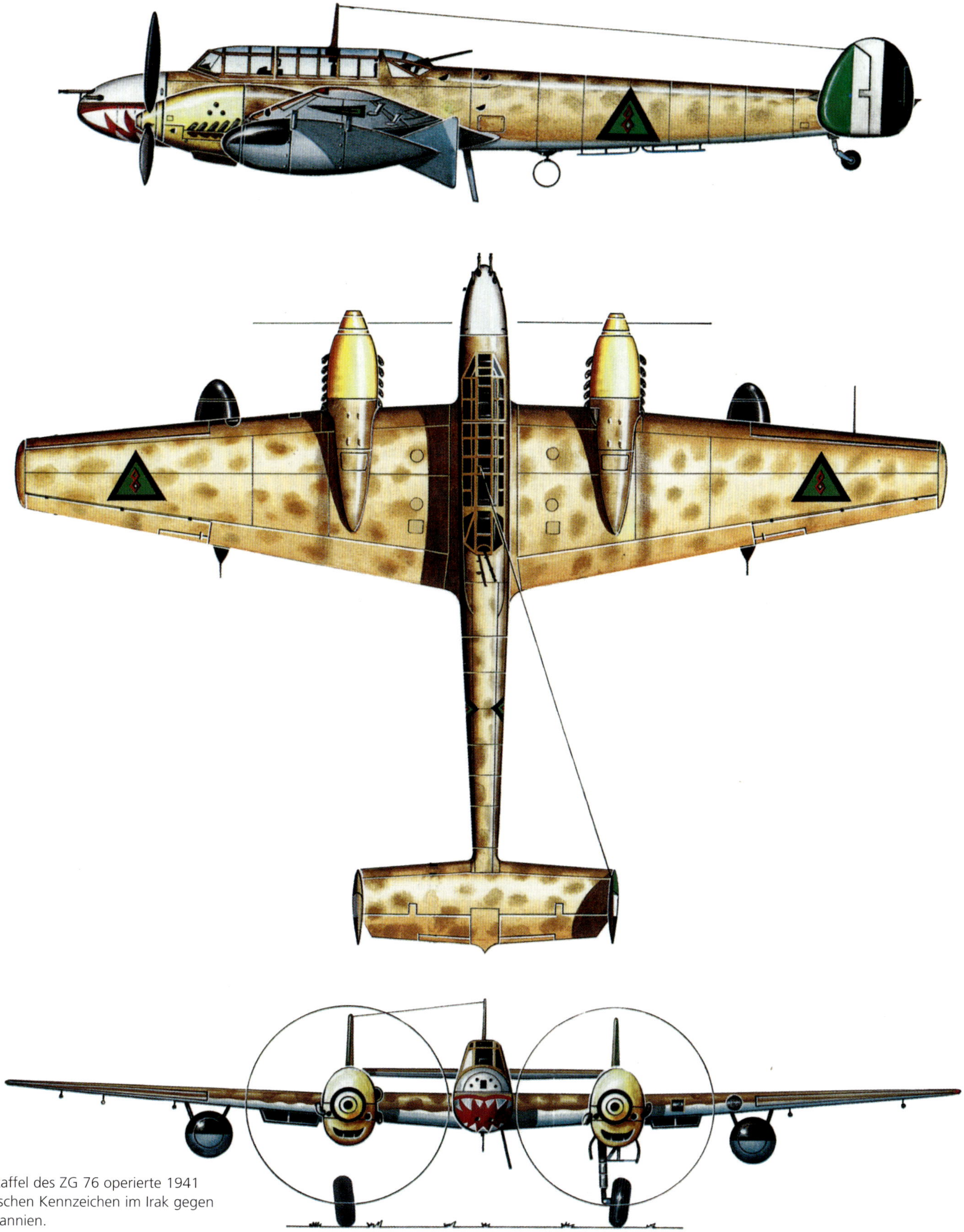

Die 4. Staffel des ZG 76 operierte 1941 mit irakischen Kennzeichen im Irak gegen Großbritannien.

Bf 110 C des Zerstörergeschwaders 1 mit übergroßer Wespe auf dem Bug.

Messerschmitt Bf 110 F-1

Spannweite	16,27 m
Länge	12,10 m
Höhe	4,12 m
Flügelfläche	38,50 m²
Rüstmasse	5.600 kg
Startmasse	7.100 kg
Überlaststartmasse	9.300 kg
Höchstgeschwindigkeit	570 km/h
Dienstgipfelhöhe	10.900 m
Reichweite	1.200 km

Als erster Verband erhielt die 1. Staffel des Lehrgeschwaders (LG) 1 in Barth (Ostsee) das Flugzeug. Reichweite und Feuerkraft überzeugten die Flugzeugführer, die aber von der Höchstgeschwindigkeit von 450 km/h enttäuscht waren. Nach und nach konnten die ersten Zerstörergeschwader (ZG) mit der Bf 110 ausgerüstet werden. Bei Kriegsbeginn standen der Luftwaffe 159 Flugzeuge der Baureihe C zur Verfügung, die dank des DB 601 A, der zwischen 1.000 und 1.100 PS abgab, leistungsstark war. Allerdings waren bei den ZG nur 68 dieser Flugzeuge vorhanden.

Bei Ausbruch des Zweiten Weltkrieges konnten die Zerstörer überzeugen. Über Polen waren sie mit 28 anerkannten Luftsiegen die erfolgreichsten Jagdverbände und auch bei der Abwehr eines Angriffs von 22 Wellington-Bombern auf Wilhelmshaven am 14. September 1939 war das ZG 76 mit neun von zwölf Luftsiegen sehr erfolgreich. Auch bei den kommenden Kämpfen tat sich das Muster hervor. Erst während der ab August 1940 begonnenen »Luftschlacht um England« wandelte sich das Bild. Gegen die einmotorigen modernen Jagdeinsitzer der Royal Air Force hatten die schwerfälligen Messerschmitts nur wenig Chancen. Sie konnten die Aufgabe des Bomber-Begleitschutzes kaum noch wahrnehmen und mussten sich selbst verteidigen. Hinzu kam ein sprunghafter Anstieg der Verluste. Trotz großer Anstrengungen gelang es nicht, Großbritannien aus der Luft zu besiegen. Nachdem die Luftangriffe vom Tag in die Nacht verlegt worden waren, ebbten sie 1941 immer mehr ab. Mit dem Angriff auf die Sowjetunion im Sommer 1941 hatte Hitler

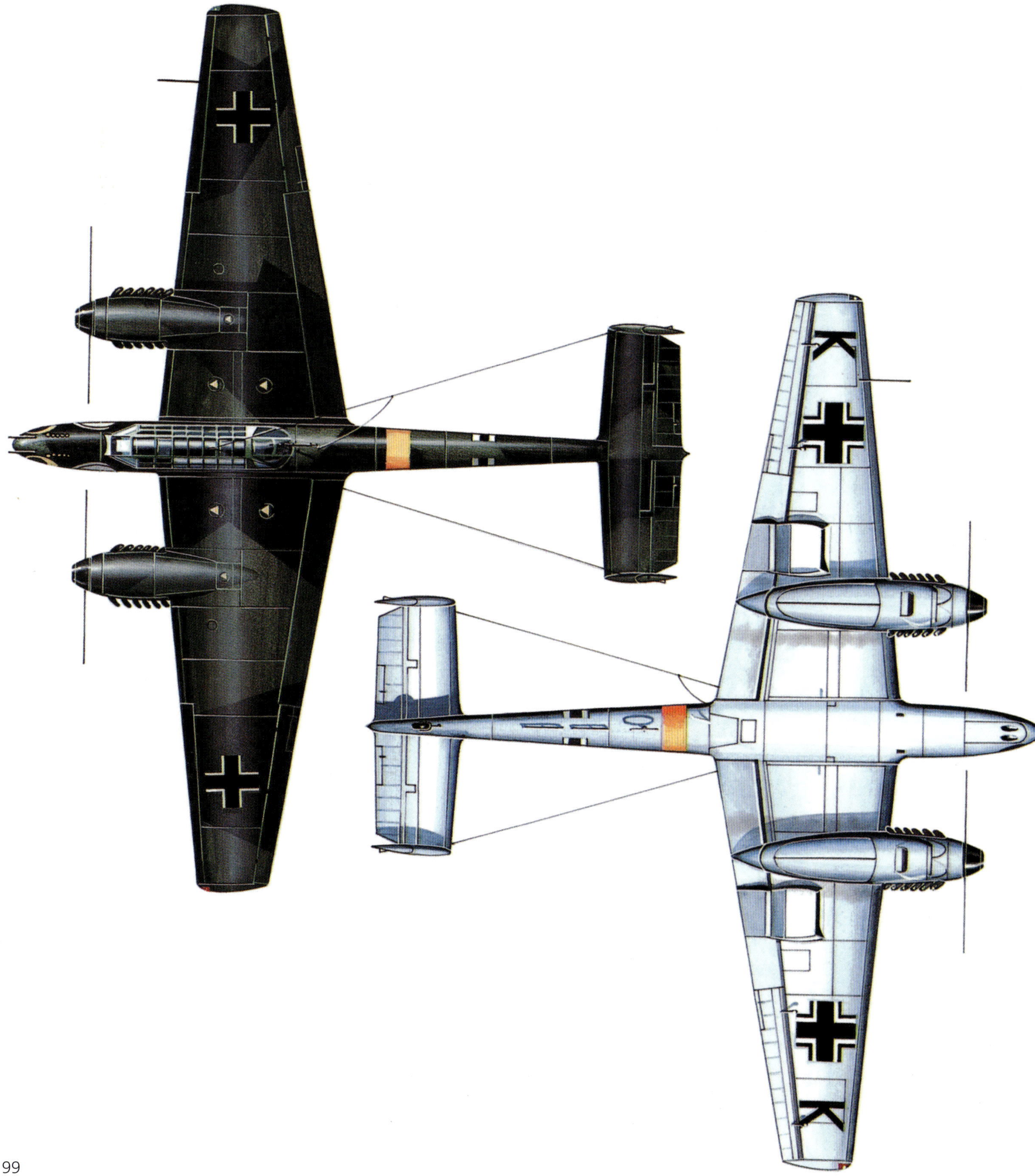
K
K

einen Zielwechsel vorgenommen. Dennoch blieb das Vereinigte Königreich im Visier der Luftwaffe, die die Bf 110 nun als Schnellbomber vornehmlich nach Südengland schickte. Die Rolle des Bombers, aber auch des schnellen Aufklärers übernahm das Muster auch an der Ostfront und bewährte sich dabei gut, sodass immer neue Baureihen aufgelegt wurden. Dies lag aber nicht nur am Flugzeug selbst, sondern in erster Linie in der Tatsache, dass das Folgemuster, die Me 210, ein völliger Fehlschlag war. Erst eine umfassende Revision des Entwurfs, die zur Me 410 führte, konnte Abhilfe bringen. Doch dieses Flugzeug kam viel zu spät an die Front. Außerdem war es nicht fähig, als Nachtjäger zu operieren.

Mit der ab 1941 eingeleiteten Nachtoffensive gegen die deutsche Bevölkerung und ihre Städte löste die Royal Air Force bei der Luftwaffe ein neues Problem aus. Sie war auf solche Angriffe nicht genügend vorbereitet. Insbesondere fehlte es an geeigneten Nachtjägern. Am Ende waren es nur zwei Muster, die diese Rolle übernehmen konnten und in nennenswerten Stückzahlen vorhanden waren: die Ju 88 und die Bf 110. Die bewährten Flugzeuge offerierten neben der Mitführung einer schweren Bewaffnung und eines Funkmessgerätes (Radar) eine relativ große Reichweite, die lange Patrouillenflüge ermöglichte. Außerdem waren die Leistungen für den Nachteinsatz ausreichend. Neben den eigentlichen Kampfhandlungen hatte sich 1944 ein neues Szenario aufgetan. Die Rede ist von der elektronischen Kriegsführung, zu der neben immer neuen Funkmessgeräten auch Radarwarngeräte und Störanlagen gehörten. So war jede Seite sehr daran interessiert, in den Besitz dieser Geräte zu kommen. Die Alliierten flogen nach ihren Angriffen auf Süddeutschland oftmals so ab, dass sie Teile der neutralen Schweiz überflogen. In der Nacht des 28. April 1944 ließ sich Oberleutnant Wilhelm Johnen von der 5./NJG 5 nicht abschütteln, sondern verfolgte die Bomber weiter. Wegen eines Motoraussetzers musste er seine Bf 110 G-4/R7, die mit den neuesten Funkgeräten, dem Funkschlüssel für den Monat Mai und der den Alliierten unbekannten Schrägbewaffnung ausgerüstet war, in Dübendorf notlanden. Die Schrägbewaffnung, auch »schräge Musik« genannt, wurde vielfach bei den deutschen Nachtjägern im Rumpf eingebaut. Es kamen dafür verschiedene Waffen infrage. Meist waren es zwei MG.-FF, zwei MG 151 oder zwei MK 108. Der Vorteil des Waffeneinbaus lag darin, dass der Nachtjäger sich unter den Bomber schob, ihn mit leicht überhöhter Geschwindigkeit überholte und dabei die Schrägwaffen einsetzte, die den gesamten Rumpf und das Tragwerk unter Feuer nehmen konnten.

Zurück zur Bf 110 G-4/R7. Sie wurde nach vielen diplomatischen Aktivitäten vor deutschen Zeugen vernichtet, sodass nichts von ihr in die Hände der Alliierten fallen konnte. Die Schweizer hatten allerdings die Funkgeräte zuvor ausgiebig untersucht.

Bis zum Kriegsende lieferten die verschiedenen Fertigungsbetriebe rund 6.000 Bf 110 ab. Etwa 3.000 von ihnen waren Nachtjäger und rund 500 Aufklärer.

Bf 110 G-4b/R7 mit FuG 220 und FuG 212.

Baureihen und Varianten

Bf 110 A
Sieben Vorserienflugzeuge wurden gefertigt. Sie übernahmen zum Teil die Aufgabe von Versuchsflugzeugen. Unterschiedliche Motorisierung. Jumo 210 A und G sowie DB601 und Jumo 211.

Bf 110 B
Drei B-0-Flugzeuge wurden gebaut. Sie hatten einen modifizierten Rumpfbug und einen optimierten Waffeneinbau mit vier MG 17 und zwei MG.-FF für den Angriff. Es folgten 82 B-1-Flugzeuge. Höchstgeschwindigkeit 500 km/h. Dienstgipfelhöhe 8.000 m.

Bf 110 C
Erste Hauptbaureihe. DB 601-Motoren. Kühler nicht mehr unter dem Motor, sondern unter dem Tragwerk. Neue Flügelstruktur mit verringertem Stirnwiderstand und geraden Flügelenden. Spaltlandeklappen und Spaltquerruder. Handley-Page-Vorflügel. Spannweite, Rumpflänge und Flügelfläche verringert. Dennoch Anstieg der Startmasse von 5,6 auf 6,7 Tonnen, da verschiedene Verstärkungen vorgenommen worden waren. Kabinenverglasung überarbeitet. Der Funker verfügte über Instrumente wie Fahrtanzeige, Höhenmesser und künstlicher Horizont, sodass er den Flugzeugführer in schwierigen Situationen unterstützen konnte. Ein bewegliches MG 15 zur Abwehr. Die Baureihe C wurde in den Varianten C-1 bis C-7 aufgelegt. C-5 war ein Aufklärer mit Bildgerät Rb 50/30 anstelle der MG.-FF. Bei der C-6 entfielen ebenfalls die MG.-FF, dafür hatte sie die MK 101. C-7 war ein Kampfflugzeug, das bis zu 1.000 kg an Rumpfträgern mitführen konnte.
Einige wenige wurden zu C-1/U1-Schleppflugzeugen für den riesigen Lastensegler Me 321 umgebaut. Sie hatten neben dem Schleppgeschirr den DB 601 N mit 1.275 PS (928 kW).

Bf 110 D
Die diversen Änderungen hatten zu Einbußen bei der Reichweite geführt. Mit der Baureihe D sollte dies geändert werden. Die D-0 hatte dazu einen 1.200 l-Kraftstoffbehälter unter dem Rumpf, der in einem stoffbespannten Holzgestell untergebracht und folglich nicht abwerfbar war. Außerdem konnten an zwei Flügelträgern zwei 900 l-Abwurftanks mitgeführt werden. Der klobige Rumpftank (Dackelbauch genannt) zerstörte die Aerodynamik des Flugzeuges und machte es schwerfällig. Von der D-1 entstanden nur sechs Exemplare, davon drei mit Dackelbauch. Die D-2 konnte wahlweise den Rumpfbehälter oder zwei 1.000 kg-Bomben tragen. Einige hatten als D-2/N den DB 601 N. Die D-3 konnten den Dackelbauch nicht mehr mitnehmen. Sie fungierte als Bomber mit zwei 1.000 kg-Bomben. Die D-4 war ein Foto-Aufklärer mit zwei 900 l-Zusatztanks. Für den Afrikaeinsatz stand der Baureihe D eine Tropenausrüstung zur Verfügung.

Bf 110 E
Da der Anbau von Zusatztanks nicht zufrieden stellte, erhielt die Baureihe E geänderte und vergrößerte Innentanks. Zusätzlich zu den Rumpfträgern kamen unter jedem Außenflügel zwei Träger für 50 kg-Bomben hinzu. Das Flugzeug hatte vergrößerte Fahrwerkreifen und eine geänderte Kabinenabdeckung mit Kreuzgelenklafette, sodass das MG 15 auch bei geschlossener Kabine eingesetzt werden konnte. Nach einigen E-0-Flugzeugen lief die Fertigung mit der E-1 an, von denen einige den DB 601N hatten. Die E-2 war ein Kampfflugzeug mit erhöhter Reichweite und die E-3 ein Foto-Aufklärer. Die Tropenausrüstung stand auch für die Baureihe E bereit.

Bf 110 F
Nachdem das Bf 110-Folgemuster Me 210 wegen schwerer Mängel aus der Fertigung genommen worden war, musste die Bf 110 die Lücke schließen. Mit der Baureihe F kam eine stark überarbeitete Version in die Produktion. Sie hatte den DB 601 F (1.350 PS/990 kW), eine modifizierte Motorverkleidung, größere Propellerhauben, VDM-Luftschrauben mit Drehzahlautomatik, geänderte, eckige Ölkühler und einen Überschlagschutz im Kabinendach. Von der F-0 und F-1 kamen nur wenige zur Ablieferung. Die F-2 konnte zwei MG 151 unter dem Rumpf und zwei 21 cm-Wurfgranaten unter dem Tragwerk mitführen. Bei der F-3 soll es sich um einen Aufklärer speziell für den Afrikaeinsatz gehandelt haben. Die F-4 war ein Nachtjäger mit Funkmessgerät FuG 202 »Lichtenstein« und drittem Besatzungsmitglied. Wahlweise konnte eine Waffenwanne mit zwei MG 151 angebaut werden.

Bf 110 G
Wegen Arbeitsüberlastung hatte Messerschmitt die Entwicklung der Baureihe der Gothaer Waggonfabrik übertragen. Sie war neben Messerschmitt und der Firma Luther ein Hauptproduzent der Bf 110. Die G hatte den DB 605 mit 1.475 PS (1.090 kW). Die G-0 und G-1 waren Einzelstücke. Die G-2 verfügte zur Abwehr über ein 7,9 mm MG 81Z-Zwillings-MG und eine dreiköpfige Besatzung. Sie konnte ein ganzes Bündel an Rüstsätzen einsetzen. Darunter den R1 (3,7 cm-Bordkanone zur Panzerbekämpfung), die B1 und B2 (Zusatztanks), den M 2 (21 cm-Bordrakete) und die M 3 und M4 (Bombenträger). Bei einigen G-2 wurden die vier MG 17 gegen zwei MK 108 ausgetauscht. Die G-3 war ein Aufklärer und die G-4 ein Nachtjäger mit verschiedenen Funkmessgeräten. Wegen der schweren Antennenanlage (Hirschgeweih genannt) verschob sich der Schwerpunkt des Flugzeuges und auch seine Stabilität verändert sich. Als Gegenmaßnahme wurde ein 55 kg-Gewicht im Heck eingebaut. Von der G-4 existierten zahlreiche Unterversionen wie die G-4a, b, c und d, die sich nur in Details voneinander unterschieden. Außerdem konnten diverse Rüst- und Umbausätze zum Einbau kommen. Unter ihnen der U7. Es war ein Behälter für den Motorzusatz GM-1, der in 8.000 m die Motorleistung um etwa 270 PS (198 kW) steigerte.

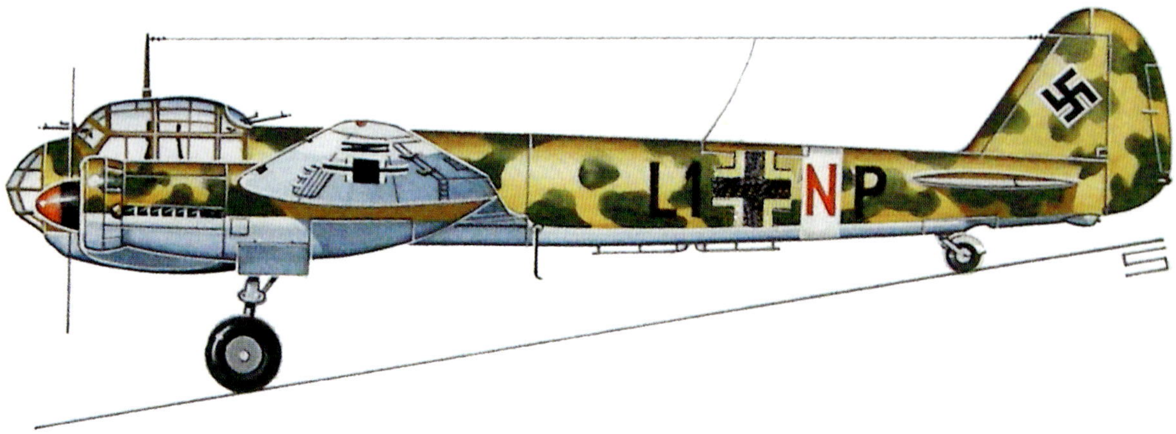

Junkers Ju 88 A-1 des Lehrgeschwaders 1 in Derna 1942.

1936 **Junkers Ju 88**

Als das Reichsluftfahrtministerium (RLM) im November 1935 ein Pflichtenheft für den Bau eines Schnellbombers an die Firmen Henschel, Dornier, Messerschmitt, Junkers und etwas zeitlich versetzt an Heinkel herausgab, konnte Junkers auf entsprechende Vorentwürfe, die ohne offiziellen Auftrag unter der Leitung von August Quick entstanden waren, zurückgreifen.

Das Amt erwartete ein dreisitziges Flugzeug mit einer Höchstgeschwindigkeit von 500 km/h und einer Mindestreichweite von 2.000 km. Die Bombenlast von 500 kg sollte in Form von 50 kg-Bomben im Rumpf Platz finden. Für den Angriff war an ein starres MG 17 und für die Verteidigung an ein bewegliches MG 15 gedacht.

Die bewährte, aber veraltete Junkers-Wellblechbauweise hatte man zu diesem Zeitpunkt aufgegeben und sich der Glattblechbauweise zugewandt. Aus diesem Grund wurden mit Alfred Gassner und Heinrich Evers zwei Spezialisten auf diesem Gebiet angeworben, die bei Fairchild in den USA die nötigen Erfahrungen gesammelt hatten. Die Oberaufsicht über das Programm lag allerdings in den Händen von Ernst Zindel.

Nach Vorlage der Projektunterlagen hatte das RLM 1936 grünes Licht für die Fertigung von Versuchsmustern gegeben. Das erste von ihnen, die Ju 88 V1 D-AQEN, nahm unter Führung von Flugkapitän Karl-Heinz Kindermann am 21. Dezember 1936 die Flugversuche auf. Das Muster wurde dabei von zwei DB 600-Motoren angetrieben, da die neuen Jumo 211-Triebwerke noch nicht zur Verfügung standen. Um seiner Aufgabenstellung »Schnellbomber« gerecht werden zu können, wies der elegante Tiefdecker die geringst möglichen Abmessungen auf und auch die Kanzel für die dreiköpfige Besatzung wurde so flach wie möglich gehalten. Der relativ spitz zulaufende Bug war im unteren Bereich verglast, sodass dem Bombenschützen ein ausreichendes Sichtfeld zur Verfügung stand. Das einziehbare Hauptfahrwerk hatte Einzelräder und je zwei Federbeine. Es schwenkte nach hinten oben in die Motorgondel ein.

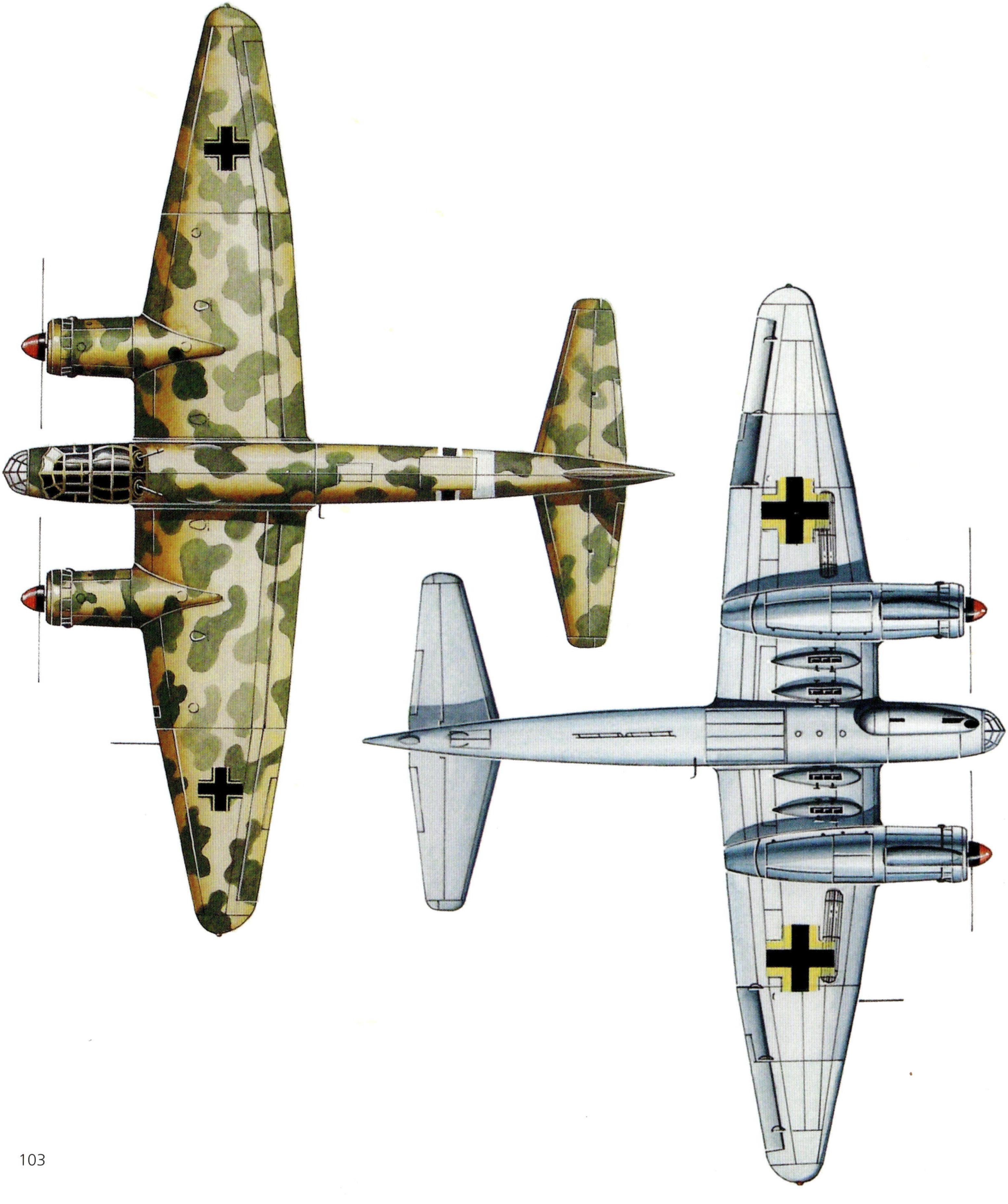

Dem zweiten Versuchsmuster (D-ASAZ), das weitgehend dem ersten entsprach, folgte das dritte (D-AREN). Hier kam erstmals der 1.000 PS (735 kW) Jumo 211 zum Einbau, der über Ringkühler verfügte und 3-Blatt-Verstellschrauben von Junkers antrieb. Außerdem hatte das Konstruktionsbüro das Flugzeug in vielen Bereichen überarbeitet, was zu einer Steigerung der Höchstgeschwindigkeit von 450 auf 520 km/h führte. Zu dieser Zeit war die Entscheidung zu Gunsten der Ju 88 längst gefallen. Nachdem die Nationalsozialisten Hugo Junkers aus seinem Werk gedrängt hatten, leitete Heinrich Koppenberg die Geschicke des Unternehmens. Ihm gelang es, zahlreiche Sondervollmachten zu erhalten, die sich auf die Produktion der Ju 88 bezogen. Das Flugzeug rückte in der Prioritätenliste des Kriegsgerätes auf den vordersten Platz. Nicht weniger als 250 Exemplare sollten pro Monat gefertigt werden. Das war eine Produktionsrate, die Junkers nicht alleine bewältigen konnte. Mit Arado, ATG, Dornier, Heinkel, Henschel, Siebel, VW und Opel wurde weitere Firmen in das Programm einbezogen. Für den gesamten Fertigungsablauf – Zentralsteuerung genannt – war Koppenberg verantwortlich, der dank seiner weitreichenden Vollmachten direkt auf die beteiligten Firmen zugreifen und ihnen Anweisungen erteilen konnte.

Während die Großserie vorbereitet wurde, konnte das Muster mit spektakulären Weltrekorden hervortreten. Die Ju 88 V5 D-ATYU erreichte am 19. März 1939 mit 2 Tonnen Last auf dem 1.000 km-Flug von Dessau zur Zugspitze und zurück eine Durchschnittsgeschwindigkeit von 517,004 km/h. Am 30. Juni 1939 dann der zweite Rekordflug. Erneut mit 2 Tonnen Last, aber über eine Strecke von 2.000 km, die mit durchschnittlich 500,786 km/h geflogen wurde. Freilich war die V5 ein unbewaffnetes Sondermodell mit stärkeren Jumo 211 J-Motoren und einem aerodynamisch optimal durchgebildeten Rumpfbug. Für den Einsatz bei der Luftwaffe kam eine ganz andere Lösung zum Tragen. Der Gedanke des Schnellbombers wurde verworfen, stattdessen sollte die Ju 88 auch die Rolle des Sturzkampfbombers ausfüllen. Dazu musste die Zelle des Flugzeuges verstärkt werden. Es erhielt außerdem Sturzflugbremsen unter dem Tragwerk und eine sogenannte Bodenwanne unter den Bug, in dem sich ein Abwehrstand nach hinten unten befand. Die Besatzung bestand nun aus vier Mann, sodass aus Platzgründen das Kabinendach anders und geräumiger gestaltet werden musste. All diese Änderungen führten zu einem Zuwachs der Leer- und Startmasse und sie wirkten sich negativ auf die Formgebung des Flugzeuges aus, mit der Folge, dass praktisch alle Leistungen nach unten gingen. Als die ersten Exemplare im August 1939 bei der Lehrgruppe Ju 88 in Greifswald eintrafen, offenbarte das Muster zahlreiche Schwächen. Beim Sturzflug traten Verwindungen an den Vorderkanten des Tragwerkes auf und auch die Querruder machten Probleme. Im Einmotorenflug war die Ju 88 kaum zu halten. Die Reisegeschwindigkeit lag bei nur 400 km/h und bei der Reichweite war die Abweichung von der Garantieleistung so gravierend, dass Hermann Göring Koppenberg zu sich zitierte. Nach und nach gelang es, die Mängel abzustellen und aus der Ju 88 ein schlagkräftiges Kampfflugzeug zu machen, das vom ersten bis zum letzten Kriegsjahr im Einsatz stand. Als erster Einsatzverband verfügte die I./KG 30 über das Muster, das neben der He 111 das Rückgrat der deutschen Bomberverbände bildete. Im Laufe des Krieges kam die Ju 88 an allen Fronten zum Einsatz, und zwar nicht nur als Bomber, sondern auch als Aufklärer, Zerstörer und Nachtjäger. Insbesondere in der letztgenannten Rolle bewährte sich das Muster gut. Junkers entwickelte die Ju 88 – die mangels Alternativen in der Produktion bleiben musste – ständig weiter. Verschiedene Änderungen der Zelle und der Einbau starker Motoren machten Leistungssprünge möglich, so erreichten die letzten Baureihen (S und T) 615 bis 640 km/h.

Bei Kriegsende wurden ausgemusterte Ju 88 zu Mistel-Flugzeugen umgebaut und gegen Seeziele im Westen und die Oder-Brücken im Osten eingesetzt. Die Flugzeuge

Junkers Ju 88 C-6 der 6. Staffel des ZG 26
Horst Wessel Griechenland 1943.

Junkers Ju 88 G-6b des Nachtjagdgeschwaders NJG 101.

waren unbemannt. Anstelle der Kabine war ein Sprengkopf angebaut. Die Steuerung des Ju 88 erfolgte über ein Jagdflugzeug vom Typ Bf 109 oder Fw 190, das auf einem Strebengerüst über dem Bomber befestigt war. Dem Jagdflieger oblag die Steuerung des Gespanns. Vor dem Erreichen des Zieles trennte sich der Jäger vom Bomber, der sich auf das Ziel stürzte. Nennenswerte Erfolge konnten bei verschiedenen Einsätzen nicht mehr verbucht werden. Die meisten der schwerfälligen und langsamen Kombinationen fielen der gegnerischen Abwehr zum Opfer.

Bis zum Zusammenbruch des Dritten Reiches wurden etwa 15.100 Ju 88 in zahlreichen Baureihen und Versionen gefertigt. Von den etwa 9.100 Bombern und 1.900 Aufklärern gingen einige in das Ausland. Die Sowjetunion übernahm im Rahmen eines Handelsabkommens zwei Ju 88 A-1. Weitere Exemplare erhielten Ungarn, Italien, Finnland und Rumänien. Die etwa 4.100 Zerstörer und Nachtjäger wurden ausschließlich von der Luftwaffe verwendet.

Nach dem Krieg bemächtigten sich die Alliierten einer Vielzahl von Ju 88-Beuteflugzeugen. Hauptnutzer waren Frankreich und die Sowjetunion. Doch diese Flugzeuge wurden mehr oder weniger rasch zur Verschrottung gegeben. Lange Zeit existierten nur zwei komplette Flugzeuge, und zwar eine Ju 88 D (USAF Museum) und eine Ju 88 R (RAF Museum). Inzwischen wurden einige Ju 88 an verschiedenen Stellen geborgen. Einige von ihnen befinden sich in der Restaurierung, so auch beim Deutschen Technik Museum in Berlin.

Schnellbomber Ju 88 S-1 mit typischer Flecktarnung der Jahre 1944/45.

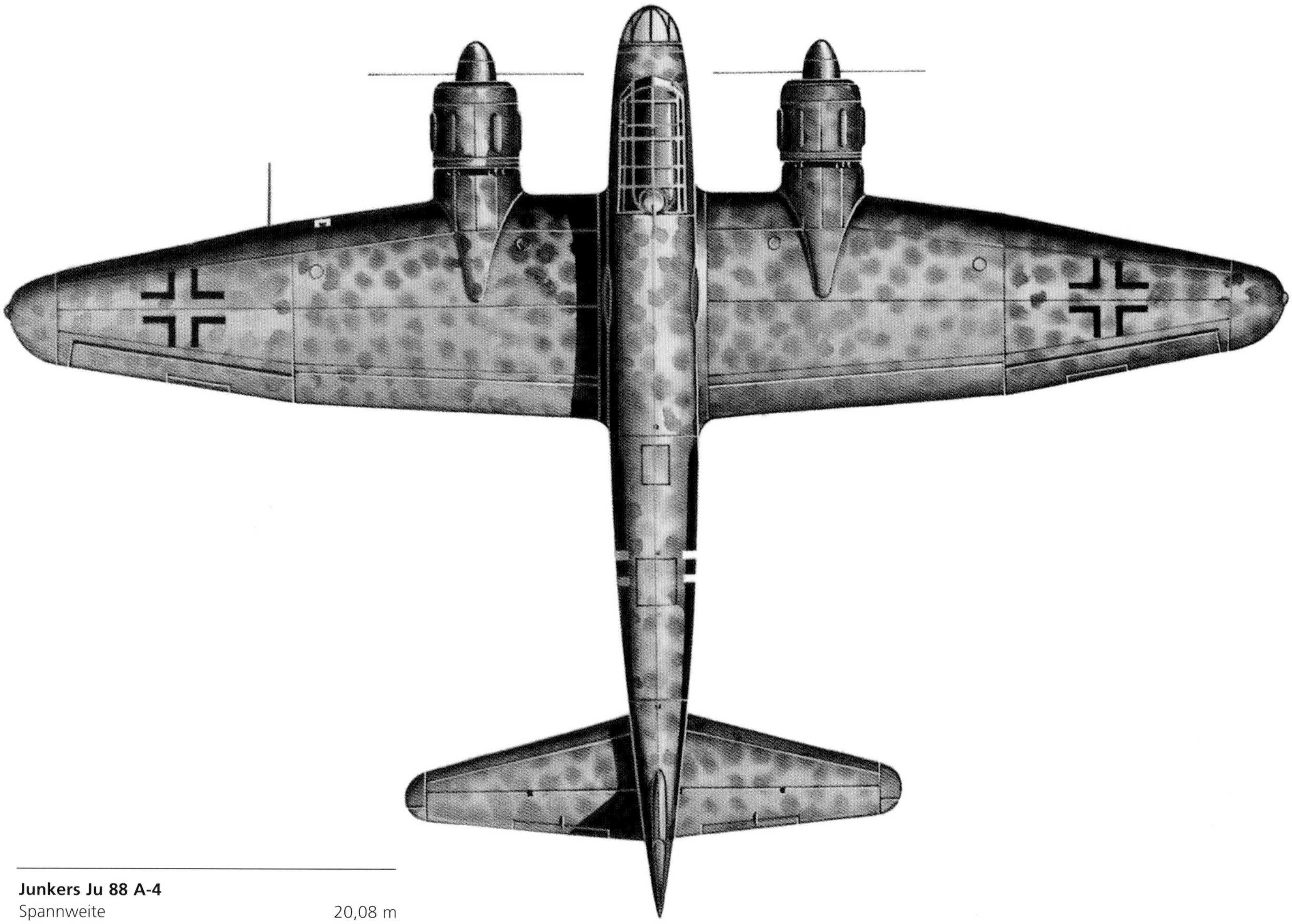

Junkers Ju 88 A-4	
Spannweite	20,08 m
Länge	14,36 m
Höhe	5,07 m
Flügelfläche	54,70 m²
Leermasse	8.550 kg
Startmasse	13.000 kg
Startmasse mit Startraketen	14.000 kg
Höchstgeschwindigkeit	475 km/h
Dienstgipfelhöhe	8.500 m
Reichweite	2.300 km
Reichweite mit Zusatztanks	3.200 km

Junkers Ju 88 G-6 (Abmessungen wie A-4)	
Leermasse	8.500 kg
Startmasse	12.400 kg
Höchstgeschwindigkeit	580 km/h
Dienstgipfelhöhe	9.550 m
Reichweite	2.200 km

Baureihen und Varianten

Ju 88 A

Horizontal- und Sturzbomber. Erste Serienflugzeuge waren die A-0 und A-1. Sie hatten anstelle eines elektrisch einziehbaren Fahrwerkes mit Radgabel ein hydraulisches mit einem einfachen Federbein und Jumo 211-Motor. Die A-2 wurde nur in geringen Zahlen gebaut, sie war für den Start mit einem Landkatapult vorbereitet. Die A-3 war eine Schulausführung mit Doppelsteuer. Auf Basis der A-1 entstanden die A-9 (Tropenausrüstung und sechs MG 15) und die A-13 (Schlachtflugzeug mit Jumo 211 H und verbesserter Panzerung). Die A-5 hatte eine vergrößerte Spannweite und Flügelfläche sowie eine stärkere Bewaffnung (je ein MG 131 im A- und C-Stand und zwei MG 15 im B-Stand). Die A-5 bildete die Grundlage für die A-6 (mit Ballonabweiser bzw. als Seeaufklärer mit abgebauter Bodenwanne), die A-7 (Schulflugzeug) und die A-10 (Tropenausführung).
Die nach der A-5 aufgelegte A-4 gilt als Hauptbaureihe. Der Ganzmetall-Tiefdecker konnte in zwei Lasträumen Bomben oder Zusatztanks mitführen. Wegen des schmalen Rumpfes konnten nur Bomben bis zum Kaliber von 50 kg im Rumpf untergebracht werden. Für schwerere Bomben standen vier Außenträger unter dem Mittelflügel und für kleinere Bomben zwei Träger unter dem Außenflügel zur Verfügung. Die Bombenlast betrug maximal 3.000 kg. Für Sturzangriffe standen ein entsprechendes Visier und eine Abfangautomatik bereit. Ein MG 131 im A-Stand, zwei MG 81 im B-Stand und ein MG 81 Z im C-Stand bildeten die Abwehrbewaffnung. Auf Basis der A-4 entstanden die A-8 (Ballonabweiser), die A-11 (Tropenausführung mit Jumo 211 G), die A-12 (Schulflugzeug), die A-14 (vergrößerte Spannweite), die A-15 (Holzwanne für 3.300 kg-Bomben unter dem Rumpf), die A-16 (Schulflugzeug) und die A-17 (Torpedobomber).

Ju 88 B, E und F

Nachdem sich die Entwicklung des Bombers Ju 288 verzögerte, begann Ernst Zindel mit der Entwicklung einer Interimslösung. Die geplante Baureihe erhielt ab der Flügelvorderkante einen völlig neuen Rumpf mit aerodynamisch optimierter Vollsicht-Kanzel und neuem C-Stand. Als Antrieb sollte der Jumo 213 dienen. Neben einigen V-Mustern wurden nur zehn B-0-Flugzeuge gebaut. Mit den Baureihen E und F ging Junkers noch ein Stück weiter. Unter weitgehender Beibehaltung des neuen Vorderrumpfes wurden auch Trag- und Leitwerk geändert. Wegen der vielen Unterschiede zur Ju 88 A wurden die neuen Varianten in Ju 188 E und F umbenannt.

Ju 88 C, G und R

Die ersten C-0- und C-1-Zerstörer kamen 1940 heraus. Sie trugen neben der üblichen Abwehrbewaffnung drei MG 17 und ein MG 151 für den Angriff im Bug. Die C-2 fußte auf der A-4. Sie flog mit unterschiedlicher Bewaffnung und kam auch als Nachtjäger zum Einsatz. Die C-3 mit BMW 801 wurde nicht gefertigt. Die C-4 hatte den Jumo 211 J (1.420 PS/1.040 kW) und konnte auch als Foto-Aufklärer fungieren. Bei der C-5 entfiel die Bodenwanne. Das Muster hatte nur zwei Mann Besatzung und den BMW 801. Die C-6 ist als Zerstörer-Hauptbaureihe anzusehen. Sie wurde ab Ende 1941 mit Jumo 211 J abgeliefert und kam über dem Atlantik und der Ostfront zum Einsatz. Von der C-7 mit BMW 801 wurden nur wenige gebaut. Die Nachtjagdausführungen C-4/R1 und C-6/R2 flogen mit BMW 801. Sie wurden in Ju 88 R-1 und R-2 umbenannt. Die mit Funkmessgeräten ausgestatteten Flugzeuge wurden in sehr geringen Zahlen hergestellt. Ihre Höchstgeschwindigkeit lag bei 540 km/h. Mit der Baureihe G brachte Junkers eine stark überarbeitete Version der Ju 88 heraus, die speziell für die Nachtjagd ausgelegt war. Die Bodenwanne entfiel, das Kabinendach war flacher und das Leitwerk der Ju 188 kam zum Anbau. Als Motor diente zunächst der BMW 801. Bewaffnung und Funkanlage unterschieden sich von Baureihe zu Baureihe. Die G-0 und G-1 hatten sechs MG 151 – davon zwei als Schrägwaffen im Rumpf – sowie ein MG 15 zur Abwehr. Die Ausführungen G-2, G-3, G-4 und G-5 wurden nicht gebaut. Die G-6 erschien im Frühjahr 1944. Sie flog sowohl mit BMW 801 G (1.730 PS/1.270 kW) als auch mit Jumo 213 E (1.750 PS/1.285 kW). Ebenso unterschiedlich war die Ausrüstung und Ausstattung der einzelnen Flugzeuge. Die G-7 und G-10 stellten den Schlusspunkt der Nachtjägerversionen dar. Neben einigen V-Mustern konnte nur noch ganz wenige Flugzeuge gefertigt werden. G-7 mit Jumo 213 E und Tragwerk der Ju 188. G-10 hatte einen verlängerten Rumpf und war als Fernzerstörer gedacht.

Ju 88 D

Foto-Aufklärer. Baute auf A-4 und A-5 auf. Erste Baureihe war die D-1 mit Jumo 211 J und erhöhtem Kraftstoffvorrat für 5.000 km Reichweite. Die D-2 hatte Jumo 211 B- oder G-Motore. Die D-3 war die Tropenversion der D-1, während die D-4 die Tropenausführung der D-2 war. Die D-5 entsprach der D-1, verfügte aber über VDM-Luftschrauben. Die D-6 basierte auf der D-2 mit BMW 801-Motoren und ohne Bodenwanne.

Ju 88 H

Sondermodell für den Einsatz als Aufklärer, Kampfflugzeug und Fernzerstörer über dem Atlantik. Rumpf verlängert (je nach Quelle 14,36 m, 17,55 oder 17,88 m). Bodenwanne abgebaut. BMW 801. Vier Mann Besatzung. Verstärktes Fahrwerk. H-1 und H-2 in sehr geringen Zahlen hergestellt. Ab Frühjahr 1944 von Frankreich aus eingesetzt.

Ju 88 P

Panzerjagdflugzeug. Nur V-Muster und wenige Einzelstücke gebaut. P-1 mit 7,5 cm-Kanone. P-2 mit zwei 3,7 cm-Kanonen. P-3 wie P-2, jedoch verstärkte Panzerung. V57 mit 5 cm-Kanone. V53 vermutlich mit 5,5 cm MK 112.

Ju 88 S und T

S-1 war ein dreisitziger Schnellbomber ohne Bodenwanne. Neues Kabinendach. Ein MG 131 im B-Stand. Bombenlast: 18 x 50 kg. BMW 801 G. Zirka 50 Exemplare durch Umbau von A-4-Flugzeugen entstanden. S-2 wies nur geringe Änderungen auf. S-3 erhielt den Jumo 213. S-4 baute auf der S-3 auf, hatte aber Rumpfbaugruppen der Ju 188. T-1 war ein Fotoaufklärer ähnlich der S-1. T-2 stellte ein Einzelstück mit BMW 801 J dar. T-3 wurde in wenigen Exemplaren mit Jumo 213 E gefertigt. Höchstgeschwindigkeit 640 km/h in 9.800 m bei 12,5 Tonnen Startmasse.

Focke-Wulf Fw 189 A-1 der 5. (H)/Aufklärergruppe 12.

1937 **Focke-Wulf Fw 189**

Ernst Udet hatte als Generalluftzeugmeister die Idee des Standard-Flugzeuges entwickelt. Danach sollten nur ganz wenige Muster eine möglichst große Bandbreite an Aufgaben abdecken. Focke-Wulf kam mit der Fw 189 diesem Gedanken sehr nahe. Das ab 1936 entwickelte Ganzmetall-Flugzeug verfügte über zwei Leitwerksträger, die luftgekühlte Argus As 410-Motoren und das hydraulisch betätigte Fahrwerk aufnahmen. Der eigentliche Rumpf lagerte auf dem Mittelflügel. Er war je nach Einsatzzweck austauschbar, sodass der Serienbau der verschiedenen Varianten einfach vonstatten gehen konnte.

Zunächst nahm das Flugzeug an einem Naherkunder-Wettbewerb teil. In dieser Ausführung war der Rumpfbug als Vollsichtkanzel ausgebildet und bot eine ausgezeichnete Rundumsicht. Nach hinten ging der Rumpf zunächst in eine Stufe über, um dann spindelförmig auszulaufen. Im Bereich der Stufe befand sich ein MG 15 in einer Linsenlafette. Ein weiteres MG 15 war in einer Ikaria-Lafette im Rumpfheck montiert. Als Aufklärer führte die Focke-Wulf eine Handkamera und ein fest eingebautes Reihenbildgerät mit.

Unter Führung von Kurt Tank hob die Fw 189 V1 (D-OPVN) am 23. Juli 1937 zum Jungfernflug ab, der ohne Zwischenfälle verlief. Dem ersten Versuchsmuster folgten weitere, die sich aber nur in Details unterschieden. So kamen zwei nach vorne feuernde MG 17 sowie vier Außenträger zum Anbau, die Lasten von bis zu 50 kg mitführen konnten.

Insgesamt machte das Flugzeug auch bei der Erprobungsstelle Rechlin einen guten Eindruck, der ab 1939 zum Bau der Fw 189 A-Serie führte. Unabhängig davon hatte Kurt Tank noch zwei Varianten entwickeln lassen, und zwar die Baureihe B, die als Schulflugzeug mit neuer, wenig verglaster Kabine flog, und die Baureihe C, die als Schlachtflugzeug gedacht war. Als Musterflugzeug für die letztgenannte Variante diente die Fw 189 V1 mit Panzerkabine und zwei Mann Besatzung. Sie wurde als V1a mit einem Heckstand mit Vertikal-Lafette und MG 81Z, sowie als V1b mit einem Panzerdrehturm im Heck, der mit einem MG 81Z bestückt war, erprobt. Focke-Wulf erhielt zwar einen Folgeauftrag über ein

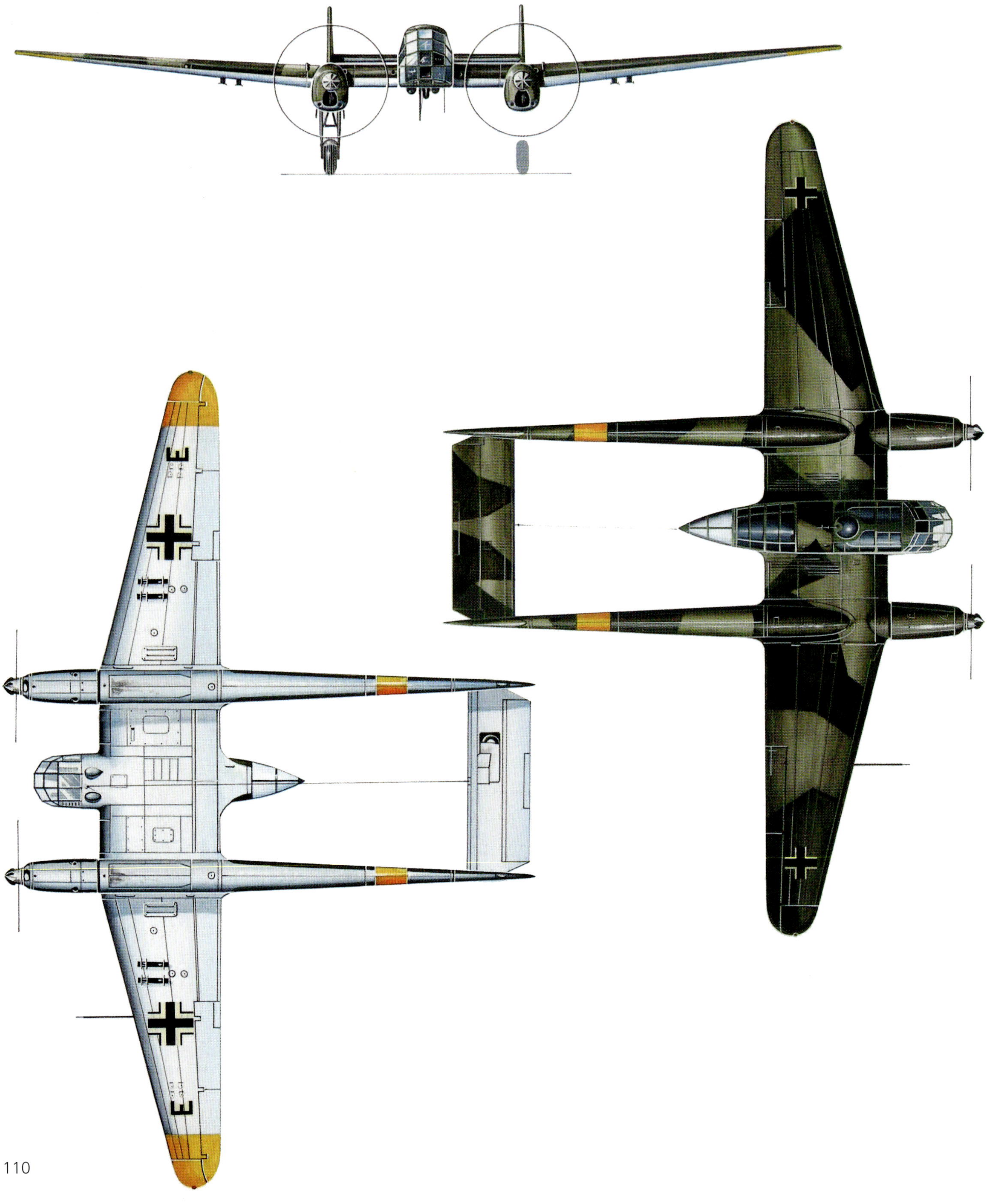

Baureihen und Varianten

Fw 189 A
Musterflugzeug für die Baureihe A war die V4 (D-OCOH), die im Sommer 1939 flog. Die Motoranlage bestand aus zwei As 410 A mit Verstell-Propeller und 465 PS (340 kW)-Startleistung. Acht A-0-Vorserienflugzeuge wurden gebaut. Die A-1 (250 Stück) unterschied sich vor allem durch ein neues Fahrwerk von den Vorgängern. Zwei Federbeine ersetzten das Einbein-Fahrwerk. Die A-1/U2 und U3 waren Reiseflugzeuge für den Generalstab. Bei der A-2 erfolgte der Tausch der MG 15 gegen MG 81Z. Sowohl die A-1 als auch die A-2 konnten mit Tropenausrüstung fliegen. Versuchsweise erfolgte der Einbau des Gnome & Rhone 14 M und des Argus As 411 mit einer Leistung von 700 PS (514 kW) bzw. 575 PS (423 kW).

Fw 189 B
Fünfsitziges Schulflugzeug mit Doppelsteuer. Rumpf überwiegend mit Glattblech beplankt. Musterflugzeug war die V5. Es folgten fünf B-0-Vorserienflugzeuge.

Fw 189 C
Schlachtflugzeug mit gepanzerter Kabine. Zwei Mann Besatzung. Zwei 2 cm-MG.-FF und vier 7,9 mm-MG 17 als Angriffsbewaffnung. Ein MG 81 Z zur Abwehr. Musterflugzeug war die V6. Von elf bestellten C-0 nur sieben fertig gestellt. Bau eines Musterflugzeuges für die C-1, bei der die MG.-FF durch MG 151 ersetzt wurden, fraglich.

weiteres V-Muster und elf C-0-Vorserienflugzeuge, dennoch wurde die Entwicklung abgebrochen, nachdem sich die Flugzeugführer gegen das Muster ausgesprochen hatten. Auch die Fw 189 B kam nur auf geringe Stückzahlen, während die A-Serie bis 1944 in größerer Zahl gefertigt wurde, wobei neben Focke-Wulf noch SNAC de Sud-Ouest in Frankreich und Aero und Avia in der Tschechei in die Produktion eingebunden waren. Alles in allem wurden 846 Fw 189 gebaut.

Mit Ausnahme des Fliegerführers Afrika, der über einige Fw 189 verfügte, kam das Muster ausschließlich an der Ostfront zum Einsatz. Zunächst bei den Aufklärerstaffeln (H), dann bei deren Nachfolgern, den Nahaufklärungsgruppen (NAG). Im September 1942 belief sich der Bestand im Osten auf 174 Fw 189. Dann nahm er konstant ab, da die Nahaufklärung mehr und mehr von Jagdaufklärern übernommen wurde.

Bei den Besatzungen war das Muster wegen seiner gutmütigen Start- und Landeeigenschaften beliebt. Es bot eine geräumige und beheizte Kabine, konnte auch einmotorig geflogen werden und erwies sich als sehr robust.

Neben der Luftwaffe erhielten auch die Luftstreitkräfte der Slowakei (14), Ungarns (ca. 30) und Bulgariens (18) das Flugzeug.

Fw 189 A-1

Spannweite	18,40 m
Länge	11,90 m
Höhe	3,10 m
Flügelfläche	38,0 m²
Leermasse	2.850 kg
Startmasse	4.100 kg
Höchstgeschwindigkeit	335 km/h in 1.700 m
Dienstgipfelhöhe	7.000 m
Reichweite	835 km

Macchi C.200. Die Italiener nutzten zahlreiche Tarnschemen für verschiedene Schauplätze. Hier Nordafrika.

1937 **Macchi C.200**

Die italienischen Luftstreitkräfte – Regia Aeronautica – starteten 1937 das sogenannte R-Programm, das neben dem Neubau von 3.000 Militärflugzeugen unterschiedlicher Kategorien auch die Modernisierung der Jagdwaffe beinhaltete. Die Regia Aeronautica forderte den Bau eines Abfangjägers mit nur einem 12,7 mm-MG, der eine Höchstgeschwindigkeit von 500 km/h und eine Flugdauer von 1 Stunde aufweisen sollte. Mehrere Firmen beteiligten sich an der Ausschreibung, die zum Bau folgender Flugzeuge führte:

Caproni Vizzola F.5
Fiat G.50
Reggiane Re.2000
I.M.A.M. Ro 51
Umbra T.18
Macchi C.200

Einzig die Fiat G.50 Freccia und die Macchi C.200 Saetta konnten mit 782 bzw. 1.153 Exemplaren in größeren Stückzahlen gefertigt werden.

Bei Macchi zeichnete Mario Castoldi für Entwicklung des Flugzeuges verantwortlich, wobei der von einem luftgekühlten 14-Zylinder Fiat A.74 (870 PS/639 kW) angetriebene Tiefdecker mit Einziehfahrwerk von der Gesamtkonzeption her der Fiat G.50 sehr ähnlich sah.

Die Flugerprobung der ersten C.200 (MM 336) begann am 24. Dezember 1937. Von Beginn an wurde deutlich, dass mit dem Flugzeug ein großer Wurf gelungen war. Es war leicht zu fliegen, sehr manövrierfähig und offenbarte ausgezeichnete Sturz- und Steigleistungen. Dies alles gab den Ausschlag für den Serienbau, obwohl die Technikexperten der Caproni Vizzola F.5 wegen ihres hohen Entwicklungspotenzials den Vorzug gegeben hatten.

1938 begann die Serienfertigung mit zunächst 99 Flugzeugen (MM 4495 bis MM 4593), die über zwei 12,7 mm-MG mit einem Munitionsvorrat von je 310 Schuss verfügten, der später auf 370 erhöht wurde.

Als am 1. November 1939 die ersten C.200 bei den Einsatzverbänden eingetroffen waren, zeigten sich die Flugzeugführer insgesamt zufrieden. Ein großes Manko war aber die Kabinenhaube, die sich im Notfall kaum abwerfen ließ, sodass nach Abhilfe gerufen wurde. Die Lösung war sehr einfach. Ab dem 270. Flugzeug wurde die C.200 ohne Kabinendach abgeliefert! Dies kam angeblich auch den Wünschen der Piloten entgegen, die sich im offenen Cockpit wohler fühlten.

Während der Einführung bei der Truppe kam es zu zwei Abstürzen, die einen vorübergehenden Fertigungstopp nach sich zogen. Untersuchungen zeigten, dass es bei hohen Geschwindigkeiten zum Abreißen der Strömung kommen konnte. Eine Änderung des Flügelprofils führte zum sicheren Flugverhalten.

Neben ihrem Haupteinsatzgebiet – dem Mittelmeerraum – kamen 51 C.200 ab 1942 auch in Russland zum Einsatz, ohne dass das Muster herausragte. Die erwähnten guten Eigenschaften standen im krassen Gegensatz zur völlig unzureichenden Bewaffnung und der geringen Geschwindigkeit. Dennoch lief die Fertigung bis 1943 weiter. In sie waren neben Macchi auch Breda und S.A.I. Ambrosini eingeschaltet.

Innerhalb der Produktion wurden verschiedene Serien aufgelegt, die sich nur unwesentlich, z. B. durch eine Verstärkung der Panzerung, voneinander unterschieden. Die mit Sandfilter ausgestattete Tropenversion trug die Bezeichnung C.200 A.S. (Africa Settentrionale) und die Jagdbomberausführung wurde C.200 C.B. (Caccia Bombardiere) genannt. Als Jabo konnte das Muster 8 x 15 kg, 2 x 50 kg, 2 x 100 kg oder 2 x 160 kg Bomben mitführen. Aber auch die Mitnahme von zwei 100 oder zwei 150 l-Zusatztanks war möglich. Einige Flugzeuge erhielten zwei zusätzliche 7,7 mm-MG, andere hatten das Tragwerk der Macchi C.202 Folgore.

Mit der M.C.200bis und der M.C.201 wurden Versuche zur Leistungssteigerung unternommen. Doch weder die ab August 1940 erprobte M.C.201 mit 1.000 PS (735 kW) Fiat A.76 R.C.40 noch die am 11. April 1942 mit Piaggio PXIX R.C.45 (1.180 PS/867 kW) motorisierte M.C.200bis stellten gegenüber Neuentwicklungen wie der M.C.202 oder der M.C.205 einen Fortschritt dar, sodass es bei dem Versuch blieb.

Macchi C.200	
Spannweite	10,58 m
Länge	8,19 m
Höhe	3,51 m
Flügelfläche	16,81 m²
Leermasse	1.895 kg
Startmasse	2.325 kg
Startmasse als Jabo (Serie XXI)	2.514 kg
Höchstgeschwindigkeit	502 km/h in 4.500 m
Dienstgipfelhöhe	8.900 m
Reichweite	570 km
Reichweite mit 300 l-Zusatztanks	870 km

Brewster F2A-2 des VF-2 Fighting Squadron.

1937 **Brewster F2A Buffalo**

1935 befand sich die US Navy im Zugzwang. Während sie noch auf den Jagddoppeldecker setzte und gerade erst mit der Grumman F3F ein solches Flugzeug in den Dienst genommen hatte, trat allenthalben der Jagdeindecker seinen Siegeszug an. Die Navy reagierte halbherzig auf den Trend. Sie gab eine Ausschreibung an die Luftfahrtindustrie heraus, die Brewster und Grumman für sich entscheiden konnten. Gefordert wurde ein Jagdflugzeug, das höhere Leistungen als die F3F erreichen sollte, von einem Eindecker war aber nicht die Rede.

Grumman fühlte sich noch ganz der Tradition verpflicht und stellte zunächst einen Doppeldecker zur Diskussion, erkannte aber schnell, dass dies in eine Sackgasse führte und begann mit den Arbeiten – die zur F4F Wildcat führten – von vorn. Anders Brewster, hier setzte das Konstruktionsbüro von Anfang an auf den Eindecker. Mit dem Modell 139 präsentierte das Unternehmen einen bulligen Jagdeinsitzer mit Wright R-1820-22-Motor, der eine Startleistung von 950 PS (698 kW) hatte. Der Rumpf war tonnenförmig und lief zum Heck als Spindel aus. Ein herkömmliches Leitwerk kam zum Anbau. Das Tragwerk hatte fast Mitteldeckerlage. Das Fahrwerk schwenkte von außen nach innen ein, wobei die Räder in Rumpfschächten lagen. Für den Trägereinsatz war ein Fanghaken vorhanden. Wegen der geringen Spannweite wurde auf klappbare Tragflächen verzichtet.

Das erste Versuchsmuster nahm im Dezember 1937 die Erprobung auf, die ohne besondere Zwischenfälle verlief. Die US Navy bestellte daraufhin 54 Serienflugzeuge als F2A. Die Fertigung verlief recht schleppend und das Interesse an dem Muster nahm ab. Nachdem Ende 1939 elf Flugzeuge an die Staffel VF-3 geliefert worden waren, kaufte Finnland die restlichen 43 Flugzeuge der Serie. Unabhängig davon begann die Trägererprobung auf der USS Saratoga, die von Problemen mit dem Fahrwerk und dem Fanghaken begleitet waren. Eine Erfahrung, die auch die VF-2 auf der USS Lexington machen musste.

F2A-3	
Spannweite	10,68 m
Länge	8,11 m
Höhe	3,44 m
Flügelfläche	19,41 m²
Leermasse	1.914 kg
Startmasse	3.013 kg
Höchstgeschwindigkeit	467 km/h
Dienstgipfelhöhe	10.430 m
Reichweite	1.553 km

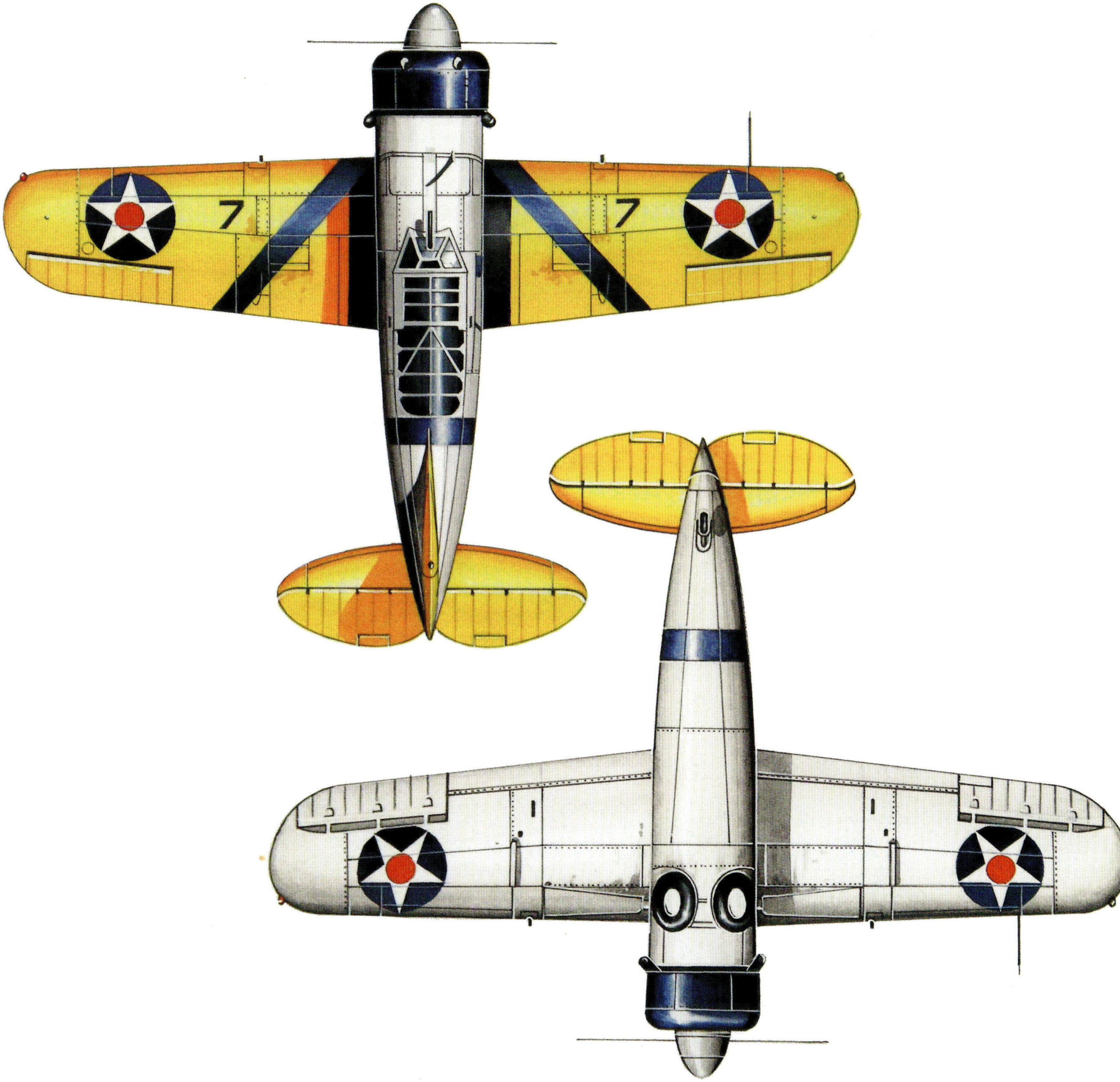
7
7

Baureihen und Varianten

XF2A-1 BuNo. 0451
Erstes Versuchsmuster. R-1820-22-Motor. Zwei 7,7-mm über dem Motor. Startmasse 2.194 kg.

F2A-1 BuNo. 1386 bis 1396
940 PS (690 kW) R-1820-34 mit 3-Blatt-Luftschraube. Seitenleitwerk vergrößert. Zusätzlich zwei 12,7 mm-MG im Tragwerk. 11 Stück für die US Navy.

XFA-2 BuNo. 0451
Umbau des ersten Versuchsmusters auf R-1820-40 mit 1.200 PS (882 kW).

F2A-2 BuNos. 1397 bis 1439
R-1820-40-Motor. Tragflächentanks durch zwei weitere à 75 l erweitert. Volumen somit 756 l. Zwei Bombengehänge unter dem Tragwerk für zwei 45 kg-Bomben. Verbesserte Panzerung und Tankschutz. Abgabe der 43 Exemplare an Finnland.

F2A-3 BuNos. 01516 bis 01623
R-1820-40-Motor. Rumpf um 23 cm verlängert. Einbau eines Rumpftanks mit 152 l.

Inzwischen hatte Brewster das Muster weiterentwickelt, worauf die Navy 108 weitere Flugzeuge bestellte.

Nach Ausbruch des Krieges im Pazifik kamen die F2A bei der Schlacht um Midway zum Einsatz. Hier mussten sie herbe Verluste hinnehmen. Als Folge daraus rückte das Muster rasch in die zweite Reihe und schied bald bei den Einsatzverbänden aus.

1940 drangen Deutsche Truppen in ganz Europa vor. Hektisch begannen die verschiedenen Nationen mit der Auflage von Rüstungsprogrammen und dem Ankauf von Flugzeugen. Dabei konnten die Militärs nicht wählerisch sein und nahmen, was angeboten wurde. Die Brewster erhielt so eine zweite Chance. Belgien orderte 40, Großbritannien 170 und die Niederlande 72 B-339D und 20 B-439.

Wegen des Kriegsverlaufes traf nur eine F2A in Belgien ein. Ein Teil der Bestellung wurde auf dem französischen Flugzeugträger Bearn platziert und weitere Flugzeuge gingen an die RAF. Die Royal Air Force beabsichtigte von Anfang an ihre F2A – als Buffalo I bezeichnet – in Asien einzusetzen. Tatsächlich verlegte das Gros der Jäger nach dort. Hier waren sie den Japanern unterlegen, sodass eine Reihe von Buffalos an die Luftstreitkräfte Neuseelands und Australiens abgegeben wurden.

Die niederländische Exilregierung hatte ebenfalls die Absicht, die F2A in Asien einzusetzen. 71 Flugzeuge trafen in Java ein, mussten aber verheerende Verluste am Boden und in der Luft hinnehmen. 60 Flugzeuge wurden zerstört und 17 Flugzeugführer fanden den Tod.

In Finnland stellte sich die Situation anders dar. Als die Sowjetunion am 25. Juni 1941 das Land zum zweiten Mal angriff, konnten F2A einige Erfolge verbuchen. Die Finnen hatten neben den erwähnten 43 Flugzeugen noch die XFA-2 sowie Baugruppen für vier weitere Flugzeuge erhalten.

Finnland stand im Kampf gegen die UdSSR allein und so verwunderte es nicht, dass sich das Land auf die Seite Deutschlands schlug. Dies hatte zur Folge, dass der Westen seine bis dahin mäßige militärische Unterstützung vollends einstellte. Dies hatte Auswirkungen auf die F2A, für deren Motor kaum noch Ersatzteile vorhanden waren. Die findigen Finnen bauten daher in einige F2A russische Beutemotoren vom Typ M-63 ein. 1944 gingen sie sogar soweit, unter dem Namen Huma eine FA2 mit Metallrumpf, Holztragwerk und M-63 zu bauen. Eine Serienfertigung erfolgte aber nicht mehr.

1938 **Dornier Do 217**

Am 4. Oktober 1938 nahm mit der Do 217 V1 ein neues Kampfflugzeug der Dornier-Werke die Erprobung auf. Zweck der Entwicklung war es, ein stark verbessertes Folgemuster der Do 17 in die Produktion zu bringen.

Bei der Konstruktion des Flugzeuges orientierte sich das Projektbüro in hohem Maße an der Do 17 Z, die den gesamten Aufbau des Rumpfvorderteils beeinflusste. Die aus zwei DB 601 bestehende Motoranlage war ebenfalls bekannt, sie fand u.a. in der Do 17 R Verwendung. Als Abnehmer des Musters wurden die Seeflieger ins Auge gefasst, die 1938 ein Pflichtenheft für einen See-Stuka verfasst hatten. Demzufolge baute Dornier zunächst zwei Attrappen der Do 217 mit Schwimmwerk. Doch nur kurz darauf favorisierte die Marine ein Radflugzeug, das als Gleitbomber-See mit BMW 801-Motoren zum Einsatz kommen sollte. Mit Ausnahme der Triebwerkanlage entsprach die Do 217 V1 weitgehend diesen Vorstellungen. Allerdings hatte Dornier von vornherein den Einbau verschiedener Motoren vorgesehen. Bevor sich die Dinge weiter entwickeln konnten, gab es einen herben Rückschlag. Die V1 stürzte am 11. Oktober 1938 ab, wobei zwei Tote zu beklagen waren. Bereits am 5. November des Jahres konnten die Flugversuche mit der V2 weitergeführt werden. Dann folgten die V-Muster 3 bis 9 mit unterschiedlicher Motorisierung. Am Beginn der Serienfertigung sollte die Baureihe A stehen, doch von ihr wurden nur wenige gebaut. Die Do 217 B wurde ganz aufgegeben und die Ausführung C in nur wenigen Stücken gefertigt. Erst mit der Do 217 E konnte die erhoffte Großserie anlaufen. Das Muster war ganz auf eine rationelle Fertigung ausgerichtet. Es sollte als Gleitbomber im Winkel von bis zu 50° Ziele angreifen, wobei Geschwindigkeiten von bis zu 850 km/h erwartet wurden. Das Flugzeug verfügte über eine am Heck angeordnete Sturzflugbremse, die sich wie ein Schirm öffnete. In der Praxis bereitete sie viele Sorgen, da die Do 217 nach dem Ausfahren zum starken Pendeln neigte und es auch zu Abstürzen kam. Wenngleich verschiedene Bremsen untersucht wurden, fand sich keine vollständig befriedigende Lösung, sodass an der Front die meisten Bremsen abmontiert wurden. Die Truppe änderte ohnehin vieles. Zusätzliche Panzerung und Bordwaffen wurden installiert und die Funkanlage geändert. Die Einführung des Musters bei den Einsatzverbänden erfolgte ab März 1941. Als erste Einheit erhielt die II./KG 2 die Do 217. Weitere Geschwader wie das KG 40 und das KG 100 folgten.

Gegenüber der He 111 und der Ju 88 konnte die Dornier auch große Bombenkaliber im Bombenschacht mitführen. Sie war mit einer Spitzengeschwindigkeit von 515 km/h auch bemerkenswert schnell. Dennoch sprach sich der »Angriffsführer England«, Oberst i.G. Peltz, gegen das Flugzeug aus. Nach seiner Meinung war es schwierig in der Handhabung und auch die Landung bei Nacht war wegen der Schulterdecker-Bauweise und den langen Fahrwerkbeinen problematisch. Außerdem neigte die Do 217 zu einer hohen Ausfallrate wegen technischer Defekte und auch der Schulungsaufwand lag deutlich über dem Durchschnitt. Das Flugzeug blieb aber in der Fertigung, da ein Abbruch Lücken gerissen hätte, die nicht so ohne weiteres geschlossen werden konnten.

Dornier Do 217 E	
Spannweite	19,00 m
Länge	17,30 m
Höhe	5,00 m
Flügelfläche	57 m²
Leermasse	8.909 kg
Startmasse	16.500 kg
Höchstgeschwindigkeit	
in Bodennähe	440 km/h
in 5.200 m	515 km/h
Dienstgipfelhöhe	7.500 m
Reichweite	2.300 km
Reichweite mit Zusatztanks	2.800 km
Dornier Do 217 M	
Spannweite	24,50 m
Länge	17,68 m
Höhe	5,00 m
Leermasse	9.565 kg
Startmasse	16.700 kg
Höchstgeschwindigkeit in 6.800 m	528 km/h
Dienstgipfelhöhe	8.400 m
Reichweite maximal	3.840 km

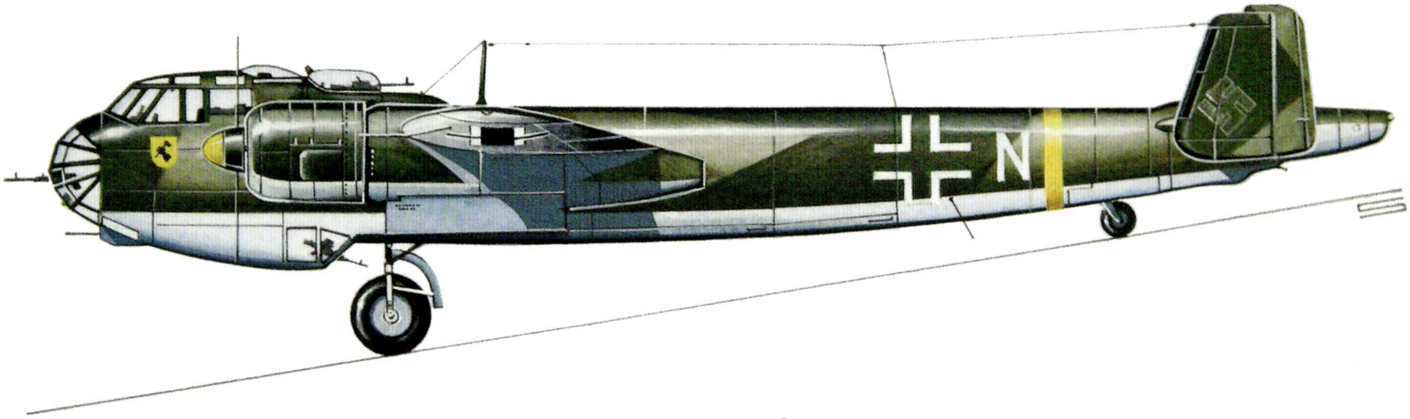

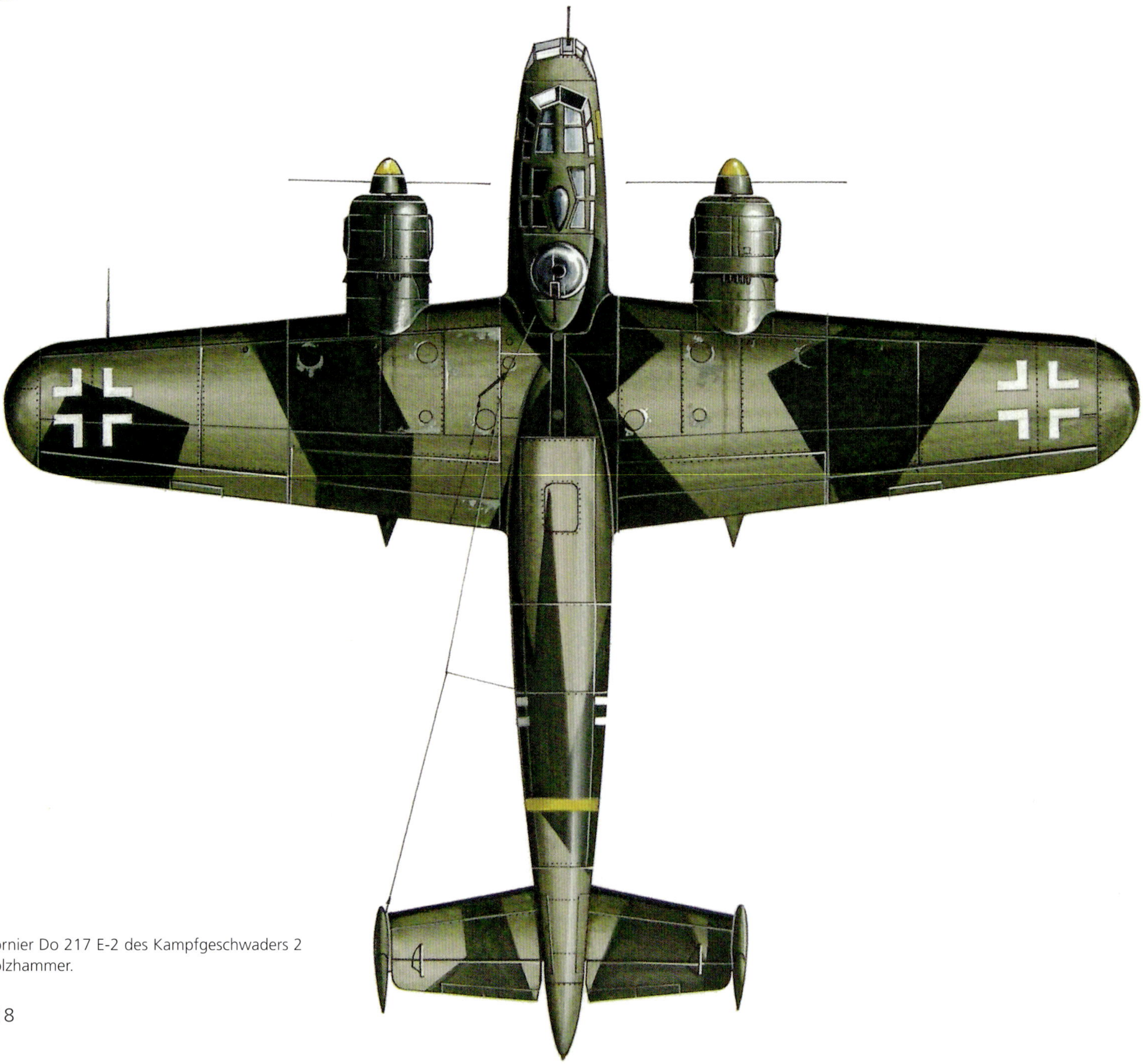

Dornier Do 217 E-2 des Kampfgeschwaders 2 Holzhammer.

N
N

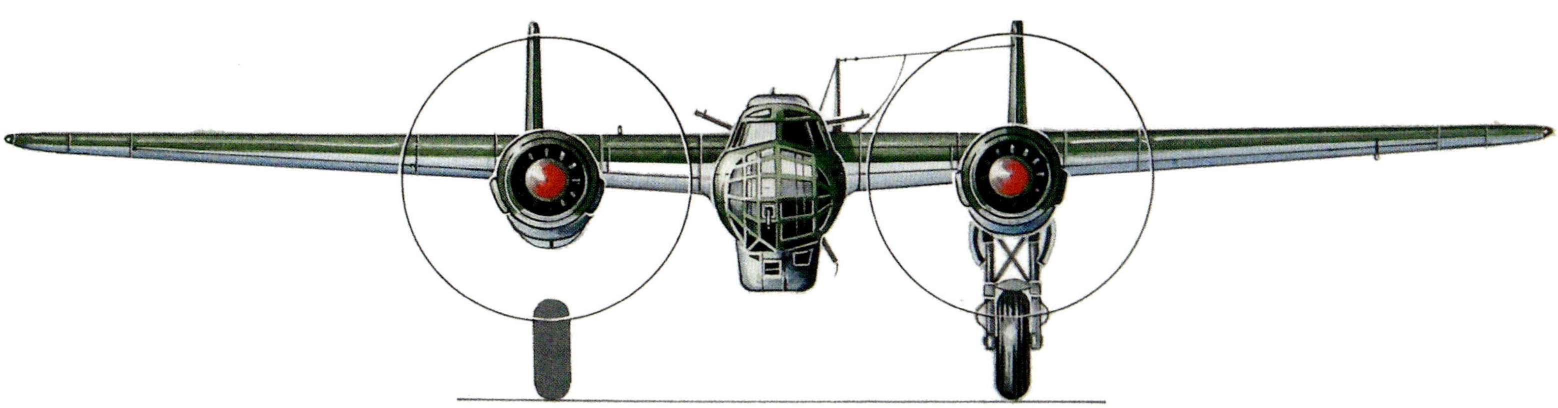

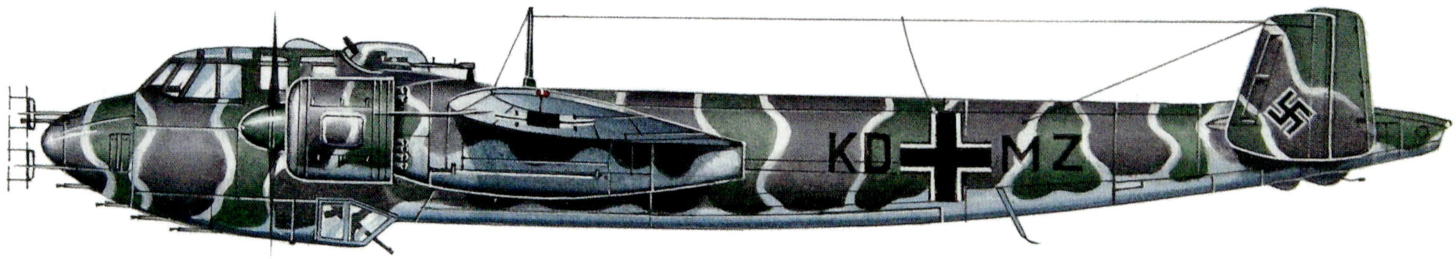

Nachtjagdflugzeug Do 217 J mit ungewöhnlichem Tarnanstrich.

Nachtjagdflugzeug Do 217 N-07.

Do 217 K-1 des KG 2 mit Mäander-Tarnung der Oberseiten.

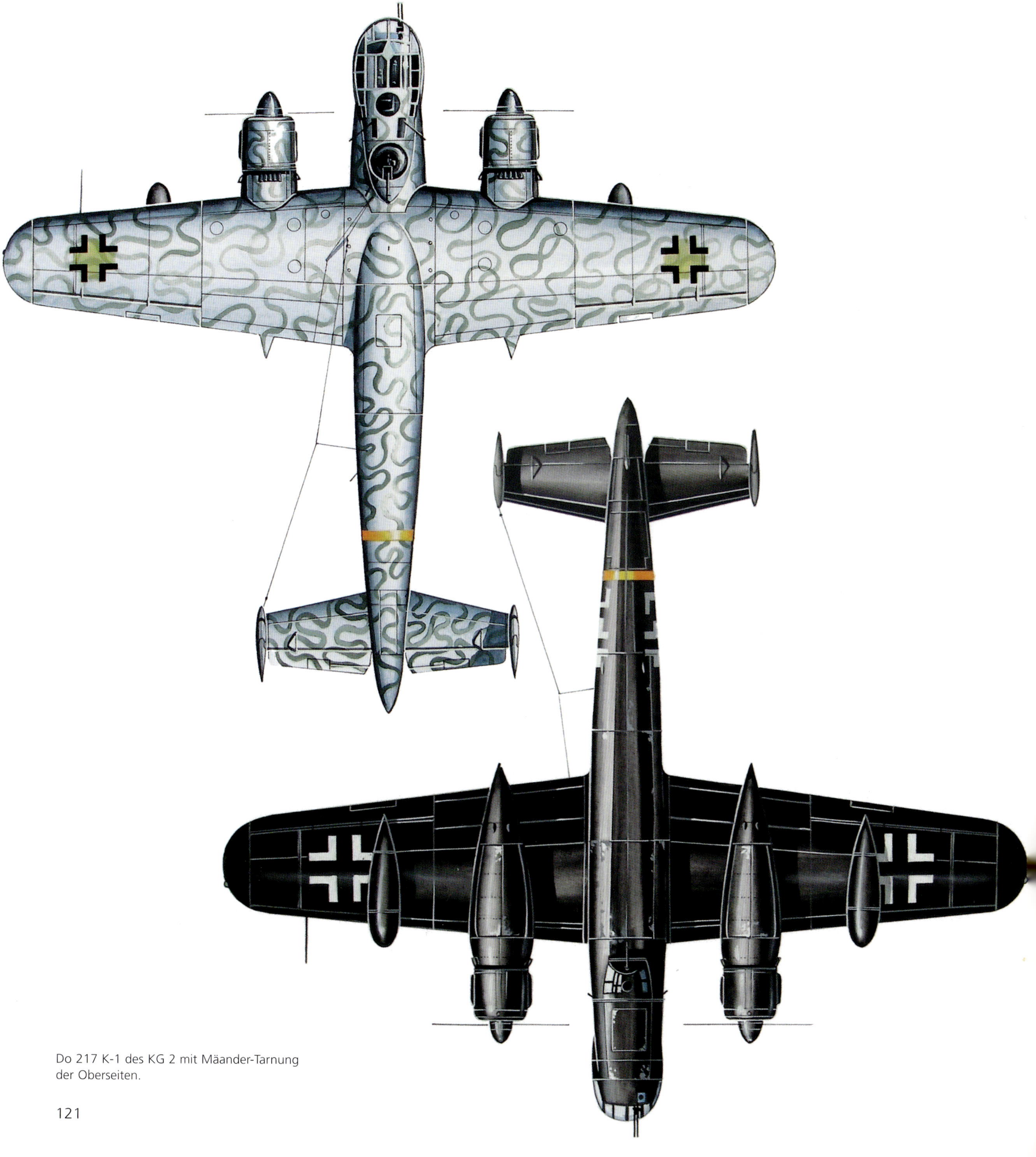

Do 217 K-1 des KG 2 mit Mäander-Tarnung der Oberseiten.

Baureihen und Varianten

Do 217 A und C
Sechs Flugzeuge einschließlich der V-Muster 3 und 4 wurden als Aufklärer mit verlängerter Bodenwanne gefertigt. Von der Ausführung C verließen nur zehn Exemplare die Fertigung.

Do 217 E
Gleitbomber mit vier Mann Besatzung und zwei BM 801-Motoren. Gegenüber den Vorgängern deutlich verändert. Neben dem bauchartigen Rumpf ist der neu gestaltete Rumpfbug besonders zu erwähnen. A- und B-Abwehrstände mit je einem MG 15 bestückt. C-Stand mit MG 131. Bis zu 4.000 kg Waffenlasten. Darunter auch Luftminen und Torpedos. Erstes Serienmodell war die E-1, es folgte die E-2, bei der der C-Stand nun aus einem Drehturm bestand. Die E-3 waren umgebaute E-2 mit zusätzlichen 2 cm-MG.-FF als Starrwaffe im Bug. Die E-4 entsprach der E-2, hatte aber eine verbesserte Funkanlage, zu der auch der Funkhöhenmesser FuG 101 zählte. Die E-5 war für den Einsatz von Lenkwaffen konzipiert. Durch Um- und Neubauten entstanden von dieser Version rund 70 Exemplare.

Do 217 H
Kampfflugzeug mit DB 603 und diversen Luftschrauben mit drei oder vier Blättern. Nur drei Versuchsflugzeuge hergestellt.

Do 217 J und N
Die ab Januar 1942 erprobte J-1 war ein Nachtjäger mit vier MG 17 und vier MG.-FF im Bug. Der A-Stand entfiel. Die Stände B und C hatten je ein MG 131. Als Funkmessgerät kam das FuG 202 zum Einbau. Es existierten verschiedene Umbausätze mit unterschiedlicher Bewaffnung. U2 hatte vier MG 151 und U6 sechs MG 151. Von der Do 217 wurden etwa 130 gefertigt. Die Baureihe N hatte den flüssigkeitsgekühlten 12-Zylinder DB 603 mit einer Startleistung von 1.750 PS (1.286 kW) und das FuG 202. Teilweise kamen auch eine Schrägbewaffnung und das FuG 220 zum Einbau. Die Höchstgeschwindigkeit lag bei 525 km/h. Baureihen waren die N-1 und N-2.

Do 217 K und M
Überarbeitete Varianten mit Vollsichtkanzel. Zehn K-0 gebaut. Es folgte die K-1 mit BMW 801 und verstärkter Bewaffnung. Ein MG 81 im A-Stand sowie je ein MG 131 im B- und C-Stand. Außerdem konnten bis zu vier MG 81 in Fensterlafetten mitgeführt werden. K-2 als Lenkwaffenträger konzipiert. Zur Steigerung der Flughöhe erfolgte der Anbau neuer Außenflügel, die die Flügelfläche vergrößerten. Die K-3 wies gegenüber der K-2 nur Detailänderungen auf. Die Baureihe M diente in der Hauptsache als Lenkwaffenträger. Sie hatten den DB 603, eine vergrößerte Tragfläche und ein geändertes Leitwerk. Es wurden verschiedene Unterversionen gefertigt. Die Ablieferung des Musters verlief sehr schleppend. Da nicht genügend DB 603 bereitstanden, mussten zeitweilig mehr als 200 Flugzeuge ohne Motor abgestellt werden.

1941 hatte das RLM eine Nachtjagdvariante gefordert. Dank seiner großen Reichweite und der Möglichkeit, eine schwere Bewaffnung einbauen zu können, erschien das Muster besonders für die Fernnachtjagd geeignet. Bei dieser Luftkriegsvariante operierten die deutschen Nachtjäger in der Nähe der britischen Flugplätze. Hier konnten sie die startenden oder landenden Bomber mit Bordwaffen oder leichten Bomben angreifen. Die erfolgreiche Taktik wurde aber eine lange Zeit verboten. Grund waren interne Querelen, die sich gegen den General der Nachtjagd, Kammhuber, richteten.

Bezeichnend für die bescheidenen Möglichkeiten der deutschen Luftrüstung war die Tatsache, dass Dornier von der Nachtjagdvariante J nur fünf Exemplare pro Monat fertigte. Außerdem bestand das RLM darauf, dass der Jäger über die komplette Abwehrbewaffnung und die Bombenanlage verfügen musste, was die Leistungen deutlich drückte. Die ab März 1942 bei der Nachtjagd eintreffenden Flugzeuge machten dort wenig Freude, sodass die Einstellung der Fertigung angeordnet wurde und die Abgabe von etwa zwölf Flugzeugen an Italien erfolgte. Dornier erfuhr von der Anordnung angeblich nichts und brachte mit Baureihe N einen weiteren Nachtjäger, nun aber mit DB 603-Motor, heraus. Auch er bewährte sich nicht, wurde aber dennoch in 240 Stück gefertigt.

Ende 1941 machte sich das Konstruktionsbüro daran, die Do 217 erneut umfassend zu überarbeiten. Es entstanden die Baureihen K und M, die sich in der Hauptsache durch eine Vollsichtkanzel und ein vergrößertes Tragwerk von den Vorgängern abhoben. Die Flugzeuge fungierten im besonderen Maße als Träger der Lenkwaffen »Fritz X« und Henschel Hs 293. Während die »Fritz X« eine freifallende Bombe war, deren Flugbahn vom Bombenschützen nachgesteuert werden konnte, repräsentiert die Hs 293 die erste Generation der raketengetriebenen Lenkwaffen. Der Einsatz dieser Waffen brachte eine ganze Reihe von Erfolgen bei der Schiffsbekämpfung im Mittelmeer mit sich. Den größten Erfolg verbuchte das KG 100 im September 1943. Nachdem Badoglio-Italien am 3. des Monats überraschend einen Waffenstillstand mit den Alliierten geschlossen hatte, standen Teile der Streitkräfte im Begriff, zu den Alliierten überzulaufen bzw. ihre Waffen abzuliefern. So versuchte ein Teil der italienischen Flotte sich nach Malta in britische Obhut zu begeben. Auf dem Weg dorthin wurde der Verband von Do 217 des KG 100 entdeckt und mit »Fritz X« angegriffen. Das damals modernste Schlachtschiff der Italiener, die »Roma«, erhielt zwei Treffer und sank. Das Schwesterschiff, die »Italia«, wurde ebenfalls schwer getroffen, konnte sich aber halten.

Zu dieser Zeit war der Abbruch der Do 217-Fertigung praktisch schon beschlossene Sache. Das Muster hatte von Anfang an keine Fürsprecher im Reichsluftfahrtamt und einflussreiche Gegner bei den Konkurrenzfirmen. Schätzungen zufolge sollen rund 1.700 Do 217 gebaut worden sein.

Curtiss P-40 M der American Volunteer Group »Flying Tigers« in Asien.

1938 **Curtiss P-40 Tomahawk, Kittyhawk, Warhawk**

Die Curtiss Aeroplane and Motor Incorporated mit Sitz in Buffalo, New York, gehörte in den 1930er Jahren zu den wichtigen Jagdflugzeug-Lieferanten des US Army Air Corps (USAAC). Einen Meilenstein in der Firmengeschichte stellte das 1935 präsentierte Jagdflugzeug Modell 75 Hawk dar. Es war ein einsitziger, freitragender Tiefdecker mit geschlossener Kabine, Einziehfahrwerk und luftgekühltem Wright R-1670-Motor, der 900 PS (661 kW) leistete. Das Flugzeug wurde dem USAAC angeboten und stand dabei im Wettbewerb mit der Seversky P-35, die sich durchsetzen konnte. Grund für die Niederlage der Curtiss soll der unzuverlässige Motor gewesen sein. Doch das Unternehmen erhielt eine zweite Chance und stellte den Jäger erneut vor. Nun mit Pratt & Whitney R-1830, der eine Startleistung von 1.050 PS (772 kW) hatte. Damit gelang der Durchbruch. Das USAAC übernahm 227 Flugzeuge unter den Bezeichnungen P-36. Weitere 753 gingen in den Export und 25 wurden in Lizenz nachgebaut. Das Gros der Flugzeuge fand seinen Weg nach Großbritannien. Hier flog das Muster unter dem Namen Mohawk Kampfeinsätze gegen die Messerschmitt Bf 109, wobei sich der deutsche Jäger in allen Belangen überlegen zeigte.

Das von Donovan A. Berlin entwickelte Modell 75 kam in zahlreichen Ausführungen zum Fliegen. Darunter auch einige mit starrem Fahrwerk. Ferner war die Motorisierung des Musters ein ständiges Thema, d. h. es gelangten verschiedene luftgekühlte Triebwerke zum Einbau. Bei den Modellen 75I und 75P wich Berlin erstmals davon ab, indem er den Einbau eines flüssigkeitsgekühlten Allison V-1710-19 (1.150 PS/845 kW) vorschlug. Es entstanden so zwei Flugzeuge, die die Bezeichnungen P-37 und P-40 trugen. Während die ab April 1937 mit Höhenmotor erprobte P-37 in nur 14 Exemplaren entstand, kam die P-40 in den Großserienbau. Nachdem die XP-40 am 14. Oktober 1938 unter Führung von E. Elliott ihren Erstflug absolvierte hatte, zeigte die nachfolgende Erprobung des mit zwei

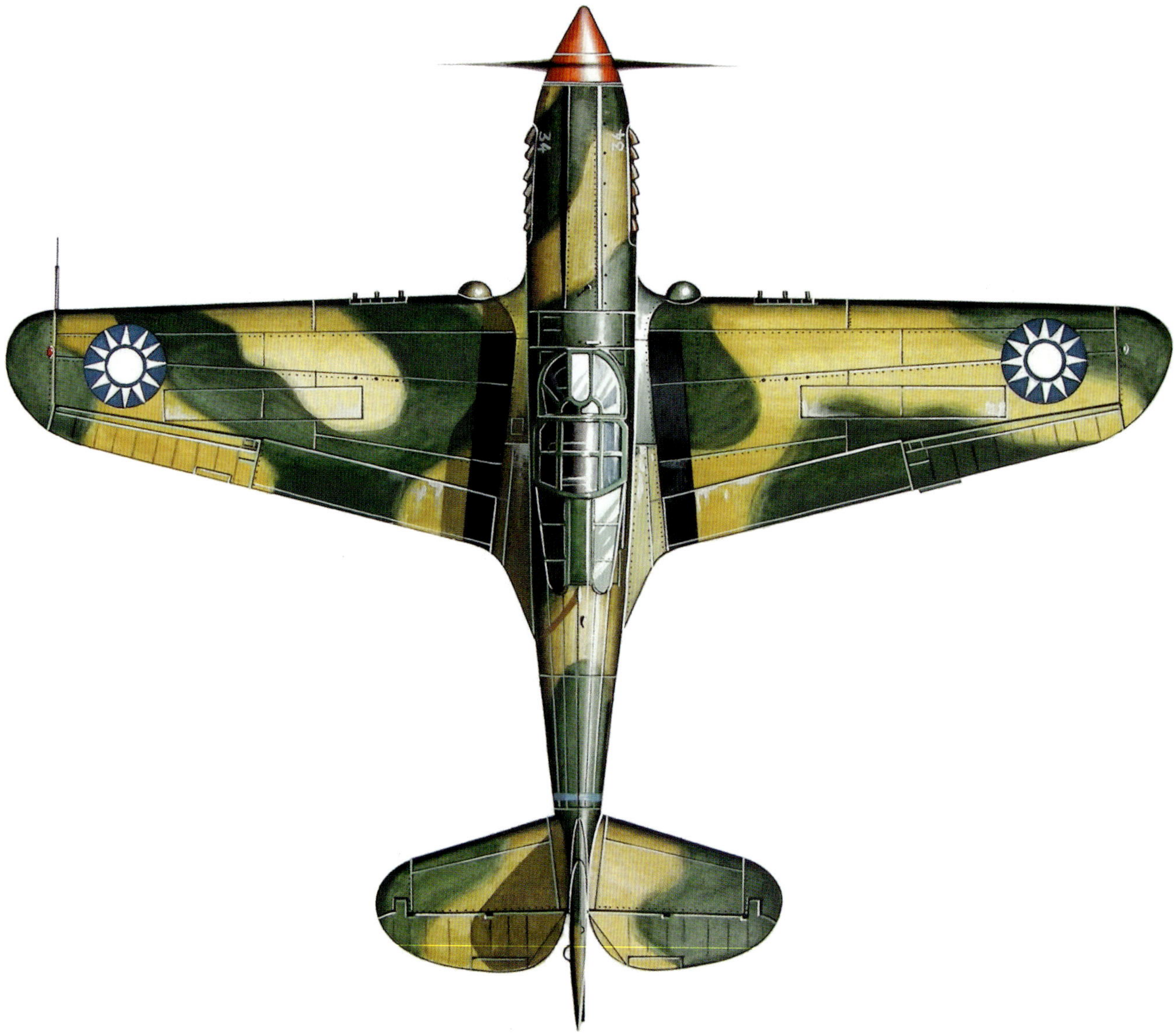

Curtiss P-40 M der American Volunteer Group
»Flying Tigers« in Asien.

12,7 mm-MG bewaffneten Flugzeuges Mängel im Bereich der Motorkühlung auf, die sich durch einige Änderungen, wie die Verlegung des unter dem hinteren Rumpf befindlichen Kühlers nach vorne abstellen ließen. Daraufhin bestellte das USAAC 524 Stück. Wenngleich der Auftrag schon bald auf 200 Exemplare reduziert wurde, änderte dies nichts am Erfolg des Musters, das 1939 in größerer Zahl auch von Frankreich und Großbritannien bestellt wurde.

Die Niederlage Frankreichs verhinderte jedoch eine Auslieferung, sodass erst 1943 die in Algerien stationierten Free French Forces über das Flugzeug verfügen konnten.

Die Royal Air Force war von den ersten Flugzeugen, die sie als Tomahawk bezeichnete, enttäuscht, sodass der Jäger in der Hauptsache Schulungsaufgaben übernahm. Schwachpunkte der P-40 waren die ungenügende Panzerung und das Fehlen selbstdichtender Kraftstoffbehälter, sowie die schwache Bewaffnung. Gegenüber der Messerschmitt 109 zeigte sie sich, vor allem ab Höhen von 3.000 m, deutlich unterlegen. In Ermangelung

P-40B (in Klammern P-40N)	
Spannweite	11,36 m
Länge	9,67 m (10,15 m)
Höhe 3,25 m	(3,75 m)
Flügelfläche	21,92 m²
Leermasse	2.550 kg (2.722 kg)
Startmasse	3.452 kg (3.511 kg)
Höchstgeschwindigkeit	565 km/h (563 km/h)
Dienstgipfelhöhe	9.144 m (9.449 m)
Reichweite	975 km (580 km)

eines anderen Musters blieb aber zunächst nichts anderes übrig, als das Flugzeug weiter zu bauen. So verließen bis zum 30. November 1944 – dem Ende der Fertigung – 13.738 P-40 die Produktionsstraßen. Dass die P-40 auch nach der Verfügbarkeit der P-47 Thunderbolt und P-51 Mustang weiter in Großserie lief, wurde nach dem Krieg scharf kritisiert.

Alles in allem war die P-40 bis etwa 1943 das Standard-Jagdflugzeug der am 20. Juni 1941 gegründeten US Army Air Force (USAAF), die zeitweise bis zu 20 Jagdgruppen mit dem Muster ausgerüstet hatte. Aber auch bei den Verbündeten spielte die Curtiss eine wichtige Rolle. So flogen bei der RAF 13 Staffeln und bei den Australiern, Neuseeländern und Kanadiern acht, sieben und vier Staffeln. Im Rahmen ihres Leih- und Pacht-Programms (Lend-Lease) lieferten die USA das Muster auch an die Sowjetunion und andere Länder wie z. B. Brasilien, Südafrika und China. Hierzu ist anzumerken, dass die Flugzeuge offiziell von der Army Air Force bestellt wurden und folglich Serial Numbers trugen.

Wegen des auf geringe Flughöhen ausgelegten Allison-Motors zeigten sich die entsprechenden Baureihen den deutschen Jagdflugzeugen ab mittleren Höhen unterlegen. Einsatzschwerpunkte der Curtiss waren daher Asien und Nordafrika. Hier konnte der Jäger – teils als Jagdbomber verwendet – in geringen Höhen operieren und beachtliche Erfolge verbuchen.

Einige Baureihen erhielten den Rolls-Royce Merlin-Motor, der über einen Zweigang-Lader und somit bessere Höhenleistungen verfügte. Der Antrieb wurde in den USA bei Packard nachgebaut. Nach dem Willen der Firma Curtiss sollten diese Flugzeuge den Namen Warhawk tragen, doch die Royal Air Force akzeptierte ihn nicht, stattdessen wurde ihre P-40 ab Baureihe D mit Kittyhawk bezeichnet.

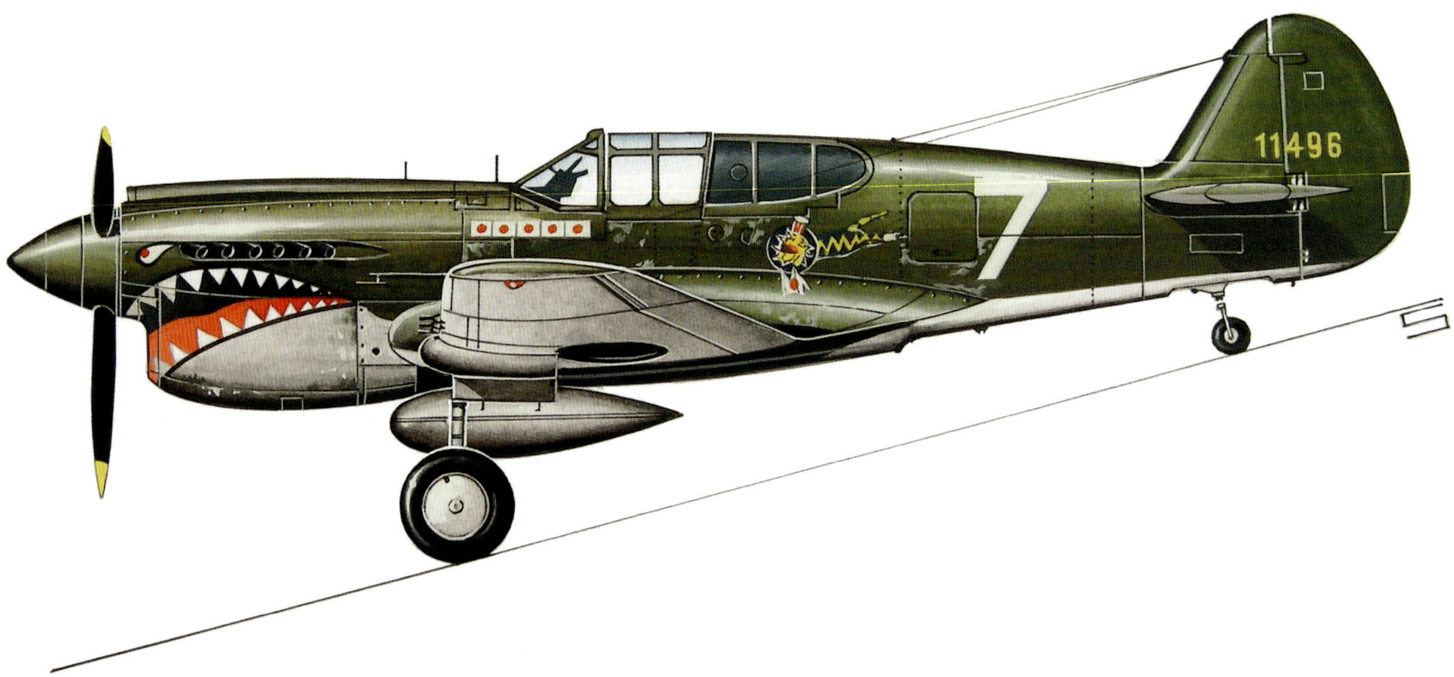

Haifisch-Bemalungen der Motorabdeckungen waren bei den P-40-Verbänden beliebt. Beachte die Abschussmarkierungen unter dem Windschutz.

Baureihen und Varianten

XP-40
Erstes und einziges Versuchsmuster. Umbau der 10ten P-36A mit Allison V-1710-19 (1.150 PS/ 845 kW). Zwei 12,7 mm-MG auf der Motoroberseite. Flügelstationen für sechs 9 kg-Bomben.

P-40 Serial Numbers 39-156 bis 39-289 und 40-292 bis 40-357
Erstes Serienmodell. 200 Stück. V-1710-33-Motor. Nachträglicher Einbau selbstdichtender Tanks und kugelsicherer Frontscheibe. Ein Flugzeug (40-326) als P-40A mit Kamera zum Aufklärer umgebaut. Bei der RAF als Tomahawk I geführt.

P-40B Serial Numbers 41-5205 bis 41-5304 und 41-13297 bis 41-13327
Die Baureihe erhielt eine verstärkte Bewaffnung, die aus vier 7,7 mm Flügel-MG und zwei 12,7 mm-MG über dem Motor bestand. RAF-Bezeichnung: Tomahawk IIA

P-40C Serial Numbers 41-13328 bis 41-13520
Erstflug dieser Variante am 10. April 1941. Geänderter Tankschutz. Rumpfträger für 197 Liter-Zusatztank oder 227 kg-Bombe. 193 Stück gebaut. Als Tomahawk IIB bei der RAF bekannt.

P-40D Serial Numbers 40-359 bis 40-381
Allison V-1710-39 mit geändertem Getriebe, daher verlängerter Rumpfbug. Fortfall der Rumpf-MG, dafür zwei 12,7 mm-MG im Tragwerk. Rumpfträger wie P-40C und außerdem Flügelträger wie XP-40. RAF-Name: Kittyhawk I.

P-40E Serial Numbers 40-358, 40-382 bis 40-681, 41-5305 bis 41-5744 und 41-13521 bis 41-13599; 820 Stück mit sechs 12,7 mm-MG im Flügel gebaut. Ansonsten der P-40D entsprechend.

P-40E-1 Serial Numbers 41-24776 bis 41-25195 und 41-35874 bis 41-36953
1.500 Stück für die Royal Air Force mit britischer Ausrüstung und dem Namen Kittyhawk IA. Ansonsten analog P-40E.

XP-40F Serial Number 40-360
Einzelstück mit 1.300 PS (956 kW) Rolls-Royce Merlin 28. Erstflug 30.06.41.

YP-40F Serial Number 41-13602
Das Muster entsprach der XP-40F, hatte aber ein vergrößertes Seitenleitwerk und dickere Flügelwurzeln.

P-40F Serial Numbers 41-13600 bis 41-14599 (41-13696 entfällt), 41-19733 bis 41-19932 und 42-19933 bis 42-20044
Mit 1.311 Exemplaren eine der Hauptbaureihen. Teilweise mit um 51 cm verlängertem Rumpf zur Verbesserung der Stabilität. Packard V-1650-1 (Nachbau des RR Merlin). Von Curtiss als Warhawk bezeichnet.

XP-40G Serial Number 39-221
Musterflugzeug für die G-Serie. Bezeichnung inoffiziell. Vier 7,9 mm-MG im Flügel.

P-40G diverse Serial Numbers darunter 39-162, 39-176, 40-292 und 40-335 bis 40-338
43 Stück gebaut. Entsprach der XP-40G.

P-40H und J
Typenbezeichnung nicht verwendet bzw. Bau gestrichen.

P-40K Serial Numbers 42-45722 bis 42-46321 und 42-9730 bis 42-10429
Ab August 1942 1.300 gebaut. Unterschiedliche Maßnahmen zur Verbesserung der Richtungsstabilität. Entweder Anbau einer Flosse vor dem Seitenleitwerk oder Rumpfverlängerung um 51 cm. 352 Flugzeuge als Kittyhawk III an die Royal Air Force und 25 an Brasilien. Ein Flugzeug als XP-40K mit V-1710-43 als Versuchsträger für neue Kühlsysteme.

P-40L Serial Numbers 42-10430 bis 42-11129
700 Stück mit Packard V-1650-1. Innerhalb der Serie diverse Änderungen am Vergaser, der elektrischen Anlage, den Flügelwaffen und der Funkanlage. Teilweise elektrische Trimklappe am Querruder. Werkseitig als Warhawk geführt.

P-40M Serial Numbers 43-5403 bis 43-6002
Ähnlich Baureihe K, aber verstärkte Querruder, Fahrwerk-Warnanzeige und geänderter Vergaser. Von den 600 Flugzeugen wurden 364 an die RAF als Kittyhawk III sowie 19 an Brasilien geliefert.

P-40N Serial Numbers 42-104429 bis 42-106428, 43-22752 bis 43-24751, 44-7001 bis 44-8000 und 44-47749 bis 44-47968
Mit 5.220 Stück Hauptbaureihe der P-40. Die ersten 1.500 als P-40N-1 mit Packard V-1650-1, dann Allison V-1710-81 mit 1.200 PS (882 kW). Die verschiedenen Baulose unterschieden sich im Detail. Einige mit Magnesium-Rädern, andere mit geänderter Funkanlage oder Cockpit-Instrumentierung. Teils mit Kameras auch als Aufklärer gebaut. Ein Flugzeug mit Tropfenhaube (inoffiziell XP-40N). 586 als Kittyhawk IV an Großbritannien. 130 an die UdSSR und 41 an Brasilien.

XP-40Q
Versuchsmuster mit Vier-Blatt-Luftschraube und Tropfenhaube.

P-40R
Umbau von Flugzeugen der Ausführungen F und L zu Trainingsflugzeugen. Auch als TP-40 bezeichnet.

1939 **Lockheed P-38 Lightning**

Ausgangspunkt für die Entwicklung der P-38 war eine Ausschreibung des US Army Air Corps, die Mitte der 1930er Jahre an die amerikanische Luftfahrtindustrie ging und von verschiedenen Firmen aufgegriffen wurde. In ihrem Pflichtenheft forderte das Air Corps einen schwer bewaffneten Jäger mit großer Reichweite, der eine Flughöhe von 6.100 m in 6 Minuten und dort 580 km/h erreichen sollte.

Lockheed stellte als Antwort das Modell 22 vor, das sich durch eine besonders ausgeklügelte Konzeption auszeichnete. Chef-Konstrukteur H.L. Hibbard schlug ein zweimotoriges Flugzeug mit zwei Leitwerksträgern vor. Sie bildeten die direkte Verlängerung der Motorgondeln und nahmen die Kühler, die Turbolader und das Hauptfahrwerk auf. Die Verbindung zwischen den Trägern bildete ein großes Höhenleitwerk. Das Cockpit befand sich auf dem Mittelflügel, wobei die Kabinenhaube eine gute Rundumsicht bot. Der Kraftstoff lagerte in Behältern im Mittelflügel, links und rechts vom Cockpit. Der Kabine war der eigentliche Rumpf vorgeschaltet, der neben dem Bugfahrwerk auch die Bewaffnung beherbergte, die aus einer 23 mm-Kanone und vier 12,7 mm-MG bestand.

Mit zwei Allison V-1710-Motoren sollte die Höchstgeschwindigkeit bei 670 km/h in 6.100 m liegen und die Reichweite ohne Zusatztanks 2.230 km betragen. Beachtliche Leistungen, die durch eine Anfangssteigleistung von 23,7 m/sec. noch unterstrichen wurden.

Dies alles überzeugte das Air Corps, das am 25. Juni 1937 ein Versuchsmuster unter der Bezeichnung XP-38 bestellte. Den Erstflug des Prototypen führte Leutnant B.S. Kelsey am 27. Januar 1939 durch. In der Folgezeit offenbarten sich zahlreiche Mängel im Bereich der Verarbeitung, der Ausrüstung, der Steuerung und der Festigkeit, die aber nicht gravierend waren und sich abstellen ließen. Zur weiteren Erprobung verlegte das Flugzeug am 11. Februar 1939 von der West- zur Ostküste. Die Strecke vom March Field, Kalifornien, zum Mitchel Field, New York, wurde in einer Flugzeit von nur 7 Stunden und 2 Minuten zurückgelegt. Das entsprach einer Durchschnittsgeschwindigkeit von 563 km/h. Der ausgezeichneten Leistung folgte die Ernüchterung. Die XP-38 setzte bei der Landung zu spät auf und wurde stark in Mitleidenschaft gezogen. Flugzeugführer Kelsey kam ohne Schaden davon.

Trotz des Unfalls war das USAAC von der P-38 überzeugt, sodass zunächst 13 YP-38-Vorserienflugzeuge bestellt wurden, denen dann zahlreiche weitere Serienmaschinen unterschiedlicher Baureihen folgen sollten. Mit 10.037 Exemplaren ist die P-38 der bis heute meistgebaute zweimotorige Jagdeinsitzer. Außerdem war sie der einzige Jäger der USA, der während des gesamten Krieges im Serienbau stand.

Als erste Einheit wurde die 1st Pursuit Group auf dem Selfrigde Field, Michigan, im Herbst 1941 mit dem Muster ausgerüstet. Nach dem japanischen Angriff auf Pearl Harbor wurden zunächst die Jagdverbände an der US-Westküste mit der P-38 beliefert. Nachdem Deutschland aufgrund eines mit Japan geschlossenen Paktes den USA den Krieg erklären musste, reifte in Amerika der Plan, möglichst viele P-38 nach Großbritannien zu verlegen.

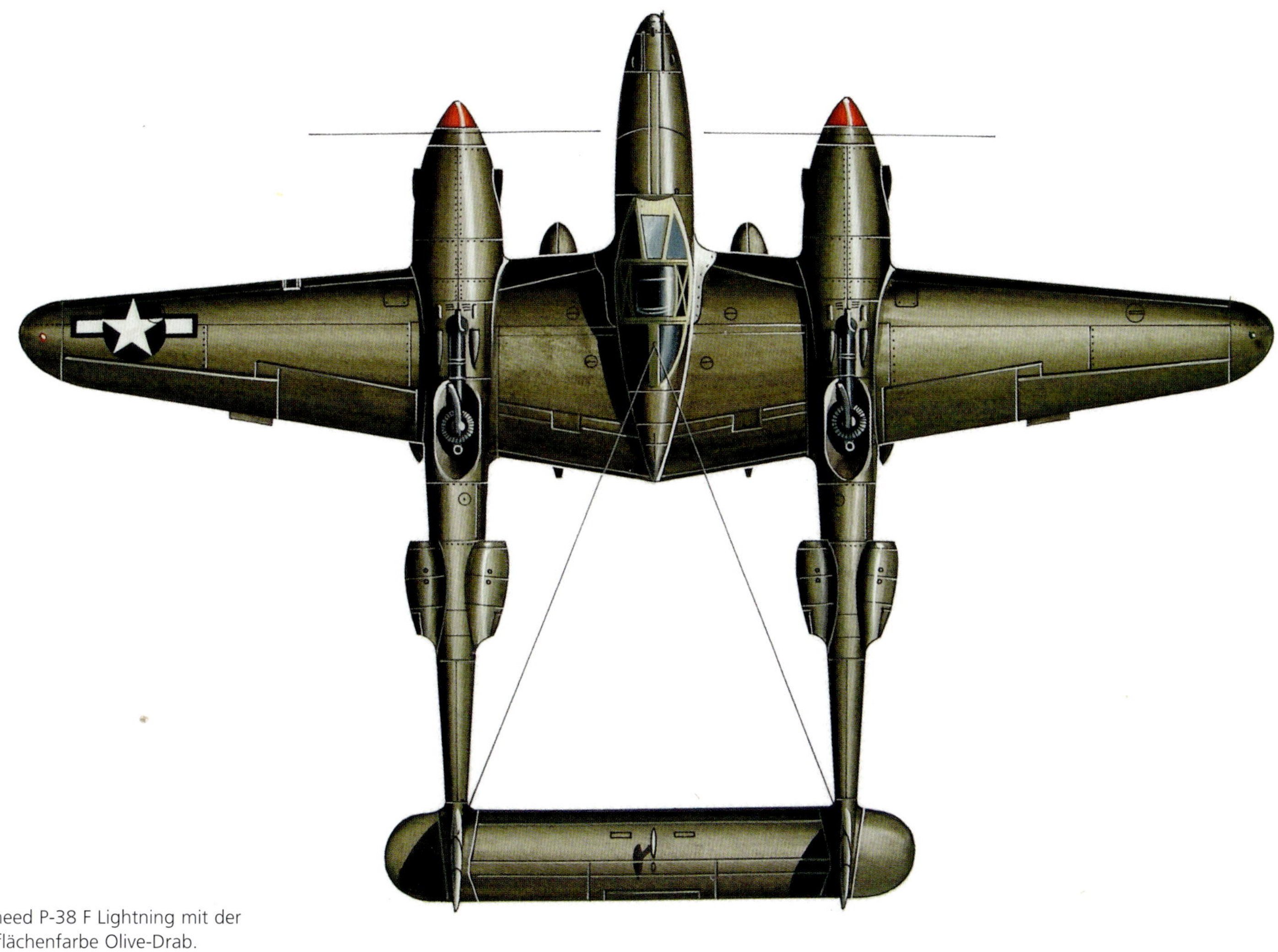

Lockheed P-38 F Lightning mit der Oberflächenfarbe Olive-Drab.

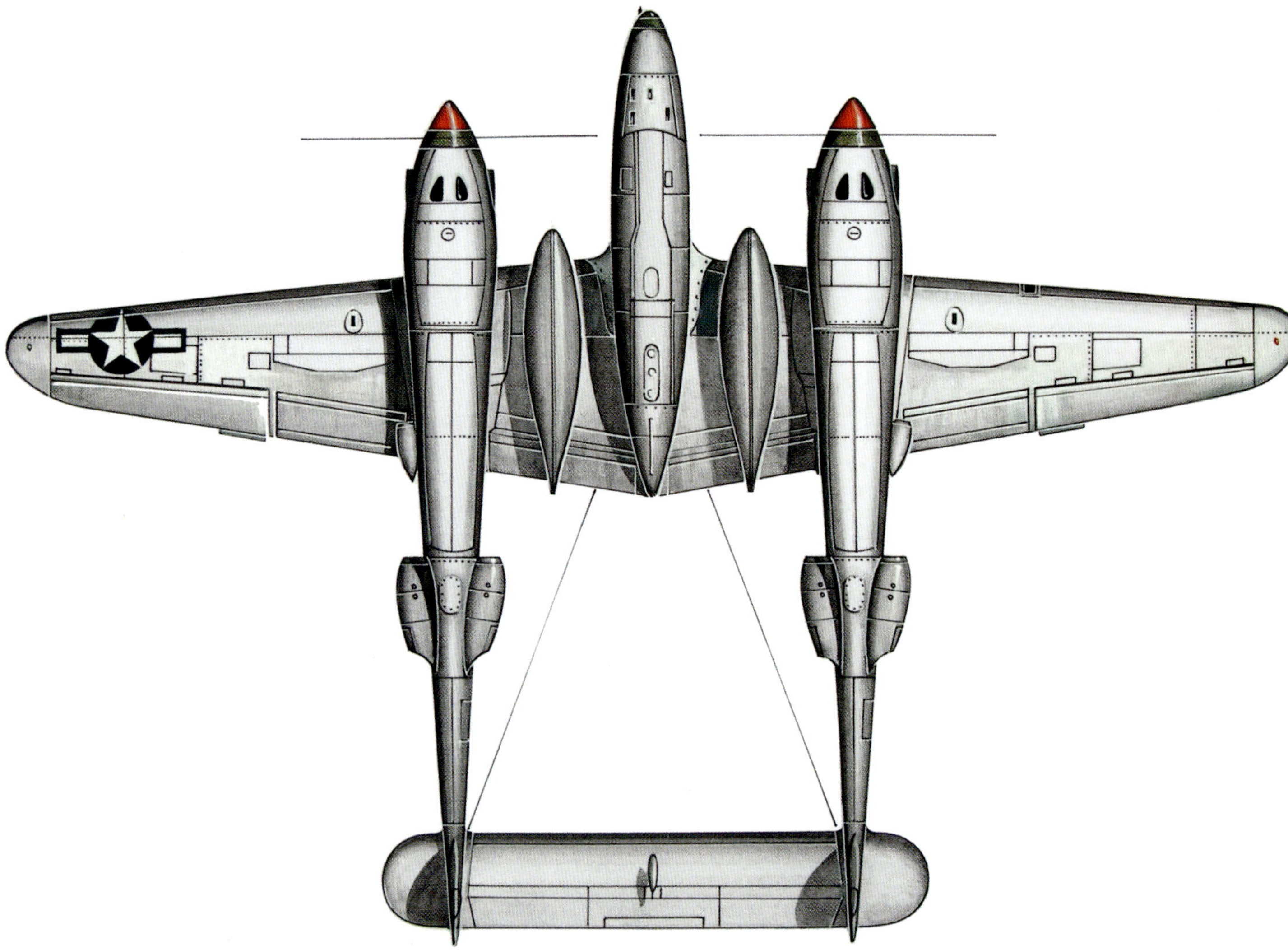

P-38J Lightning (in Klammern F-5G)	
Spannweite	15,85 m
Länge	11,53 m
Höhe	3,91 m
Flügelfläche	30,47 m2
Rüstmasse	7.945 kg (8.346 kg)
Startmasse	9.806 kg (9.708 kg)
Höchstgeschwindigkeit	
in 7.600 m	666 km/h (673 km/h)
Reichweite	1.352 km (2.600 km)
Maximale Reichweite	3.025 km (4.185 km)
Dienstgipfelhöhe	12.190 m (13.565 m)

Dank neuer Zusatzbehälter hatte das Flugzeug eine Überführungsreichweite von 3.500 km, sodass die Jäger mit Zwischenstopps in Labrador, Grönland und Island nach Prestwick in Schottland fliegen konnten. Die P-38 war damit das erste einsitzige Jagdflugzeug, das den Atlantik überquerte. Anzumerken bleibt, dass sowohl Frankreich als auch Großbritannien im Mai 1940 das Muster in 417 respektive 250 Exemplaren bestellt hatten, wobei die RAF den Namen Lightning für das Flugzeug bestimmt hatte, der dann von der US Army Air Force übernommen wurde. Der Kriegsverlauf verhinderte eine Lieferung an Frankreich und die britische Bestellung kam aus anderen Gründen nicht zur Ausführung. Lediglich drei Flugzeuge wurden der Royal Air Force überstellt. Im weiteren Verlauf des Krieges erhielt die in Nordafrika befindliche Armee de l´Air dann doch noch das Flugzeug, allerdings in der Aufklärerausführung F-5. Mit einer solchen Maschine startete Antoine de Saint-Exupéry am 31. Juli 1944 zu einem Einsatz, von dem er nie zurückkehrte. Nach neuesten Erkenntnissen war der berühmte Schriftsteller und Poet einem deutschen Jagdflieger zum Opfer gefallen.

Die Kriegslage des Jahres 1942 wirkte sich wie folgt auf die P-38-Einsätze aus: einige Flugzeuge waren auf Island stationiert und flogen Patrouille gegen deutsche Fernaufklärer. Bei einer solchen Mission schoss eine Lightning am 14. August 1942 eine Fw 200 C ab. Es war der erste Luftsieg der USAAF über ein Flugzeug der Luftwaffe. Die in England eingetroffenen P-38 verlegten nach Nordafrika, um hier die 12th Air Force zu unterstützen. In der Hauptsache ging es um die Bekämpfung der deutsch-italienischen Nachschubwege nach Afrika. Später wurden die Einsätze auf den Mittelmeerraum, die Invasion Siziliens und den Balkan ausgedehnt. Ferner begleiteten die Lightnings die amerikanischen Bomberverbände auf ihren Flügen nach Österreich und auch bei der Bombardierung Deutschlands spielten sie eine Rolle. Zum einen als Langstreckenjäger mit 2.100 km Reichweite und zum anderen als Bomber. Für diesen Zweck gab es die Sonderversion P-38 Droop Snoot, die als Pfadfinder für die anderen Lightnings diente und über einen geänderten und verglasten Rumpfbug, in dem ein Navigator saß, verfügte. Angeführt von solchen Flugzeugen warfen die P-38 aus großen Höhe ihre Bombenlast von bis zu 1.800 kg ab.

Im Kampf mit der Bf 109 und Fw 190 zeigte sich das Muster in Höhen oberhalb von 6.000 m überlegen. Darunter gingen die Air Force-Piloten einem Kurvenkampf aus dem Weg.

Ab 1944 wurden die Lightnings als Begleitjäger über Deutschland mehr und mehr durch die P-47 und P-51 verdrängt. Dafür kam das Muster verstärkt als Aufklärer zum Einsatz.

Auf dem pazifischen Kriegsschauplatz hatte die P-38 ebenfalls Bedeutung erlangt. Zunächst in Alaska und Australien stationiert, kam sie ab September 1943 auch im Großraum China-Burma-Indien zum Einsatz. Eine der spektakulärsten Missionen der Kriegsgeschichte fand am 18. April 1943 statt. Der amerikanische Geheimdienst hatte erfahren, dass der Oberbefehlshaber der japanischen Marine, Admiral Yamamoto, zur Shortland Island fliegen wollte. Der aus zwei Bombern und fünf Jägern bestehende Verband geriet dabei kurzzeitig in die Reichweite der P-38. Tatsächlich trafen die 16 für den Einsatz abgestellten Lightnings am vorausberechneten Punkt auf die Japaner und schossen Yamamoto ab.

Die P-38 blieb an allen Fronten bis zum Kriegsende im Einsatz, doch dann neigte sich ihre Karriere rasch dem Ende zu. Einige Flugzeuge wurden aber noch nach Honduras und Italien geliefert und Australien hatte drei F-5 Aufklärer im Einsatz, die während des Krieges dort eingetroffen waren.

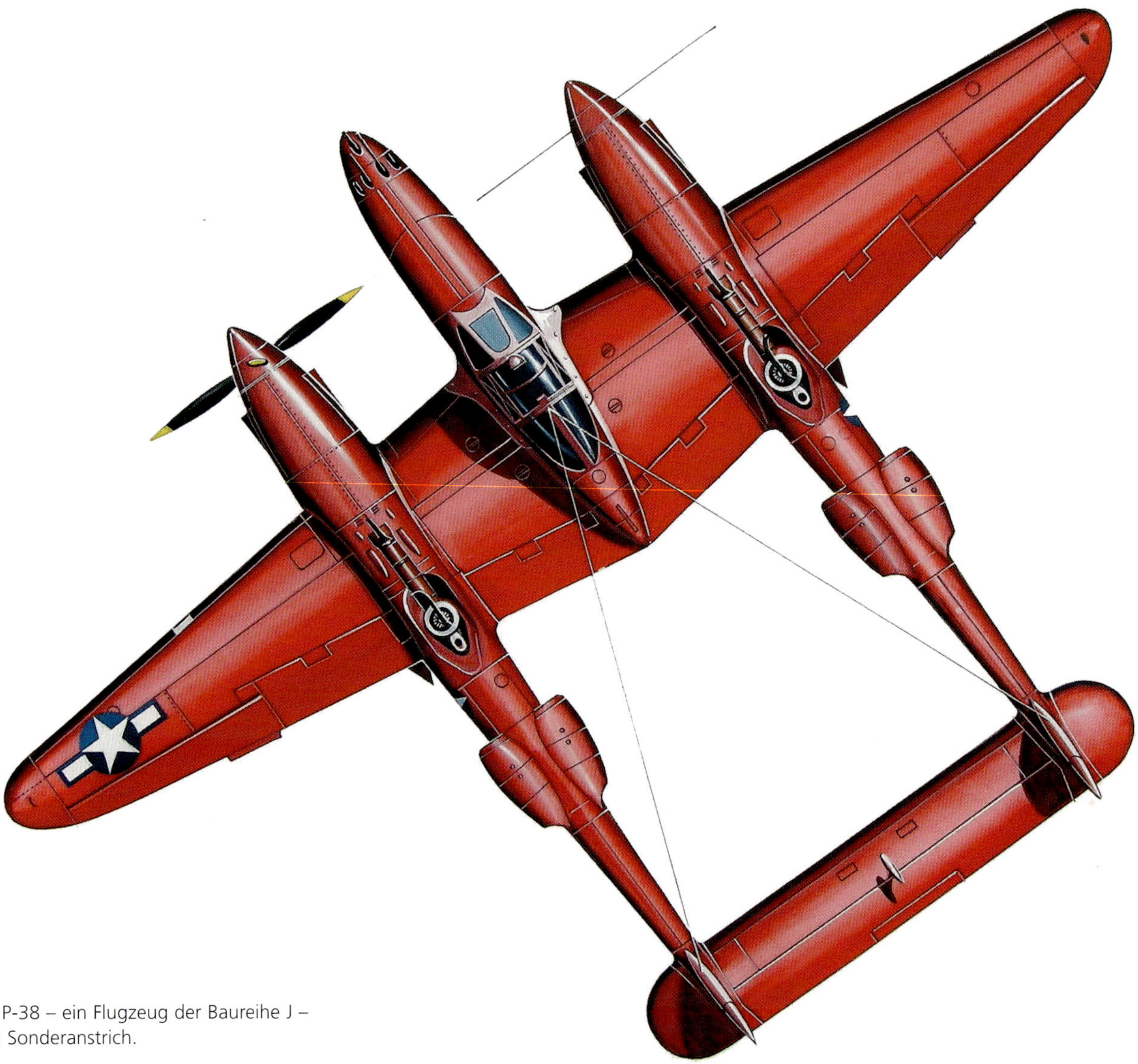

Die 5.000ste P-38 – ein Flugzeug der Baureihe J – erhielt diesen Sonderanstrich.

YIPPEE

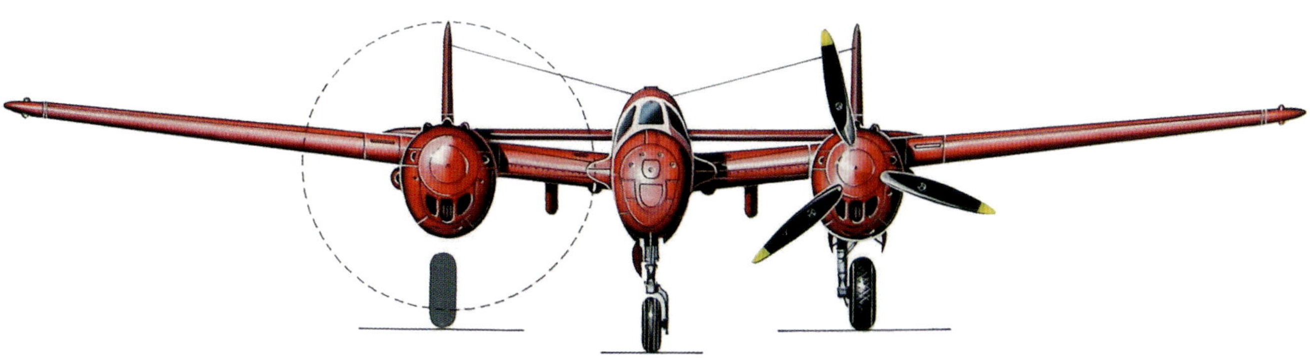

Baureihen und Varianten

XP-38 Serial Number 37-457
Prototyp. Erstflug 27.1.39. Zwei Allison V-1710 mit 1.150 PS (845 kW). 3-Blatt-Luftschrauben nach innen drehend. Zeitweise mit einer 20 mm-Kanone (60 Schuss) und vier 12,7 mm-MG (je 210 Schuss) bewaffnet. Am 11.2.39 abgestürzt.

YP-38 Serial Numbers 39-689 bis 39-701
Dreizehn Vorserienflugzeuge. Geänderte Motoranlage, jedoch gleiche Leistung. Luftschrauben nun nach außen drehend. Eine 37 mm-Kanone (15 Schuss), zwei 12,7 mm-MG (je 210 Schuss) und zwei 7,9 mm-MG (je 500 Schuss).

P-38 Serial Numbers 40-744 bis 40-761 und 40-763 bis 40-773
29 Serienflugzeuge. Verbesserte Panzerung. Eine 37 mm-Kanone und vier 12,7 mm-MG. Dennoch als nicht einsatzfähig eingestuft und mit RP-38 gekennzeichnet (R für restricted).

XP-38A
Umbau der P-38 40-762 zur Erprobung einer Druckkabine.

P-38D Serial Numbers 40-774 bis 40-809
Nachdem die Baureihen B und C nicht aufgelegt wurden, kamen 36 Flugzeuge der Version D zur Ablieferung. Die Unterschiede zur Basisausführung waren minimal. Die meisten wurden unter der Bezeichnung RP-38D als Schulflugzeuge verwendet.

P-38E Serial Numbers 41-1983 bis 41-2292
Mit 210 Exemplaren erste Hauptbaureihe. Eine 20 mm-Kanone mit 15 Schuss ersetzte die 37 mm-Waffe. Verbesserte Instrumentierung und überarbeitete elektrische und hydraulische Systeme. Teils mit Abwurftanks. Noch nicht voll kampftauglich, daher auch als RP-38 geführt.

P-38F Serial Numbers 41-2293 bis 41-2392; 41-7484 bis 41-7680; 42-12567 bis 42-12666 und 43-2035 bis 43-2184
Erste echte Einsatzvariante. Bewaffnung wie E, aber V-1710-49/53-Motor mit 1.325 PS (974 kW). Mitführung von zwei Tanks (je 568 oder 625 l) oder zwei 454 kg-Bomben unter dem Mittelflügel möglich. Nochmals verbesserte Ausrüstung einschließlich »Wüsten«-Paket.

P-38G Serial Numbers 42-12667 bis 42-12866; 42-12870 bis 42-13557 und 43-2185 bis 43-2558
V-1710-51/55-Motor (1.325 PS/974 kW). Funkgeräte und Sauerstoffsystem optimiert und teils mit Winterausrüstung abgeliefert. Einige mit sechs 11,4 cm-Raketen unter den Außenflügeln.

P-38H Serial Numbers 42-13559; 42-66502 bis 42-67101
Allison V-1710-89/91(1.425 PS/1.047 kW) mit B-13- oder B-33-Turboladern und automatischen Öl-Kühler-Klappen zur Beseitigung von Motorüberhitzungen, die die P-38 bis dahin plagten.

P-38J Serial Numbers 42-12867 bis 42-12869; 42-13560 bis 42-13566; 42-670402 bis 42-68191; 42-103979 bis 42-104428; 43-28248 bis 43-29047 und 44-23059 bis 44-23768
Entsprach weitgehend der Baureihe H, hatte aber geänderte Lufteintritte für die Interkühler. Notleistung der V-1710-89/91 nun 1.600 PS (1.176 kW). Tankanlage durch zwei 208 l-Innentanks erweitert. Teils mit kraftbetätigten Querrudern und elektrischen Luftbremsen unter den Außenflügeln. Einige als TP-38J mit zweitem Sitz hinter dem Piloten als Trainer.

P-38K Serial Number 42-13558
Einzelstück mit V-1710-75/77 (1.475 PS/1.084 kW) und breiteren Luftschrauben.

P-38L Serial Numbers 43-50226 bis 43-50338; 44-23769 bis 44-27258 und 44-53008 bis 44-53327
V-1710-111/113- (1.475 PS/1.084 kW-) Motor. Träger unter dem Mittelflügel für zwei 908 kg-Bomben oder 1.136 l-Zusatztanks. Anbau der »Droop Snoot« oder Einbau eines Bomben-Radars möglich. Einige als zweisitzige TP-38L-Schulflugzeuge.

P-38M
Nachtjäger mit zweitem Sitz für den Radarbeobachter hinter dem Piloten. Radargerät im Behälter unter dem Bug. Umbau von Serienflugzeugen, vornehmlich P-38L.

F-4, F-4A, F-5A, F-5B, F-5C, XF-5D, F-5E, F-5F, F-5G und FO-1
Zunächst wurden 99 unbewaffnete F-4 mit vier Kameras als Aufklärer zu Trainingszwecken gebaut. Es folgten 20 Einsatzflugzeuge mit stärkeren Motoren und eine größere Anzahl von F-5A mit fünf Kameras.
Dann wurden 200 F-5B gebaut, die auf der P-38J basierten und über einen Autopiloten verfügten. Als Nächstes verließen 123 F-5C das Umbauzentrum in Dallas. Sie hatten eine optimierte Kameraaufhängung.
Die XF-5D war ein zweisitziger Experimentalaufklärer mit zwei 12,7 mm-MG und drei K-17-Kameras. Durch den Umbau von P-38J und L entstanden mehrere hundert Aufklärer unter den Bezeichnungen F-5E-2, -3 und -4. Sie verfügten über verschiedene Kameras. Die F-5G war das letzte Umbauflugzeug. Es hatte einen geräumigeren Rumpfbug und konnte so ein weites Spektrum an unterschiedlichen Kameras mitführen.
Die US Navy übernahm vier F-5B, um sie unter der Bezeichnung F0-1 einzusetzen.

Focke-Wulf Fw 190 A-8 des Jagdgeschwaders 3 Udet.

1939 **Focke-Wulf Fw 190**

1937 formulierte das Reichsluftfahrtministerium (RLM) die Anforderungskriterien für einen Verfolgungsjäger, die eine völlige Abkehr des von Willy Messerschmitt propagierten Leichtbaus bedeuteten. Das Amt erwartete einen robusten Einsitzer von hoher Leistung. Anstelle eines flüssigkeitsgekühlten Motors mit seiner beschussempfindlichen und wartungsintensiven Kühlanlage sollte ein luftgekühlter Antrieb Verwendung finden. Ferner wurde großer Wert auf eine rationelle Serienfertigung gelegt.

Entgegen sonstiger Gepflogenheiten wurde das Pflichtenheft nur an Focke-Wulf weitergeleitet. Kurt Tank – Technischer Direktor des Unternehmens – beauftragte Dipl.-Ing. Rudolf Blaser mit der Ausarbeitung der Konstruktion des als Fw 190 geführten Flugzeuges. Die 1938 vorgelegten Unterlagen zeigten einen freitragenden Tiefdecker in Ganzmetall-Schalenbauweise mit trapezförmigem Tragflügel, der Querruder und Spreizklappen hatte. Das Leitwerk war ähnlich dem Rumpf aufgebaut. Allerdings waren Teile des zweiteiligen Höhenruders mit Stoff bespannt. Die Verstellung des Höhenleitwerkes erfolgte elektrisch über einen Stellmotor. Das mit dem Rumpf verschraubte Seitenleitwerk verfügte über ein stoffbespanntes Ruder mit Hornausgleich. Der Rumpf wies vorne einen runden Querschnitt auf, der nach hinten oval wurde. Das breitspurige Hauptfahrwerk wurde ebenso wie das schwenkbare Spornrad hydraulisch eingefahren.

Das Projekt überzeugte und Focke-Wulf wurde beauftragt, drei Versuchsmuster zu bauen. Das erste von ihnen, die D-OPZE, startete mit einem BMW 139-Motor (Startleistung 1.500 PS/1.102 kW) am 1. Juni 1939 unter Führung von Hans Sander zum Erstflug. Als Besonderheit wies das Muster eine überdimensionierte Propellerhaube auf. Sie passte sich dem Rumpfdurchmesser an und war vorne offen, sodass Kühlluft einströmen konnte. Die Haube stellte aber nicht zufrieden, sie wurde gegen eine herkömmliche ersetzt. Fliegerisch war die Fw 190 V1 in Ordnung und auch das zweite V-Muster, die FO+LZ wies kaum Mängel auf. Bevor das dritte Flugzeug fertiggestellt werden konnte, gab es eine einschneidende

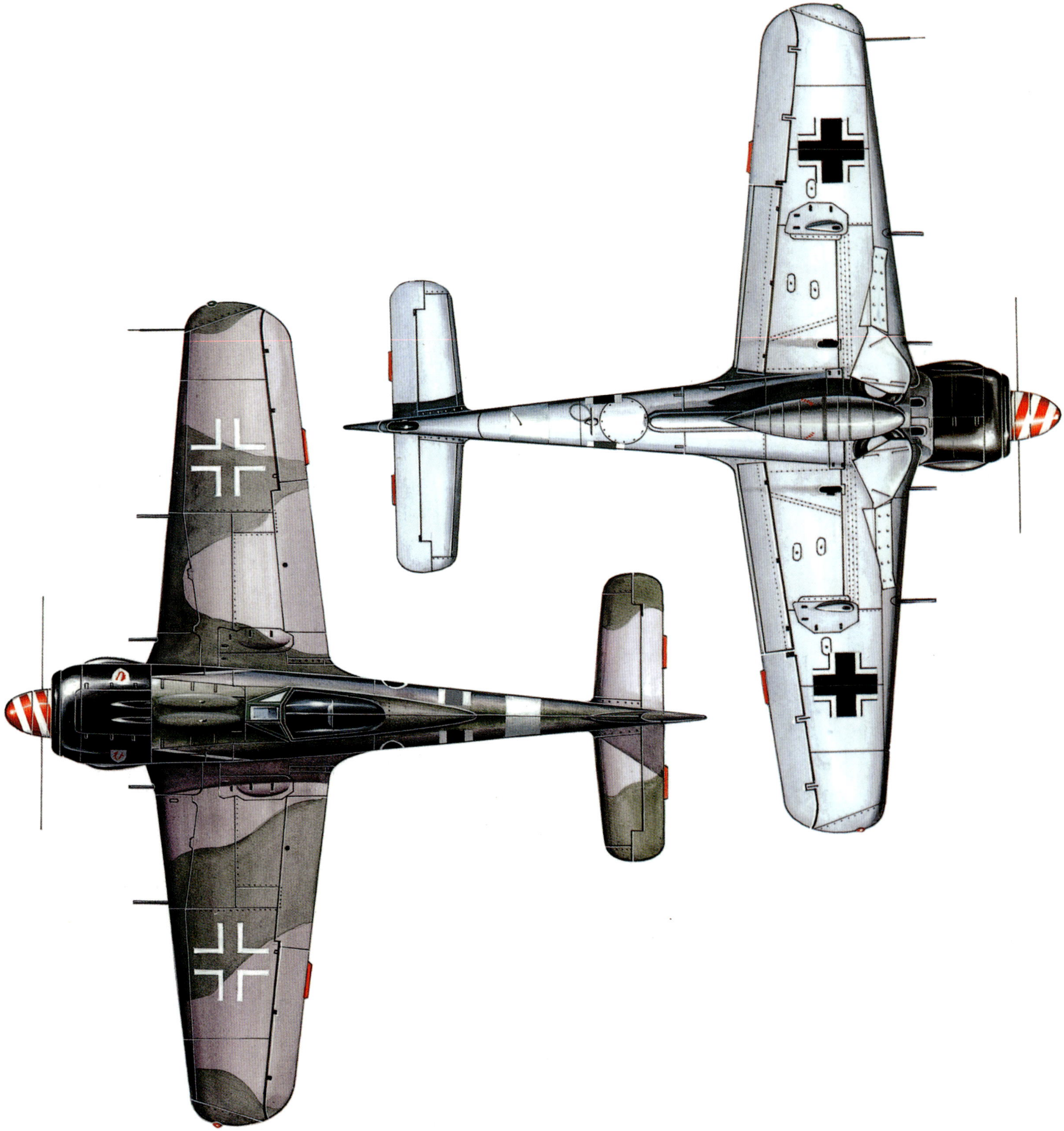

Focke-Wulf Fw 190 A-8 des Jagdgeschwaders 3 Udet.

Focke-Wulf Fw 190 A-5	
Spannweite	10,51 m
Länge	9,00 m
Höhe	3,95 m
Flügelfläche	18,3 m²
Leermasse	2.690 kg
Startmasse ohne Außenlasten	3.900 kg
Höchstgeschwindigkeit	670 km/h in 6.300 m
Dienstgipfelhöhe	10.550 m
Reichweite	740 km

Focke-Wulf Fw 190 D	
Spannweite	10,51 m
Länge	10,20 m
Höhe	3,36 m
Flügelfläche	18,3 m²
Leermasse	3.180 kg
Startmasse	4.547 kg
Höchstgeschwindigkeit	686 km/h
Dienstgipfelhöhe	11.000 m
Reichweite	810 km

Änderung. BMW und Bramo hatten fusioniert und die Motoren-programme BMW 139 und Bramo 329 aufgegeben. Dafür sollte der BMW 801 – ein 14-Zylinder-Doppelstern-Motor – kommen, der 1.500 PS leistete. Voreilig gab das RLM den Motor für die Serienfertigung frei. Doch der BMW 801 war noch nicht ausgereift. Fast zwei Jahre wurden benötigt, um ihn als einsatztauglich zu bezeichnen.

Für Focke-Wulf bedeutete die Abkehr vom BMW 139, dass eine Reihe von Änderungen erforderlich wurden. Da der 801 länger und schwerer war, musste der Rumpf zur Vermeidung von Schwerpunktänderungen überarbeitet werden. Die Fw 190 V3 wurde nicht mehr für die Flugerprobung fertiggestellt. Dafür kam die V5 (V4 war eine Bruchzelle) mit dem neuen Motor zum Fliegen und auch die beiden Vorgänger erhielten den BMW 801. Die Änderungen hatten zu einem Anstieg der Massen geführt, die zugleich die Flächenbelastung erhöhte und das Flugverhalten verschlechterte. Daraufhin erhielt die V5 eine von 14,9 auf 18,3 m? vergrößerte Tragfläche.

Im Herbst 1940 wurde die Fw 190 dringend an der Front gebraucht, da die Messerschmitt 109 immer wieder durch Fahrwerkbruch oder Beschussschäden an der Kühlanlage ausfiel. Doch es sollte noch bis zum August 1941 dauern, ehe die ersten Flugzeuge der A-Serie bei der II./JG 26 in Le Bourget eintrafen. Nach wie vor machte der Motor bzw. seine Kühlung Probleme. Der BMW 801 heizte sich derart auf, dass sich die hinter ihm gelagerte Munition der MG 17 selbst entzündete! Dem Leiter des Erprobungskommandos des JG 26, Otto Behrens, ist es letztlich zu verdanken, dass die Schwierigkeiten abgestellt werden konnten. Dazu bedurfte es rund 50 Änderungen. So modifiziert erwies sich der Jäger als ganz großer Wurf, der bei seinem Erscheinen an der Front den gegnerischen Jagdmaschinen einschließlich der Spitfire überlegen war. Als eine Fw 190 am 23. Juni 1942 wegen Verorientierung des Flugzeugführers auf einem englischen Fliegerhorst landete, nutzten die Briten die Gelegenheit, die Fw 190 auf Herz und Nieren zu untersuchen und daraus Rückschlüsse für ihre Jagdflugzeugentwicklung zu ziehen.

Fw 190 A-6/U11 mit FuG 217 der Nachtjagdgruppe 10 1944.

Wie im deutschen Flugzeugbau üblich wurde die Baureihe A in zahlreichen Versionen mit ebenso vielen Rüst- und Umbausätzen gefertigt. Die Rüst- und Umbausätze bezogen sich auf die mitgeführte Bewaffnung, den Einsatz von Zusatztanks oder auf die Ausrüstung.

Das ab 1942 in nennenswerten Zahlen produzierte Flugzeug bewährte sich an allen Fronten unter den unterschiedlichsten Bedingungen. Insbesondere für die Bekämpfung der Bombenflugzeuge der US Army Air Force war die Focke-Wulf unentbehrlich. Sie war in der Lage, schwere Bordwaffen in Form der 30 mm-Maschinenkanonen MK 103 und MK 108 sowie die 21 cm-Wurfgranate einzusetzen. Aufgrund ihrer robusten Auslegung zeigte sich die Fw 190 gegen Beschuss durch die 12,7 mm-MG der Bomber relativ unempfindlich. Im Kampf gegen die Bomberströme setzte die Luftwaffe in erster Linie auf die Focke-Wulf, während die Bf 109 vorrangig die Begleitjäger bekämpfen sollte.

Auch als Jagdbomber trat das Muster in Form der Baureihen F und G hervor. Es gehörte zu den wenigen deutschen Flugzeugen, die sich ab 1943 noch nach Südengland wagen konnten. An der Ostfront kam es auch als Schlachtflugzeug zum Einsatz und löste hier viele überalterte Flugzeugmuster ab.

Die Alliierten entwickelten ihre Jäger ständig weiter, brachten aber auch eine Reihe von leistungsstarken Neuentwicklungen heraus. Kurt Tank versuchte mit der Fw 190 mitzuhalten, doch das war schwierig. Grund war der Motorbau, der sich als Achillesferse des deutschen Flugzeugbaus erweisen sollte. Es gelang der Industrie zu keiner Zeit starke Triebwerke in ausreichender Zahl herauszubringen. Auch der BMW 801 kam nie in den geforderten Stücken bei Focke-Wulf oder einem der vielen Nachbaubetriebe wie Fieseler, Ago, Dornier, Weserflug und Arado an. Als sich 1942 abzeichnete, dass der Motor auf unbestimmte Zeit nicht in den geforderten Mengen zur Verfügung stehen würde, entschloss sich Kurt Tank, die Fw 190 auf den flüssigkeitsgekühlten Jumo 213, der in der Baureihe A 1.750 PS (1.286 kW) leistete, umzubauen. Es entstand so die Fw 190 D, auch Langnase genannt. Der starke Motor brachte in Verbindung mit dem geringeren Rumpfdurchmesser eine deutliche Leistungssteigerung, sodass das Flugzeug wieder mit den modernsten Entwicklungen des Auslandes Schritt halten konnte. Doch auch der Jumo 213 blieb in der Fertigung hinter den Erwartungen zurück. Außerdem war er erst spät im Jahre 1944 fronttauglich. Zu dieser Zeit beherrschten die Alliierten den Himmel über Europa. Ständige Bombenangriffe auf die Fertigungsanlagen und die Transportwege erschwerten den Serienbau des Musters. Der Mangel an deutschen Facharbeitern trug ebenfalls dazu bei, dass zu wenige Fw 190 D bei den Jagdverbänden eintrafen. Die meist von Zwangsarbeitern oder KZ-Häftlingen montierten Flugzeuge befanden sich oft in einem schlechten Zustand und mussten an der Front aufwendig in Ordnung gebracht werden. Trotz all dieser Erschwernisse gehörte die Fw 190 mit rund 20.000 Exemplaren zu den meistgebauten Flugzeugen überhaupt. In zahlreichen Vergleichsflügen mit der Bf 109, aber auch mit vielen alliierten Mustern konnte sich die Fw 190 stets gut behaupten und in ungezählten Luftkämpfen erwarb sie sich den Ruf eines ausgezeichneten und zuverlässigen Flugzeuges, das sich neben seiner ureigensten Aufgabe – die des Tagjägers – auch in vielen anderen Rollen wie Aufklärer, Jagdbomber, Schlachtflugzeug, Nachtjäger und Mistel-Flugzeug bewährte. Einige wenige Fw 190 sind erhalten geblieben und in verschiedenen Museen ausgestellt, unter ihnen das RAF-Museum in Hendon und das Luftfahrtmuseum Hannover-Laatzen. Abschließend sei darauf hingewiesen, dass die Fw 190, wie die meisten Flugzeuge von Focke-Wulf, einen Vogelnamen erhielt, und zwar Würger. Doch dieser konnte sich nie durchsetzen.

Fw 190 A-7/R6 des Jagdgeschwaders 1 Oesau
1944.

Fw 190 V30 mit Abgasturbine.

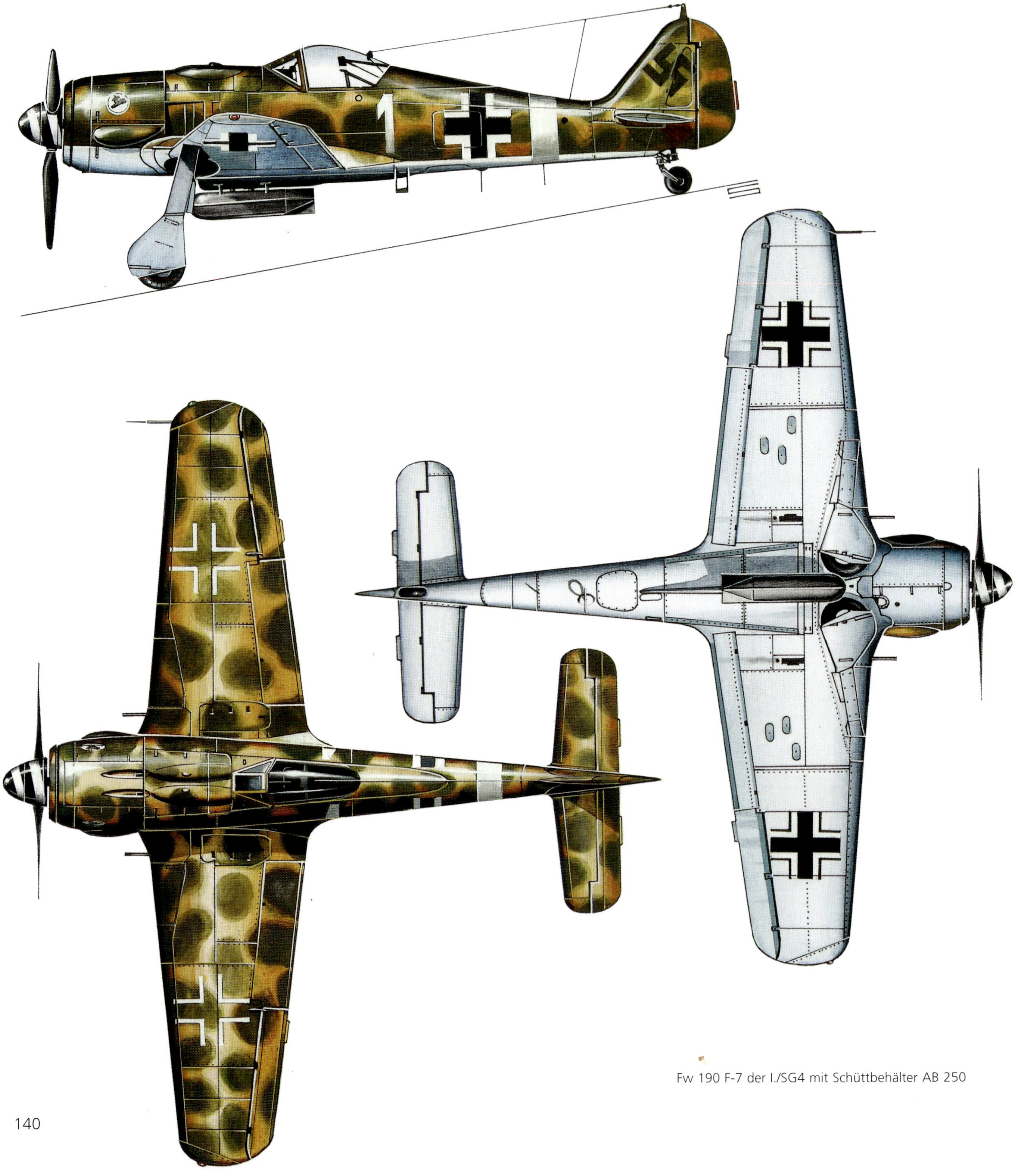

Fw 190 F-7 der I./SG4 mit Schüttbehälter AB 250

Baureihen und Varianten

Fw 190 A

Musterflugzeug für die A-Reihe war die V6 mit vier MG 17 (später um zwei 20 mm-MG.-FF erweitert). 28 Vorserienflugzeuge A-0. Darunter die V-Muster V7 bis V12. Unterschiedliche Bewaffnung, verschiedene BMW 801-Varianten. V12 mit Druckkabine.

A-1 erste Serienausführung. 102 Stück. Bewaffnung wie V6. BMW 801 C-1. Baureihe A-2 mit BMW 801 C-1 bzw. C-2. A-2/U1 mit Patin-Kurssteuerung. Baureihe A-3 mit BMW 801 D-2 und neuer Motorverkleidung. Bei der A-3/U1 Motor um 150 mm nach vorne verlegt. A-3/U2 mit Bordrakete RZ 65. A-3/U3 mit Reihenbildgerät (Rb) und A-3/U4 mit Rb und zusätzlicher Robotkamera. Das Kürzel U3 wurde aber auch für den Anbau eines ETC 501-Außenträgers verwendet, an dem Bomben von bis zu 500 kg mitgeführt werden konnten. A-3/U7 war ein Höhenjäger mit ausgebauter Rumpfbewaffnung und reduzierter Funkan-lage.

Die Türkei erhielt 1942 die A-3Aa (60 oder 72 Stück) mit vier MG 17 und zwei MG.-FF.

Die Baureihe A-4 hatte den BMW 801 D-2 (1.700 PS/1.250 kW) sowie zwei MG 17, zwei MG 151 und zwei MG.-FF. Ferner FuG VII durch FuG 16 Z ersetzt. Vermutlich 1.024 Stück. A-4/U1 zum Teil mit BMW 801 C-3. A-4/U3-Schlachtflugzeug. A-4/U8 Jabo mit erhöhter Reichweite. A-4/R1 als »Leit«-Jäger für das Y-Verfahren mit FuG 16 ZE und 90 cm-Antenne (Morane-Mast) unter dem linken Tragflügel. A-4/R6 mit 21 cm-Bordrakete.

Die A-5 kam im November 1942 heraus. Etwa 1.750 Stück. Vorverlegung des BMW 801 D-2 um 135 mm nach vorne. Zwei MG 17, zwei MG 151 und zwei MG.-FF sowie ETC 501-Träger unter dem Rumpf. 17 verschiedene Rüst- und Umbausätze. Darunter A-5/U4-Gefechtsaufklärer. A-5/U7 mit zwei MG 17, zwei 20 mm-MG 151 und zwei 30 mm-MK 103. A-5/U12 zwei Wannen mit je einem MG 151 unter dem Tragwerk. A-5/U14-Torpedojäger mit zwei MG 151 und einem ETC 502 und verlängertem Spornrad. A-5/U17-Schlachtflugzeug mit zwei MG 17, zwei MG 151, zwei MG.-FF und zwei MK 103. A-5/R6-Pulk-Zerstörer mit zwei MG 17, zwei MG 151 und zwei 21 cm-Wurfgranaten.

Die A-6 war für den Schlachteinsatz konzipiert, kam aber überwiegend als Jäger zum Einsatz. Zirka 1.200 Stück gefertigt. Der Tragflügel war so aufgebaut, dass er nun vier MG 151 aufnehmen konnte. BMW 801 D-2 und FuG 17ZE. Laufende Änderungen während des Serienbaus z. B. Panzerung des Kühlers verbessert. A-6/Bo mit fünf Außenträgern. A-6/R1 mit vier MG 151 in zwei Gondeln unter dem Tragwerk. A-6/R2 mit zwei MG 17, zwei MG 151 und zwei MK 103. A-6/R3 mit zwei MK 103 in Flächengondeln. A-6/R4 mit GM-1-Einspritzung zur Steigerung der Motorleistung. A-6/R6 mit zwei 21 cm-Wurfgranaten. A-6/N-Nachtjäger mit FuG 217, zwei MG 17, zwei MG 151 und ETC 501 für 300 l Zusatztank.

Die A-7 war als Aufklärer gedacht, musste aber wegen des Mangels an Jägern anderweitig zum Einsatz kommen. Ab Ende 1943 etwa 700 Stück gebaut. Flügeleinbau der 30 mm-MK 108. Reflexvisier Revi C12D gegen Revi 16 B getauscht. Mitführung der A-6-Rüstsätze R1, R2, R3 und R6 möglich. Bau bei Focke-Wulf, Ago und Fieseler.

Mit rund 6.700 Exemplaren war die ab Februar 1944 produzierte A-8 eine der wichtigsten Baureihen. BMW 801 D-2. Stärker gewölbtes Kabinendach. Verbesserte Kopfpanzerung für den Flugzeugführer. Innere Fahrwerkklappen entfielen. Überwiegend Holz-Luftschrauben mit breiten Blättern. Flügel-MG 151 durch MK 108 ersetzt. Rüstsätze wie A-6 und A-7, außerdem R7 und R8 (Sturmjäger, teils mit BMW 801 TO/TS), R11 (Schlechtwetterjäger), N (Nachtjäger) und U (bewaffnetes Schulflugzeug).

Die A-9 basierte auf der A-8, hatte aber den BMW 801 TU bzw. TS mit neuem Lüfter und geänderter Abgasanlage. 2.000 PS (1.470 kW). Vorhandene Rüstsätze nur wenig genutzt. Überwiegend R11 mit beheizten Kabinenscheiben. Kurssteuerung PKS 12, FuG 16 ZY und FuG 125. Rund 910 gebaut.

Fw 190 B und C

1940 begann die Entwicklung von zwei Höhenjägern. Die Baureihe B mit Druckkabine und BMW 801 und die Baureihe C mit DB 603, Motorkanone und wahlweisem Einbau einer Druckkabine.

Ab Mai 1942 Flugversuche mit den V-Mustern V13, V15 und V16 mit DB 603. V18 hatte ebenfalls den Daimler-Benz-Motor, verfügte aber zusätzlich über die Abgasturbine TK11 mit großem Lufteintritt unter dem Rumpf. V29 hatte den DB 603 S-1, die TK 11 und eine Druckkabine. Weitere V-Muster folgten. Sie wurden zum Teil zur Ta 152 umgebaut. Von der mit BMW 801 ausgestatteten Baureihe B kam wohl nur eine Handvoll Versuchsmuster zur Erprobung. Weder die Ausführung B noch die Version C kamen über das Versuchsstadium hinaus.

Fw 190 D

Leistungsstärkste Baureihe der Fw 190. Einbau des flüssigkeitsgekühlten Jumo 213. Rumpf um 50 cm verlängert. Erstes V-Muster mit diesem Motor war die am 26.9.1942 eingeflogene V17. Später kamen weitere Versuchsflugzeuge hinzu. Als Musterflugzeug für die Baureihe D sind die V22 und V23 anzusehen.

Die D-2 war als Höhenjäger geplant. Mit der D-9 folgte die Hauptbaureihe, von der rund 1.800 Stück hergestellt wurden. Aus Gründen der Schwerpunktänderung hatte das Flugzeug ein 50 cm langes Rumpfzwischenstück sowie eine vergrößerte Seitenleitwerksfläche. Teils kam ein Holzleitwerk mit anderer Kontur zum Anbau. Die Bewaffnung bestand überwiegend aus zwei MG 131 vom Kaliber 13 mm über dem Motor und zwei MG 151 in den Flügelwurzeln. Der Einbau einer MK 103-Motorkanone war ebenso möglich wie die Mitführung des ETC 504 unter dem Rumpf.

Weitere Baureihen – mit meist nur wenigen Exemplaren – folgten. Es waren dies die D-10 mit MK 103-Motorkanone, die D-11 mit Jumo 213 F und Turbolader sowie die D-12 mit Jumo 213 E, MW-50-Anlage zur Leistungssteigerung und MK 108-Motorkanone. Die D-14 und D-15 waren mit dem DB 603 ausgerüstet.

Fw 190 F

Die Schlachtflugzeugvariante F lief ab 1943 vom Band. Anfänglich wurden die Flugzeuge noch als A-Serie geführt, dann aber umbenannt. Aus der A-4/U3 wurde die F-1 (ca. 30 Stück), die später erneut und zwar in F-4/R1 umbenannt wurde. Aus der A-5/U3 entstand die F-2 bzw. F-4/U3 (272 Stück). Die Flugzeuge hatten eine verstärkte Panzerung für den Motor und den Flugzeugführer sowie ein verstärktes Fahrwerk und zwei MG 17, zwei MG 151 und einen ETC 501-Außenträger für verschiedene Lasten.

Bei Arado verließen 247 A-5/U17 (F-3) die Werkhallen. Als Rüstsätze standen der R1 mit vier ETC und der R3 mit zwei MK 103-Gondelwaffen zur Verfügung. Weitere Baureihen wurden aufgelegt. Es waren dies die F-5, F-6, F-8, F-9, F-15 und F-16, von denen nur die F-8 und F-9 in größerer Zahl gefertigt wurden. Die Unterschiede betrafen in der Hauptsache die Bewaffnung und die Motoranlage. Mit der Baureihe F wurden zahlreiche Sonderbewaffnungen erprobt und eingesetzt. Zu ihnen gehörten die raketenähnlichen »Panzerschreck« (8,8 cm), »Panzerblitz« 1 (8 cm) und »Panzerblitz« 2 (12 cm), die an Rosten unter dem Flügel mitgeführt wurden. Ebenfalls zur Panzerbekämpfung dienten die vertikal im Rumpf oder Tragwerk installierten Sondergeräte 113, 116 und 117, die beim Überfliegen von Panzerfahrzeugen selbstständig ausgelöst wurden.

Fw 190 G

Die Baureihe G diente als Jagdbomber für den Einsatz gegen Südengland und der Ostfront. Das Muster konnte bis zu 500 kg an Bomben und bis zu zwei 300 l-Zusatztanks mitnehmen. Auch von dieser Variante existierten diverse Ausführungen. Die G-1 basierte auf der A-4/U8. Sie wurde später in G-4 umbenannt und erhielt eine Kuto-Nase zum Kappen von Sperrballonseilen. Auch die G-2 entsprach der A-4/U8, hatte jedoch eine auf zwei MG 151 reduzierte Bewaffnung. Die G-4/N verfügte über eine Nachtausrüstung und die G-3 über das Tragwerk der A-6. Durch Um- und Neubau entstand die G-8, die wie die anderen G-Flugzeuge auch verschiedene Rüstsätze wie den R5 (ein ETC 501 und zwei ETC 50) mitführen konnte. Alles in allem wurden etwa 800 Flugzeuge der Fw 190 G gefertigt.

Fw 190 S

Zweisitzige Schulausführung mit Doppelsteuer. Umbau aus vorhandenen Flugzeugen der Baureihen A-5 und A-8, die als S-5 und S-8 bezeichnet wurden. Musterflugzeug war die Fw 190 A-5 GO+MV, die ab Herbst 1943 flog. Etwa 60 Schulflugzeuge sollen entstanden sein.

Consolidated B-24H Liberator der 398th Bomb Group mit Löwenkopf.

1939 **Consolidated B-24 Liberator**

Zum Trio der wichtigen US-Langstreckenbomber des Zweiten Weltkrieges gehörte neben den Boeing Mustern B-17 und B-29 die Consolidated B-24, die mit 18.432 Exemplaren das meistgebaute viermotorige Flugzeug der Luftfahrtgeschichte darstellt.

Schlüsseltechnologie des ab 1938 entwickelten Bombers war der Davies-Flügel, der nach seinem Schöpfer David R. Davies benannt wurde. Kennzeichen des Tragwerks waren die große Streckung und die geringe Tiefe. Dadurch ergaben sich über die gesamte Spannweite gute Auftriebswerte und ein relativ geringer Widerstand. Eigenschaften, die zu hohen Reichweiten und guten Reisegeschwindigkeiten führten und somit für Langstreckenflugzeuge ideal waren.

Der Davies-Flügel kam erstmals beim ab 5. Mai 1939 erprobten Flugboot Corregider zum Anbau und bewährte sich ausgezeichnet. Es lag also nahe, das Tragwerk auch bei der B-24 zu verwenden.

Die Geschichte des Flugzeuges nahm 1938 ihren Anfang, als das US Army Air Corps beabsichtigte, Consolidated in die Fertigung der B-17 einzubeziehen. Nach einer Analyse des Konkurrenzmusters erklärte das Unternehmen: das können wir besser. Auf der Grundlage zahlreicher Vorentwürfe boten die Ingenieure dem Air Corps ein Flugzeug an, das der B-17 deutlich überlegen war. Die Militärs ließen sich überzeugen und stimmten der Fertigung einer Attrappe zu, die ab Januar 1939 Gestalt annahm und deren Besichtigung nur zu 30 Änderungen führte. Die Dinge gingen rascher vonstatten als angenommen und so beeilte sich das USAAC damit, noch schnell eine Ausschreibung zu formulieren, die auch an Martin und Sikorsky gegeben wurde. Allerdings hatten die beiden Firmen nur drei Wochen Zeit, um ihre Vorschläge einzureichen. Zu wenig, um mit Consolidated mithalten zu können. Bereits im März 1939 wurde der Auftrag über den Bau eines als XB-24 bezeichneten Versuchsflugzeuges erteilt, dem schon bald weitere über sieben YB-24-Vorserien- und 38 B-24A-Serienflugzeuge folgten.

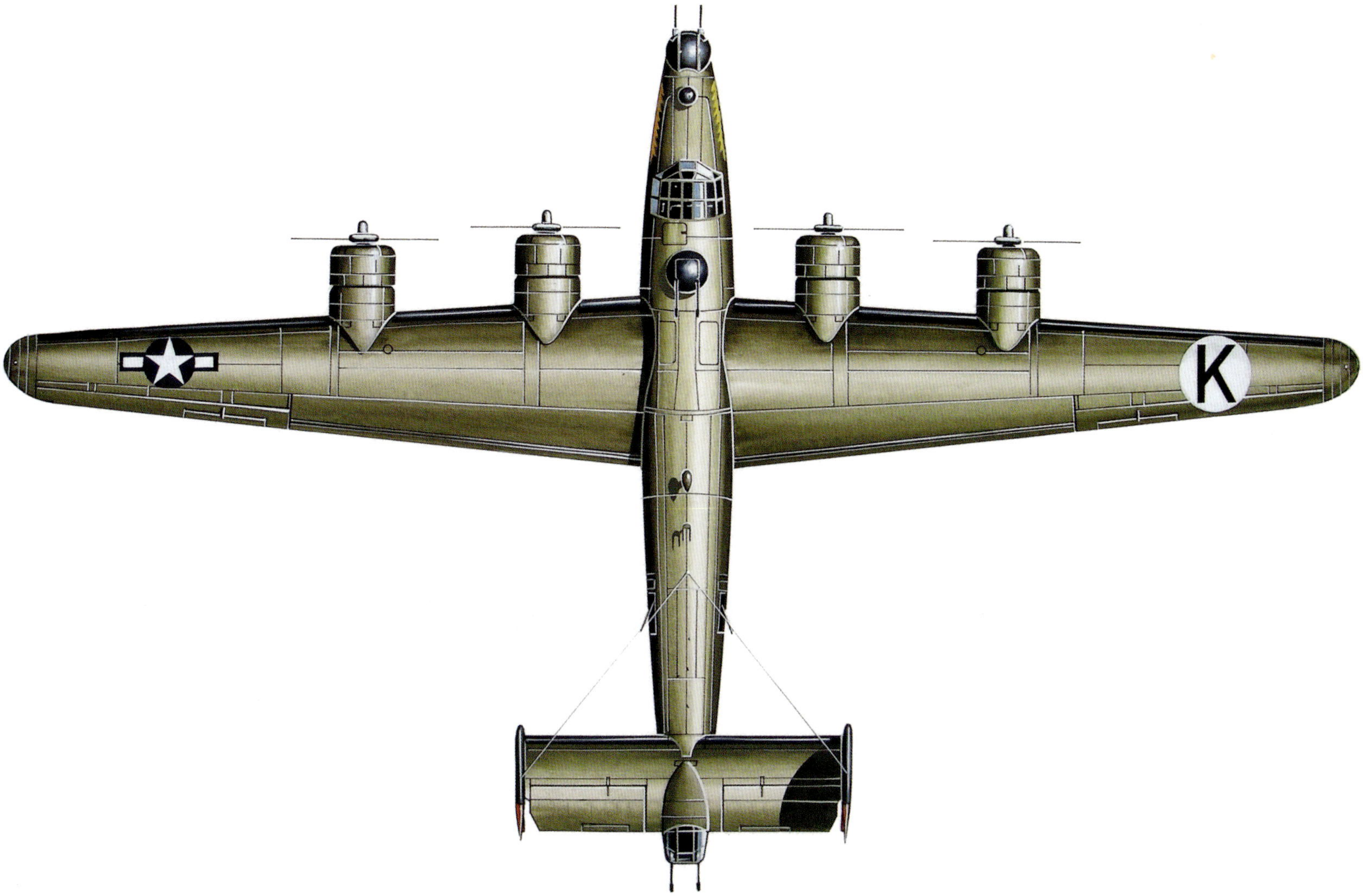
K

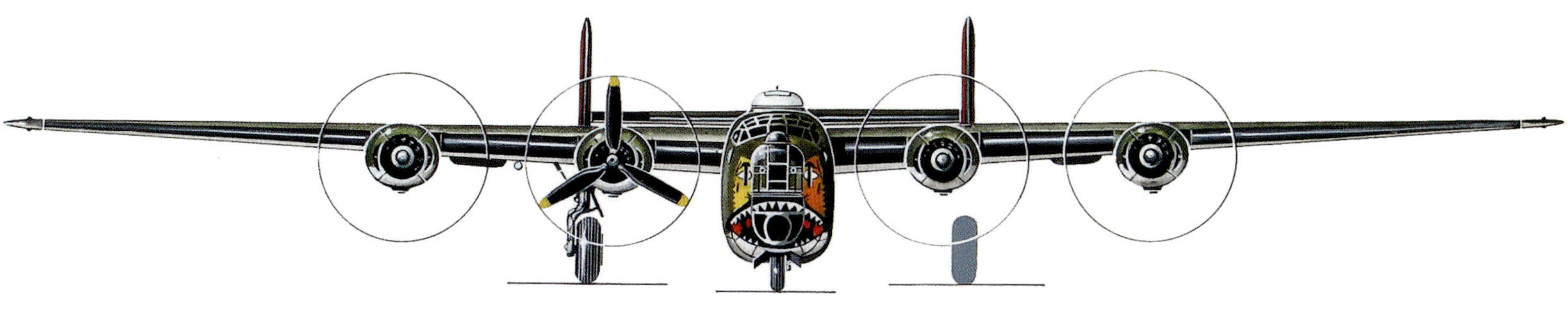

Das gesamte Programm nahm schnell Fahrt auf. So konnte die XB-24 bereits am 29. Dezember 1939 vom Lindbergh Field in San Diego aus zum Jungfernflug starten. Am Steuer saß dabei Bill Wheatley, der von George Newman, Jack Kline und Bob Keith begleitet wurde.

Das von Isaac M. Laddon konstruierte Flugzeug war ein Schulterdecker mit vier Pratt & Whitney R-1830-33-Motoren mit einer Startleistung von je 1.200 PS (882 kW). Der geräumige Rumpf von rechteckigem Querschnitt verfügte über zwei Bombenschächte, die zusammen acht 500 kg-Bomben aufnehmen konnten. Neuartig war die Abdeckung der Schächte durch eine Abdeckung, die einem Rollladen ähnlich sah. Das Davis-Tragwerk verfügte über hydraulische Klappen und nahm das Hauptfahrwerk, das von innen nach außen schwenkte, auf. Als eines der ersten Großflugzeuge verfügte die B-24 über ein Bugfahrwerk. Die großen, ovalen Endscheiben des Leitwerkes bildeten ein charakteristisches Merkmal des Flugzeuges, dessen Abwehrbewaffnung aus sechs handbetätigten 7,7 mm-Maschinengewehren bestand, die sich auf Positionen im Bug, Heck, den Rumpfseiten und der Rumpfober- und -unterseite verteilten.

Die Flugerprobung zeigte kaum Defizite auf, sodass sich die erforderlichen Änderungen in Grenzen hielten. Neben stärkeren R-1830-41-Motoren kamen selbstdichtende Tanks und eine Panzerung für die Besatzung hinzu. Maßnahmen, die sich aus den Kampferfahrungen auf dem europäischen Kriegsschauplatz ergeben hatten. Die Europäer waren es auch, die für die ersten Großaufträge sorgten. Frankreich bestellte im April 1940 175 Stück (Werkbezeichnung LB-30MF) und Großbritannien folgte im Juni des Jahres mit 135 Exemplaren, die den Namen Liberator erhielten. Während die Niederlage Frankreichs eine Auslieferung der Flugzeuge verhinderte, trafen die Liberator im Frühjahr 1941 in England ein. Zunächst als Transporter auf der Route Montreal-Blackpool eingesetzt, übernahm das No. 120 Squadron des Coastel Command die B-24, um sie von Nutts Corner in der Nähe von Belfast für die Schiffs- und U-Boot-Bekämpfung einzusetzen. Dazu verfügten sie über ein ASV II-Bordradar, einen starken Suchscheinwerfer und sechs unter dem Rumpf befestigte 20 mm-Kanonen.

Das Flugzeug war mit einer Reichweite von rund 4.500 km den bis dahin eingesetzten Short Sunderland-Flugbooten weit überlegen. Das Coastel Command war nun in der Lage, die deutschen U-Boote weit draußen im Atlantik zu bekämpfen. Bis zum Kriegsende soll der Verlust von 72 U-Booten auf das Konto der Liberator gegangen sein.

Großbritannien wurde mit 1.694 Flugzeugen ein Hauptabnehmer der B-24. Darüber hinaus überließ die US Army Air Force ihren Verbündeten weitere Maschinen aus ihren Beständen, sodass die Briten über rund 2.100 Liberator verfügten. Eine von ihnen nutzte Winston Churchill als persönliches Reiseflugzeug. Die mit AL504 registrierte und dem Namen Commando versehene Liberator war unbewaffnet. Es wurde später verlängert und mit einem Einfachleitwerk ähnlich der Consolidated Privateer ausgestattet. In dieser Form hat Churchill das Flugzeug dann nicht mehr benutzt.

Angesichts der außergewöhnlichen Reichweite des Musters stattete die RAF noch 1941 ihre Middle East Squadrons mit diesem Flugzeug aus, um sie gegen Japan einzusetzen.

Mit dem Eintritt der USA in den Zweiten Weltkrieg kam es zu einer Expansion der B-24-Fertigung. Neben neuen Fabriken wurden nun Ford, Douglas und North American in die Produktion einbezogen. Erste wirkliche Hauptbaureihe war die B-24D, der weitere Modelle und Varianten, darunter auch Aufklärer und Transporter, folgten. Außerdem wurde speziell für die Navy die PB4Y-2 Privateer entwickelt, die sich in vielen Bereichen von der B-24 unterschied und an einem einfachen Leitwerk erkennbar ist.

Das USAAC (ab 20. Juni 1941 US Army Air Force, USAAF) setzte die B-24 ab dem 17. Januar 1942 von Java aus ein. Die drei Flugzeuge waren dabei der 7th Bomber Group

Consolidated B-24J Liberator	
Spannweite	33,53 m
Länge	20,47 m
Höhe	5,49 m
Flügelfläche	97,36 m²
Leermasse	16.556 kg
Startmasse	25.051 kg
Maximale Startmasse	29.483 kg
Höchstgeschwindigkeit	467 km/h
Dienstgipfelhöhe	8.535 m
Reichweite	3.380 km mit 2.268 kg Bombenlast
Überführungsreichweite	6.000 km

unterstellt. Weitere Einsatzgebiete folgten und so war der Bomber schon bald in der Panama-Kanal-Zone, Alaska und Hawaii anzutreffen. Dann bildeten sich Nordafrika und die rumänischen Ölfelder in Ploesti als Einsatzschwerpunkte heraus. Mit Ploesti ist auch eine der schwersten Niederlagen der B-24 verbunden. Am 1. August 1943 starteten von Nordafrika aus 177 B-24 zur Operation Tidal Wave, die die Bombardierung der Ölförderung in Ploesti zum Ziel hatte. Der Angriff geriet zum Desaster; drei Flugzeuge gingen beim Anflug verloren bzw. stürzten beim Start ab. 54 weitere fielen der Flak und den deutschen und rumänischen Jagdfliegern zum Opfer, weitere 53 wurden so schwer beschädigt, dass sie abgeschrieben oder aufwendig repariert werden mussten.

Die B-24 war ab 1943 an allen Fronten anzutreffen. Dabei zeigte sich das Muster sowohl von seinen guten als auch von seinen schlechten Seiten. Das geräumige Flugzeug wies ausgezeichnete Reichweitenleistungen auf und konnte hohe Bombenlasten transportieren. Es war aber relativ leicht gebaut und hatte den Nachteil, dass die im Bereich des Rumpfflügel-Übergangs platzierten Tanks sehr beschussempfindlich waren und die B-24 leicht in Brand geriet. Auch die hohen Steuerkräfte, die ein Fliegen im engen Verband erschwerten, gehörten zu den negativen Punkten.

Neben den Einsätzen auf dem asiatischen Kriegsschauplatz lag ein Schwerpunkt auf der Bombardierung Deutschlands. Dazu hatte die 8th Air Force nach Großbritannien verlegt und die 9th und 15th Air Force griffen von Nordafrika und Italien aus an.

Amerikaner und Briten wurden bei vielen Einsätzen durch kanadische und australische B-24 Verbände unterstützt. Die Kanadier verfügten über etwa 1.200 und Australien über 287 Flugzeuge. Darüber hinaus war der Bomber noch in einem guten Dutzend weiterer Länder – darunter Neuseeland, Indien, Italien, Türkei, Sowjetunion und Niederlande – anzutreffen. Das Gros dieser Flugzeuge wurde nach dem Krieg aus US-Beständen abgegeben.

Es ist erstaunlich, dass das wichtige Kampfflugzeug bei Kriegsende praktisch über Nacht aus den Beständen der US Army Air Force verschwand und einige der letzten Serienflugzeuge direkt von der Fabrikhalle zum Schrottplatz geflogen wurden! Heute kann das Muster in verschiedenen Museen besichtigt werden und außerdem existieren noch flugfähige Exemplare.

B-24-Führungsflugzeug mit einer von ungezählten Sonderbemalungen.

Baureihen und Varianten

XB-24 Serial Number 39-556 / XB-24B Serial Number 39-680
Erstflug der XB-24 am 29.12.39. Motoranlage aus vier R-1830-33 bestehend. Motorhauben von der Consolidated Catalina übernommen. Später Umbau zur XB-24B mit neuer Serial Number und R-1830-41 Turbolader-Motoren und elliptischen Motorgondeln.

YB-24 Serial Numbers 40-696 bis 40-702
Vorserienmodell mit R-1830-33-Motor. Feste Flügelschlitze des Prototypen entfernt. Dafür Gummi-Enteisung der Flügel- und Leitwerkvorderkanten. Anstieg der Flugmassen von 18.614 auf 21.065 kg. Sechs der sieben Flugzeuge auf Standard der Baureihe D gebracht.

B-24A Serial Numbers 40-2369 bis 40-2377
Entsprach der YB-24, hatte aber einige aerodynamische Verbesserungen und zwei 12,7 mm-MG im Heckstand. Flugmasse nun 24.334 kg. 20 als Liberator I an Großbritannien geliefert und mit fünf 12,7 mm-MG zur Abwehr bestückt.

B-24C Serial Numbers 40-2378 bis 40-2386
Neun an das USAAC. 139 als Liberator II an die RAF. A-6-Heckturm mit zwei 12,7 mm-MG. Martin-Drehturm auf der Rumpfoberseite. Rumpf um 90 cm verlängert. R-1830-41 (1.200 PS/882 kW).

B-24D Serial Numbers 40-2349 bis 40-2368; 41-1087 bis 41-1142; 41-11587 bis 41-11938; 41-23640 bis 41-24311; 41-24339; 42-40058 bis 42-41257; 42-63752 bis 42-64046.
Mit 2738 Exemplaren erste Hauptbaureihe. Zunächst 5 12,7 mm-MG (Bug, Heck und Rumpfseiten). 3.632 kg Bombenlast. 8.948 l Kraftstoff. Später »Tunnel«-Abwehrstand unter dem Rumpf. Abwehrbewaffnung auf 10 12,7 mm-MG erhöht. Bombenlast und Kraftstoff auf 5.811 kg bzw. 13.679 l gesteigert. Besatzung sieben Mann, teils bis auf zehn erhöht. Startmasse auf bis zu 32.325 kg. Teils mit R-1830-65 motorisiert. Einige wenige mit Briggs-Sperry »Kugelturm« unter dem Rumpf. Bei der RAF und dem Coastel Command als Liberator III und IIIa mit Boulten Paul Heckturm (4 x 7,7 mm-MG) geflogen. Coastel Command-Flugzeuge mit zusätzlichen Tanks.
Ein Flugzeug zum Erprobungsträger XB-24F (beheizte Flügel- und Leitwerkvorderkanten) abgeändert. Ein anderes wurde als XB-24P mit ferngerichteten Abwehrständen erprobt.

B-24E Serial Numbers 41-28409 bis 41-28573; 41-29007 bis 41-29115; 42-6976 bis 42-7464; 42-7770; 41-64395 bis 41-64431.
801 Flugzeuge. Baugleich mit der Ausführung D, aber geänderte Luftschrauben. Teils mit R-1830-43, teils mit R-1830-65. Die verschiedenen Baureihen des R-1830 hatten eine maximale Leistung von 1.200 PS (882 kW), waren aber in ihren Höhenleistungen unterschiedlich. Die RAF flog das Muster als Liberator IV.

B-24G Serial Numbers 42-78045 bis 42-78474
430 gebaut. Die ersten 25 wie Baureihe D, aber ohne Abwehrstand unter dem Rumpf. Da die Verteidigung gegen Frontalangriffe ungenügend war, wurde ab dem 26. Flugzeug erstmals ein Bugdrehturm (2 x 12,7 mm-MG) eingebaut.

B-24H Serial Numbers 41-28574 bis 41-29006; 42-51077 bis 42-51225; 41-29116 bis 41-29608; 42-50227 bis 42-50451; 42-52077 bis 42-52776; 42-64432 bis 42-64501; 42-7465 bis 42-7769; 42-94729 bis 42-95503.
3.100 Exemplare. Zirka 50 Rumpfänderungen, um den Einbau verschiedener Drehtürme zu erleichtern. Heckturm mit neuer Verglasung. Drehturm auf dem Rumpf mit stärker gewölbter Kanzel. Rumpfseitenstände nicht mehr gegenüber, sondern versetzt eingebaut. RAF-Bezeichnung: Liberator VI.

B-24J Serial Numbers 42-50452 bis 42-51076; 42-51431 bis 42-52076; 42-64047 bis 42-64394; 42-72964 bis 42-73514; 42-78475 bis 42-78794; 42-95504 bis 42-95628; 42-99736 bis 42-100435; 42-109789 bis 42-110188; 44-10253 bis 44-10752; 44-28061 bis 44-28276; 44-40049 bis 44-41389; 44-44049 bis 44-44501; 44-48754 bis 44-49001; 42-51226 bis 42-51430.
Mit 6.678 Stück Hauptbaureihe der B-24. Ähnlich der Baureihe H, aber ohne die Verbesserungen der Abwehrbewaffnung. Dafür neuer C-1-Autopilot und neues Bombenvisier M-1. Flugzeuge der Baureihen G und H, die auf C-1 und M-1 umgebaut wurden, erhielten die Bezeichnung B-24J!
Ein Flugzeug (42-73130) als XB-24J mit dem kompletten Rumpfbug der B-17 gefertigt.
RAF-Bezeichnung: Liberator VIII.

XB-24K
Umbau eines D-Flugzeuges mit verschiedenen Bugtürmen und dem Einfachleitwerk der B-23 Dragon. Stark verbesserte Flugeigenschaften. Wegen des zu großen Aufwandes einer Fertigungsumstellung auf das neue Leitwerk nicht eingeführt, jedoch für die PBY-2 Privateer übernommen.

B-24L Serial Numbers 44-41390 bis 44-41806; 44-49002 bis 44-50251
1.667 Exemplare. Ständiges Ansteigen der Massen führte zu Gegenmaßnahmen. So wurde der »Kugelturm« unter dem Rumpf gegen einen einfachen Drehring mit zwei 12,7 mm-MG ausgetauscht. Heckturm teilweise ausgebaut und durch zwei handbetätigte 12,7 mm-MG ersetzt. Ansonsten weitgehend der Baureihe J ähnlich. Ein Flugzeug als XB-24Q versuchsweise mit radargesteuertem Heckturm bestückt. Einige als RB-24L/TB-24L für die B-29-Bordschützenausbildung umgebaut.

B-24M Serial Numbers 44-41807 bis 44-42722; 44-50252 bis 44-51928
2.593 gefertigt. Erneuter Versuch der Gewichtseinsparung durch unterschiedliche Maßnahmen. Darunter Einbau des leichteren A-6B-Heckturmes und Änderungen an den Windabweisern/Verglasungen der Seitenstände.

XB-24N Serial Number 44-48753
Einzelstück mit optimierten Bug- und Hecktürmen sowie Einfachleitwerk.

YB-24N Serial Numbers 44-52053 bis 44-52059
Vorserienflugzeuge für die geplante N-Serie, von der 5.168 bestellt waren. Wegen des Kriegsendes wurde der Auftrag gestrichen.

XB-41
Umbau einer B-24D zum Begleitflugzeug mit vierzehn 12,7 mm-MG im Jahre 1942. Wegen unbefriedigender Ergebnisse wurde die Entwicklung abgebrochen.

XF-7 / F-7 / F-7A / F-7B
Aus der laufenden Bomberfertigung wurden Flugzeuge für die Aufgabenstellung Aufklärer abgezweigt. F-7 basierte auf der B-24H, F-7A und B auf der B-24J. Bis zu sechs Kameras wurden im Bug und/oder Bombenschacht mitgeführt.

C-87 Serial Numbers 42-107249 bis 42-107275; 43-30548 bis 43-30627; 44-39198 bis 44-39298: 44-52978 bis 44-52987.
Die C-87 war ein Transporter für bis zu 20 Passagiere. Als Ableitung entstand die C-87A als VIP-Transporter. Die C-87B sollte eine Abwehrbewaffnung erhalten, wurde aber nicht gebaut.

XC-109 / C-109
Umbau zum Kraftstofftransporter zur Versorgung der B-29-Verbände in Asien. Tankinhalt: 10.956 l.

AT-22 / TB-24
»Fliegende Klassenzimmer« zur Ausbildung von Flugingenieuren. 18 Schüler und Lehrer sowie fünf Mann Besatzung.

PB4Y-1 / PB4Y-1P / RY-1 / RY-2 / RY-3
US Navy-Bezeichnungen für die B-24 bzw. C-87.

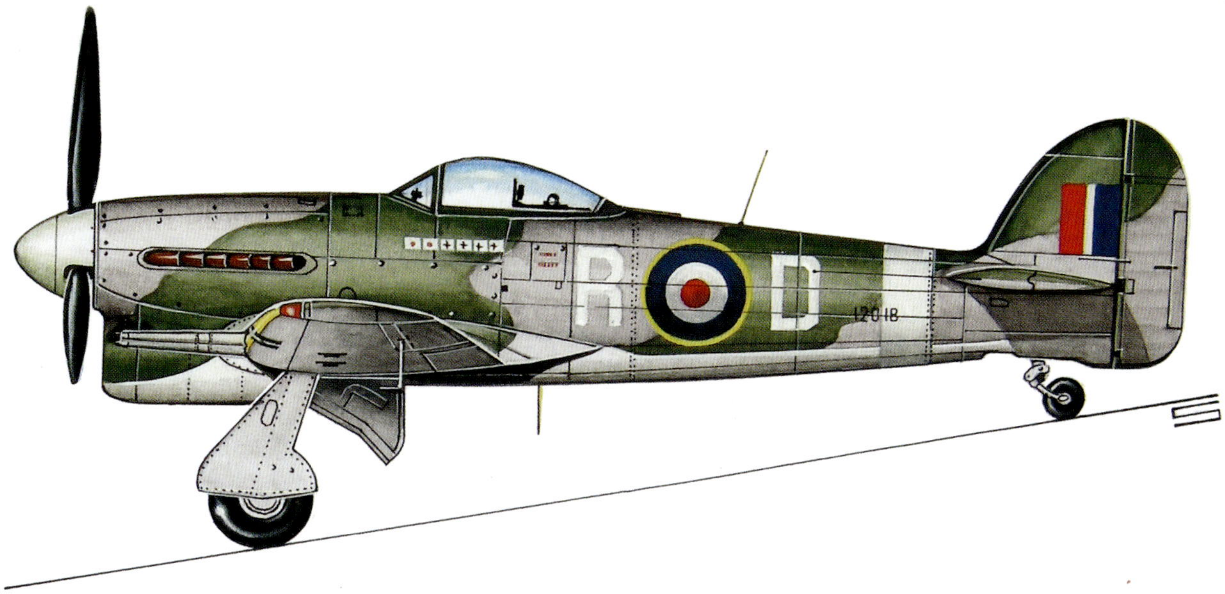

Hawker Typhoon Mk.IB

1940 **Hawker Typhoon**

Hawkers Chef-Konstrukteur Sydney Camm begann bereits 1937 mit der Entwicklung eines Nachfolgers für den Jagdeinsitzer Hurricane. Er legte dabei weniger Wert auf eine aerodynamisch optimierte Zelle und setzte stattdessen auf einen starken Motor und eine schwere, aus zwölf Maschinengewehren bestehende Bewaffnung. Zwei Triebwerke kamen in die engere Wahl. Das Napier Sabre und das Rolls-Royce Vulture. Es waren 24-Zylinder-Triebwerke der 2.000 PS (1.470 kW)-Klasse. Den Hauptunterschied zwischen den Motoren bildete die Zylinderanordnung. Beim Sabre war sie H- und beim Vulture X-förmig.

Für jeden Motor wurde die passende Zelle konstruiert. Es entstanden so die Tornado mit Vulture und die Typhoon mit Sabre Motor. Während die Tornado in nur wenigen Exemplaren erschien und schließlich aufgegeben wurde, schaffte die Typhoon den Sprung in den Serienbau. Die Flugerprobung nahm sie am 24. Februar 1940 auf. Es war ein Tiefdecker mit einem dickprofiligen Tragwerk zur Unterbringung der Bewaffnung und der Munition. Wegen des unter dem Motor befindlichen großen Kühlers wirkte das Flugzeug bullig, wobei dieser Gesamteindruck am Boden durch das breitspurige Fahrwerk, mit einziehbarem Spornrad und Restabdeckung für die Haupträder, noch verstärkt wurde. Der Flugzeugführer stieg über eine seitliche Tür – ähnlich einer Pkw-Tür – in das Flugzeug ein. Die Sicht nach hinten war wegen der rückwärtigen Kabinenverkleidung beschränkt.

Die hastig vorangetriebene Flugerprobung wurde wegen einer Notlandung unterbrochen. Außerdem ging es der Royal Air Force darum, möglichst viele Hurricane und Spitfire in den Einsatz zu bekommen, sodass die Typhoon zurückstehen musste. Dies alles führte dazu, dass dem ersten Versuchsmuster (P5212) das zweite (P5216) erst am 3. Mai 1941 nachfolgte. Während die P5212 mit zwölf MG als Musterflugzeug für die Baureihe Mark IA diente, war die mit vier 20 mm-Kanonen bestückte P5216 der Prototyp der Mark IB.

Nachdem Hawker mit dem Bau der Hurricane voll ausgelastet war, wurde die Serienfertigung der Typhoon an Gloster übertragen. Das erste Flugzeug der Produktion, die

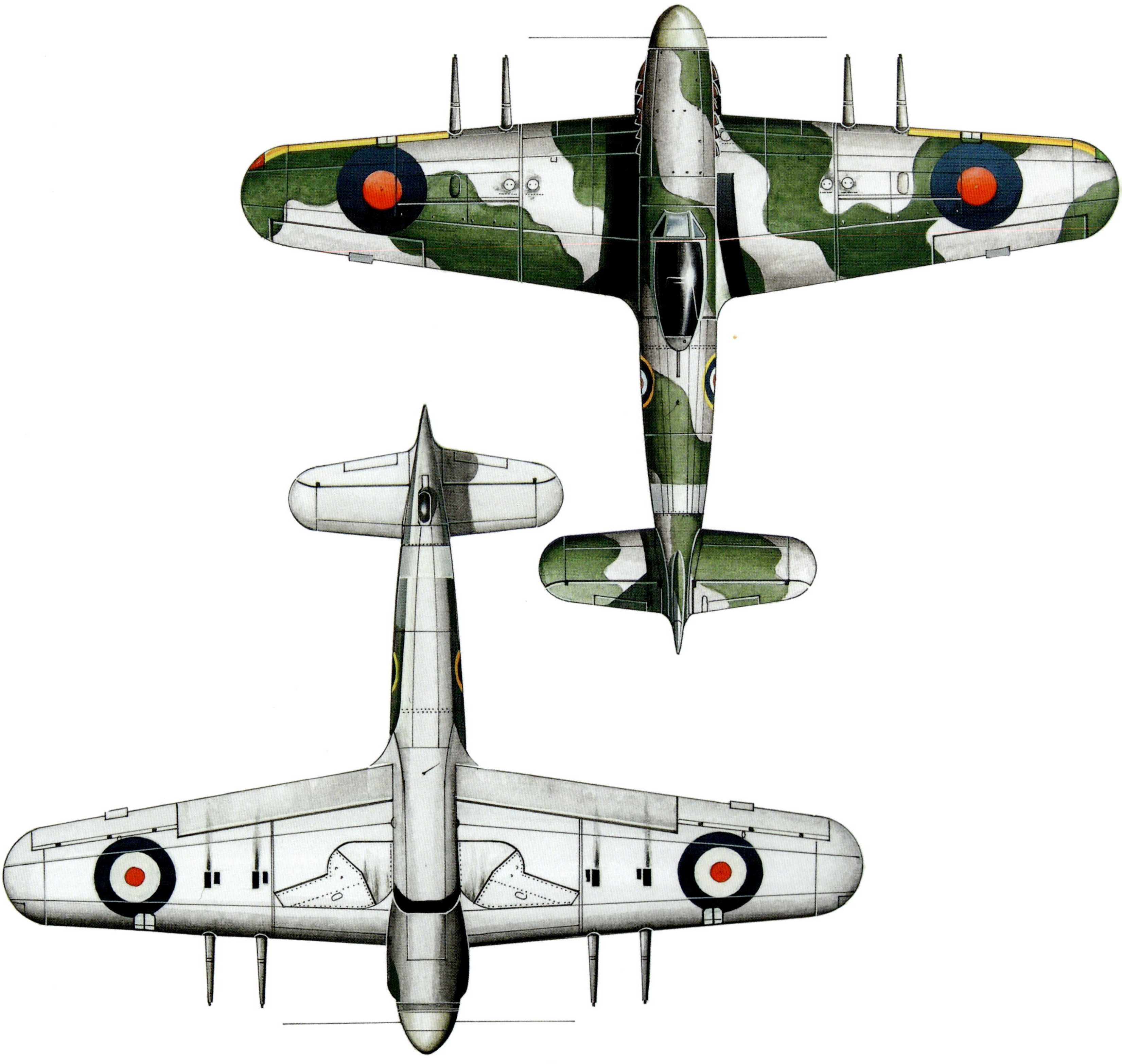

R7576, hob am 27. Mai 1941 vom Boden ab. Die Auslieferung der Serienmaschinen an die RAF begann im September 1941. Es zeigte sich, dass die Typhoon eine sehr geringe Steigrate hatte, die einen Einsatz als Abfangjäger praktisch ausschloss. Außerdem gab es ständigen Ärger mit dem Motor, der keinesfalls ausgereift bzw. fronttauglich war. Das waren aber nicht die einzigen Mängel. Abgase traten über die Kabinentür in das Cockpit ein, sodass dem Muster ein Flugverbot erteilt wurde. Abhilfe brachte eine Verlängerung der Auspuffrohre, der Fortfall der Tür und die Einführung eines neuen Kabinendachs mit Rundumsicht.

Ende 1941 – es waren etwa 150 Typhoon bei der Truppe – gab es eine Reihe von Abstürzen. Zunächst wurden Strukturschwächen im Heckbereich dafür verantwortlich gemacht und hier Verstärkungen vorgenommen. Es stellte sich dann heraus, dass die Ursache eine ganz andere war. Ein dünnes Blech, das zur Befestigung des Massenausgleichs am Höhenruder diente, brach unter Belastung, worauf sich starke Schwingungen auf das Leitwerk übertrugen.

Als die Typhoon trotz vieler Probleme im Sommer 1942 an die Front kam, traf sie auf die Focke-Wulf Fw 190, die ihr vor allem oberhalb von 6.000 m zusetzte. Außerdem verwechselte die britische Flak, aber auch die Jagdwaffe, die beiden Muster und so kam es mehrfach zum Abschuss von Typhoon durch eigene Kräfte! Ende 1942 schienen die Tage des Flugzeuges gezählt. Seine hohe Geschwindigkeit und die Möglichkeit zusätzliche Waffen mitführen zu können hielten den Jäger aber als Jagdbomber am Leben. Mit Bomben, Raketen und Bordwaffen wurden Punktziele in Frankreich und den Niederlanden angegriffen, um so die deutsche Abwehr in Atem zu halten, später wurden die Typhoons vor allem auf Transportwege, Züge und Lkw angesetzt. Während der Invasion in der Normandie waren sie ständig über der Kampfzone anzutreffen. Über Funk wurden sie von den Kommandeuren des Heeres zur Unterstützung der Bodentruppen angefordert. Als Jagdbomber verschaffte sich die Typhoon einen legendären Ruf, der bis heute erhalten blieb. 1994 wurde dem Flugzeug ein Denkmal in der Normandie errichtet, das seine Rolle bei der Befreiung Frankreichs würdigen soll.

Insgesamt wurden 3.330 Typhoon der Baureihen Mk.IA und IB gefertigt. Einige wenige kamen als Fotoaufklärer unter dem Kürzel F.R.IB zum Einsatz. Innerhalb der Produktion gab es zahlreiche Detailunterschiede zwischen den Flugzeugen. Beispielhaft dafür steht der Anbau einer größeren Höhenflosse, die den Einsatz einer 454 kg-Bombe ermöglichte, sowie die Einführung einer 4-Blatt-Luftschraube. Als Motor gelangte der Sabre I (2.100 PS), der Sabre IIA (2.180 PS), der Sabre IIB (2.200 PS) und der Sabre IIC (2.260 PS) zum Einbau.

Neben der RAF flogen auch die Kanadier und Neuseeländer das Muster, von dem ein Exemplar im Royal Air Force Museum in Hendon zu besichtigen ist.

Hawker Typhoon Mk.IB	
Spannweite	12,67 m
Länge	9,73 m
Höhe	4,66 m
Flügelfläche	23,13 m^2
Leermasse	4.445 kg
Startmasse maximal	6.340 kg
Höchstgeschwindigkeit	650 km/h
Dienstgipfelhöhe	10.400 m
Reichweite	980 km

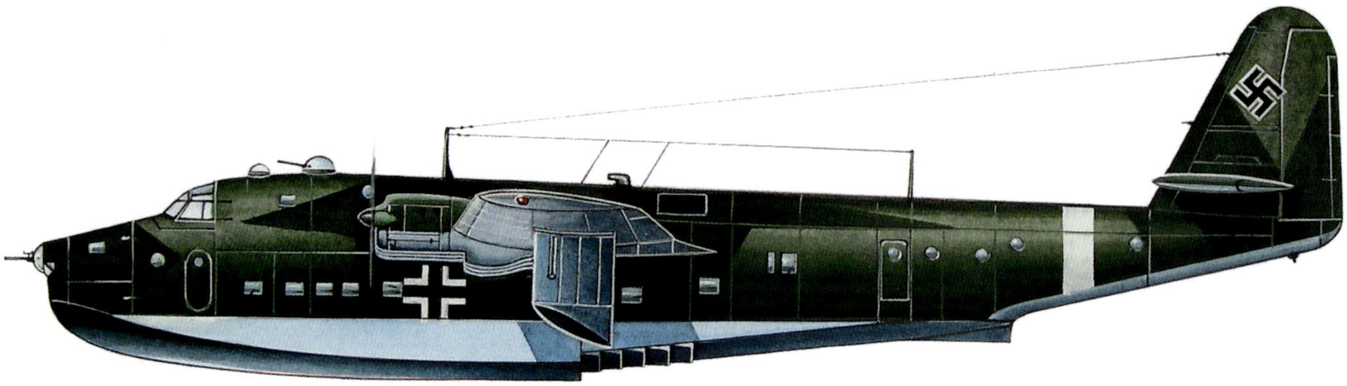

Blohm & Voss BV 222 C

1940 **Blohm & Voss BV 222**

1936 begannen bei Blohm & Voss die Arbeiten am Projekt 54, einem sechsmotorigen Langstreckenflugboot, das die Lufthansa primär auf der Nordatlantikroute einsetzen wollte und das bis zu 24 Passagieren komfortablen Platz bieten sollte. Nach Sichtung der Projektunterlagen wurde am 19. September 1937 ein Entwicklungs- und Bauauftrag unter der Bezeichnung BV 222 erteilt.

Das Flugboot wies für die damalige Zeit ungewöhnliche Abmessungen und Massen auf. Die Spannweite von 46 m, die Länge von rund 37 m und die Startmasse von mehr als 43 Tonnen machten den Entwurf einer neuen Steuerung erforderlich, die die auftretenden Kräfte für den Flugzeugführer beherrschbar machten. Chef-Konstrukteur Richard Vogt entschloss sich zum Anbau von kleinen Hilfsrudern, welche die großen Flächen antrieben und die die Belastung für den Flugzeugführer in Grenzen hielt. Eine weitere Besonderheit des Ganzmetall-Flugzeuges stellte der Rohrholm – ein Voigtsches Markenzeichen – dar. Er war bei der BV 222 33 m lang, hatte einen Durchmesser von maximal 1 m und diente neben seiner ureigensten Aufgabe auch als Kraftstoffbehälter. Im Übrigen war das Tragwerk so dick, dass Kriechgänge zu den sechs Bramo 323 »Fafnir«-Motoren (1.000 PS/735 kW) vorhanden waren.

Der zweistufige 3,08 m breite und 5,67 m hohe Bootskörper wurde aus korrosionsbeständigem Leichtmetall gefertigt. Im Unterschiff befanden sich zwölf durch Schotten abgeteilte Räume, die vorwiegend als Frachträume dienten. Das Oberschiff beherbergte das Flugdeck, den Wirtschaftsraum und den Holm- und Gepäckraum sowie die Passagierräume. Großer Wert wurde neben den Rolleigenschaften auf dem Wasser auch auf die aerodynamische Güte gelegt. So verfügte der freitragende Schulterdecker über einziehbare Stützschwimmer.

Als das Flugzeug am 7. September 1940 unter Leitung von Flugkapitän Wasa Rodig von der Elbe aus zum Erstflug startete, war an eine zivile Verwendung nicht mehr zu

BV 222 A (in Klammern C)

Spannweite	46,00 m
Länge	36,50 m (37,00 m)
Höhe	10,90 m
Flügelfläche	255 m²
Leermasse	28.545 kg (30.650 kg)
Startmasse	45.600 kg (49.000 kg)
Höchstgeschwindigkeit auf Meereshöhe	320 km/h (305 km/h)
Dienstgipfelhöhe	6.700 m (7.300 m)
Reichweite	7.400 km (6.095 km)

Baureihen und Varianten

BV 222 A

Die mit Bramo 323 motorisierten V-Muster wurden auch als BV 222 A bezeichnet. Die Bewaffnung war unterschiedlich. V2 hatte ein MG 81 im Bug, zwei MG 131 in Drehring-Lafetten auf der Rumpfoberseite, vier MG 81 in Seitenlafetten und zwei Gondeln unter dem Tragwerk. In jeder befand sich ein MG 131 nach vorne und hinten. Die Gondeln verschlechterten die Flugleistungen derart, dass sie wieder entfernt werden mussten.

BV 222 C

Ausführung mit Jumo 207 C-Flugdieseln (1.000 PS/735 kW). Musterflugzeug war die V7 (auch C-07). Erstflug: 14. April 1943. Es war daran gedacht, zur Reichweitensteigerung die Flugboote auf See von U-Booten aus zu betanken. Entsprechende Versuche wurden 1943 durchgeführt.

denken. Luftwaffe und Marine benötigten dringend Langstreckenflugzeuge für Transport und Aufklärung. Recht schnell entbrannte ein Streit über die Nutzungsrechte, aus dem die Marine am Ende als Sieger hervorging. Dennoch begann die militärische Laufbahn des Flugzeuges zunächst als Transporter. Die BV 222 V1 flog Einsätze nach Sizilien und Kirkenes und diente schließlich zur Versorgung des Afrika-Korps. Insgesamt wurden nur zwölf Flugzeuge fertiggestellt, die sich in die Baureihen A und C aufteilten. Jede BV 222 war mehr oder weniger ein Einzelstück mit unterschiedlicher Abwehrbewaffnung. Als Transporter kamen sie bei der Lufttransportstaffel-See (LTS) 222 zum Einsatz. Später verfügte der Fliegerführer Atlantik – der die BV 222 für die Fernaufklärung benötigte – über die Flugzeuge. Bei den Besatzungen war das Muster ob seiner Flugeigenschaften und seinem Komfort recht beliebt. Die anfänglich unzureichende Abwehrbewaffnung machte sie aber zu einer leichten Beute für alliierte Langstreckenjäger, denen die V6, V8 und C-10 zum Opfer fielen. Die V3 und V5 wurden auf ihren Liegeplätzen im französischen Biscarosse durch Jagdbomber zerstört. Auch die C-09 und C-11 wurden im Mai 1944 und Mai 1945 in Travemünde von Tieffliegern zerstört bzw. schwer beschädigt. Die V1 war bereits am 1. Februar 1943 in Athen leckgeschlagen und gesunken. Eigene Kräfte sprengten bei Kriegsende die V2, V4 und V7. Nur die C-12 überstand in Norwegen den Krieg und kam später zur Erprobung nach Großbritannien, wo sie anschließend verschrottet wurde.

North American P-51 D mit schwarz-weißen Erkennungsstreifen während der Invasion in der Normandie 1944.

1940 **North American Aviation P-51 Mustang**

Bei Ausbruch des Zweiten Weltkrieges stand die Royal Air Force mit dem Rücken zur Wand. Ihre ambitionierten Modernisierungs- und Aufrüstungsprogramme waren noch nicht im gewünschten Umfang angelaufen. Auf dem Jagdflugzeugsektor fehlte es allenthalben an Hurricanes und Spitfires. Bestellungen in den USA sollten Abhilfe schaffen. Besonders die Curtiss P-40 war gefragt. Eine eigens eingerichtete Beschaffungskommission machte sich daher auf den Weg in die Vereinigten Staaten. Doch es gab Probleme. Angesichts der bereits aus Großbritannien vorliegenden Aufträge und des Eigenbedarfs des US Army Air Corps konnte Curtiss keine neuen Bestellungen der RAF annehmen. Die Briten wandten sich daher an North American Aviation (NAA) mit der Bitte zu prüfen, ob die P-40 nicht dort gefertigt werden könnte. NAA-Chef J.H. »Dutch« Kindelberger zeigte die Schwierigkeiten einer solchen Lösung auf. Es mussten ungezählte Produktionsmaschinen beschafft und die Werkhallen komplett neu eingerichtet werden. Maßnahmen, die viele Monate gedauert hätten. Kindelberger schlug den Briten den Bau eines völlig neuen Flugzeuges vor, das bei gleichen Kosten der P-40 deutlich überlegen sein sollte. Nachdem sich die Kommission nicht abgeneigt zeigte, wies Kindelberger, das von Raymond Rice geführte Konstruktionsbüro an, ein Konzept zu erarbeiten. Nur 14 Tage später lag der Entwurf NA-73X vor, der auf Zustimmung stieß und am 10. April 1940 zur Unterzeichnung eines Vorvertrages führte. Wesentlicher Bestandteil der Vereinbarung war die Lieferfrist. Bereits im Januar 1941 sollten die ersten Flugzeuge in Großbritannien eintreffen. Kein Wunder, dass die Konstrukteure von Stund an sieben Tage in der Woche 16 Stunden arbeiteten. Trotz des gewaltigen Drucks erwies sich das Flugzeug als eine brillante, durchdachte Konstruktion. Das Muster war ganz auf eine rationelle Herstellung ausgelegt. Auf komplizierte Rundungen, Bögen und Ellipsen wurde verzichtet, sodass sich die Zahl der Spezialmaschinen in sehr engen Grenzen hielt. Wenngleich der einsitzige, freitragende Tiefdecker mit Einziehfahrwerk und Ganzmetall-Bauweise auf den ersten Blick keine

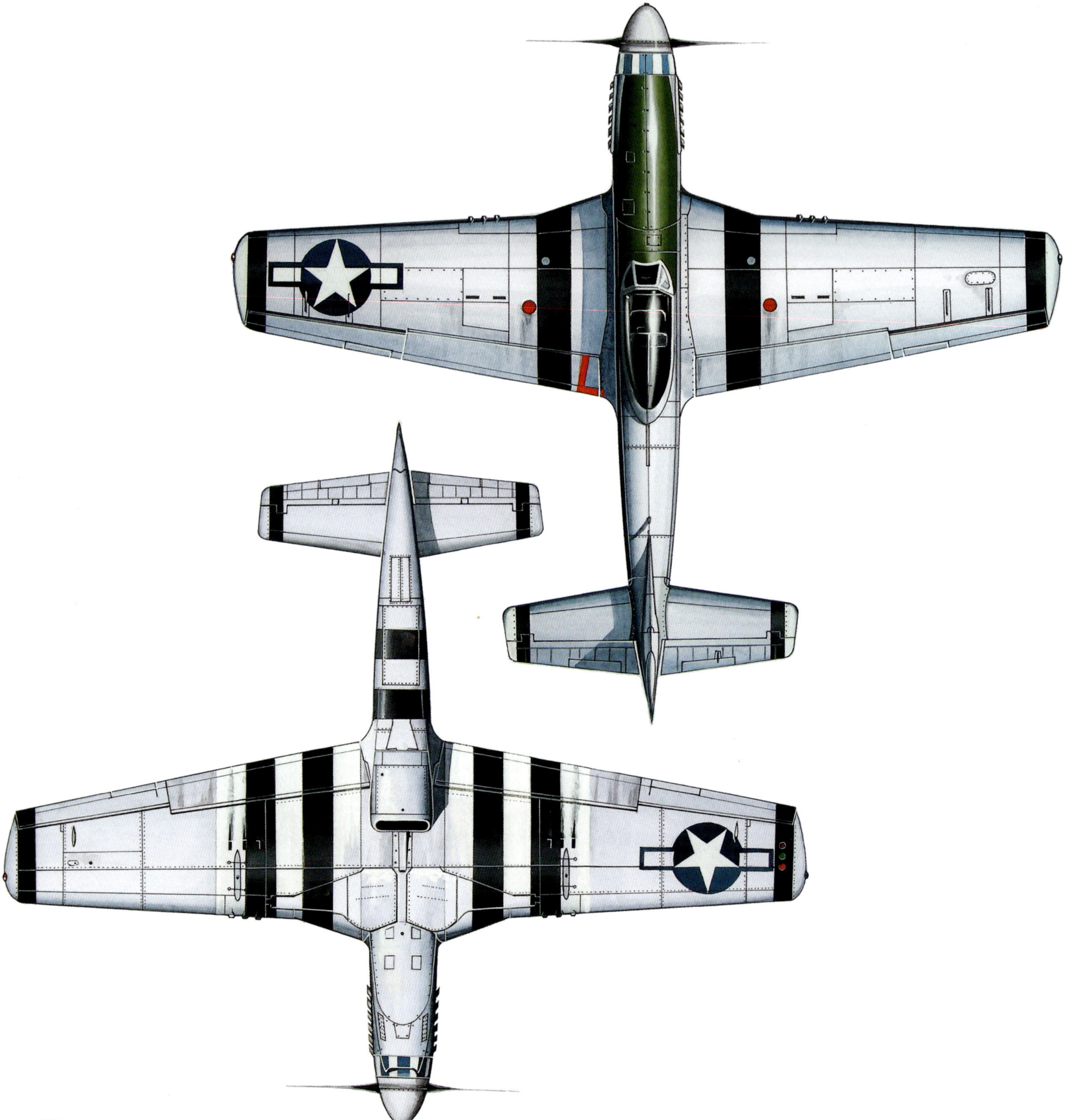

Besonderheiten aufwies, steckten in ihm zwei Schlüsseltechniken. Zum einen ein widerstandsarmes Laminar-Profil, das hohe Geschwindigkeiten erlaubte, zum anderen ein besonderer Kühler, der sowohl Öl als auch Glykol kühlte. Er war unter dem Rumpf angeordnet, hatte einen kleinen Lufteinlauf und war so konstruiert, dass die nach hinten austretende Kühlluft einen Rückstoß erzeugte. Als Antrieb stand der Allison V-1750-F3R mit 1.150 PS (843 kW) und Curtiss 3-Blatt-Luftschraube (3,20 m Durchmesser) zur Verfügung. Zwei 12,7 mm-MG unterhalb des Motors sowie zwei 12,7 mm- und vier 7,7 mm-Maschinengewehre im Tragwerk bildeten die Bewaffnung.

Vance Breeze führte den Erstflug am 26. Oktober 1940 durch, sodass das Programm im Zeitrahmen blieb. Das Muster zeigte nur wenige Mängel auf, stürzte aber am 20. November 1940 ab und wurde schwer beschädigt. Flugzeugführer Paul Balfour hatte vergessen die Kraftstoffzufuhr umzuschalten! Der Crash hatte keinen Einfluss auf das weitere Geschehen. Der Erstauftrag über 320 Flugzeuge lief wie geplant an und die RAF bestellte 300 weitere, die sie unter dem Namen Mustang in Dienst stellte.

Während der Erprobung hatte das Flugzeug nicht nur gute Flugeigenschaften unter Beweis gestellt, sondern eine Höchstgeschwindigkeit von 614 km/h erreicht. Für das USAAC Anlass genug, zwei V-Muster unter der Bezeichnung XP-51 in Auftrag zu geben. Für diese Flugzeuge hatte NAA den Namen Apache vorgesehen, der sich aber nicht durchsetzte.

Die Mustang war zwar ein gelungener Entwurf, dennoch gab es einen Schwachpunkt. Die Motorleistung ließ oberhalb von 4.000 m so stark nach, dass die RAF das Muster nicht als Jäger, sondern als Aufklärer und Tiefangriffsflugzeug einsetzte. Die erste Mission mit einer schräg im Rumpf hinter dem Cockpit eingebauten Kamera erfolgte im Mai 1942. Den ersten Luftsieg verbuchte das Muster über eine Fw 190 am 19. August 1942 über Dippe. Im Laufe des Jahres erfolgten überwiegend Tiefangriffe, teils mit einer auf vier 20 mm-Kanonen geänderten Bewaffnung, gegen Ziele in Deutschland.

Wenngleich die Mustang ausgezeichnete Leistungen offerierte, war das USAAC hinsichtlich einer Beschaffung unschlüssig. Erst einer Initiative von General »Hap« Arnold war es zu verdanken, dass ein Umdenken erfolgte. 500 Stück wurden bestellt und als Tiefangriffsflugzeuge unter der Bezeichnung A-36A ab September 1942 in Dienst gestellt. Zeitgleich kamen aber auch einige P-51 zum USAAC. Sie wurden in Nordafrika eingesetzt. Viele von ihnen als Fotoaufklärer F-6. Ab 1943 wurde das Einsatzgebiet auf Asien ausgedehnt. Hier flogen die Jäger mit zwei 284 l-Abwurftanks u.a. Begleitschutz für die B-24- und B-25-Verbände der Air Corps.

Im Frühjahr 1942 wurden in Großbritannien die ersten Mustangs mit dem Rolls-Royce Merlin-Motor ausgestattet, der dem Flugzeug nicht nur eine Höchstgeschwindigkeit von 632 km/h, sondern auch beste Höheneigenschaften verlieh, sodass das Muster seine ureigenste Aufgabe, die des Jägers, perfekt erfüllen konnte. Folgerichtig wurden mit der P-51B und C entsprechende Varianten aufgelegt. Allerdings waren auch sie noch nicht optimal. Die Sicht nach hinten war sehr begrenzt. Mit Einführung der Baureihe D, die über eine Rundumsicht-Haube verfügte, konnte der Mangel abgestellt werden. Die P-51 D war mit rund 8.000 Exemplaren die Hauptversion der Mustang. Sie stand ab Anfang 1944 bereit und brachte den Durchbruch für den Jagdeinsatz. In Verbindung mit Zusatztanks operierte die Mustang von Basen in Großbritannien, Italien und der Sowjetunion über Zentraleuropa, wobei Langstreckenflüge von mehr als 3.500 km und fast 8 Flugstunden keine Seltenheit darstellten. Neben der Hauptaufgabe, Begleitschutz für die Bomberverbände zu stellen, kamen ab Sommer 1944 vermehrt Bodenangriffe hinzu, die sich überwiegend gegen Flugplätze und Verkehrsknotenpunkte richtete. Die Luftwaffe hatte dem nichts entgegenzusetzen. Die Kolbenmotormuster Bf 109 K und Fw 190 D/Ta 152 traten ebenso wie der

North American P-51A Mustang	
Spannweite	11,28 m
Länge	9,83 m
Höhe	3,71 m
Flügelfläche	21,65 m²
Höchstgeschwindigkeit	628 km/h
Rüstmasse	3.110 kg
Startmasse	3.904 kg
Maximale Startmasse	4.812 kg
Dienstgipfelhöhe	9.500 m
Reichweite	1207 km
Reichweite mit zwei 284 l-Zusatztanks	2.011 km

North American P-51D Mustang	
Spannweite	11,28 m
Länge	9,83 m
Höhe	4,16 m
Flügelfläche	21,83 m²
Höchstgeschwindigkeit	703 km/h in 7.625 m
Rüstmasse	3.466 kg
Startmasse	4.585 kg
maximale Startmasse	5.493 kg
Dienstgipfelhöhe	12.500 m
Reichweite	1.529 km
Reichweite mit Zusatztanks	2.655 km

Strahljäger Me 262 zu spät und in zu kleinen Stückzahlen in Erscheinung. So sicherte die P-51 dem USAAC die Luftüberlegenheit über Europa. Auf dem fernöstlichen Kriegsschauplatz war das Muster auch präsent, aber in wesentlich geringerem Umfang.

Neben dem USAAC und der RAF erhielten auch Australien, Kanada und Neuseeland während des Krieges das Flugzeug, wobei die Neuseeländer erst kurz vor Kriegsende in Asien über die P-51 verfügten.

Als die Serienfertigung endete, hatten 15.875 Flugzeuge die Werkhallen von North American in Inglewood und Dallas verlassen. Gegen Kriegsende hatte die australische CAC mit dem Nachbau des Musters begonnen und 200 Maschinen, darunter vierzehn Aufklärer, produziert.

Die Ablösung des Flugzeuges erfolgte bei der US Air Force ab 1949. Zu dieser Zeit hatte bei den Jagdflugzeugen der Buchstabe P (für Pursuit) dem Buchstaben F (für Fighter) Platz gemacht. Während des Korea-Krieges kam das Muster – hauptsächlich in Form der Baureihe D und H sowie der Aufklärervarianten – noch zum Einsatz. Die letzten Mustangs taten in den USA noch bis 1957 bei der Air National Guard Dienst.

Der Bestand an P-51 war 1945 enorm, sodass im Rahmen von verschiedenen Programmen eine Abgabe an zahlreiche Länder erfolgte. Vor allem in Südamerika war das Muster häufig anzutreffen, aber auch in Europa fanden sich mit Schweden, Frankreich und der Schweiz Abnehmer. Darüber hinaus gab es viele zivile Interessenten, die die P-51 kauften, um sie aus reiner Liebhaberei oder bei Luftrennen zu fliegen.

Mitte der 1960er Jahre trat die militärische Verwendung wieder in den Vordergrund. Plötzlich waren Kolbenmotorflugzeuge für den Einsatz über Dschungel- und Urwaldgebieten Asiens und Südamerikas gefragt. Cavalier Aircraft hatte die Konstruktionsrechte erworben und baute ab 1967 für den südamerikanischen Markt eine zweisitzige Version auf Basis der P-51D. Sie besaß das Leitwerk der P-51H, neue Funkgeräte und acht Unterflügelstationen. Das Muster konnte sich ebenso wenig durchsetzen wie die 1971 eingeflogene Piper PA-48 Enforcer, die zwar auf der Cavalier-Konstruktion aufbaute, aber ein Turboprop-Triebwerk besaß und nur noch 10 % der P-51-Struktur nutzte.

P-51A. Das Hoheitskennzeichen mit gelbem Einfass war noch bis 1943 gebräuchlich.

Baureihen und Varianten

NA-73X Zivilkennung NX19998
V-Muster mit Allison V-1710-F3R-Motor. Erstflug 25. Oktober 1940.

Mustang I und IA
320 für die Royal Air Force mit Allison V-1710-39 gebaut. Zwei 12,7 mm-MG unter dem Motor sowie zwei 12,7 mm- und vier 7,62 mm-MG im Tragwerk. 300 weitere als Mustang IA mit geänderter Flügelbewaffnung (vier 20 mm-MG).

A-36A Serial Numbers 42-83663 bis 42-84162
500 Stück. Erste Einsatzvariante für das USAAC. Sechs 12,7 mm-MG, Sturzflugbremsen und zwei Außenstationen für Lasten von je 227 kg.

XP-51 Serial Numbers 41-038 und 41-039
V-Muster. Baugleich mit der britischen Mustang I.

P-51 Serial Numbers 41-37320 bis 3751; 41-37353 bis 37420 und 41-37422 bis 41-37469
Jagdflugzeugvariante für das USAAC auf Basis der britischen Mustang I. 57 als Fotoaufklärer F-6A mit zwei K-24- Kameras

P-51A Serial Numbers 43-6003 bis 43-6312
310 Exemplare mit V-1710-81-Motor (1.200 PS/882 kW) und vier 12,7 mm-MG. Außenträger für Lasten von bis zu je 227 kg. Mitführung von drei Raketenwerfern Kaliber 11,4 cm unter jedem Flügel möglich. 35 als Fotoaufklärer F-6B. RAF-Bezeichnung Mustang II.

XP-51B Serial Numbers 41-37352 bis 41-37421
Nachdem in Großbritannien Rolls-Royce fünf Flugzeuge als Mustang X mit Merlin-Motor umgebaut hatte, zeigten auch die Amerikaner Interesse. Es erfolgte dort der Umbau von zwei P-51 auf den Packard V-1650-3-Motor (Nachbau des Merlin) mit 1.300 PS (956 kW). Neue Querruder und strömungsgünstige Bombenträger. Zunächst als XP-78 bezeichnet.

P-51B Serial Numbers 42-106429 bis 42-106538; 42-106541 bis 42-106978; 43-613 bis 43-7202; 43-12093 bis 43-12492 und 43-24752-4324901.
Serienausführung auf Basis der XP-51B. 1.988 bei NAA in Inglewood gebaut. Darin enthalten 71 F-6C-Aufklärer mit zwei K-24- oder je einer K-17- und K-22-Kamera. Einige P-51B mit sechs 12,7 mm-MG im Tragwerk. Während des Baus Umstellung auf den V-1650-7-Motor mit 1.695 PS (1.246 kW) und Einbau eines 322 l-Rumpftanks hinter dem Piloten. Dadurch schlechtere Flugeigenschaften, die erst durch Einfügen einer Flosse vor dem Seitenleitwerk verbessert wurden. Ferner ersetzte eine Metallbeplankung die Stoffbespannung der Höhenruder. Vier 12,7 mm-MG. Zwei Flügelstationen für je eine 454 kg-Bombe oder Tanks. 852 als Mustang III an die RAF. Dort zum Teil mit gewölbter Kabinenhaube (Malcolm-Hood) geflogen.

P-51C Serial Numbers 42-102979 bis 42-103978; 43-24902 bis 43-25251 und 44-107 bis 44-11152.
NAA Dallas fertigte 1.750 Flugzeuge analog der Baureihe B. 20, von ihnen waren F-6C-Fotoaufklärer.

P-51D Serial Numbers 42-106539 bis 42-106540; 44-11153 bis 44-11352; 44-12853 bis 44-13252; 44-13253 bis 44-15752; 44-63160 bis 44-64159; 44-72027 bis 44-75026; 44-84390 bis 44-84989 und 45-11343 bis 45-11742.
Hauptbaureihe. 6.502 in Inglewood, 1.454 in Dallas und 200 bei CAC in Australien gefertigt. V-1650-7-Motor und neues Cockpit mit tropfenförmiger Schiebehaube. Zwei 12,7 mm-MG mit je 400 Schuss und vier 12,7 mm-MG mit 270 Schuss. Alternativ: vier 12,7 mm-MG mit je 400 Schuss. Zwei Außenträger für Bomben (je 454 kg), Raketenwerfer oder Zusatztanks. Mitführung von 12,7 cm-Raketen an Schienen unter dem Tragwerk möglich. Sechs Raketen beim Anbau von Zusatztanks oder zehn ohne Zusatztanks.
146 als F-6D. Im Korea-Krieg als RF-51D eingesetzt. Zehn als TP-51D-Zweisitzer mit Doppelsteuer und vergrößertem Seitenleitwerk. 281 als Mustang IV an die RAF geliefert.

XP-51F Serial Numbers 43-43332 bis 43-43334
Drei V-Muster für eine »Leichtgewicht«-Ausführung. Vereinfachte Struktur. Kleine Räder. Einsatz von Kunststoff. Bewaffnung auf vier MG reduziert. Leermasse um ca. 1 Tonne gesenkt. V-1650-3-Motor (1.350 PS/993 kW) .

XP-51G Serial Numbers 43-43335 und 43-43336
Die zwei V-Muster entsprachen der XP-51F, hatten aber den RR Merlin RM-14 mit 1.500 PS (1.100 kW) und 5-Blatt-Luftschraube von Rotol. Höchstgeschwindigkeit 759 km/h.

P-51H Serial Numbers 44-64160 bis 44-64714
555 Stück mit 2.218 PS (1.630 kW) V-1650-9-Motor und 4-Blatt-Luftschraube. Vergrößertes Seitenleitwerk und erhöhtes Tankvolumen von knapp 1.000 Liter. Mit 783 km/h in 7.650 m schnellste Serienausführung. Nicht mehr während des Zweiten Weltkrieges eingesetzt.

XP-51J Serial Numbers 44-76027 und 44-76028
Eine weitere »Leichtgewicht«-Version. Diesmal mit Allison V-1710-119-Motor.

P-51K Serial Numbers 44-11353 bis 44-12852
Entsprach der Baureihe D, hatte aber anstelle der Hamilton-Luftschraube einen Aeroproducts Propeller. NAA Dallas baute 1.500, von denen 595 als Mustang IVA an die RAF geliefert wurden. 163 waren F-6K-Aufklärer, die im Korea-Krieg als RF-51K zum Einsatz kamen.

P-51M Serial Number 45-11743
Die geplanten L- und M-Serien gelangten nicht zur Ausführung. Nur ein M-Musterflugzeug mit V-1650-9A-Motor wurde fertig gestellt.

1941 Avro Lancaster

Der pensionierte italienische Fliegergeneral Giulio Douhet veröffentlichte 1921 unter der Überschrift »Il domino dell'aria« seine Luftkriegstheorie. Das Werk, das in Deutschland unter dem Titel »Die Luftherrschaft« erschien, propagierte die Schaffung schwerer Bomberverbände, die tief in das Hinterland des Gegners eindringen sollten, um hier den gesamten Lebensraum des Feindes anzugreifen, somit auch seine Städte und die Zivilbevölkerung!

Die Lehren Douhets fanden weltweite Beachtung und flossen in die Planungen verschiedener Luftstreitkräfte ein. Auch die Royal Air Force griff diese Gedanken auf und begann 1936 – also drei Jahre vor Kriegsbeginn – mit der zielgerichteten Umsetzung. Ausschlaggebend dafür waren politische Entwicklungen. Deutschland rüstete wieder auf und erhob territoriale Ansprüche in Europa. Italien hatte Abessinien (heute Äthiopien) im Herbst 1935 überfallen und wollte den Mittelmeerraum und Nordafrika dominieren, und auch in Fernost standen die Zeichen auf Konfrontation. Japan hatte 1932 die Mandschurei zu einem Satellitenstaat gemacht und schickte sich an, eine führende Industrienation zu werden. All dies berührte die Interessen Großbritanniens und des Commonwealth. Um für künftige Konflikte gerüstet zu sein, begann der Aufbau des Bomber Command und die Entwicklung schwerer Bombenflugzeuge. 1936 brachte die RAF eine entsprechende Ausschreibung heraus, die folgende Anforderungen beinhaltete: Reisegeschwindigkeit 442 km/h, Dienstgipfelhöhe 8.534 m, Reichweite mit 3.632 kg-Bomben 3.220 km. Ferner sollte das Flugzeug mit einem Bugturm (2 x 7,7 mm-MG) und einem Heckturm (4 x 7,7 mm-MG) bestückt sein und großkalibrige Bomben, wie die damals neue 908 kg-Bombe oder zwei 46 cm-Torpedos, im Waffenschacht unterbringen können. Die Startmasse wurde wegen der zur Verfügung stehenden Startbahnen auf 18.160 kg begrenzt. Allerdings konnte sie beim Einsatz eines Landkatapultes erhöht werden. In einem solchen Fall lagerte das Hauptfahrwerk in einem Startschuh, der auf eine Schiene gesetzt wurde. Über eine umgedrehte V-Strebe – die die Schienen mit dem hinteren Rumpf verband – wurde das Flugzeug vor dem Start in eine waagerechte Position gebracht. Tatsächlich gab es verschiedene Versuche, ohne dass der Gedanke vollständig zu Ende geführt wurde.

Aus dem Kreis der britischen Flugzeugfirmen erhielten Avro und Handley Page Entwicklungsaufträge. So entstanden die viermotorige H.P. 56 Halifax und die zweimotorige Avro 679 Manchester. Avro setzte bei der Motorisierung seines Entwurfs auf den Rolls-Royce Vulture II, der durch den Zusammenbau von zwei Peregrine V-12 entstanden war und eine Startleistung von 1.845 PS (1.356 kW) offerierte. Die Motoren lagerten am rechteckigen Mittelflügel, der über ein auffällig dickes Profil verfügte. In die Motorgondeln schwenkte das Hauptfahrwerk ein. Die Außenflügel waren im Übrigen trapezförmig und leicht V-förmig angestellt. Der für eine siebenköpfige Besatzung ausgelegte Rumpf von rechteckigem Querschnitt bot viel Platz. Wegen der Mitteldeckeranordnung des Tragwerkes konnte ein großer – von störenden Holmen freier – Bombenschacht eingebaut wer

Avro Lancaster III	
Spannweite	31,09 m
Länge	20,99 m
Höhe	6,19 m
Flügelfläche	120,80 m²
Leermasse	16.753 kg
Startmasse	30,872 kg
Startmasse maximal	32.688 kg
Höchstgeschwindigkeit	462 km/h in 3.505 m
Dienstgipfelhöhe bei Maximalgewicht	6.000 m
Dienstgipfelhöhe bei mittlerer Flugmasse	7.488 m
Reichweite mit 4.540 kg Bombenlast	1.673 km
Reichweite mit 3.178 kg und Zusatztank	4.312 km

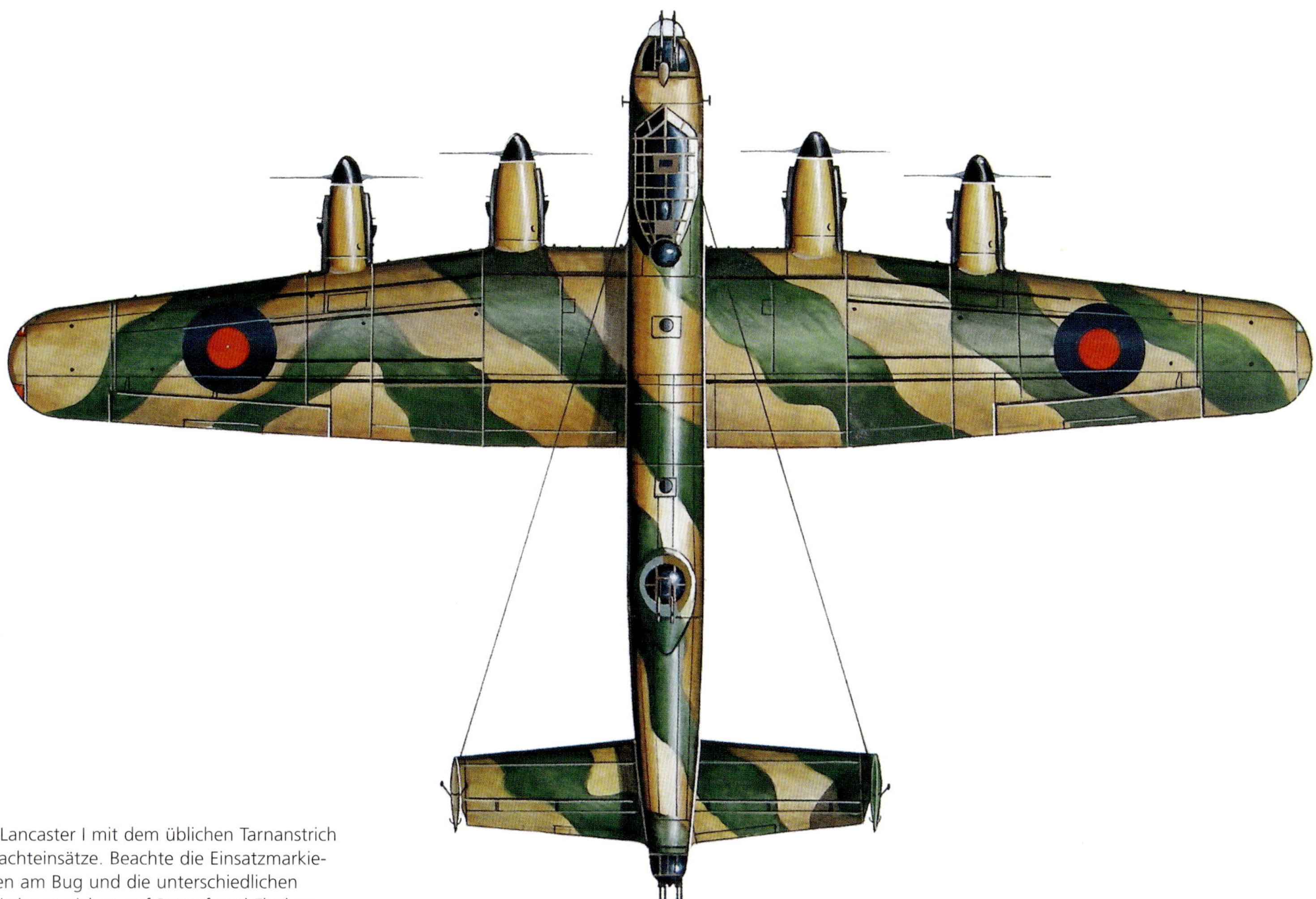

Avro Lancaster I mit dem üblichen Tarnanstrich für Nachteinsätze. Beachte die Einsatzmarkierungen am Bug und die unterschiedlichen Hoheitskennzeichen auf Rumpf und Flächen.

den. Die großzügige Verglasung des Flugdecks bot der Crew ausgezeichnete Sichtverhältnisse. Kennzeichnend für das in Metallbauweise erstellte Flugzeug war das Leitwerk mit seinen ovalen Endscheiben.

Bevor die Erprobung der Manchester beginnen konnte, ging bereits 1937 ein erster Auftrag über 200 Flugzeug – der später auf 1.500 aufgestockt wurde – bei Avro ein.

Bis zum Jungfernflug des ersten Versuchsmusters sollte es noch eine Weile dauern. Erst am 25. Juli 1939 hob das Flugzeug (Kennung L7246) vom Boden ab. In den kommenden Wochen wurde deutlich, dass die Flugeigenschaften zwar im Großen und Ganzen in Ordnung waren – lediglich die Stabilität um die Längsachse machte Sorgen –, aber die Leistungen deutlich hinter den Forderungen her hinkten. Die Höchst- und die Reisegeschwindigkeit lagen bei nur 425 km/h respektive 330 km/h. Während sich an den Leistungen nur wenig ändern ließ, führte der Anbau einer zusätzlichen, zentralen Flosse auf dem Heck zur Optimierung der Stabilität, sodass das zweite V-Muster (L7247 Erstflug 26. Mai 1940) so ausgestattet wurde. Eine wesentliche Änderung betraf die Erhöhung der Spannweite von 24,43 m auf 27,46 m. Das Flugzeug hatte neben den geforderten Bug- und Hecktürmen noch einen einziehbaren Frazer-Nash FN 7 unter dem Rumpf, der mit zwei 7,7 mm-MG bestückt war.

Nachdem weitere Manchester zur Verfügung standen, begann die Ausrüstung des ersten Einsatzverbandes mit dem Muster. Es war das No. 207 Squadron in Waddington, das ab Spätsommer 1940 die Rolle des Erprobungskommandos übernahm. Rasch erwies sich der Vulture-Motor als ständiger Störfaktor. Doch Rolls-Royce war speziell mit dem Merlin-Motor so beschäftigt und ausgelastet, dass von dort kaum Hilfe zu erwarten war. Avro entschloss sich aus der Not heraus zu einem radikalen Schritt. Nachdem für die Manchester II verschiedene Triebwerke untersucht worden waren, ohne dass sich eine Lösung anbot, wurden für die Manchester III vier Merlin-Motoren vorgesehen und die Spannweite um 3,66 m erhöht. Durch den Umbau des Serienflugzeuges BT308 auf vier Merlin X (1.145 PS/842 kW) entstand ein Erprobungsträger, dessen Leitwerk im Rahmen der Testflüge ebenfalls geändert wurde. Die Zentralflosse entfiel, die Endscheiben wurden vergrößert und außerdem die Spannweite des Höhenleitwerkes erhöht. Die Flugversuche begannen am 9. Januar 1941. Sie brachten so gute Ergebnisse, dass die eingeschlagene Richtung weiterverfolgt wurde.

Während Avro bemüht war, die Leistungen der Manchester zu verbessern, begann das No. 207 Squadron in der Nacht vom 24. zum 25. Februar 1941 mit der Einsatzerprobung. Ziel des ersten Feindfluges waren deutsche Kriegsschiffe, die in Brest vor Anker lagen. Weitere Einsätze nun auch gegen Deutschland folgten. Doch die Tage der Manchester waren gezählt. Nach dem Bau von 200 Flugzeugen wurde die Fertigung eingestellt. Alle Konzentration galt nun der Manchester III, die als Lancaster in die Fertigung ging. Neben der BT308 diente noch die DG585 als Musterflugzeug. Erste Serienmaschine war die L7527, die ihre Flüge am 31. Oktober 1941 aufnahm.

Die Fertigung der Lancaster nahm rasch Fahrt auf, da viele Baugruppen von der Manchester unverändert oder in leicht modifizierter Form übernommen werden konnten und sich die Zahl der wirklich neuen Teile in Grenzen hielt.

Es wundert nicht, dass bereits Ende 1941 das No. 44 Squadron mit dem Flugzeug ausgerüstet werden konnte. Nachdem sich Flieger und Bodenpersonal gleichermaßen mit dem Muster vertraut gemacht hatten, begannen ab dem 3. März 1942 die Einsätze. Zunächst wurden Mienen in der Bucht von Helgoland gelegt. Nur wenige Tage später kam es in der Nacht vom 10. auf den 11. März zu einem Einsatz gegen eine deutsche Großstadt, und zwar Essen. Es folgten verschiedene Feindflüge am Tage, die sich gegen Industrieanlagen in Frankreich und Deutschland richteten. Doch dann gewannen Nachteinsätze gegen deutsche Städte die Oberhand. Dabei beließ es das britische Bomber Command nicht nur bei der Zerstörung der Städte und der Bombardierung der Zivilbevölkerung. Sie versuchte auch ganze Landstriche unter Wasser zu setzen und die Wasser- und Stromversorgung des Ruhrgebiets auszuschalten, indem sie mit der Zerstörung von Talsperren begann. In der Nacht vom 16. auf den 17. Mai 1943 flog das No. 617 Squadron mit 19 Lancaster Mk.III Angriffe gegen die Möhne-, Eder-, Sorpe- und Ennepetalsperren. Zu diesem Zweck führten die Bomber tonnenförmige Spezialbomben von 4.196 kg mit, die über einen an Bord befindlichen Antrieb in Rotation versetzt wurden. Die Bomben schlugen auf dem Wasser auf, um dann wie ein Stein über das Wasser zu springen. So konnten die Sperrnetze vor den Staumauern überwunden werden. Während die Bombardierung der Sorpe- und Ennepetalsperren ins Leere lief, wurden Eder und Möhne voll getroffen, worauf die Staumauern brachen und sich eine Flutwelle von 330 Millionen Tonnen Wasser ins Land ergoss, die zahlreiche Gebäude und Anlagen zerstörte und viele Menschen tötete. Ihre genaue Zahl ist bis heute nicht ermittelt. Schätzungen differieren zwischen 1.300 und 2.400. Fest steht aber, dass die meisten von ihnen Kriegsgefangene oder Zwangsarbeiter waren. Die RAF büßte bei dem Einsatz – dessen strategischer Erfolg zu bezweifeln ist – acht Flugzeuge ein. Zuvor war ein weiteres bei einem Trainingsflug abgestürzt.

Waren die Bomber bei Kriegsbeginn bei ihren Einsätzen auf gutes Wetter und klare Nächte angewiesen, änderte sich dies ab August 1943. Von da an stand den Lancastern die Radarhilfe H2S zur Verfügung, die ein Auffinden und Bombardieren der Städte auch bei geschlossener Wolkendecke möglich machte. Das relativ große Gerät befand sich in einer Verkleidung unmittelbar hinter dem Bombenschacht, sodass der teilweise mitgeführte Drehturm unter dem Rumpf entfiel und auch keine vergrößerten Bombenschachtklappen angebaut werden konnten. Der Abwurf übergroßer Kaliber bekam ab 1944 eine besondere Bedeutung. Neben der 3.632 kg-Bombe war es die 5.450 kg schwere Tallboy, die gegen Sonderziele wie den Samur Eisenbahntunnel – durch den der deutsche Nachschub in die Normandie lief – und das vor Norwegen liegende Schlachtschiff Tirpitz eingesetzt wurde. Die Tirpitz galt als ernsthafte Bedrohung der nach Murmansk fahrenden Geleitzüge, sodass sie ausgeschaltet werden sollte. Nach einem ersten erfolglosen Luftangriff erfolgte am 15. September 1944 ein zweiter, bei dem 21 Tallboys und sechs weitere schwere Bomben geworfen wurden. Das Schlachtschiff verzeichnete zwar Schäden, sie waren aber nur geringer Art. Der nächste Angriff erfolgte im Oktober der Jahres. Diesmal kamen 32 Tallboys zum Einsatz, ohne dass die Tirpitz getroffen wurde. Der 12. November 1944 sollte dann das Schicksal des Schiffes besiegeln. Von den 28 abgeworfenen Tallboys trafen zwei voll, worauf die Tirpitz sank und mehr als 900 Seeleute den Tod fanden.

Alles in allem warfen Lancaster während des Krieges 854 Tallboys ab. Am 13. März 1945 erfolgte der erste Testabwurf einer 9.988 kg schweren Grand Slam. Auch für diese Waffe kam die Lancaster als Trägermittel zum Zuge. Bis Kriegsende wurden noch 41 Grand Slam gegen Viadukte bei Bielefeld und Arnsberg, sowie gegen U-Boot-Bunker abgeworfen.

Nachdem die deutsche Jagdabwehr ab Mitte 1944 weitgehend zusammengebrochen war, trauten sich die britischen Bomber auch wieder Tagesangriffe zu, die sich meist gegen deutsche Heeresverbände in Frankreich, Belgien und den Niederlanden richteten. Zu dieser Zeit war auch an Einsätze in Fernost gedacht. Die dafür bestimmten Flugzeuge sollten große Satteltanks auf dem Rumpfrücken mitführen. Es blieb bei der Absicht sowie dem Bau einiger Versuchsmuster. Erst nach Kriegsende kamen einige Lancaster in Asien zum Fliegen.

Einer der letzten Kriegseinsätze erfolgte am 25. April 1945, er richtete sich gegen Hitlers Wohnanlage in Berchtesgaden.

Baureihen und Varianten

Lancaster I
Avro, Austin Motors, Vickers-Armstrongs, Metropolitan-Vickers und Armstrong Whitworth fertigten 3.425 Exemplare mit Merlin XX (1.280 PS/940 kW) und de Havilland 3-Blatt-Luftschrauben. Im Laufe der Fertigung gelangten auch die Merlin-Versionen 22 und 24 zum Einbau.Abwehrbewaffnung bestand aus Drehtürmen im Bug und auf Rumpfober- und -unterseite mit je zwei 7,7 mm-MG sowie aus einem Heckturm mit vier 7,7 mm-MG. Drehturm unter dem Rumpf kam nur selten zum Anbau. Bombenlast bis zu 6.356 kg. Lancaster Mk.I (Spezial) hatte geänderten Bombenschacht zur Mitführung von Großbomben der Kaliber 3.632 kg, 5.450 kg und 9.988 kg. Das H2S-Radar musste dafür entfallen. Die Mk.I (F.E.) war für fernöstlichen Kriegsschauplatz vorgesehen und verfügte über einen vergrößerten Kraftstoffvorrat. Einige wenige Lancaster I wurden als Fotoaufklärer mit abgedeckten Drehtürmen und der Bezeichnung P.R.I eingesetzt.

Lancaster II
Armstrong Whitworth baute 300 Stück mit luftgekühlten Bristol Hercules VI-Motoren (1.600 PS/1.176 kW). Musterflugzeug war DT810. Einige mit gewölbten Bombenschachtklappen zur Unterbringung großer Bombenkaliber, andere verfügten über Bristol Hercukles XVI (1.725 PS/1.268 kW).

Lancaster III
3.039 Stück wurden mit Packard Merlin 28-, 38- oder 224-Motoren aus amerikanischer Fertigung gebaut. Ansonsten war die Baureihe bis auf wenige Details mit der Lancaster I baugleich. Musterflugzeug war die W4114.

Lancaster IV und V
Starke Unterschiede zu den übrigen Baureihen. Flugzeug erhielt die neue Bezeichnung Lincoln.

Lancaster VI
Elektronisches Störflugzeug mit Merlin 85- oder 102-Motoren und 4-Blatt-Luftschrauben. Bug- und Heckstand zur Unterbringung der Störsender ausgebaut. Nur Einzelstücke.

Lancaster VII
180 Stück bei Austin Motors mit amerikanischem Martin-Drehturm (2 x 12,7 mm Browning-MG) auf dem Rumpfrücken und Merlin 24-Motore (1.640 PS/1.205 kW). Einige hatten den Frazer-Nash FN 82-Heckturm mit zwei 12,7 mm Browning- MG.

Lancaster X
Victory Factory Kanada baute 430 Stück. Lancaster III baugleich. Unterschiedliche Motorisierung. Merlin 28 (1.300 PS/956 kW), Merlin 38 (1.480 PS/1.088 kW) oder Merlin 224 (1.640 PS/1.205 kW).

Lancaster A.S.R. 3
Umbauflugzeug zur Seenotrettung mit abwerfbarem Rettungsboot.

Lancaster G.R.3 / M.R.3
Umbauflugzeug, Seeaufklärer.

Ab April 1945 begann die RAF mit Versorgungsflügen für die notleidende Bevölkerung der Niederlande. In mehr als 3.100 Flügen wurden 6.000 Tonnen Lebensmittel per Fallschirm abgesetzt. Später übernahmen die Lancaster eine weitere Sonderaufgabe. Sie flogen etwa 74.000 britische Kriegsgefangene aus ganz Europa nach Hause. In dieser Form waren die Flugzeuge eine Vorstufe für die Verwendung als Verkehrsflugzeug. Die für diesen Zweck abgeänderten Maschinen trugen die Bezeichnung Lancastrian.

Während des Krieges flogen die Lancaster des Bomber Command rund 156.000 Einsätze und warfen dabei 608.612 Tonnen Bomben ab. Das entsprach etwa Zweidrittel der gesamten Abwürfe des Bomberkommandos ab 1942. Die Bedeutung des Musters für die Zerstörungsstrategie der Royal Air Force wird im Vergleich zu den anderen schweren Bombern deutlich. Bis zu ihrem Verlust durch Feindeinwirkung oder Unfall warf eine Lancaster 132 Tonnen, eine Halifax 56 Tonnen und eine Sterling 41 Tonnen ab.

Von den 7.374 gebauten Flugzeugen gingen durch Feindeinwirkung 3.345 verloren, weitere 587 wurden so schwer beschädigt, dass sie abgeschrieben werden mussten.

Weltweit sind zwölf Lancaster erhalten geblieben, zwei davon in flugfähigem Zustand.

1941 **Republic P-47 Thunderbolt**

Der Exil-Russe Alexander de Seversky gründete 1931 in den USA die gleichnamige Aviation Corporation. Das Unternehmen hatte mit seinen Entwürfen nur wenig Erfolg, sodass es 1939 kurz vor dem Konkurs stand. Nur mit Hilfe privater Geldgeber konnte der Betrieb erhalten werden. Allerdings unter neuer Leitung und dem Namen Republic.

Die bis dahin von Alexander Kartveli konstruierten Flugzeuge wiesen immer dieselbe Handschrift auf: freitragende Tiefdecker mit Sternmotor und kreisrundem Rumpf, der zum Heck hin spindelförmig auslief. 1940 wich Kartveli erstmals bei der XP-47/XP-47A von diesem Schema ab. Für den leichten Jäger war ein flüssigkeitsgekühlter Allison-Motor von etwa 1.100 PS (808 kW) vorgesehen. Das Muster hielt aber einer näheren Prüfung nicht stand. Erste Einsatzberichte vom europäischen Kriegsschauplatz zeigten, dass neue Jagdflugzeuge über eine schwere Bewaffnung, eine gute Panzerung und eine überlegene Geschwindigkeit verfügen sollten. Die Botschaft lautetet: weg vom leichten Jäger und hin zum schweren Jagdeinsitzer. Folgerichtig wurden die Vorentwürfe ad acta gelegt und mit der XP-47B ein Flugzeug entwickelt, das genau in die bisherige Entwicklungslinie Kartvelis passte. Es entstand ein Jäger von etwa 6 Tonnen Masse, der von einem luftgekühlten Pratt & Whitney R-2800 angetrieben wurde. Der Motor hatte eine Startleistung von 2.000 PS (1.470 kW). Diese Leistung gab er auch in mehr als 10.000 m Höhe ab. Ursächlich dafür war ein Turbolader, der von den Motorabgasen angetrieben wurde und dem Lader komprimierte Luft zuführte. Das von General Electric gefertigte System benötigte viel Platz, sodass der Rumpf entsprechend groß ausfiel. Gut gepanzert, mit acht schweren 12,7 mm-MG im Tragwerk bestückt und mit einem Treibstoffvorrat von rund 1.200 l in zwei Rumpftanks sollte das Flugzeug um die 660 km/h erreichen. Das waren Leistungen, die das US Army Air Corps überzeugten und die neben dem Bau eines V-Musters auch Aufträge über 773 Exemplare nach sich zogen.

Die XP-47B konnte am 6. Mai 1941 eingeflogen werden. Am Steuer des Debütanten saß L.L. Brabham. Während der Erprobung ergaben sich ungezählte Änderungen, die aber auf die anlaufende Produktion keinen Einfluss hatten. Am Beginn der Fertigung stand die Baureihe B, die ab Dezember 1941 vom Band lief. Als die ersten Flugzeuge im Herbst 1942 bei der 56th Fighter Group eintrafen, waren die Flugzeugführer geschockt. Eine derart große und schwere Maschine mit einem ungewöhnlich geräumigen Cockpit konnte kein Jäger sein. Tatsächlich war das Muster nicht das, was man von einem Jagdflugzeug erwarten konnte. Seine Manövrierfähigkeit und ganz besonders seine Steigleistung ließen zu wünschen übrig. Doch die P-47 – Beiname Thunderbolt – hatte Vorzüge, die sie zu einem begehrten Muster machten. Sie erreichte eine hohe Geschwindigkeit, verfügte über ausgezeichnete Höhenleistungen, war schwer bewaffnet, robust und im Sturzflug überlegen. Die P-47B diente ausschließlich dazu, die Einsatzverbände mit dem Muster bekannt zu machen. Erste Einsatzversion war die P-47C, die ab September 1942 bereit stand. Die ersten Exemplare trafen im Januar 1943 bei der 8th USAAF in Großbritannien ein. Am 8.

Republic P-47D-40-RA. Neben den »Invasionsstreifen« fällt der nachträgliche, grüne Anstrich der ansonsten silbernen Oberseite auf. 56th Fighter Group. 8th USAAF.

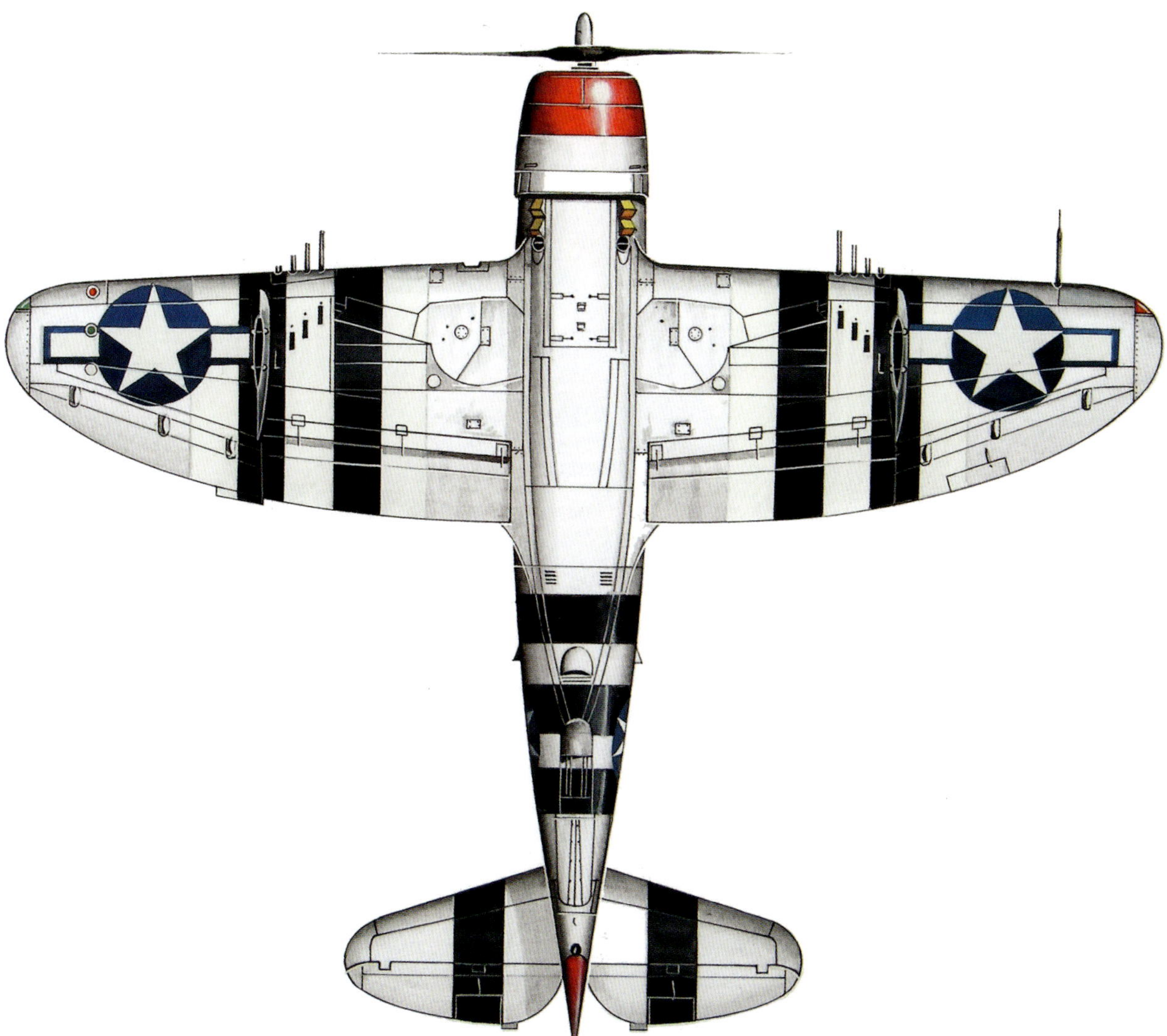

April 1943 folgte der erste Einsatz. Bei einem Angriff auf Antwerpen flogen die Thunderbolts Begleitschutz für B-17.

Der mächtige Motor benötigte viel Kraftstoff, sodass die Reichweite der P-47 bei nur 1.000 km lag. Erst bei späteren Baureihen konnte durch Erhöhung des Innenkraftstoffs und dem Anbau von bis zu drei Zusatztanks eine deutliche Steigerung erreicht werden.

Die Thunderbolt – von ihren Piloten Juggernaut (Moloch, Götze) oder kurz Jug genannt – zeigte sich im Kurvenkampf mit der Bf 109 und der Fw 190 unterlegen, worauf solche Kämpfe so weit wie möglich vermieden wurden. Gleiches galt auch für den Steigflug. Dafür spielte die P-47 die bereits erwähnten Stärken aus. Republic war bemüht, das Muster ständig weiter zu entwickeln. Mit der Baureihe D konnten deutliche Fortschritte erzielt werden, wobei sich zwischen den verschiedenen Fertigungsblöcken teils gravierende Unterschiede ergaben. Durch den Einbau immer stärkerer Triebwerke blieb das Leistungsniveau auch bei ansteigenden Massen stets gleich hoch. Im Bereich der Steigleistung konnten sogar Verbesserungen erzielt werden.

Nach dem Einsatzdebüt in Europa trat der Jäger ab 1943 auch in Nordafrika und dem pazifischen Kriegsschauplatz in Erscheinung. Die 348th Fighter Group des USAAC setzte das Muster von Australien aus ein. Später wurden die Missionen auf große Teile Asiens ausgeweitet.

Mit zunehmender Luftüberlegenheit in Fernost und Europa verlegten sich die Thunderbolt-Verbände mehr und mehr auf die Bekämpfung von Bodenzielen. Dazu führten sie Bomben und ungesteuerte Raketen mit.

1945 war die P-47 neben der P-51 das wichtigste Jagdflugzeug der USA. Bei Kriegsende hatten 15.683 Flugzeuge die verschiedenen Fertigungsstätten von Republic und Curtiss verlassen. Bestellungen für weitere 5.934 Thunderbolts lagen vor, wurden aber storniert.

Während der Einsatzzeit absolvierten die P-47 1,35 Millionen Flugstunden, dabei gingen 5.222 verloren. Die Verlustrate von 0,7 % pro Einsatz war eine der geringsten überhaupt. Die Zahl der exportierten Flugzeuge hielt sich während des Krieges in Grenzen. Die RAF erhielt 830 P-47D, die sie bevorzugt in Fernost flog. 446 gingen an die Free French Air Force in Nordafrika und 196 an die UdSSR (sieben weitere wurden vor ihrer Auslieferung zerstört). Nachdem sich Brasilien und Mexiko ab 1942 aktiv am Krieg gegen die Achsenmächte beteiligten, wurden 88 P-47 an die Brasilianer überstellt, die sie u.a. in Italien einsetzten. Die Mexikaner erhielten 25 Flugzeuge, die im Kampf gegen die Japaner auf den Philippinen stationiert waren.

Ab 1945 wurden der Air National Guard einige Thunderbolts zugeführt, die dort unter den Kennungen F-47D und F-47N bis 1955 flogen.

Leichten Herzens gaben die Amerikaner nach dem Krieg ihre überschüssigen Thunderbolts an befreundete Nationen ab. Darunter befanden sich zum Beispiel Chile, Honduras, El Salvador, Italien, Iran und die Türkei.

Republic P-47D-30 Thunderbolt	
Spannweite	12,42 m
Länge	10,99 m
Höhe	4,44 m
Flügelfläche	27,9 m²
Leermasse	4.812 kg
Maximale Startmasse	7.900 kg
Höchstgeschwindigkeit	
mit Motornotleistung	687 km/h in 7.625 m
	685 km/h in 9.150 m
Dienstgipfelhöhe	12.800 m
Reichweite (nur Innenkraftstoff)	1.367 km

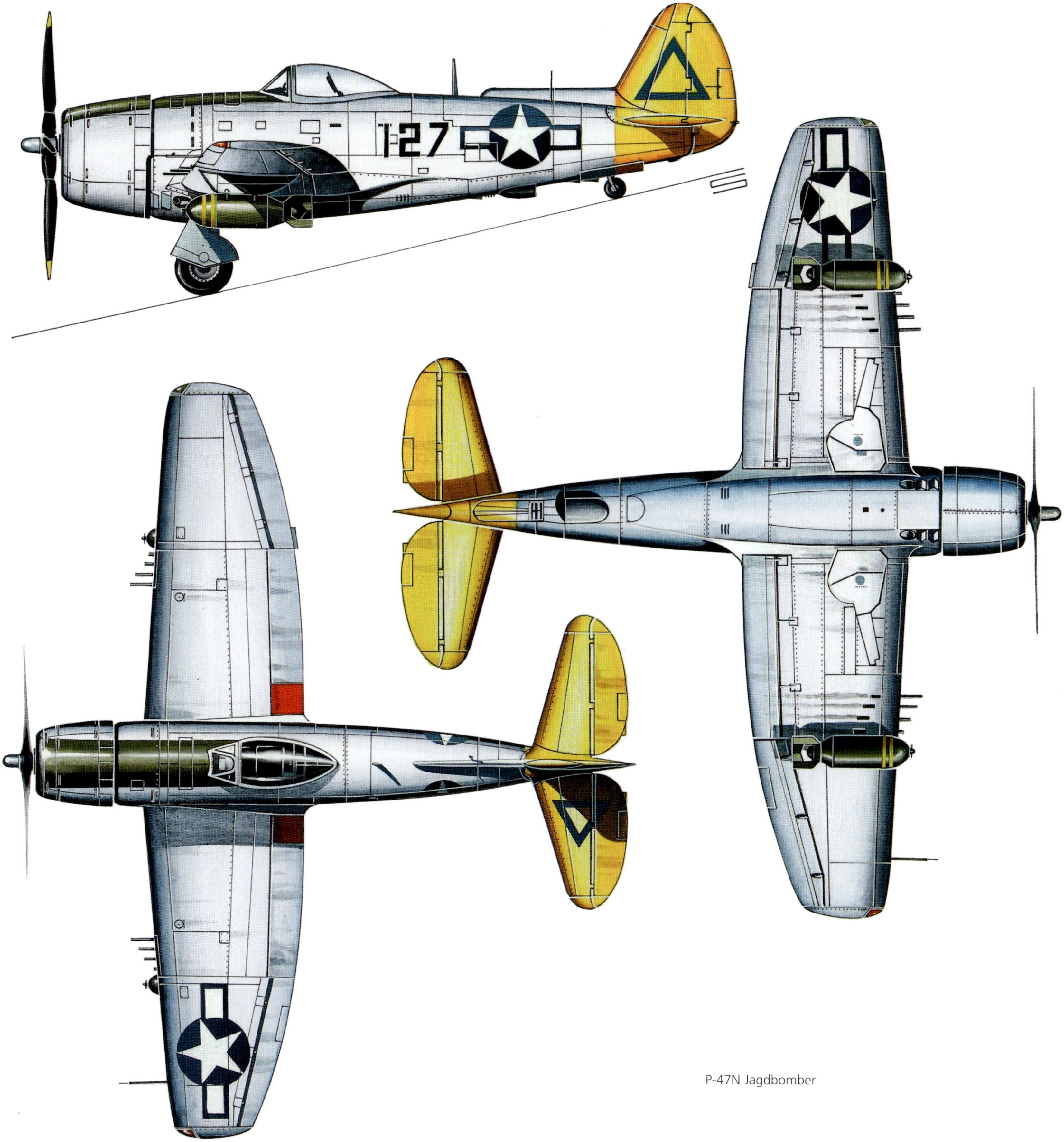

P-47N Jagdbomber

Baureihen und Varianten

XP-47B Serial Number 40-3051
Ganzmetall-Halbschalen-Bauweise. Einziehfahrwerk mit Teleskop-Federbeinen. Tragwerk mit Hochgeschwindigkeitsprofil. Hydraulische Landeklappen. Pratt & Whitney XR-2800 mit Turbolader. Nennleistung in 8.433 m 2.000 PS (1.470 kW). Curtiss 4-Blatt-Luftschraube mit 3,71 m Durchmesser. Erstflug 6. Mai 1941. Am 8. August 1942 abgestürzt.

P-47B Serial Numbers 41-5895 bis 41-6065
Erstes Serienmodell. Nur wenige Detailänderungen gegenüber der XP-47B. Stoffbespannung der Höhenruder gegen Metall getauscht. Antennenmast geändert. Schiebehaube anstelle einer Klapphaube. Ausschlagwinkel des Höhenruders und Einstellung des Höhenleitwerks verändert. 8 x 12,7 mm-MG im Tragwerk. Maximal 425 Schuss je Waffe. 9,5 mm-Rückenpanzer. 38 mm-Panzerglas als Windschutz.

P-47C Serial Numbers 41-6066 bis 41-6667
602 gebaut. Verstärktes Seitenleitwerk. Ab P-47 C-1 Rumpf um 20 cm verlängert. Ab P-47C-2 Mitführung eines knapp 800 l fassenden Zusatztanks für Überführungsflüge unter dem Rumpf möglich.

P-47D Serial Numbers 42-7853 bis 42-8702; 42-22250 bis 42-23299; 42-25274 bis 42-29466; 42-74615 bis 42-76614; 43-25254 bis 43-25753; 44-19558 bis 44-21107; 44-32668 bis 44-33867; 44-89684 bis 44-90483 und 45-49090 bis 45-49554;
Hauptbaureihe. 12.608 Exemplare. Anbau zusätzlicher Kühlerklappen. Treibstoffsystem verbessert. Zentraler Rumpfträger für Bomben von bis zu 227 kg oder Zusatztank. Zahlreiche Detailänderungen je Baulos. Unterschiedliche Motoren u.a. R-2800-63. Höchstleistung 2.300 PS (1.690 kW) mit Wassereinspritzung (Wasservorrat 114 l)
Ab P-47D-15 ein Außenträger für 227 kg unter jedem Flügel. Unterschiedliche Luftschrauben z. B. P-47D-22 mit 4-Blatt-Paddeltyp von Hamilton (3,95 m Durchmesser). P-47D-23 mit 6 oder 8 MG und neuen Außenträgern für bis zu 1.135 kg (beispielsweise 2 x 454 kg- und eine 227 kg-Bombe).
Ab P-47D-25 tropfenförmige Schiebehaube für 360° Rundumsicht und geändertem Rumpfrücken. Innenkraftstoff auf 1.400 l erhöht. R-2800-59 mit 2.535 PS (1.863 kW) Notleistung. P-47D-40 mit Heckwarnradar und Raketenbewaffnung.

XP-47E Serial Number 41-6065
Umbauflugzeug mit Druckkabine.

XP-47F Serial Number 41-5938
V-Muster. Umbau einer P-47B. Laminar-Profil.

P-47G Serial Number 42-24920 bis 42-25273
354 Stück bei Curtiss hergestellt. 20 mit R-2800-21 auf Basis der Baureihe C. Die übrigen mit R-2800-63 analog der D-Serie. Ab P-47G-1 Rumpfverlängerung. Zwei als zweisitziges Schulflugzeug umgebaut.

XP-47H Serial Numbers 42-23297 und 42-23298
Umbauflugzeuge mit flüssigkeitsgekühltem Chrysler XIV-2220-1 16-Zylinder-Motor. 2.500 PS (1.838 kW). Rumpflänge 11,68 m. Erstflug 26.7.45.

XP-47J Serial Number 43-46952
Hochleistungsjäger mit reduzierten Massen und sechs 12,7 mm-MG. R-2800-57 mit 2.800 PS (2.058 kW). Turbolader mit neuem Kühlsystem. Tatsächlich erreichte Geschwindigkeit: 813 km/h.

XP-47L Serial Number 42-76614
Versuch der Reichweitensteigerung durch vergrößerte Innentanks.

P-47M Serial Number 44-21108 bis 44-21237
Musterflugzeuge für die Baureihe waren drei YP-47M (42-27385, 27386 und 27388). Spezialausführung zur Abwehr der Lenkwaffe V-1. R-2800-57-Motor. Keine Außenträger. Höchstgeschwindigkeit 756 km/h.

P-47N Serial Number 44-87784 bis 44-89450 und 45-49975 bis 45-50123
Sonderversion für den Einsatz als Langstreckenjäger auf dem pazifischen Kriegsschauplatz. Musterflugzeug war die XP-47N (42-27387). Spannweite um 56 cm verlängert. Flügelfläche um 2,04 m² vergrößert. Einbau von zwei zusätzlichen Rumpftanks à 352 l. Gesamtkraftstoff einschließlich Außentanks: 4.792 l. R-2800-77 Motor mit 2.800 PS (2.058 kW). Zusätzliche Rückenflosse vor dem Leitwerk.

Grumman TBM-3 Avenger. Stationiert auf dem Träger USS Bunker Hill.

1941 **Grumman TBF (TBM) Avenger**

Grumman ging 1940 aus einem Torpedobomber-Wettbewerb der US Navy als Sieger hervor und betrat damit Neuland. Bis dato hatte das Unternehmen nur Jagdflugzeuge für die Navy gebaut und auch beim erfolgreichen Entwurf XTBF-1 gab es mancherlei Anleihen an die bisherige Jägerentwicklung.

Das Flugzeug war ein Mitteldecker mit Wright R-2600-8-Motor und 3-Blatt-Luftschraube, dessen Startleistung 1.700 PS (1.250 kW) betrug. Der Bomber hatte eine dreiköpfige Besatzung, Einziehfahrwerk, Trägerausrüstung und anklappbare Tragflächen. Der lang gestreckte Waffenschacht konnte einen 56 cm-Torpedo oder Bomben mit einem Gesamtgewicht von bis zu 908 kg aufnehmen. Die Bewaffnung bestand aus einem über dem Motor eingebauten 12,7 mm-MG. Ferner war am Ende der geräumigen Kabinenverglasung ein Drehturm mit einem 12,7 mm-MG installiert. In einer Stufe unter dem Heck des Flugzeuges befand sich ein Abwehrstand mit einem 7,7 mm-MG.

Als das erste von zwei Versuchsmustern am 7. August 1941 vom Boden abhob, lag bereits ein Erstauftrag über 285 Flugzeuge unter der Bezeichnung TBF-1 Avenger (Rächer) vor, wobei TB für Torpedobomber steht und F der Kennbuchstabe für Grumman ist.

Die Flugversuche offenbarten einige Schwächen. Der Schwerpunkt stimmte nicht, sodass die Lage des Motors geändert werden musste. Es gab Kühlprobleme und die Stabilität ließ zu wünschen übrig. Nachdem der erste Prototyp am 28. November 1941 abgestürzt war, lag die Last der Versuchsfliegerei auf dem zweiten Versuchsmuster, das sich durch den Anbau einer Heckflosse vor dem Seitenleitwerk optisch vom Vorgänger abhob. Das Flugzeug, bei dem alle Mängel beseitigt waren, entsprach weitgehend den nachfolgenden Serienflugzeugen.

Unter dem Eindruck von Pearl Harbor lief die Produktion rasch an. Bereits im Januar 1942 rollten die ersten Avenger aus der Werkhalle. Bis Jahresmitte waren es schon 145 Stück. Doch das war erst der Anfang. Insgesamt wurden bis zum Ende der Fertigung im

TBM-3W der französischen Marineflieger während der Suez-Krise 1956 mit gelber Sondermarkierung.

Technische Daten: TBF-1C	
Spannweite	16,51 m
Rumpfbreite mit angeklappten Tragflächen	5,79 m
Länge	12,19 m
Höhe	5,00 m
Flügelfläche	45,52 m²
Leermasse	4.788 kg
Startmasse	7.876 kg
Dienstgipfelhöhe	6.525 m
Reichweite als Torpedobomber	1.780 km
Reichweite als Aufklärer	3.755 km

Jahre 1945 9.827 Serienflugzeuge und 12 Versuchsträger produziert. 7.546 kamen aus den Fertigungsstätten von Eastern Aircraft, einer General-Motors-Tochter. Aufgrund des damaligen Typenbezeichnungssystems trugen sie die Kennung TBM (M für General Motors).

Die ersten Flugzeuge trafen Anfang 1942 bei der Torpedostaffel 8 (VT-8) ein. Die Feuertaufe erhielt das Muster am 4. Juni 1942 während der Schlacht um Midway. Von den sechs eingesetzten Avenger kehrte aber nur eines schwer beschädigt und mit einem Toten an Bord zurück. Es zeigte sich rasch, dass dieser Verlust eine Ausnahme war. In den kommenden Gefechten erwies sich das Flugzeug – von den Besatzungen Turkey genannt – als effektiver Torpedobomber, der zahlreiche Schiffe versenkte. Die Avenger wurde darüber hinaus mehr und mehr zu einem All-Round-Flugzeug, das verschiedene Aufgaben übernahm.

Die guten Eigenschaften des Musters wie Zuverlässigkeit und Robustheit zogen das Interesse der Fleet Air Arm, der britischen Royal Navy auf sich. Im Laufe des Krieges wurden 958 Avenger verschiedener Ausführungen an Großbritannien geliefert und vorwiegend im Nordatlantik mit Erfolg eingesetzt. So verbuchten sie die Versenkung der U-Boote U-198, -288, -355 und -711. Erst 1962 schieden die letzten Avenger bei der Royal Navy aus. Weitere Betreiber waren Brasilien (6), Kanada (117), Frankreich (140), Niederlande (78) und Neuseeland (48).

Die TBF bzw. TBM, die den Japanern so viele herbe Verluste zugefügt hatte, bildete im Übrigen ab 1954 die Erstausstattung der japanischen Marineflieger, die zehn TBM-3W2 und zehn TBM-3S2 aus US-Beständen erhalten hatten.

Nach dem Krieg wurde eine beachtliche Anzahl Flugzeuge zur Brandbekämpfung oder als landwirtschaftliche Sprühflugzeuge eingesetzt. Die meist einsitzigen Maschinen führten dabei bis zu 2.724 kg an Chemikalien mit.

Baureihen und Varianten

XTBF-1 BuNos. 2539 und 2540
Versuchsmuster mit R-2600-8-Motor. Zweites Flugzeug mit veränderter Motorlage und Flosse vor dem Seitenleitwerk.

TBF-1 und TBM-1 BuNos. Grumman: 00373 bis 00393; 00394 bis 00658; 01732 bis 01770; 05877 bis 06491; 23857 bis 24140; 24142 bis 24241; 47438 bis 47637 und Eastern: 24521 bis 25070.
2.024 Stück auf Basis des zweiten V-Musters gebaut. Anbau von bis zu acht Raketenschienen unter dem Tragwerk oder Mitführung eines Radargerätes möglich. TBF-1B in 402 Exemplaren gefertigt und als Tarpon T.R. MK.I an die Royal Navy geliefert. Später ebenfalls als Avenger bezeichnet.

TBF-1C und TBM-1C BuNos. Grumman: 24242 bis 24340; 24342 bis 24520; 47638 bis 48123; Eastern: 16792 bis 17091; 25071 bis 25174; 25176 bis 25520; 25522 bis 25699; 25701 bis 25720; 34102 bis 34105; 45445 bis 45644; 45646 bis 46444 und 73117 bis 73498.
Verlegung des 12,7 mm-MG vom Motor in das Tragwerk. Einbau eines 1.040 l-Zusatztanks im Bombenschacht und zwei 217 l-Tanks im Tragwerk möglich.
Einige wenige als TBF-1P/TBF-1CP und TBM-1P/TBM-1CP als Fotoaufklärer mit Kameras im Bombenschacht. TBF-1D und TBM-1D waren U-Bootjäger mit AN/APS-3 Radar in der Flügelvorderkante. Weitere U-Bootjäger, aber mit AN/APS-4, trugen die Bezeichnungen TBF-1E und TBM-1E. Die TBF-1J und TBM-1J hatten Winterausrüstung und eine beheizte Kabine und die TBF-1L und TBM-1L einen einziehbaren Suchscheinwerfer.

XTBF-2 BuNo. 00393
Einzelstück mit XR-2600-10-Motor mit Zwei-Gang-Lader.

XTBF-3 / XTBM-3
Versuchsmuster mit Wright R-2600-20 (1.900 PS/1.397 kW). Erstflug 20. Juni 1943. BuNos. der Grumman-Flugzeuge: 24141 und 24341, die der Eastern: 25175, 25521, 25700 und 45645.

TBM-3 BuNos. 22857 bis 23656; 53050 bis 53949; 68062 bis 69538; 85459 bis 86292 und 91107 bis 91752.
4.657 ab April 1944 bei Eastern mit R-2600-20 gefertigt. Gegenüber Vorgängern zahlreiche Detailänderungen wie Bombenvisier für Gleitangriffe. TBM-3D als U-Bootjäger mit Bordradar. Teils mit Suchscheinwerfer. Einige ohne Drehturm. TBM-3E mit um 30 cm verlängertem Rumpf und AN/APS-4-Radar unter dem Tragwerk. TBM-3E2 mit verbessertem Radar. Die TBM-3H hatte ein Spezial-Radar, die J Winterausrüstung, die L einen einziehbaren Suchscheinwerfer und die M war ein Erprobungsträger für Raketen und Lenkwaffen. Die TBM-3N verfügte über eine Nachtflugausrüstung, die Q fungierte als elektronisches Störflugzeug, die R war ein siebensitziges Verbindungsflugzeug, das zwischen den Flugzeugträgern eingesetzt wurde. Die S übernahm die Rolle des U-Bootjägers und die U die des Zielschleppers.

TBM-3W
Stark verändertes Frühwarnflugzeug. Mit Suchradar von etwa 180 km Reichweite in einer großen Verkleidung unter dem Rumpf. Keine Bewaffnung. Neues Kabinendach. Zweisitzig. Flossen auf dem Höhenleitwerk zur Stabilisierung.

XTBM-4 BuNos. 97673 und 97675
Strukturverstärkung für Sturzangriffe bis 5 g (g für Erdbeschleunigung). Geplante Serie gestrichen.

XTBM-5
Zwei Flugzeuge durch den Umbau vorhandener Maschinen hergestellt. Drehturm entfernt. Abwehrstand unter dem Heck entfernt und Heckstufe überarbeitet. Zwei Mann Besatzung. Zwei bewegliche 7,7 mm-MG im Auslauf der Kabinenabdeckung. Spannweite gering vergrößert.

Schwerer Nachtjäger P-61 Black Widow.

1942 **Northrop P-61 Black Widow**

Ab 1940 begann die Royal Air Force mit dem Bombardement deutscher Städte. Dabei verlegte sie ihre Aktivitäten schon bald von Tageseinsätzen in die Nachtzeit.

Die US Army Air Force, die das Kriegsgeschehen in Europa von Großbritannien aus beobachtete, folgerte daraus, dass für diese Form der Kriegsführung ein spezielles Nachtjagdflugzeug benötigt wurde und schrieb dafür einen Wettbewerb aus, bei dem sich die Firmen Northrop und Douglas gegenüberstanden. Während sich Douglas mit einer Nachtjagdausführung des Angriffsflugzeuges A-26 nicht durchsetzen konnte, erhielt Northrop den Zuschlag.

Das Muster trug die Bezeichnung P-61. Es war ein zweimotoriger Dreisitzer mit zwei Leitwerksträgern, Bugfahrwerk und Suchradar im Rumpfbug. Die Bewaffnung bestand aus vier 20 mm-Maschinenkanonen in einer Wanne unter dem Rumpf, sowie vier 12,7 mm-Maschinengewehren in einem fernbetätigten Drehturm auf der Rumpfoberseite.

Zunächst wurden zwei Versuchsmuster (XP-61) und dreizehn Vorserienflugzeuge (YP-61) geordert. Der erste Prototyp startete am 26. Mai 1942 zum Jungfernflug. Bis zum September 1943 folgten die übrigen Flugzeuge. Während der Erprobung trugen die Maschinen einen allseitig schwarzen Anstrich. Dies führte zum Beinamen Black Widow (schwarze Witwe), nach einer hochgiftigen nordamerikanischen Spinnenart.

Noch vor Beginn der Flugversuche hatte die USAAF 510 Serienflugzeuge bestellt, deren erste Exemplare Ende 1943 zur Auslieferung kamen. Inzwischen hatte sich gezeigt, dass der Drehturm für unangenehme Verdichtungsstöße ursächlich war, sodass er ab dem 38. Flugzeug nicht mehr angebaut wurde. Sämtliche für den Betrieb des Turmes erforderlichen Anschlüsse und Kabel behielt Northrop jedoch bei. So konnte jederzeit eine Nachrüstung erfolgen. Eine Möglichkeit, von der auch Gebrauch gemacht wurde.

Als erste Einheiten erhielten 1944 die 18. Fighter Group im Südpazifik und das 422. Night Fighter Squadron in Großbritannien das Flugzeug.

P-61B Black Widow	
Spannweite	20,11 m
Länge	14,88 m
Höhe	4,47 m
Flügelfläche	61,54 m²
Leermasse	12.247 kg
Startmasse	17.237 kg
Höchstgeschwindigkeit	589 km/h
Dienstgipfelhöhe	10.100 m
Reichweite ohne Zusatztanks	2.000 km
Reichweite mit vier Zusatztanks	4.830 km

Schwerer Nachtjäger P-61 Black Widow.

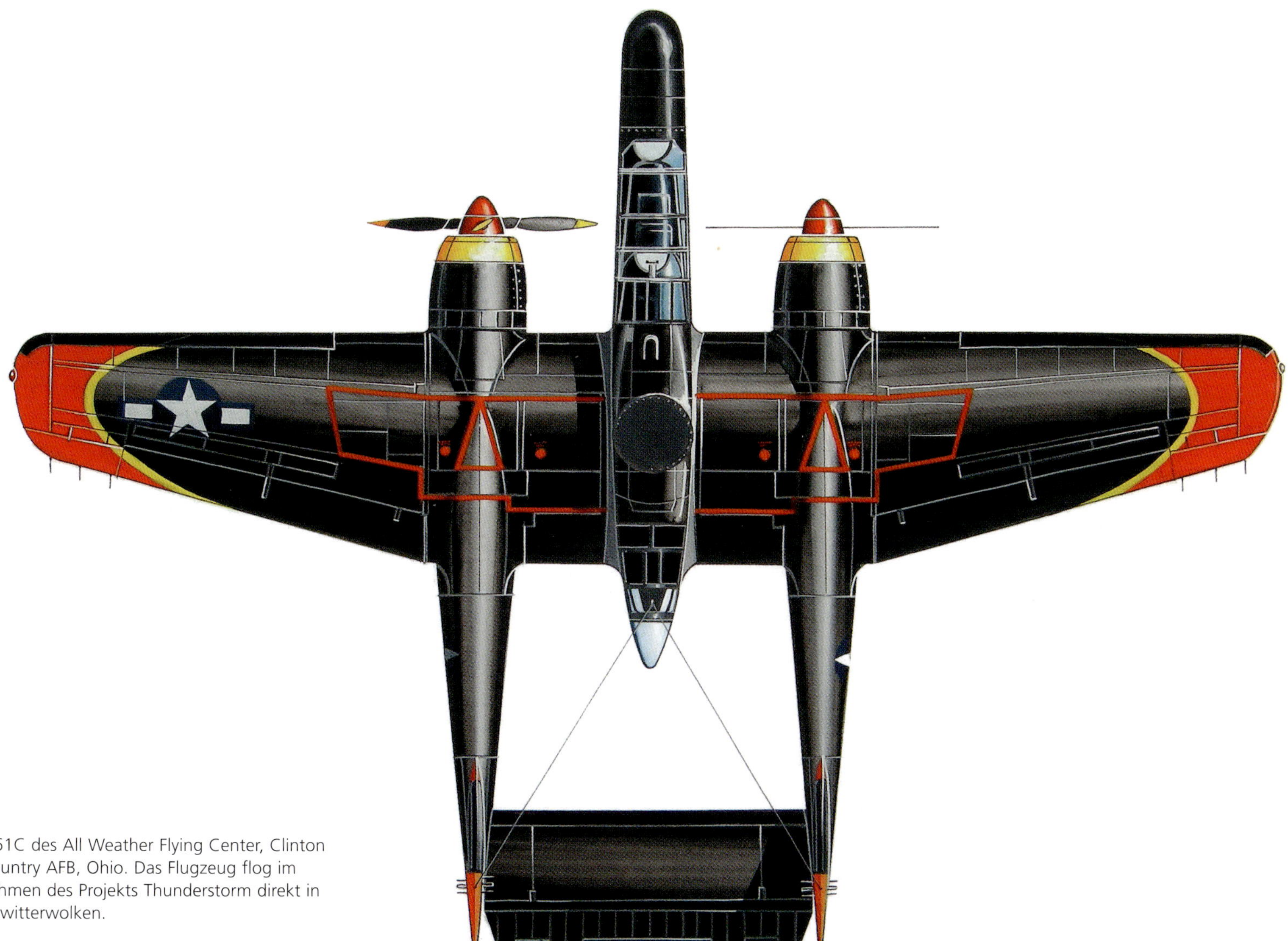

P-61C des All Weather Flying Center, Clinton Country AFB, Ohio. Das Flugzeug flog im Rahmen des Projekts Thunderstorm direkt in Gewitterwolken.

Baureihen und Varianten

XP-61 Serial Numbers 41-19509 / 41-19510
Versuchsmuster mit zwei Pratt & Whitney R-2800-10-Motoren mit je 2.000 PS (1.471 kW).

YP-61 Serial Numbers 41-18876 bis 41-18888
Die dreizehn Vorserienflugzeuge entsprachen weitgehend den zwei Versuchsmustern. Magnesiumbauteile wegen Rissbildung durch Dural ersetzt.

P-61A Serial Numbers 42-5485 bis 42-5634 / 42-39348 bis 42-39397
Erste Serienausführung. Im Laufe der Fertigung kam der stärkere R-2800-65 mit 2.250 PS (1.655 kW) zum Einbau. Ferner hatte das Muster zwei Außenträger unter dem Flügel, an dem wahlweise zwei 1.173 l-Tanks oder je zwei 454 kg-Bomben mitgeführt werden konnten.

P-61B Serial Numbers 42-39398 bis 42-39757 / 43-8231 bis 43-8320
Die Baureihe verfügte über das verbesserte SCR-720-Bordradar und eine optimierte Feuerlöschanlage für die Triebwerke. Teilweise wurde das APS-13-Heckwarnradar eingebaut. Vier Außenträger für 1.173 l-Zusatzbehälter oder Kampflasten (bis zu 743 kg je Träger) waren vorhanden. Einige Flugzeuge hatten den Drehturm auf der Rumpfoberseite.

P-61C Serial Numbers 43-8321 bis 43-8361
Letztes Serienmodell. Zwei R-2800-73 mit 2.800 PS (2.060 kW) bildeten den Antrieb. Neu waren Luftbremsen auf der Ober- und Unterseite der Außenflügel sowie Paddel-Luftschrauben. Mit 692 km/h war die C-Version die schnellste Serienausführung der P-61.

XP-61D Serial Numbers 42-5559 / 42-5587
Umbau von insgesamt zwei P-61A mit R-2800-77-Motoren.

XP-61E Serial Numbers 42-39549 / 42-39557
Ausführung als Langstrecken-Begleitjäger. Ausbau des Bordradars. Neues Cockpit mit Tandemsitzen für zwei Mann. Kein Drehturm, dafür vier 12,7 mm-MG im Bug.

XF-15 und XF-15A
Eine XP-61E und eine P-61A wurden zu Versuchsträgern für das F-15-Fotoflugzeug umgebaut.

F-15A Serial Number 45-59300 bis 45-59335
Fotoaufklärer – später in RF-61C umbenannt – mit sechs Kameras im Bug. Bis 1952 im Einsatz. Beiname Reporter.

Alles in allem konnte das Muster als Nachtjäger wenig überzeugen. Es verfügte zwar über eine ansprechende Höchstgeschwindigkeit von etwa 600 km/h, es war aber wegen seiner Größe und Massen sehr unbeweglich. Bessere Wirkung erzielte die P-61 bei der Bekämpfung von Bodenzielen auf dem asiatischen Kriegsschauplatz. Neben den Bordwaffen konnten auch Bomben und Raketen eingesetzt werden.

Nachdem der Versuch, das Flugzeug an die Royal Air Force zu verkaufen, gescheitert war, versuchte Northrop die Black Widow als Langstreckenbegleitjäger und Fotoaufklärer weiter in der Produktion zu halten. Es blieb jedoch beim Bau weniger Aufklärer.

Bei der USAAF wurde die P-61 nach dem Zweiten Weltkrieg rasch ausgemustert und durch modernere Typen ersetzt. Die vorhandenen Maschinen übernahmen zahlreiche Sonderaufgaben wie z. B. die Schleudersitz-Erprobung.

Wenngleich die Entwicklung des Musters wenig erfolgreich war, so nimmt die P-61 dennoch einen besonderen Platz in der Luftfahrtgeschichte ein. Sie war das erste speziell für die Nachtjagd entwickelte Flugzeug.

1942 **Messerschmitt Me 262**

Mitte der 1930er Jahre waren sich die deutschen Fachleute darüber im Klaren, dass sich mit dem Otto-Motor allenfalls Geschwindigkeiten von bis zu 800 km/h erzielen ließen. Für den Vorstoß in den Überschallbereich wurde ein anderer Antrieb benötigt. Der Raketenmotor und die Gasturbine schienen geeignete Mittel zu sein, derart hochgesteckte Ziele zu erreichen. Während einerseits die Luftfahrtforschung in diesen Bereichen vorangetrieben wurde, war es andererseits das Reichsluftfahrtministerium (RLM), das sich den neuen Antriebsarten widmete und aktiv in das Geschehen eingriff.

Neben der Entwicklung von Raketenmotoren durch Wernher von Braun und Hellmut Walter ging es vorrangig um Gasturbinen, die gegenüber dem Kolbenmotor eine Reihe von Vorzügen aufweisen. Da nur drehende Teile vorhanden sind, ist ihr Aufbau einfach, sie sind preiswert zu fertigen, benötigen wenig Platz und haben einen geringen Stirnwiderstand. Darüber hinaus arbeiten sie mit sogenannten minderwertigen Kraftstoffen. Alles Aspekte, die damals eine große Rolle spielten. 1938 begann das Amt mit einer Rundreise zu den Motor- und Zellenherstellern, um das weitere Vorgehen abzustimmen. Als Ergebnis der Gespräche konnte zunächst ein Triebwerkprogramm für Turbinen-Luftstrahltriebwerke mit Heinkel, Junkers, BMW und Daimler-Benz vereinbart werden. Nachdem die Triebwerkentwicklung eingeleitet war, ging es nun darum, ein Flugzeug in Auftrag zu geben. Folgerichtig veröffentlichte das Amt am 4. Januar 1939 die »Vorläufigen technischen Richtlinien für schnelle Jagdflugzeuge mit Strahlantrieb«. Die zentralen Forderungen beinhalteten eine Höchstgeschwindigkeit von 900 km/h, Flugdauer bei Vollleistung eine Stunde, Einbau einer Druckkabine, zweier MG 17 und eines MG 151 als Bewaffnung. Zwei Firmen erhielten Bauaufträge: Heinkel und Messerschmitt. Damit war der Grundstein für die Entwicklung und den Bau der Muster He 280 und Me 262 gelegt.

Die He 280 konnte zwar ab dem 30. März 1941 mit zwei He S 8 A-Triebwerken erprobt werden, kam aber am Ende nicht über das Versuchsstadium hinaus. Anders die Me 262, sie schaffte den Sprung in den Serienbau, hatte allerdings mit vielen Anlaufschwierigkeiten zu kämpfen. Das von Woldemar Voigt betreute Muster durchlief zunächst verschiedene Entwicklungsstufen, ehe im November 1940 die endgültige Auslegung feststand. Der freitragende Tiefdecker hatte ein mäßig gepfeiltes Tragwerk mit Klappen und Querrudern sowie zweiteilige Vorflügel. Das freitragende Leitwerk wies ebenfalls eine Pfeilung auf. Der Rumpf hatte einen dreieckigen Querschnitt, er nahm im Bug die Bewaffnung auf, die aus drei MK 108 bestehen sollte. Das Fahrwerk wurde von außen nach innen hydraulisch eingefahren, wobei die Radschächte in der Rumpfunterseite lagen. Das Spornrad war ebenfalls einziehbar. Die Triebwerke befanden sich in Gondeln unter dem Tragflügel.

Während der Zellenbau rasch voran ging, trat der Motorbau auf der Stelle. Um weiter zu kommen, begann die Flugerprobung am 18. April 1941 mit einem im Bug montierten Jumo 210 G. Fritz Wendel erreichte mit diesem Antrieb immerhin 550 km/h und konnte darüber hinaus erste Erkenntnisse bezüglich der Flugeigenschaften gewinnen. Anfang

Messerschmitt Me 262 A-1a des Jagdverbandes JV 44 (Galland).

Messerschmitt Me 262 B-1a/U1 des NJG 11.

Me 262 C-1b (V074)

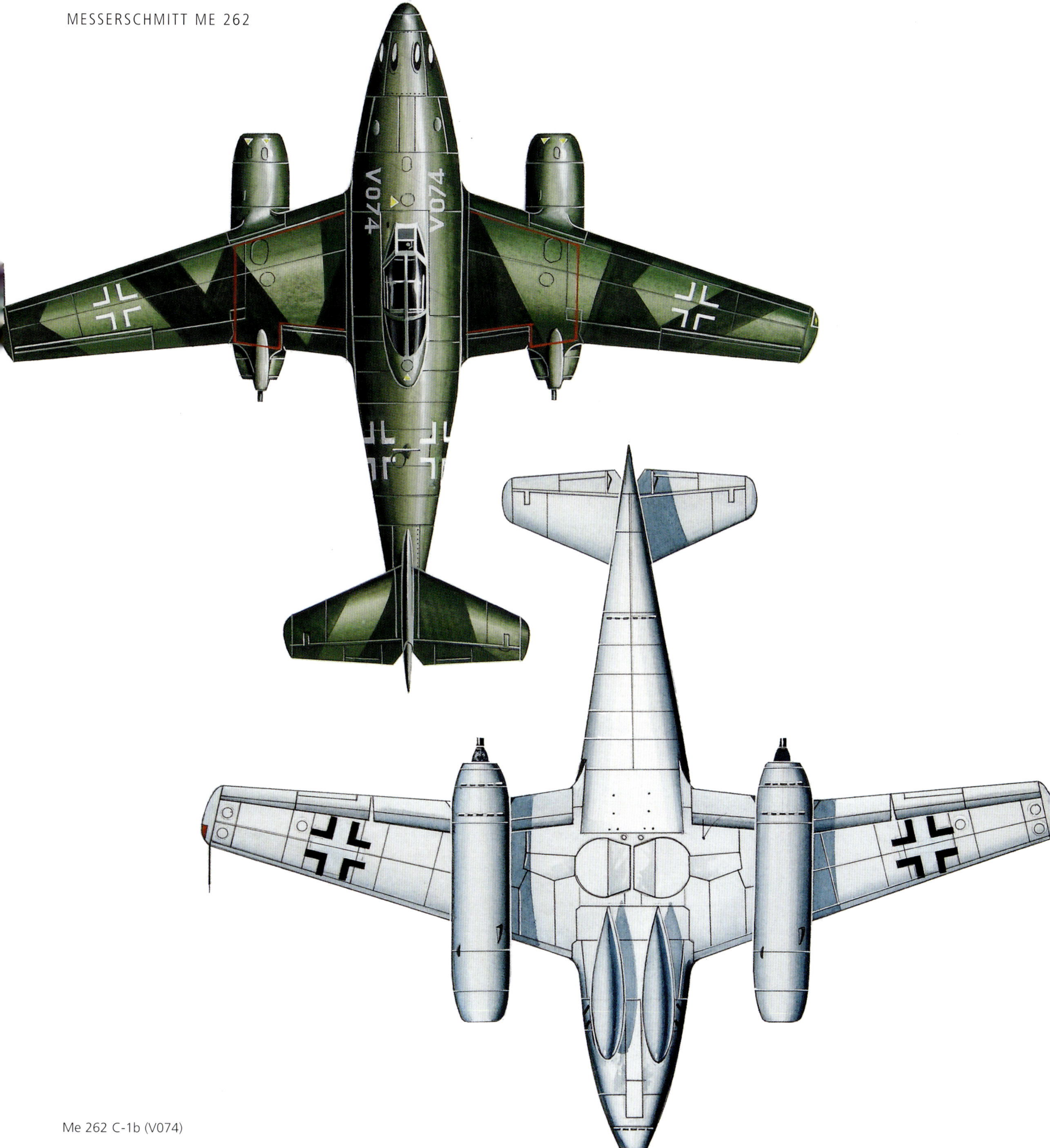

Me 262 C-1b (V074)

1942 wurden die ersten P3303 (später BMW 003)-Versuchstriebwerke von BMW ange baut. Aus Sicherheitsgründen behielt man den Kolbenmotor bei. Eine Maßnahme, die sich bewährte. Als das dreimotorige Flugzeug am 25. März 1942 die Flugerprobung aufnahm, fielen die beiden Turbinentriebwerke nach kurzer Zeit aus. Dank des Jumo konnte Wendel die Me 262 V1 sicher landen. Inzwischen war Junkers mit dem Jumo 004 BMW vorausgeeilt. Das Triebwerk hatte verschiedene Dauerversuche durchlaufen und befand sich seit März 1942, unter einer Me 210 befestigt, in der Flugerprobung. Mit rund 840 kg Schub (8 kN) war es auch stärker als der BMW-Antrieb. Es wurde beschlossen, die Me 262 V3 PC+UC mit dem Jumo 004 zu erproben. Die Flugversuche begannen am 18. Juli 1942 von Leipheim aus. Wegen des Spornrades wurde das Flugzeug nicht genügend angeströmt. Fritz Wendel behalf sich mit einem Trick: bei rund 180 km/h trat er kurz, aber kräftig auf die Bremse, das Flugzeug geriet in die Horizontallage und hob ab. Ohne den Jumo 210 zeigte das Muster sofort, was in ihm steckte. Bereits beim zweiten Flug wurden 720 km/h erreicht. Die Flüge machten aber auch deutlich, dass das Spornrad durch ein Bugrad ersetzt werden musste. Außerdem war eine Änderung der Flügelvorderkante zur Vermeidung von Strömungsabrissen erforderlich. Als erstes Flugzeug erhielt die Me 262 V5 PC+UE ein Bugfahrwerk, das aber starr angebaut wurde. Erst mit dem Vorserienflugzeug Me 262 V6 VI+AA konnte das einziehbare Bugrad verwirklicht werden. Das ab dem 17. Oktober 1943 erprobte Flugzeug hatte im Übrigen die neuen Jumo 004 B-Triebwerke, die 90 kg leichter als die BMW 003 waren und einen Schub von 900 kg (9 kN) abgaben.

Zu dieser Zeit hatten zahlreiche Flugzeugführer Gelegenheit, die Me 262 zu fliegen. Unter ihnen auch der General der Jagdflieger Adolf Galland, der sich euphorisch über das Muster äußerte und der den technischen Vorsprung gegenüber den Feindmaschinen erkannte. Galland war klar, das Deutschland gegen die Alliierten, was die Stückzahlen anbetraf, nicht mithalten konnte. Mit der überlegenen Me 262 ließ sich aber Quantität durch Qualität ersetzen. Die Prioritäten wurden indes anders festgelegt. Als das Flugzeug im November 1943 Adolf Hitler vorgestellt wurde, fragte er Messerschmitt, ob es Bomben tragen könnte. Als dieser dies bejahte, erklärte Hitler »das ist der Schnellbomber!« und forderte, das Muster entsprechend auszulegen, um damit die erwartete Invasion abwehren zu können. Messerschmitt dürfte die Frage kaum überrascht haben. Aufgrund einer Anforderung des RLM vom März 1943 hatte er sich mit einer Jagdbomberausführung, die 500 kg Bombenlast tragen konnte, befasst. Tatsächlich gelangten die ersten Serienflugzeuge aber als Jagdmaschinen an die Verbände. Erst als Hitler im Mai 1944 davon erfuhr, dass seine Anweisung ignoriert worden war, kamen auch die Jagdbomber aus der Fertigung.

Die Me 262 stand seit März 1943 auf der Dringlichkeitsliste an oberster Stelle. Die schleppende Ausbringung des Jumo 004 verhinderte jedoch die Fertigung größerer Stückzahlen. Die wenigen Flugzeuge teilten sich Messerschmitt und die Erprobungsstelle Rechlin für verschiedene Versuche und das Erprobungskommando 262, das ab Mitte April 1944 die Flüge aufnahm.

Mit der Me 262 wurde völliges Neuland betreten, das Muster stellte an den Flugzeugführer ganz andere Ansprüche, als es bei Kolbenmotorflugzeugen der Fall war. Frühzeitig wurde der Ruf nach einem zweisitzigen Schulflugzeug laut, dem auch Rechnung getragen wurde.

Erste Kampfeinsätze erfolgten durch das Erprobungskommando Schenk an der Invasionsfront, ohne dass die Jagdbomber nennenswerte Erfolge verbuchen konnten. Bei den Jagdfliegern sah es anders aus. Die besten und erfolgreichsten Flugzeugführer wurden zusammen gezogen. Die sogenannten Experten entwickelten neue Angriffsverfahren und erprobten neue Waffen. Zu diesen gehörten die ungesteuerte Luft-Luft-Rakete R4M Orkan

Messerschmitt Me 262 A-1a	
Spannweite	12,65 m
Länge	10,60 m
Höhe	2,80 m
Flügelfläche	21,70 m²
Rüstmasse	4.100 kg
Startmasse	6.210 kg
Höchstgeschwindigkeit in 8.000 m	950 km/h
Dienstgipfelhöhe	11.450 m
Reichweite	1.050 km

Baureihen und Varianten

Me 262 A-1a
Erstes Serienmodell. Keine Druckkabine. Kein Schleudersitz. Der Buchstabe a weist auf das Jumo 004 hin, während b für das BMW 003 steht. Vier MK 108. Funkgerät 16 ZY und Freund-Feind-Kenngerät FuG 25a. Die Ausführung A-1a/U1 hatte zwei MK 108, zwei MK 101 und zwei MG 151. Der Umbausatz U2 beinhaltete das FuG 125 für Schlechtwettereinsätze. U4 hatte die MK 214 und U5 sechs MK 108. Von der A-1b wurden vermutlich nur drei neue Flugzeuge gefertigt, die übrigen entstanden durch Umbau.

Me 262 A-2a
Jagdbomber mit zwei MK 108 und zwei ETC 503 oder zwei »Wikingerschiffen« für je eine 250 kg-Bombe. Hinter dem Begriff »Wikingerschiff« verbirgt sich ein Außenträger in Schiffsform von guter aerodynamischer Ausbildung. Einige Flugzeuge hatten den ETC 504, der zwei 250 kg- oder eine 500 kg-Bombe tragen konnte. Die Me 262 A-2a/U1 verfügte über das TSA Visier für Tief- und Sturzflugangriffe. Die A-2a/U2 war ein zweisitziger Schnellbomber, bei dem sich der Bombenschütze im geänderten, teilverglasten Rumpfbug befand. Die A-2a/U3 diente als Fotoaufklärer mit Rb 30/50-Reihenbildgeräten. Teils unbewaffnet, teils mit einer MK 108 geflogen.

Me 262 B-1a
Zweisitzige Schulausführung. Auf Basis dieser Variante wurde die B-1a/U1 als Nachtjäger mit FuG 218 in wenigen Stücken gefertigt. Kurt Welter erzielte am 12.12.44 den ersten Nachtabschuss mit einem TL-Flugzeug. Welter war mit 35 Luftsiegen der erfolgreichste Me 262-Flugzeugführer.

Me 262 C-1a / C-1b
Ein Flugzeug (V186) wurde mit zusätzlichem Raketenmotor unter dem Heck als C-1a ab dem 25.1.45 erprobt. Steigzeit auf 8.000 m 3 Minuten. Die C-1b (V074) kam am 26.3.45 zum Fliegen. Sie hatte BMW 003R-Triebwerke, die eine Kombination von TL- und Raketentriebwerken darstellten. 8.000 m wurden in 1,5 Minuten erreicht.

S 92 / CS 92
Nachbau der Me 262 in der Tschechoslowakei ab 1946. S 92 als Einsitzer und CS 92 als Zweisitzer.

(R4M für Rakete 4 kg Minenkopf), von der die Me 262 bis zu 24 Stück an Rosten unter dem Tragwerk mitführen konnte, und die 5 cm-MK 214 von hoher Reichweite und Durchschlagskraft. Insbesondere mit der R4M erzielten die Jagdflieger bei der Bomberbekämpfung spektakuläre Erfolge. Neben den Jägern zeigten auch die Aufklärer und Nachtjäger Interesse an dem Muster, worauf entsprechende Varianten entwickelt wurden, die auch zum Einsatz kamen.

Die Me 262 stellte einen großen Schritt nach vorne dar. Sie war in der Hand von erfahrenen Flugzeugführern eine gefährliche Waffe, die sich den Flugzeugen der Alliierten – einschließlich der als unverwundbar geltenden Mosquito – überlegen zeigte. Dennoch konnte das Muster den Kriegsverlauf nicht mehr beeinflussen. Von den rund 1.400 gefertigten Flugzeugen kamen nur etwa 200 bei den Einsatzverbänden an. Diese hatten vornehmlich mit Triebwerkproblemen und Treibstoffmangel zu kämpfen. Außerdem setzten die Alliierten alles daran, die Me 262 – die die Namen Schwalbe und Sturmvogel trug – auszuschalten. Dies geschah durch Überwachung der Einsatzhorste mittels Langstreckenjägern, die die Me 262 bei Start und Landung angriffen und abschossen. Gegen diese Jäger bot die Luftwaffe zwar noch die Fw 190 D als Sicherungsflugzeuge und 20 mm Vierlings-Flak auf, doch die Zahl der Verluste nahm ständig zu.

Nach dem Krieg bemächtigten sich die Sieger des außergewöhnlichen Flugzeuges, das in Sonderversionen mehr als 1.000 km/h erreichte. Es wird sogar davon berichtet, dass eine Me 262 während eines Sturzfluges bei einem Kampfeinsatz Überschallgeschwindigkeit erreicht haben soll.

Überraschend viele Me 262 sind erhalten geblieben, darunter auch Exemplare, die nach dem Krieg in der Tschechoslowakei nachgebaut worden sind. Darüber hinaus lief 2004 der Neubau des Flugzeuges in den USA an.

Consolidated B-32A »Hobo Queen II« der 312th Bomb Group.

1943 **Consolidated B-32 Dominator**

Am 10. November 1939 gab die US Army Air Force bekannt, dass sie beabsichtige, den Bau eines Very-Long-Range(VLR)-Bombers in Auftrag zu geben, der sich in allen Belangen den Mustern B-17 und B-24 überlegen zeigen sollte.

Boeing (XB-29), Lockheed (XB-30), Douglas (XB-31) und Consolidated (XB-32) reichten Entwürfe ein. Während Lockheed und Douglas aus dem Wettbewerb ausschieden, erhielten Boeing und Consolidated Bescheide über den Bau von je zwei Versuchsmustern.

Die Consolidated XB-32 wirkte mit ihrem Endscheiben-Leitwerk wie eine vergrößerte Ausführung der B-24. Doch das täuschte. Das Flugzeug war nicht nur deutlich größer und schwerer, sondern sollte mit druckbelüfteten Besatzungsräumen und ferngerichteten Waffenständen auch moderner sein.

Allem Anschein nach fehlte dem Muster aber der nötige Rückhalt. Es drängt sich der Eindruck auf, als ob die XB-32 nur als Rückversicherung für einen Fehlschlag der B-29 gedacht war. Fakt ist, dass Consolidated bereits bei der Fertigung des ersten Versuchsflugzeuges Schwierigkeiten hatte, sodass es mit rund sechsmonatiger Verspätung am 7. September 1942 in die Flugerprobung gehen konnte, und zwar ohne Druckkabine und ferngerichtete Drehtürme. Im Rahmen der Tests gab es eine Reihe von Zwischenfällen, unter anderem musste das Flugzeug wegen des Bruchs eines Rudergestänges notlanden. Doch es sollte noch schlimmer kommen. Als die XB-32 am 10. Mai 1943 vom Lindbergh Field aus startete, konnte es wegen eingefahrener Klappen nicht vom Boden frei kommen und raste in ein Camp der US Marines. Drei Soldaten wurden getötet und 63 verletzt. Auch Flugzeugführer Richard McKain kam ums Leben, die übrigen sechs Besatzungsmitglieder überlebten den Crash.

Zu dieser Zeit hatte die Army Air Force ein drittes Versuchsmuster bestellt, einen Auftrag über dreizehn YB-32-Vorserienflugzeuge storniert und 300 Serienmaschinen unter dem Namen Terminator geordert. Mit dem Bau des 3. Prototypen ging ein Wechsel des Leitwerks einher. An die Stelle des doppelten trat nun ein einkieliges.

B-32 Dominator

Spannweite	41,15 m
Länge	25,32 m
Höhe	10,10 m;
Flügelfläche	132,1 m²
Leermasse	27.240 kg
Startmasse	45.400 kg
Maximale Startmasse	50.575 kg
Höchstgeschwindigkeit	575 km/h
Dienstgipfelhöhe	10.670 km
Maximale Reichweite	6.115 km

Baureihen und Varianten

XB-32 Serial Numbers 41-141, 41-142 und 41-18336
Vier Wrigth R-3350 Duplex Cyclone-Motoren mit Turbolader und 2.200 PS (1.617 kW) Startleistung. Erstflug 7.9.42. Zweites V-Muster 2.7.43. Drittes V-Muster 3.11.43.

B-32 Serial Numbers 42-108471 bis 42-108484 und 42-108525 bis 42-108584
R-3350-23A-Triebwerke. Zehn 12,7 mm-MG. Verteilt auf Stände in Bug und Heck und Drehtürmen auf der Ober- und Unterseite des Rumpfes. Maximale Bombenlast 9.080 kg.

TB-32 Serial Numbers 42-108485 bis 42-108524
40 Stück als unbewaffnete Trainer.

Die Schwierigkeiten mit der B-32 rissen nicht ab. Die Druckkabine musste für die Serie ebenso abgesagt werden wie die ferngerichteten Drehtürme. Bis Dezember 1944 hatten nur fünf Flugzeuge – von nun an Dominator genannt – die Fertigung passiert, die wenig Freude machten. Den Pluspunkten wie gute Steuerbarkeit und ausgezeichnete Landeeigenschaften stand eine Vielzahl von Schwachpunkten gegenüber. Darunter hoher Kabinenlärm, ungenügende Instrumentierung, schlechte Sicht des Bombenschützen, zu hohes Fluggewicht und ständige Motorüberhitzung. Dennoch hatte die USAAF ihre Bestellung auf mehr als 1.500 Exemplare aufgestockt.

Ebenso schleppend wie die Herstellung verlief auch der Einsatz. Keine zehn Flugzeuge waren es, die von den Philippinen und Okinawa aus in das Geschehen eingriffen. Die letzte Mission am 28. August 1945 endete mit einem Fiasko. Ein Flugzeug stürzte beim Start ab, ein weiteres ging wegen eines technischen Defektes verloren.

Der Sieg über Japan und die nicht enden wollenden Probleme mit der B-32 führten zur Streichung aller Aufträge, sodass alles in allem nur 118 Flugzeuge gebaut worden sind, von denen viele direkt von der Fabrik zur Einmottung nach Davis-Monthan flogen, um ab 1947 verschrottet zu werden.

Grumman F8F-2 Bearcat des Jagdverbandes VF-82. Träger USS Midway 1952.

1944 **Grumman F8F Bearcat**

Firmenchef Roy Grumman leitete persönlich die Entwicklung dieses leistungsstarken Bordjägers ein. Mitte 1943 übergab er seinem Konstruktionsbüro ein Anforderungsprofil, das klare Vorgaben enthielt. Das neue Jagdflugzeug sollte danach von einem Pratt & Whitney R-2800 Motor angetrieben werden, vier 12,7 mm-MG erhalten, im Rumpf bis zu 645 l Kraftstoff mitführen und über ein breitspuriges Fahrwerk und eine Tropfenhaube für das Cockpit verfügen. Ferner hatte Grumman die Startmasse auf 3,9 Tonnen sowie die Leistungsbelastung auf 1,8 kg pro PS und die der Fläche auf 170 kg pro Quadratmeter festgelegt.

Grumman forderte einen Jäger, der leistungsmäßig oberhalb der bewährten Hellcat lag und der über herausragende Steigleistungen verfügte. Gerade diese Eigenschaft war für Trägerflugzeuge besonders wichtig. Angreifer wurden meist spät geortet, sodass für einen Abfangeinsatz wenig Zeit blieb. Auch die US Navy erkannte die Bedeutung eines spurtstarken Flugzeuges und orderte demzufolge zwei Versuchsmuster. Als das erste von ihnen – mit dem 2.100 PS (1.545 kW) leistenden R-2800 C und zweistufigem Lader – am 31. August 1944 zum Erstflug startete, lag das Programm rund 1 Monat hinter dem Zeitziel. Eine Verzögerung, die auch durch den Jungfernflug des zweiten Prototypen – mit R-2800 E, regelbarem Lader und 2.250 PS (1.655 kW) – nicht wettgemacht werden konnte. Allerdings erwies sich die F8F Bearcat – so die offizielle Bezeichnung – als ein ausgezeichneter Entwurf. Grummans Chef-Testpilot Robert L. Hall hob besonders die phänomenale Steigleistung und die überragenden Flugeigenschaften hervor. Welches Potenzial in dem Flugzeug steckte, bewies Lt.-Commander Davenport, der 1946 einen inoffiziellen Steigzeitrekord mit der Bearcat aufstellte. 10.000 Fuß (3.048 m) erreichte er in 1 Minute und 34 Sekunden.

Zu dieser Zeit war der Zweite Weltkrieg beendet. Dies führte zu einer starken Reduzierung der Anfangsaufträge für das Muster. Dennoch wurden 1.265 Flugzeuge gebaut. Zum Einsatz gegen Japan kam die F8F nicht mehr und auch während des Korea-Krieges blieb sie in der zweiten Reihe. Als Abfangjäger hatte es ausgedient und als Jagdbomber war die

206E

F8F-2 Bearcat	
Spannweite	10,82 m
Länge	8,43 m
Höhe	4,17 m
Flügelfläche	22,67 m²
Leermasse	3.488 kg
Startmasse	6.121 kg
Höchstgeschwindigkeit	719 km/h in 8.500 m
Steigleistung	22,5 m/sec
Dienstgipfelhöhe	12.405 m
Reichweite	1.390 km
Reichweite mit Zusatztanks	2.310 km

F4U Corsair besser geeignet. Das Gros der Maschinen ging an Schulen und Versuchsverbände. Darüber hinaus nutzte das Kunstflugteam Blue Angels das hohe Leistungsvermögen der F8F. Außerdem gaben die USA überschüssige Bearcats im Rahmen militärischer Unterstützungsprogramme an Frankreich und Thailand ab. Die Franzosen setzten die F8F als Jagdflugzeug und als Aufklärer in Indochina (Vietnam) ein. Nach ihrer Niederlage überließen sie die verbliebenen Flugzeuge mehrheitlich den neu gegründeten Südvietnamesischen Luftstreitkräften und der Royal Thai Air Force. Während die Vietnamesen das Flugzeug 1956 ausmusterten, blieben die 129 thailändischen Flugzeuge bis 1963 im Einsatz.

Die Bearcat erfreut sich seit Jahrzehnten großer Beliebtheit als ziviles Rennflugzeug. So gewann es neun von zwölf Luftrennen, die von 1964 bis 1975 in Reno durchgeführt wurden. Außerdem hält das Muster mit 777,213 km/h den Weltgeschwindigkeitsrekord für Propellerflugzeuge. Pilot Darryl Greenamyer überbot mit seiner Conquest I den von Fritz Wendel und der Me 209 V1 seit 1939 gehaltenen Rekord (754,97 km/h) am 16. August 1969.

Baureihen und Varianten

XF8F-1
Bezeichnung für die zwei Versuchsmuster (BuNo 90460/90461) und 23 Entwicklungsflugzeuge. Eine Besonderheit des Flugzeuges stellten die etwa 1 m langen Flügelspitzen dar. Im Überlastfall sollten sie abbrechen und das Flugzeug vor weiteren Schäden bewahren! Auch die ersten Serienflugzeuge hatten diese Spitzen, die ab 1949 im Rahmen von Wartungsarbeiten gegen Flügelverstärkungen ausgetauscht wurden.

F8F-1
654 Exemplare wurden gebaut. Die bei den Vorgängern festgestellte Instabilität wurde durch ein größeres Höhenleitwerk und dem Anbau einer Seitenflosse weitgehend abgestellt. Als Antrieb kam der R-2800-34W mit 2.100 PS (1.545 kW) zum Einbau. An einem Rumpfträger konnte ein 565 l-Tank mitgeführt werden. Unter jedem Tragflügel befand sich ein weiterer Träger für Tanks (375 l) oder Bomben und Raketen von bis zu 454 kg.

F8F-1B und F8F-1C
Austausch der vier MG gegen vier 20 mm T-31-Kanonen. Ursprünglich als F8F-1C bezeichnet, erhielten die 226 gebauten Flugzeuge die Bezeichnung F8F-1B.

F8F-1D
Spezialausführung zur Steuerung und Kontrolle von Drohnen. Die Bezeichnung F8F-1D wurde inoffiziell auch für die an Frankreich und Thailand gelieferten F8F-1-Flugzeuge verwendet.

F8F-DB
Eine weitere inoffizielle Bezeichnung und zwar für die an Frankreich abgegebenen F8F-1B.

F8F-1E
Umbau eines Flugzeuges (BuNo 90445) zum Nacht-Schlachtflugzeug mit AN/APS 4-Radar unter dem Tragflügel.

XF8F-1N
Versuchsausführung der BuNo 94812 und 94819 als Nachtjäger mit AN/ASP-19-Radar unter dem linken Flügel.

F8F-1N
Nachtjäger analog XF8F-1N. Umbau von zwölf F8F-1. Nur zu Testzwecken eingesetzt.

F8F-1P
Versuch eines Aufklärers (BuNo 90441) mit senkrecht und schräg eingebauten Kameras im Heck.

XF8F-2
Versuchsmuster für den R-2800-E-Motor mit stufenlosem Lader und automatischer Triebwerkkontrolle.

F8F-2
293 Flugzeuge mit vier 20 mm-Kanonen, R-2800-34W-Motor, vergrößertem Höhenleitwerk und angebauter Flosse wurden gebaut.

F8F-2D
Umbau zum Drohnen-Kontroll-Flugzeug.

F8F-2N
Zwölf F8F-2 wurden zu Nachtjägern mit AN/ASP-19-Radar abgeändert. Einsatz nur bei Schuleinheiten.

F8F-2P
Aufklärerausführung – 60 Stück – auf Basis der F8F-2 mit eingebauten Kameras und einer auf zwei 20 mm-Kanonen reduzierten Bewaffnung.

F3M-1 und G-58A
Es bestand die Absicht 1.876 F8F bei Eastern Aircraft unter der Bezeichnung F3M-1 zu bauen. Der Auftrag wurde ersatzlos gestrichen.
1947 und 1949 erfolgte die Ablieferung von zwei zivilen Bearcats als G-58A (NX120IV und N700A). Die unbewaffneten Flugzeuge hatten als Antrieb den PW Double Wasp CA-15 mit 2.100 PS.

Baureihen und Varianten

Sea Fury F. Mk.10
50 Stück als Jagdeinsitzer mit Centaurus 18 (2.480 PS/1.823 kW) und vier Hispano Mk.5 20 mm-Kanonen gebaut.

Sea Fury F.B. Mk.11
626 Stück als Jagdbomber mit Centaurus 18. Diverse Außenlasten bis zu insgesamt 908 kg. Darunter Bomben bis zu 454 kg, Napalmbehälter, zwölf ungesteuerte 7,6 cm-Raketen oder zwei 409 l-Zusatztanks. Kanada und Australien erhielten 35 bzw. 27 Flugzeuge. 1957/58 wurden 15 an Kuba und 18 an Burma verkauft, wobei in Burma drei zu T.T. Mk.11-Zielschleppern abgeändert wurden. Weitere Betreiber waren Ägypten (13) und Irak (55).

Sea Fury T. Mk.20 und T.T. 20
Zweisitziger Trainer. Erstflug 15.1.48 (VX 818). Zwei 20 mm-Kanonen. 60 Stück für die Royal Navy. Weitere Flugzeuge erhielten Burma (3), Kuba (2) und Irak (5). Zehn als T.T.20 für Deutscher Luftfahrt-Beratungsdienst als Zielschlepper im Dienst der Luftwaffe geliefert.

Sea Fury F. Mk.50
22 Stück für die Niederlande bei Hawker gefertigt, dann bis Februar 1952 Lizenzbau bei Fokker (25). Einsatz u.a. auf dem Träger Karel Doorman.

Sea Fury F. Mk.60
93 Flugzeuge ähnlich F.B. Mk.11 an Pakistan geliefert.

Sea Fury F. Mk.61
5 Stück auf Basis der T. Mk.20 für Pakistan gebaut.

Sea Fury F.B. Mk.11	
Spannweite	11,72 m
Länge	10,61 m
Höhe	4,92 m
Flügelfläche	26,31 m^2
Leermasse	4.190 kg
Startmasse	5.670 kg
Höchstgeschwindigkeit	740 km/h in 5.500 m
Dienstgipfelhöhe	10.900 m
Reichweite	1.127 km

1944 Hawker Sea Fury

Ende 1942 schlug Hawker die Entwicklung einer leichteren Ausführung des Tempest Jagdeinsitzer vor, die firmenintern als »Tempest light« bearbeitet wurde. Das Muster sollte die Anforderungen der Royal Air Force-Spezifikation F.6/42 erfüllen, die aber im Mai 1943 durch das Pflichtenheft F.2/43 ersetzt wurde, das ganz auf das Hawker-Projekt zugeschnitten und zu dieser Zeit schon weit fortgeschritten war. Zu den Grundforderungen gehörten eine Höchstgeschwindigkeit von 725 km/h in 6.700 m, sowie eine Steigleistung von 1.372 m/min. Waffenseitig war der Einbau von vier 20 mm-Kanonen mit je 600 Schuss geplant. Für den Jagdbomber-Einsatz war an die Mitführung von bis 908 kg-Bomben gedacht.

Unabhängig von der RAF hatte die Royal Navy die Spezifikation N.7/42 herausgegeben. Ein Abgleich der Pflichtenhefte zeigte so große Übereinstimmungen, dass sich die beiden Waffengattungen auf die F.2/43 einigten und im Dezember 1943 fünf Versuchsmuster und eine Bruchzelle bestellten. Zwei Flugzeuge sollten den Rolls-Royce Griffon 85 mit 2.375 PS (1.770 kW) erhalten, die restlichen drei verschiedene Ausführungen des Bristol Centaurus, einem 18-Zylinder-Doppelsternmotor der Leistungsklasse 2.500 PS (1.838 kW).

Der erste Prototyp (NX798) absolvierte mit Centaurus XII und Rotol-4-Blatt-Luftschraube am 1. September 1944 seinen Jungfernflug. Es folgte am 27. November des Jahres die LA 610 mit Griffon 85 und 6-Blatt-Propeller. Sie erhielt später den Napier Sabre VII-Motor (3.400 PS/2.535 kW) und erreichte 780 km/h. Zu dieser Zeit hatte die Navy Hawker die Spezifikation N.22/43 übergeben, die auf die Besonderheiten des Trägereinsatzes abzielte und Folgendes beinhaltete: Verwendung des Centaurus 22SM, kraftbetätigter Faltmechanismus des Tragwerkes, Landegeschwindigkeit maximal 137 km/h.

Bereits im April lagen Erstaufträge über 400 Flugzeuge vor, von denen Boulten Paul 100 herstellen sollte. Während sich die RAF für den Namen Fury I entschieden hatte, wählte die RN die Bezeichnung Sea Fury X.

Anfang 1945 zeichnete sich die baldige Niederlage Deutschlands ab, worauf das Interesse der RAF an der Fury I erlosch und alle Aufträge gestrichen wurden. Anders die RN, sie setzte nach wie vor auf das Muster. Am 21. Februar 1945 begann die Erprobung der ersten Sea Fury (SR 661). Sie hatte den Centaurus XII und eine vierblättrige Luftschraube. Es folgte die SR 666 mit Centaurus XV und 5-Blatt-Propeller.

Die nächsten V-Muster waren die NX802 und VB857, die am 25. Juli 1945 bzw. 31. Januar 1946 die Versuchsflüge aufnahmen. 1946 liefen auch die Vorbereitungen für die Serienfertigung an, an deren Beginn die Sea Fury F. Mk.10 stand. Die Trägererprobung startete im Winter 1946/47 auf der HMS Victorious. Sie zeigte keine schwerwiegenden Probleme auf. Lediglich der Fanghaken ärgerte. Eine Verlängerung brachte rasch Abhilfe.

Die Zuführung zu den Einsatzverbänden lief im größeren Umfang ab Mai 1948 an. Als der Korea-Krieg ausbrach, wurden drei Träger mit Sea Furies nach dort verlegt. Sie kamen zusammen mit den Sea Furies der Royal Australien Navy und der Royal Canadian Navy als Jagdbomber zum Einsatz, wobei eine Reihe von Verlusten durch MiG-15 zu beklagen war.

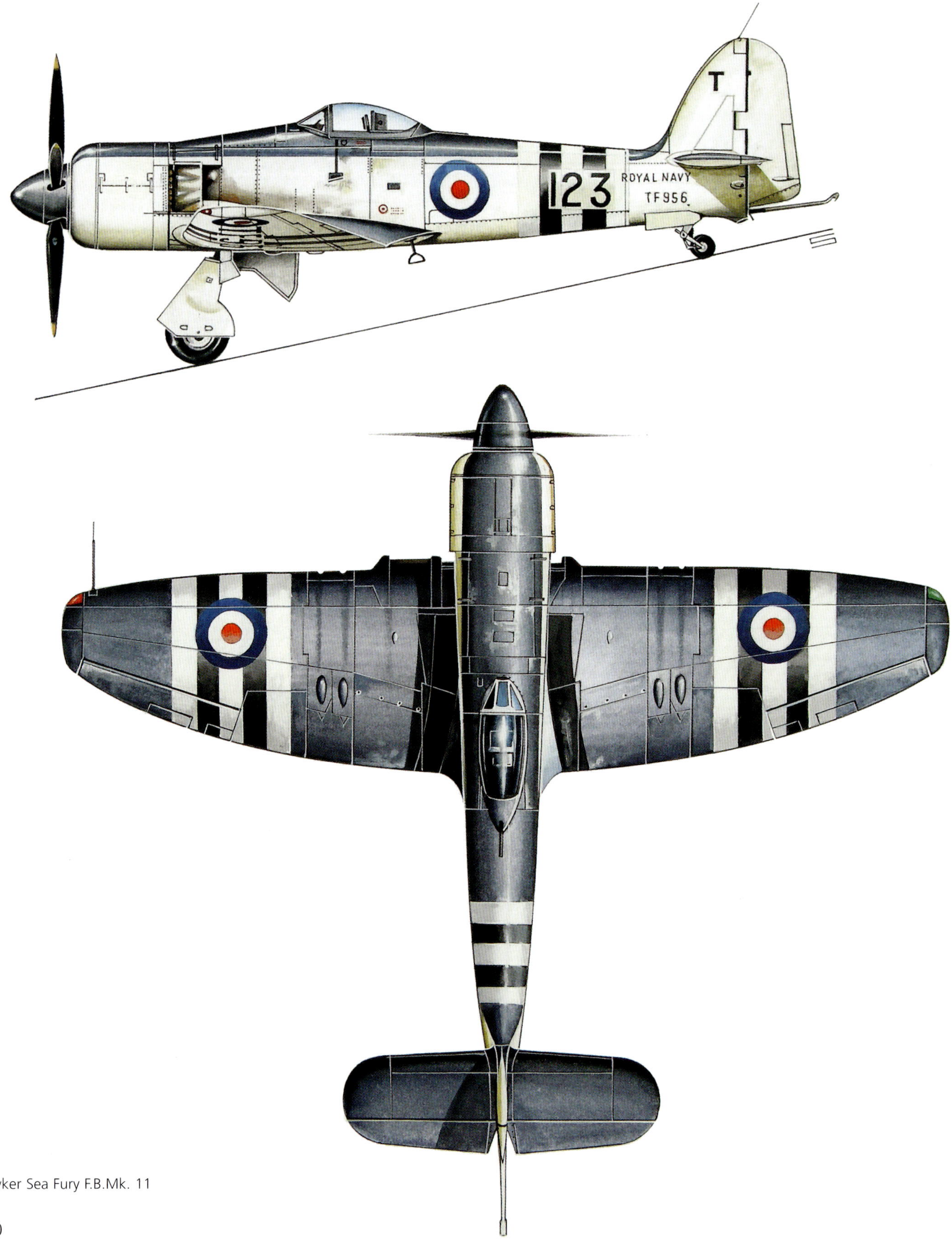

Hawker Sea Fury F.B.Mk. 11

Sea Fury T.20

Irakischer T.20-Trainer mit geänderten Cockpit-Hauben.

Während sich die Royal Navy ab 1951 mehr oder weniger rasch von dem Muster trennte konnte es auf dem Exportmarkt – wie die Baureihenübersicht zeigt – einigen Erfolg erzielen.

Von den rund 860 gebauten Flugzeugen sind viele erhalten geblieben. 22 fliegen noch weltweit. Einige davon sind bei Luftrennen in den USA mit luftgekühlten Pratt & Whitney- oder Wright-Motoren anzutreffen.

1944 **Heinkel He 162**

Im Sommer 1944 war die militärische Lage Deutschlands längst aussichtslos geworden. In dieser Situation sollten sogenannte Wunderwaffen und einfache Waffensysteme das Blatt wenden. Zur letztgenannten Gruppe gehörte die He 162, die von der Propaganda als Volksjäger bezeichnet wurde. Das Muster sollte billig und einfach in der Herstellung sein, d. h. Holzbauweise und Fertigung durch angelernte Arbeiter. Als Flugzeugführer waren Hitlerjungen vorgesehen, die in einem Schnellverfahren das Fliegen lernen sollten.

Die He 162, die sich gegen das Blohm & Voss Projekt P.211 durchgesetzte hatte, wurde in Attrappenform am 22. September 1944 vorgestellt. Sie trug zu dieser Zeit noch die Bezeichnung He 500. Um dem Gegner vorzutäuschen, dass es sich um eine ältere Entwicklung handelte, wurde auf die freie Typennummer 162 zurückgegriffen.

Der Schulterdecker mit Endscheibenleitwerk und auf dem Rumpf aufgesetzten BMW 003 (860 kg/8 kN Schub) machte optisch keinen guten Eindruck, doch darauf kam es nicht an. Solche Aspekte wurden einer rationellen Serienfertigung geopfert. Bereits am 6. Dezember 1944 erfolgte der Erstflug unter Dipl.-Ing. Gotthold Peter, der vier Tage später mit dem Flugzeug tödlich verunfallte. Grund waren Strukturschwächen, die abgestellt werden konnten.

Die gesamte Entwicklung stand unter dem Zeichen der Auflösung und des Niederganges. Während einerseits Musterflugzeuge zur Erprobung gebaut wurden und zum Fliegen kamen, begann andererseits die Massenproduktion. Die Fertigung geschah unter keinen normalen Verhältnissen. Sie erfolgte überwiegend in unterirdischen Werken durch Häftlinge, die unter unmenschlichen Bedingungen zu leiden hatten.

Die gesamte Erprobung wurde von vielen Unfällen überschattet, wobei sich einige Piloten mit dem Katapultsitz retten konnten. Dennoch wurden die Flugversuche im wahrsten Sinne des Wortes durchgepeitscht. Darüber hinaus mussten wegen des Vorrückens der Amerikaner und Russen die Fertigungsstätten immer wieder verlegt werden. Alles in allem wurden bis Kriegsende etwa 180 bis 200 He 162 fertig gestellt. Einige Hundert fanden die Alliierten in unterschiedlichen Bauzuständen vor.

Als einziger Verband der Luftwaffe konnte die zweite Gruppe des JG 1 in Leck mit dem Muster ausgestattet werden. Es gab auch Feindberührungen, über deren Erfolge oder Misserfolge bis heute keine Klarheit besteht.

Nach dem Krieg übernahmen die Siegermächte eine Reihe He 162. Bei den sich anschließenden Testflügen kamen die Flugzeugführer zu sehr unterschiedlichen Bewertungen, die von der Note mangelhaft bis zur Feststellung ausgezeichneter Flugeigenschaften reichten.

Heinkel He 162 A-2	
Spannweite	7,20 m
Länge	9,05 m
Höhe	2,55 m
Flügelfläche	11,16 m²
Leermasse	1.603 kg
Startmasse	2.907 kg
Höchstgeschwindigkeit	840 km/h
Dienstgipfelhöhe	11.500 m
Reichweite	840 km

Baureihen und Varianten

He 162 A
Jagdeinsitzer mit BMW 003-Turbinenluftstrahltriebwerk. Schulterdecker mit Endscheibenleitwerk. Katapultsitz. Hydraulisch betätigtes Drei-Bein-Fahrwerk. Holzbauweise. Zwei 30 mm MK 108-Bordkanonen mit je 50 Schuss.
Baureihen waren die A-1, A-2 und A-3, die sich nur wenig voneinander unterschieden.

He 162 S
Schulflugzeug ohne Triebwerk. Fertigung durch das NSFK (Nationalsozialistisches Fliegerkorps). Stückzahlen unbekannt.

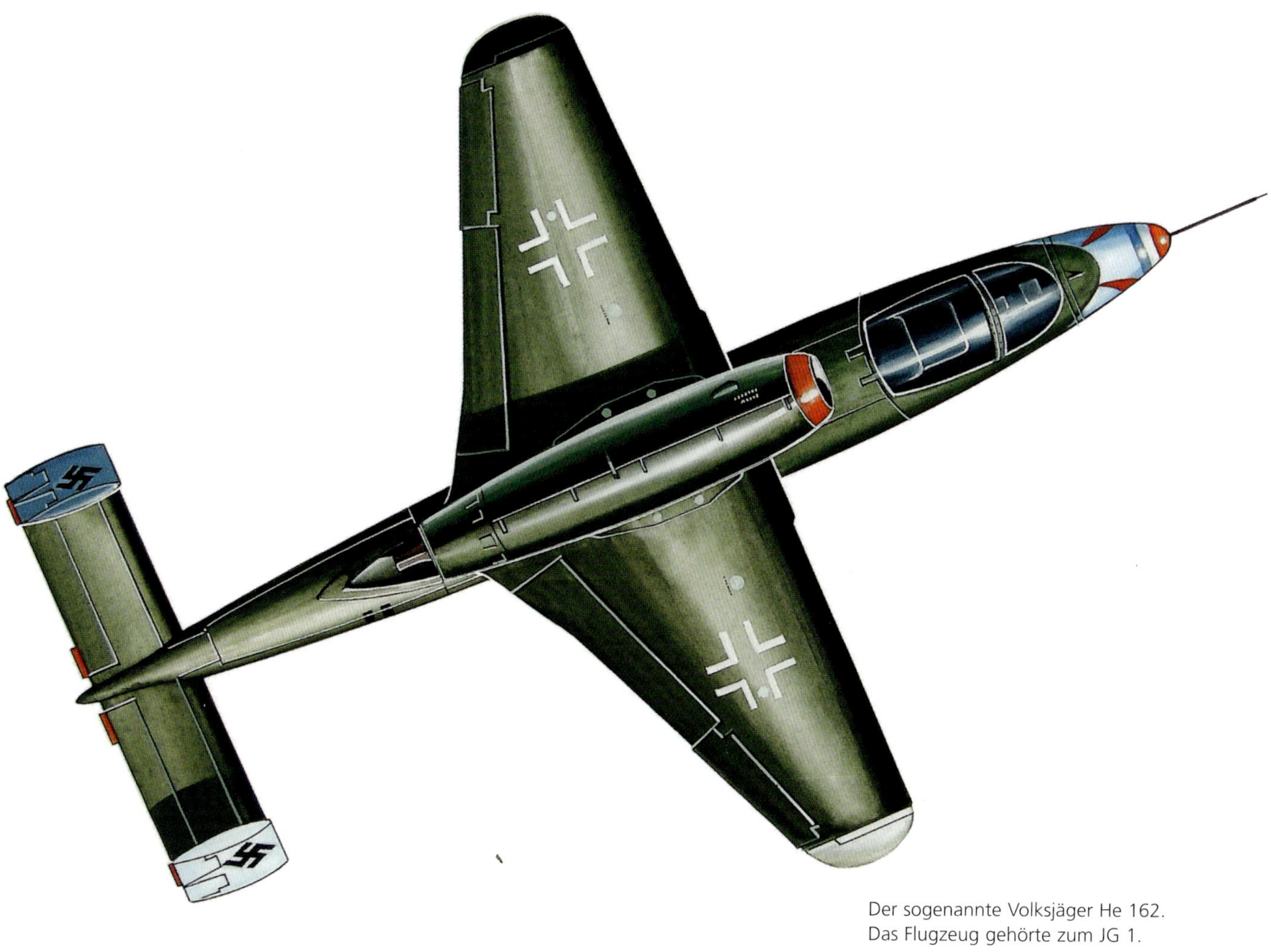

Der sogenannte Volksjäger He 162.
Das Flugzeug gehörte zum JG 1.

Douglas Skyraider der Einheit VA-42. Stationiert auf dem Träger USS Forrestal.

1945 **Douglas A-1 Skyraider**

1943 beschloss die US Navy, das bisherige Konzept des Bomben-Torpedo-Flugzeuges zu ändern. Anstelle von Mehrsitzern mit Abwehrbewaffnung sollten neue Muster zu Gunsten einer hohen Waffenzuladung einsitzig sein und auf eine Abwehrbewaffnung verzichten. Damals ein Novum für Marine-Kampfflugzeuge.

Vier Firmen, und zwar Curtiss, Kaiser-Fleetwings, Martin und Douglas, griffen die Ausschreibung auf und entwickelten Versuchsmuster. Doch nur Martin und Douglas erhielten weitere Aufträge. Während Martin seine XBTM-1 als AM-1 Mauler in 152 Exemplaren verkaufen konnte, erwies sich die XBT2D-1* von Douglas als erfolgreicher. Unter verschiedenen Bezeichnungen kamen bis 1957 3.180 Flugzeuge zur Auslieferung. Das Flugzeug avancierte damit zu einem der wichtigsten Muster der US Navy und des US Marine Corps. Ausgestattet mit einem 2.500 PS (1.838 kW) R-3350-24W-Motor hatte es 15 Außenstationen unter Rumpf und Tragwerk. Lasten von bis zu 3.632 kg konnten mitgeführt werden. So viel wie die maximale Bombenlast der viermotorigen B-17! Damit entsprach das Muster exakt den Vorstellungen der Navy.

Die ab dem 11. März 1945 durchgeführte Flugerprobung der XBT2D-1 verlief ohne größere Probleme, worauf 25 Vorserienflugzeuge bestellt wurden. In Anspielung auf die erfolgreiche Douglas SBD Dauntless trugen sie den Namen Dauntless II. Die Flugzeuge waren für zahlreiche Versuche in Bezug auf die Flugeigenschaften und Leistungen bestimmt und dienten ferner als Erprobungsträger für diverse Varianten. Darunter auch mehrsitzige Flugzeuge für den Nachteinsatz oder elektronische Störflüge.

Im Mai 1945 folgte ein Auftrag über 548 weitere Exemplare, der aber auf 277 zusammengestrichen wurde. Außerdem lautete der Name des Flugzeuges von nun an Skyraider. Als erste Einheit erhielt die VA-19A 1946 das Muster. Die Trägererprobung begann 1947 auf der USS Sicily. Es zeigte sich, dass bei einem Landegewicht von 6.598 kg die auf 4,27 m/sec. limitierte Sinkgeschwindigkeit zu gering kalkuliert war. Als Folge traten

* Von 1922 bis 1962 existierte ein kompliziertes Bezeichnungssystem, das sich bei der Douglas XBT2D-1 wie folgt aufschlüsselt: X steht für Experimental; BT für Bomber-Torpedo; 2 bedeutet, dass es sich um das zweite Flugzeug dieser Kategorie des Herstellers handelt; D steht für Douglas und die 1 für die erste Ausführung des Musters. Bei der Martin XBTM-1 fehlt die Ziffer vor dem M, da Martin zuvor kein Flugzeug dieser Klasse gefertigt hatte. 1946 wurde das System geändert. Die Skyraider trug nun die Kennung AD. A für Attack und D für Douglas. Die nachfolgende Ziffer – z. B. AD-2 – steht für die Baureihe des Flugzeuges. In diesem Beispiel also die zweite.
Ab 1962 kam dann das heute gültige System zur Anwendung, das dem der USAF und der Army entspricht. Es besteht nur aus dem Verwendungszweck und einer fortlaufenden Nummer. Baureihen werden dabei durch Buchstaben gekennzeichnet. Aus der AD wurde somit die A-1.

402
402

Brüche am Fahrwerk und Verformungen der Flügelbekleidung auf. Durch entsprechende Verstärkungen ließen sich die Mängel abstellen. Im Laufe der Serienfertigung wurde die Sinkgeschwindigkeit von Hauptbaureihe zu Hauptbaureihe auf 5,79 m, 7,01 m und schließlich 9,14 m pro Sekunde erhöht.

Innerhalb der Vorserie gab es auch Probleme mit dem Triebwerk und der Luftschraube, doch konnte auch dieses beseitigt werden.

Recht schnell kristallisierten sich zahlreiche weitere Verwendungsmöglichkeiten für die Skyraider heraus. Die Vielseitigkeit des Flugzeuges und der 1950 ausgebrochene Korea-Krieg führten zu seiner Großserienfertigung. Während seiner Hochzeit stellte das Muster die Ausrüstung von 29 US Navy- und 13 US Marine Corps-Squadrons.

Von Kritikern wegen ihres Kolbenmotors als Anachronismus verspottet, bewährte sich das Muster während des Korea-Krieges ganz besonders und auch beim Vietnam-Konflikt war sie noch einige Zeit im Einsatz. Dank ihrer großen Waffenpalette, die aus verschiedenen Raketen, Bomben, Napalmbomben, Land- und Seeminen, Nebelkanistern und zwei in den Tragflächen montierten 20 mm-MG bestand, operierte sie auf beiden Kriegsschauplätzen erfolgreich. Ja, sie konnte sogar als Jagdflugzeug dienen und Abschüsse verbuchen. Als vier Skyraider am 26. Juli 1954 auf der Suche nach Überlebenden einer DC-4 der Cathy Pacific Airways, die vor China abgeschossen worden war, von zwei chinesischen Kolbenmotorjägern angegriffen wurden, wehrten sie sich erfolgreich, indem sie die Angreifer abschossen. Später konnten Skyraider über Vietnam einen Luftsieg über eine MiG-17 Fresco verbuchen.

Rückwirkend betrachtet bezeichnete die US Navy die Douglas als das beste Erdkampflugzeug des Korea-Krieges. Es war das einzige Flugzeug, das eine 908 kg-Bombe im gezielten Sturzflug auf Punktziele wie Brücken oder Flak-Stellungen werfen konnte. Während des Krieges kam es zu einem Einsatz ganz besonderer Art. AD-4Q Drohnen-Kontrollflugzeuge des Trägers USS Boxer lenkten bei sechs Angriffen unbemannte, mit Sprengstoff beladene F6F-5K auf stark verteidigte Ziele in Korea.

In Vietnam übernahm das Flugzeug erneut Sonderaufgaben. Bei der Bergung abgeschossener Flugzeugführer durch Hubschrauber oblag ihm die Sicherung gegen Bodentruppen. Ein weiterer Einsatzschwerpunkt waren elektronische Störflüge. Ab 1966 zog die Navy die Skyraider nach und nach aus der ersten Linie zurück. Den letzten Kampfeinsatz in Vietnam flog sie am 20. August 1968 und die letzte ECM-Mission am 27. Dezember 1968.

Während ihrer Dienstzeit hat sich das Muster einen legendären Ruf verschafft und zahlreiche Spitznamen erworben, von denen Spad, in Anspielung auf das zuverlässige Jagdflugzeug des Ersten Weltkrieges, wohl der bekannteste ist.

Auch im Ausland konnte die Douglas Fuß fassen. 1951 erhielt die britische Royal Navy 50 AD-4W, die als Skyraider AEW zum Einsatz kamen. Später gab Großbritannien zwölf an Schweden ab, wo sie stark modifiziert als Zielschlepper flogen.

Frankreich erhielt 1960 53 AD-4N und 40 AD-4NA, von denen sie in den folgenden Jahren einige an Kambodscha, den Tschad und Gabun weitergaben. Ferner überließen die USA eine Anzahl von Skyraidern der Royal Vietnam Air Force.

Douglas AD-2 Skyraider (in Klammern AD-5)	
Spannweite	15,25 m
Länge	11,63 m (12,22 m)
Höhe	4,76 m (4,83 m)
Flügelfläche	37,19 m²
Leermasse	4.784 kg (5.581 kg)
Startmasse	8.284 kg (11.340 kg)
Höchstgeschwindigkeit in 5.500 m	517 km/h (501 km/h)
Dienstgipfelhöhe	9.965 m (7.925 m)
Normale Reichweite	1.475 km (1.202 km)

Baureihen und Varianten

XBT2-D1 (XAD-1) BuNos. 09085 bis 09099 und 09100 bis 09109
Einsitziger Ganzmetall-Tiefdecker. Die ersten vier mit 2.300 PS (1.690 kW) R-3350-8W. Dann R-3350-24W mit 4-Blatt-Luftschraube. Tragwerk für den Trägereinsatz nach oben klappbar. Das Hauptfahrwerk dreht beim Einfahren nach hinten um 90° und liegt flach im Tragflügel. Ein Fanghaken ist vorhanden. Große Luftbremsen an den Rumpfseiten und unter dem Rumpf. Schiebehaube. Höchstgeschwindigkeit 604 km/h.
Zwei als XBT2-D1N für den Nachteinsatz mit Radar und Suchscheinwerfer. Zwei Radar-Beobachter im Rumpf. Ein Flugzeug als Fotoaufklärer – XBT2-D1P – gebaut. Als XBT2-D1Q kam eine Variante als ECM-Flugzeug mit zwei Mann Besatzung zur Erprobung. Die XBT2-D1W diente als Frühwarnflugzeug mit großem Radom unter dem vorderen Rumpf.

AD-1, AD-1Q BuNos. 9110 bis 09386
277 Serienflugzeuge auf Basis der XBT2-D1. Davon 35 als AD-1Q ECM-Flugzeuge.

AD-2 BuNos. 122210 bis 122387
Musterflugzeuge waren die XBT2-D1 (09108) und die AD-1 (09195), die als XAD-2 geführt wurden. Sie wiesen einen verstärkten Innenflügel, ein vergrößertes Kraftstoffvolumen, eine höhere Startmasse und einen R-3350-26W mit 2.700 PS (1.985 kW) auf. Von den 177 Stück wurden 21 als AD-2Q ECM-Flugzeuge gebaut. Eine Skyraider erhielt als AD-2QU eine Zielschleppvorrichtung und zwei weitere dienten als AD-2D zur Kontrolle von Drohnen.

AD-3 BuNos. 122729 bis 122852 und 122854 bis 122922
193 gefertigt. Verstärkte Struktur, verbesserte Fahrwerkfederung, geänderte Kabinenhaube. Fünfzehn als AD-3N für den Nachteinsatz. 23 AD-3Q ECM-Flugzeuge und 31 AD-3W-Frühwarnflugzeuge. Zwei zu U-Bootjägern (AD-3S) und zwei zum Aufspüren von U-Booten (AD-3E) umgebaut.

AD-4, AD-4B, AD-4L, AD-4N, AD-4NA, AD-4NL, AD-4Q, AD-4W BuNos. 122853; 123771 bis 124005; 124037 bis 124156; 124725 bis 124760; 125707 bis 125782; 126836 bis 127018; 127844 bis 127961; 128917 bis 129016; 132227 bis 132391.
Ab 1949 im Serienabu. Nur wenige Änderungen gegenüber der AD-3. Neu war der P-1-Autopilot. 373 als AD-4 gebaut. 165 als AD-4B mit vier 20 mm-MG. Mitführung einer taktischen Atombombe möglich. 307 als AD-4N für den Nachteinsatz. 39 AD-4Q ECM-Flugzeuge. 168 AD-4W-Frühwarnflugzeuge. 63 mit Winterausrüstung zur AD-4L umgebaut. Bei 77 AD-4N wurde die Nachtausrüstung ausgebaut, sodass sie als AD-4NA am Tage mit vier 20 mm-MG eingesetzt wurden. Weitere 23 wurden von vornherein als AD-4NA gebaut. 37 mit Winterausrüstung als AD-4NL. Am 21.5.53 stellte eine AD-4B einen Zuladungsrekord für einmotorige Flugzeuge mit 6.777 kg auf.

AD-5, AD-5N, AD-5S, AD-5W, AD-5Q BuNos. 124006; 132392 bis 132637; 132686; 132729 bis 132792; 133757 bis 133776; 133854 bis 133929; 134974 bis 135054; 135139 bis 135222; 139556 bis 139605.
Jungfernflug des Musterflugzeuges XAD-5 am 17.8.51. Rumpf verbreitert und um 59 cm verlängert. R-3350-26WA-Motor mit 2.700 PS (1.985 kW). Zwei Mann nebeneinander im Cockpit. Vergrößertes Seitenleitwerk. Mittels Umbausatz als Transporter (bis 12 Personen), Sanitätsflugzeug (4 Liegen), Fotoaufklärer (5 Kameras) oder Zielschlepper einsetzbar. 212 als AD-5. 239 als AD-5N. Eine als AD-5S mit Magnetic Anomaly Detector. 218 als AD-5W mit vier Mann Besatzung und neuem Kabinendach. 54 AD-5N wurden zu AD-5Q umgebaut.

AD-6 BuNos. 134466 bis 134637; 135223 bis 135406; 137492 bis 137632; 139606 bis 139821.
Die 713 Flugzeuge entsprachen der AD-5, waren aber Einsitzer.

AD-7 BuNos. 142010; 142011 bis 142081
Musterflugzeug war die XAD-7. Insgesamt 72 Stück gebaut. Verstärktes Fahr- und Tragwerk. R-3350-26WD-Motor. Vier 20 mm-MG.

Das 1962 eingeführte Bezeichnungssystem führte zu folgenden Umbenennungen:

AD-4N = A-1D
AD-5 = A-1E
AD-5 = UA-1E Zielschlepper
AD-5W = EA-1E
AD-5Q = EA-1F
AD-5N = A-1G
AD-6 = A-1H
AD-7 = A-1J

1946 Jakowlew Jak-15, Jak-17 und Jak-21

Das einsitzige Jagdflugzeug Jak-15 – NATO-Kodename Feather – ist ein typisches Beispiel für eine Behelfs- bzw. Übergangslösung.

Nachdem russischen Truppen Anfang 1945 die ersten deutschen Turbinen-Luftstrahltriebwerke (kurz TL-Triebwerke) der Bauarten BMW 003 und Jumo 004 in die Hände gefallen waren, kam in der Sowjetunion der Gedanke auf, mangels eigener TL-Antriebe die deutschen Motoren unter den Bezeichnungen RD-10 (Jumo 004) und RD-20 (BMW 003) nachzubauen. Bis zu ihrer Verfügbarkeit sollten die dafür neu zu entwickelnden Flugzeuge mit erbeuteten Triebwerken in die Erprobung gehen.

Am 9. April 1945 erhielt das Konstruktionsbüro von Jakowlew den Auftrag, binnen kürzester Zeit ein Jagdflugzeug mit einem Jumo 004B (Schubleistung 900 kg / 9 kN) zu bauen. Jakowlew entschied sich dafür, den Kolbenmotorjäger Jak-3 auf Strahlantrieb abzuändern, sodass die Projektarbeiten unter den Bezeichnungen Jak-Jumo und Jak-3-Jumo anliefen.

Als Erstes wurde der flüssigkeitsgekühlte Klimow VK-107-Kolbenmotor durch das Jumo 004B ersetzt, wobei die Schubdüse unter dem Rumpf, etwa auf Höhe des Cockpits lag. Des Weiteren sollten Stahl- und Aluminiumplatten an der Rumpfunterseite die in Gemischtbauweise erstellte Zelle gegen Hitze schützen und schließlich erfuhren die Tragwerkstruktur und das Seitenleitwerk einige Änderungen.

Wenngleich die Modifizierung gering war, dauerte es bis zu den ersten Triebwerkstandläufen noch bis zum Oktober 1945. Dabei zeigte sich, dass der Hitzeschutz unter dem Rumpf nicht ausreichte. Die Aluminiumbeplankung schmolz und das Gummi-Spornrad des Flugzeuges wurde regelrecht weggebrannt. Dies alles führte zu weiteren Umbauarbeiten und zeitlichen Verzögerungen. Letztlich konnte die Flugerprobung mit dem zweiten Flugzeug am 9. April 1946, mit Mikhail I. Iwanow am Steuer, beginnen.

Jakowlew versprach den Militärs hohe Leistungen. Neben einer Höchstgeschwindigkeit von 850 km/h sollte das mit zwei 23 mm-Maschinenkanonen bewaffnete Flugzeug eine Dienstgipfelhöhe von 14.000 m und eine Reichweite von 700 km aufweisen. Das überzeugte und führte zum Bau von zwei weiteren Versuchsmustern und 15 Vorserienflugzeugen, die entweder unbewaffnet oder mit nur einer Kanone bestückt waren.

In der Erprobung zeigte das Muster seine Schwächen. Strukturprobleme beschränkten die Geschwindigkeit auf 700 km/h und das Heckfahrwerk erwies sich als äußerst nachteilig. Beim Rollen wurden Erdklumpen oder Steine gegen den Rumpf geschleudert und beschädigten ihn. Der heiße Triebwerkstrahl ließ den Boden der Startbahn erodieren und beim Einsatz auf Schnee schmolz dieser und wurde zu Wasser, das auf das Leitwerk spritzte und hier zur Vereisung führte. Trotz der Schwachpunkte wurde die Produktion fortgeführt. Ab Mai 1947 verließen die ersten 50 Serienflugzeuge die Fertigung. 25 von ihnen als zweisitzige Schulflugzeuge mit Doppelsteuer. Insgesamt verließen bis Ende 1947 280 Jak-15 die Werkhallen, dann machte das Muster der Jak-17 Platz, die sich in der Hauptsache durch ein Bugfahrwerk vom Vorgänger unterschied und in 430 Exemplaren bis 1949 aufgelegt wurde.

Baureihen und Varianten

Jak-15
Basisausführung mit Jumo 004B. Teils unbewaffnet.

Jak-17RD-10
Einzelstück mit neuem Tragwerk und Hochgeschwindigkeits-Laminar-Profil. Fahrwerk schwenkte von innen nach außen in den Flügel ein. Nur Standläufe, keine Flugerprobung.

Jak-21 auch Jak-15UT
Zweisitziges Schulflugzeug mit Spornrad. Nur ein Exemplar gebaut.

Jak-17 auch Jak-15U
Das im Juni 1947 erstmals geflogene Muster verfügte über ein halb einziehbares Bugrad. Es gab gegenüber der Jak-15 nur wenige Änderungen. Sie betrafen das vergrößerte Höhenleitwerk und die modifizierte Flügelstruktur. Die Jak-17 wurde in größerer Zahl an Polen, Bulgarien, China und die Tschechoslowakei geliefert.

Jak-17UTI
Ab Frühjahr 1948 kamen die ersten zweisitzigen Schulflugzeuge mit Bugrad zur Auslieferung. Versuchsmuster für das Modell war die UTIJak-17-RD10 – auch Jak-21T – genannt.

Jakowlew Jak-15	
Spannweite	9,20 m
Länge	8,78 m
Höhe	2,50 m
Flügelfläche	14,85 m²
Leermasse	2.200 kg
Startmasse	2.932 kg
Startmasse mit Zusatztanks	3.282 kg
Höchstgeschwindigkeit	785 km/h in 6.000 m
Dienstgipfelhöhe	12.000 m
Reichweite	350 km
Reichweite mit Zusatztanks	580 km

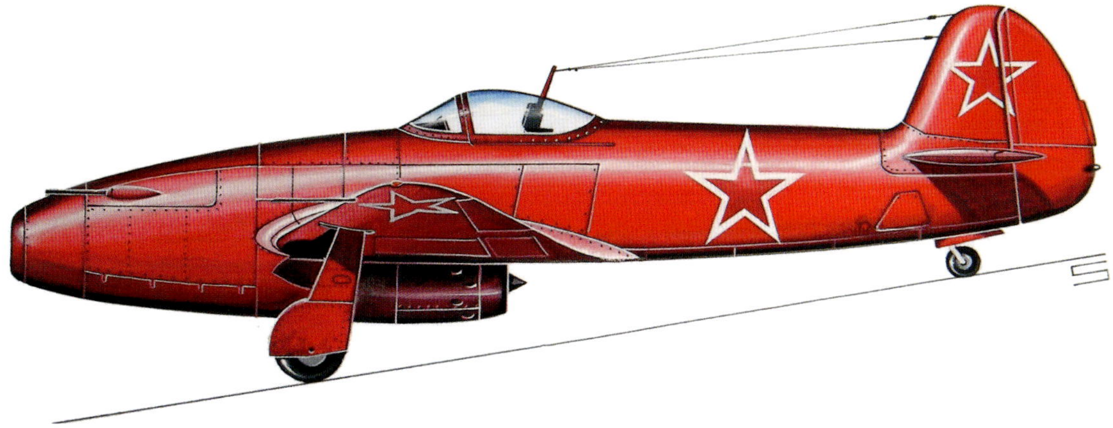

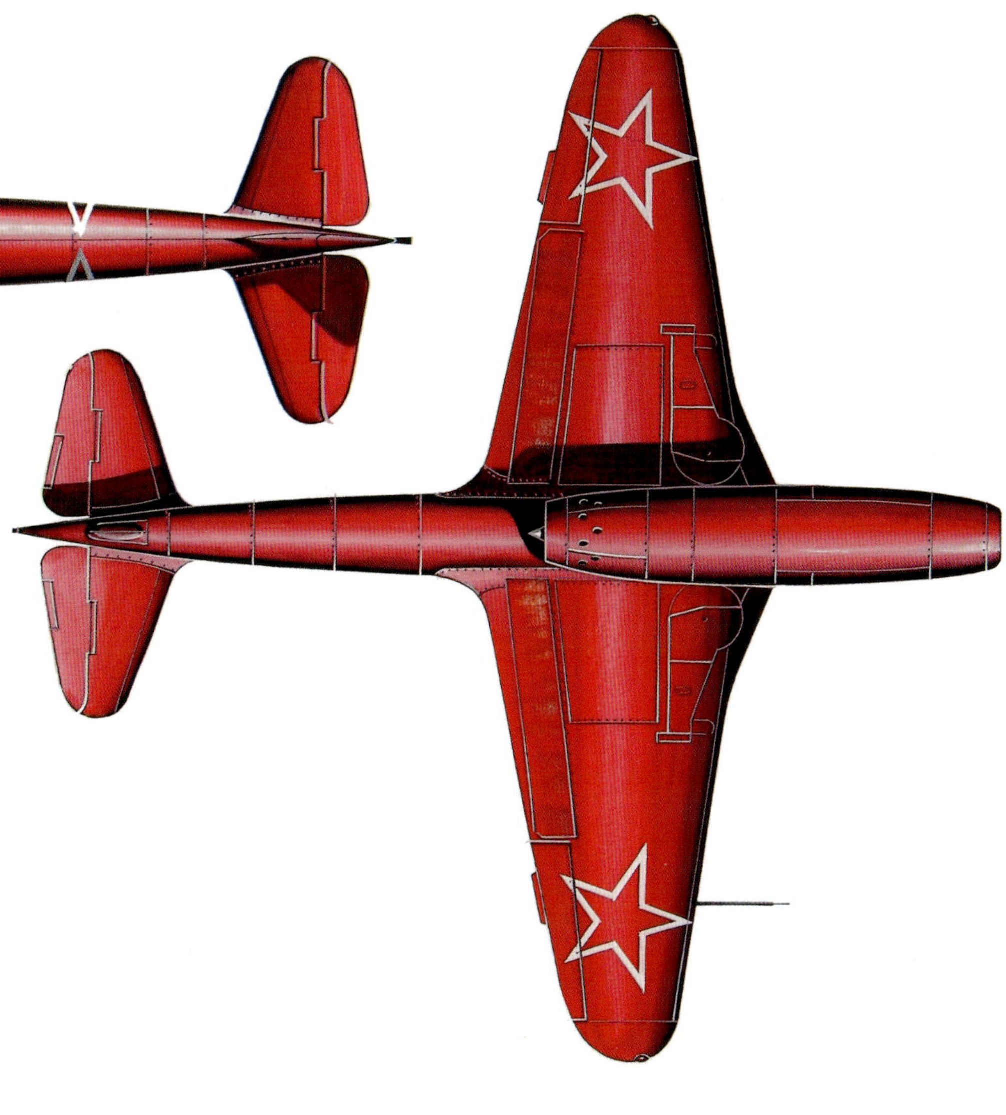

Mit diesem spektakulären Anstrich wurde die Jak-15 am 1. Mai 1947 über dem Roten Platz in Moskau vorgeführt.

1947 Jakowlew Jak-23 Flora

Nachdem Großbritannien der Ausfuhr der Roll-Royce-Triebwerke Nene I und Derwent V zugestimmt hatte, begann in der Sowjetunion der Nachbau der Motoren, die mit Schubleistungen von 1.625 kg bzw. 2.270 kg die deutschen BMW- und Jumo-Motoren weit übertrafen. Die Konstruktionsbüros von Lawotschkin und Mikojan-Gurewitsch wurden beauftragt, für diese Antriebe moderne Jagdflugzeuge zu entwickeln. Zeitgleich erhielt Jakowlew die Anweisung zum Bau eines konventionellen Jägers mit Derwent V (RD-500). Unter der Bezeichnung Jak-23 stellte das Büro ein einsitziges Muster vor, dessen Gesamtauslegung weitgehend der Jak-17 entsprach, dessen Bugfahrwerk aber voll einziehbar war. Ferner wurde großer Wert auf eine einfache Wartung gelegt und ein eckiges Kreuz-Leitwerk angebaut.

Mikhail I. Iwanow führte die Jak-23 im Juli 1947 zum Erstflug. Die nachfolgende Erprobung verlief sehr zufriedenstellend. Das Muster war voll kunstflugtauglich, leicht zu fliegen und erreichte mit 932 km/h auf Meereshöhe und einer Steigleistung von 41 m/sec. ansprechende Leistungen. Dennoch wurde die Fertigung zunächst auf Eis gelegt. Grund waren die La-15 und MiG-15, die ein höheres Potenzial aufwiesen. Schlussendlich bestand aber die Sorge, dass diese Jäger versagen könnten, sodass als Rückversicherung gegen einen Fehlschlag die Fertigung der Jak-23 (NATO-Kodename Flora) ab Oktober 1949 anlief. Von den 313 Serienflugzeugen übernahmen die Roten Luftstreitkräfte nur wenige, um sie im Bereich des Kaukasus und der Wolga einzusetzen. Bemängelt wurde das Fehlen von Luftbremsen und einer Druckkabine sowie die hohen Ruder- und Pedalkräfte.

Die aufgezeigten Mängel und der große Erfolg der MiG-15 führten zu einer raschen Abgabe der Jak-23 an Polen (etwa 100), Albanien, Rumänien (40) und Bulgarien (mindestens 12).

Die Flugzeuge blieben dort recht lange im Einsatz und schrieben sogar Luftfahrtgeschichte. Am 21. September 1957 stellte ein polnischer Flugzeugführer zwei Steigzeit-Weltrekorde mit 119 Sekunden für 3.000 m und 197 Sekunden für 6.000 m auf.

Vor einigen Jahren tauchten Fotos einer Jak-23 mit US-Hoheitskennzeichen auf. Lange Zeit war damit ein Geheimnis verbunden, das erst in den 1990er Jahren teilweise gelüftet wurde. Unter dem Namen Projekt Alpha startete der US-Geheimdienst CIA im Oktober 1953 eine schier unglaubliche Aktion. Eine in Kisten verpackte Jak-23 befand sich auf einem Transport innerhalb des Balkans. Dieses Flugzeug wurde von einem C-124-Transporter abgeholt, in die USA verbracht, auf der Wright-Patterson Air Base zusammengebaut und ab dem 4. November 1953 in acht Flügen getestet. Anschließend erfolgte die Demontage und Rücklieferung. Wenngleich die Namen der beteiligen Nationen nach wie vor geheim sind, darf angenommen werden, dass Jugoslawien bei dem Coup eine Schlüsselrolle zufiel. Das Land hatte zu dieser Zeit intensive Kontakte zu den Vereinigten Staaten, die unter anderem zu Waffenlieferungen führten, die der Geheimhaltung unterlagen und vielleicht Anlass für eine ungewöhnliche Zusammenarbeit boten.

Von der Jak-23 sind ein paar Exemplare erhalten geblieben, von denen einige in den verschiedenen Luftfahrtmuseen Osteuropas zu besichtigen sind.

Baureihen und Varianten

Jak-23
Standardausführung mit RD-500 (Derwent V)-Motor und zwei 23 mm NR-23K-Kanonen. Mitführung von Zusatztanks an den Flügelenden möglich.

Jak-23UTI
Drei zweisitzige Schulflugzeuge mit unterschiedlichen Kabinendächern und einem 12,7 mm-MG wurden gebaut. Eine Serienfertigung ist unterblieben.

Jak-23DC
Lieferung eines zweisitzigen Flugzeuges an Rumänien. Das Kürzel DC steht für dubla comande (frei übersetzt: Doppelsteuer).

Jak-23K
Nach Abschluss der Flugversuche wurden die drei Jak-23UTI als schnelle Reiseflugzeuge mit der Bezeichnung Jak-23K eingesetzt.

Jakowlew Jak-23 Flora

Spannweite	8,73 m
Länge	8,10 m
Höhe	3,30 m
Flügelfläche	13,70 m²
Leermasse	1.902 kg
Startmasse	2.965 kg
Startmasse mit Zusatztanks	3.306 kg
Höchstgeschwindigkeit auf Meereshöhe	925 km/h
Reichweite mit Zusatztanks	1.035 km
Dienstgipfelhöhe	14.800 m

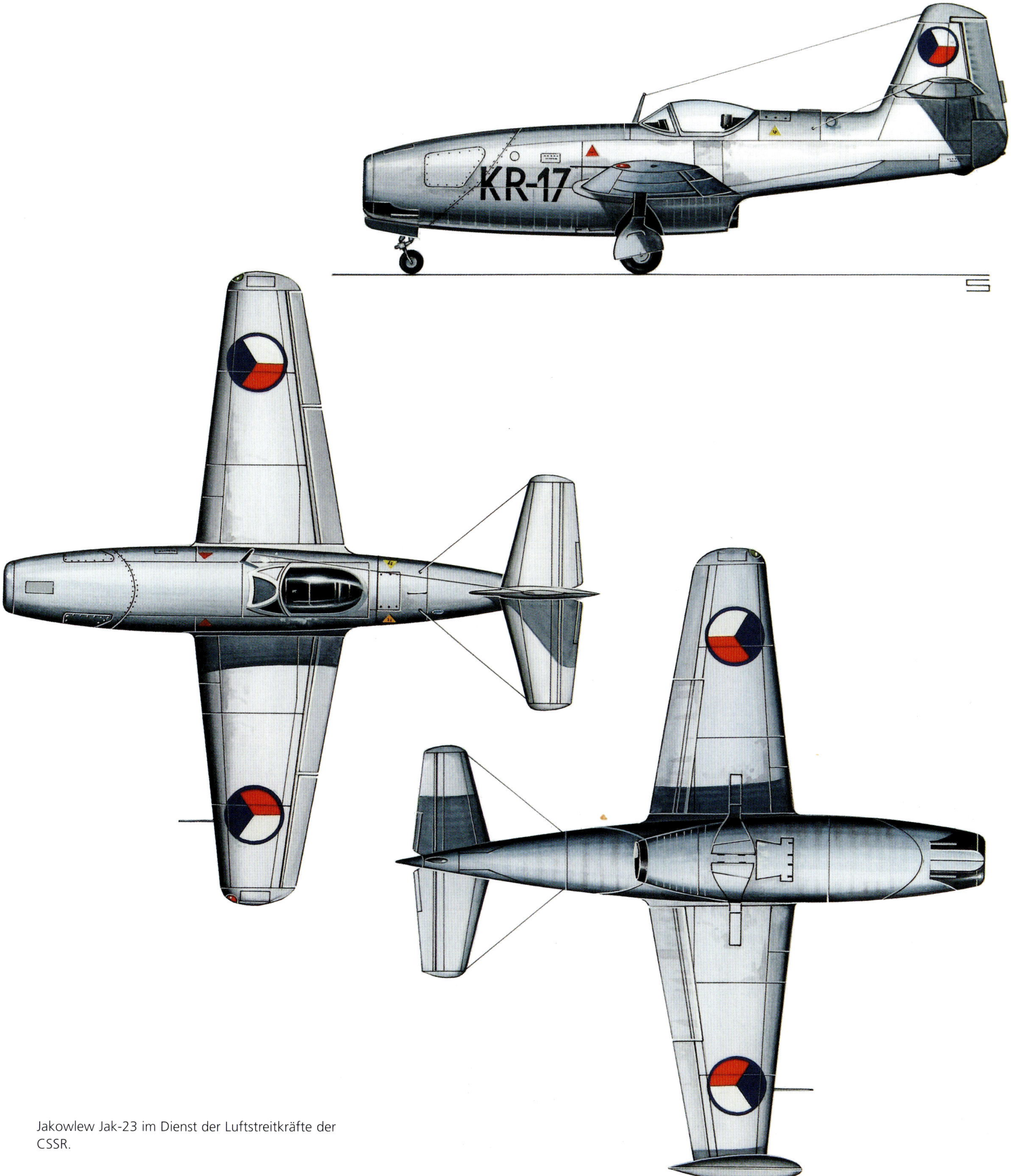

Jakowlew Jak-23 im Dienst der Luftstreitkräfte der CSSR.

1947 Hawker Sea Hawk

Der trägergestützte Jagdeinsitzer Hawker Sea Hawk ist ein typischer Vertreter der ersten Jet-Flugzeug-Generation. Die Arbeiten an dem Muster begannen 1944, als die ersten Leistungsdaten des in der Entwicklung befindlichen Rolls-Royce B.41-Strahltriebwerkes vorlagen. Über verschiedene Stufen gelangte das Projektbüro zur P.1040, einem Mitteldecker mit ovalem Rumpf, hydraulisch betätigtem 3-Bein-Fahrwerk und einem im Rumpf liegenden Triebwerk, das über Lufteinläufe in den Flügelwurzeln versorgt wurde. Auch der geteilte Gasaustritt lag im Bereich der Flügelwurzeln. Hier war der Rumpf gegen Wärmebelastung besonders geschützt. Damit das Höhenleitwerk nicht im Gasstrahl lag, wurde es soweit wie möglich oberhalb des Seitenruders befestigt. Der Flugzeugführer saß weit vorne unter einer tropfenförmigen Haube, die eine Rundumsicht erlaubte.

Die erste P.1040 (VP401) ging am 2. September 1947 mit einem Rolls-Royce Nene I in die Flugversuche. Später machte das 2.000 kg (20 kN)-Triebwerk dem etwas stärkeren Nene II Platz. Als nächster Prototyp nahm die VP413 die Testflüge am 3. September 1948 auf. Er hatte die volle Trägerausrüstung, die aus klappbaren Tragflächen, Katapultbeschlägen und Fanghaken bestand. Außerdem war er mit vier 20 mm Hispano-Kanonen mit je 200 Schuss bestückt. Die Trägerversuche begannen ab April 1949 auf der HMS Illustrious. Sie zeigten, dass die Flächenbelastung zu hoch war, worauf die Spannweite um rund 70 cm verlängert wurde. Als drittes Versuchsmuster kam die VP412 ab dem 17. Oktober 1949 zum Fliegen. Sie war für den Einsatz von Startraketen vorbereitet. Das Fahrwerk fuhr deutlich schneller ein, um nach dem Start rascher Fahrt aufzunehmem. Insgesamt zeigte sich die Fleet Air Arm der Royal Navy mit dem Flugzeug zufrieden und orderte es unter dem Namen Sea Hawk. Hawker baute nur 35 Stück. Wegen Arbeitsüberlastung wurde die weitere Fertigung der Firma Armstrong Whiteworth übertragen, die am 18. Dezember 1952 die erste Sea Hawk ablieferte. Als erstes Squadron konnte das No. 806 Ace of Diamonds (HMS Eagle) 1953 als einsatzklar gemeldet werden. In den kommenden Jahren erwies sich das Flugzeug als unproblematisch. Der gute Ruf führte dann zu einigen Auslandsaufträgen. Die Bundeswehr bestellte 68, die Niederlande 22 und Indien 21. Alles in allem wurden 545 Sea Hawks hergestellt. Am längsten blieb das Muster in Indien im Einsatz. Hier wurde es erst Anfang der 1980er Jahre auf dem Träger INS Vikrant durch die Hawker Harrier abgelöst.

Baureihen und Varianten

Sea Hawk Mk.1
Erstausführung m. Rolls-Royce Nene II Mk.101-Triebwerken. 95 Stück. WF143 erstes Flugzeug (Jungfernflug 14.11.51). Gegenüber den Versuchsmustern wenig geändert, z. B. neue Form des Kabinendachs.

Sea Hawk Mk.2
40 Stück gefertigt. Geringfügige Unterschiede – wie kraftbetätigte Querruder – zur Mk.1.

Sea Hawk F.B. Mk.3
116 Stück. Zusatztanks und Einsatz von Bomben oder Luftminen möglich.

Sea Hawk F.G.A. Mk.4
Tiefangriffsflugzeug mit 20 7-cm-Luft-Boden-Raketen oder vier 224 kg-Bomben.

Sea Hawk Mk.5 und Mk.6
Mark 3 und 4 Flugzeuge, die nachträglich mit dem Nene Mk.103 (2.360 kg/23 kN) ausgestattet wurden, erhielten die Kennungen Mk.5 bzw. Mk.6

Sea Hawk Mk.50
Ausführung für die Niederlande. Entsprach der Mk.6, hatte eine UHF-Funkanlage und konnte zwei AIM-9 Sidewinder Luft-Luft-Raketen einsetzen.

Sea Hawk Mk.100 und Mk.101
34 Stück der Mk.100 an deutsche Marineflieger. Jagdbomber bei Marineflieger-Gruppen 1 und 2 ab 1957. 34 Stück der Mk.101 an Marine. Aufklärer mit Ekco 38B Radar (in Behälter unter Tragflügel). Einige mit Seitenblick-Kamera im Heck. Flog bei den genannten Gruppen. Sea Hawk bei Kunstflugteam »Fliegende Fische« des Marinefliegergeschwaders 1. Ausmusterung 1963. 28 Flugzeuge beider Baureihen an Indien verkauft.

Hawker Sea Hawk Mk.100	
Spannweite	11,89 m
Länge	12,09 m
Höhe	2,98 m
Flügelfläche	25,83 m^2
Leermasse	4.208 kg
Startmasse	7.327 kg
Höchstgeschwindigkeit	964 km/h
Dienstgipfelhöhe	13.565 m
Einsatzradius	772 km

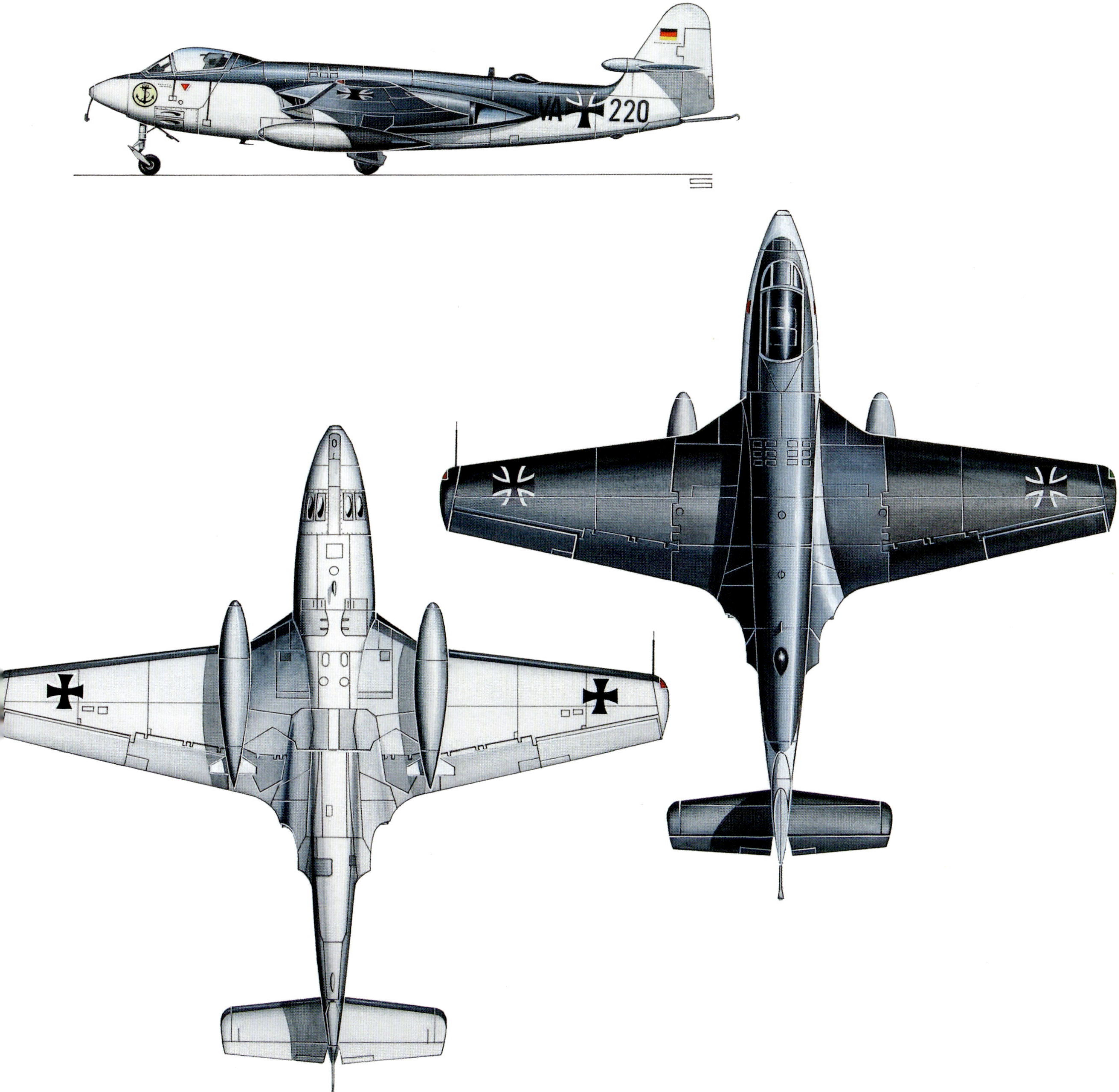

Hawker Sea Hawk Mk.100 bei den Marinefliegern der Bundeswehr.

1947 **Mikojan Gurewitsch MiG-15 Fagot**

1945 lag der sowjetische Motorbau bei der Entwicklung und Fertigung von Turbinen-Luftstrahltriebwerken weit hinter Großbritannien und Deutschland zurück. Um vorwärts zu kommen, wurden zunächst deutsche Beute-Triebwerke von BMW und Junkers nachgebaut. Diese Motoren waren aber nicht so schubstark wie die neuesten britischen Entwicklungen und sie benötigten bereits nach rund 25 Betriebsstunden eine Generalüberholung.

Alexander S. Jakowlew, einer der bedeutendsten russischen Flugzeugkonstrukteure, war bis 1946 auch Stellvertreter des Ministers für Flugzeugbau und ein enger Vertrauter Stalins. Anlässlich einer Besprechung über die britischen Strahltriebwerke schlug Jakowlew vor, einige Motoren zu erwerben und nachzubauen. Stalins Kommentar zu dieser Idee – »welcher Narr wird uns seine Geheimnisse verkaufen?« – ist verbürgt. Doch das Unwahrscheinliche geschah. Im Spätsommer 1946 reiste Artem I. Mikojan zusammen mit dem Triebwerkspezialisten Wladimir J. Klimow und dem Metallspezialisten S.T. Krischkin nach Großbritannien. Hier erwarb er bei Rolls-Royce 30 Derwent V-und 25 Nene-Motoren der Baureihen I und II, von denen einige kurz darauf in der UdSSR eintrafen. Das Derwent-Triebwerk leistete 1.590 kg und das Nene II 2.270 kg Schub. Die Wartungsintervalle für die Generalüberholung waren mit 180 Stunden für beide Motoren identisch.

Wenngleich kein Lizenzabkommen vereinbart wurde, begann der Nachbau der Derwent V und Nene I und II unter den russischen Bezeichnungen RD-500 und RD-45.

Die Konstruktionsbüros von Jakowlew und Lawotschkin konzentrierten sich auf den schwächeren Derwent V und entwickelten für ihn verschiedene Jagdflugzeuge. Mikojan hingegen setzte auf das starke Nene-Triebwerk, das als Antrieb für ein Jagdflugzeug dienen sollte, dessen Entwicklung intern unter den Begriffen S und I-310 (I für Istrebitel / Jagdflugzeug) lief. Die Programmsteuerung oblag A.G. Brunow und A.A. Andrejew, die sich bei ihren Arbeiten auf die Windkanaluntersuchungen des ZAGI (Zentrales Aero-Hydrodynamisches Institut) stützte. Das ZAGI empfahl ein Tragwerk von 35° Pfeilung mit je zwei Grenzschichtzäunen, die die Strömung auch im Langsamflug über den gesamten Flügel führten.

Das Modell S war ein Mitteldecker mit gepfeiltem Leitwerk, 3-Bein-Fahrwerk und geteiltem Lufteinlauf im Bug. Eine N-37D 37 mm-Kanone und zwei NS-23 23 mm-Kanonen bildeten die Bewaffnung. Als erstes sowjetisches Jagdflugzeug verfügte es über ein Feuerwarn- und Feuerlöschsystem. Außerdem waren eine Peilanlage von 200 km Reichweite, ein Funkhöhenmesser, Funkgeräte und ein Instrument-Landesystem an Bord. Das Cockpit war für sowjetische Verhältnisse geradezu luxuriös. Es war geräumig, druckbelüftet, klimatisiert und mit einem Schleudersitz ausgestattet.

Größter Wert wurde auf einfache Wartung und hohe Zuverlässigkeit der Bordsysteme gelegt. Zwei Beispielen seien hierfür geschildert. Der Rumpf war ab der Flügelhinterkante zweigeteilt. Bei ausgefahrenem Fahrwerk ließ sich der komplette hintere Rumpf zu Wartungszwecken abnehmen. Die Bordkanonen waren zu einem Paket zusammengefasst, das mittels eingebauter Stahlseile aus dem Rumpfbug abgesenkt werden konnte.

Koreanische MiG-15. Typisch für die 1950er Jahre ist das Fehlen eines Tarnanstrichs.

Unter Führung von V.N. Juganow startete am 30. Dezember 1947 die S-1 zum Jungfernflug. Hohe Schubverluste bei verschiedenen Flugzuständen unterbanden zunächst weitere Flüge. Eine geringe Verkürzung des Rumpfes an Bug und Heck, eine Änderung der Flügeltiefe und eine höhere Pfeilung des Leitwerkes brachten Besserung. Das zweite Versuchsmuster, die S-2, wurde von vornherein in neuer Form gebaut. Sie nahm am 27. Mai 1948 die Flüge auf. Die sowjetischen Luftstreitkräfte schalteten sich nun in die Flugversuche ein. Ihre Flugzeugführer zeigten sich besonders von den Start- und Landeeigenschaften, der Steigleistung, dem stabilen Flugverhalten und der Manövrierfähigkeit des Musters angetan, sodass der Serienbau unter der Bezeichnung MiG-15 beschlossen wurde. Freilich war noch nicht alles in Ordnung und so erfuhr die S-3, das Musterflugzeug für die Serie, eine ganze Reihe von Änderungen. Die wesentlichsten waren: Einbau von Luftbremsen an den Heck-

seiten, Reduzierung der Tankkapazität von 1.538 auf 1.450 Liter, Verstärkung der Flügelstruktur und die Vergrößerung der Querruderfläche.

Am Beginn der Produktion stand die MiG-15 (intern SW) mit RD-45F-Triebwerk und kraftbetätigten Querrudern. Neu war auch die Möglichkeit, zwei Zusatztanks von je 496 l mitführen zu können. Der Kalte Krieg und der Korea-Konflikt führten binnen kurzem zur Einrichtung von neun Fertigungsbetrieben in der UdSSR, die bis zur Einstellung des MiG-15-Programms nicht weniger als 13.131 Flugzeuge ablieferten. Daneben erfolgte der Nachbau in Polen, China und der Tschechoslowakei.

Westlichen Beobachtern wurde das Muster im Juli 1948 gezeigt, als es an einem Überflug anlässlich des Flugtages von Tuschino teilnahm. Damals verwendeten die USA noch ein Zahlensystem zur Identifizierung sowjetischer Flugzeuge. In Ermangelung der richtigen

Bezeichnung wurde der MiG-15 die Kennung Type 14 zugeteilt, die später durch den NATO-Kodenamen Fagot ersetzt wurde.

Die Zuführung zu den Einsatzverbänden begann im Februar 1949. Es zeigte sich, dass das Flugzeug zwar von jedem durchschnittlichen Flugzeugführer zu beherrschen war, dass aber seine Einführung einen Quantensprung darstellte. Bis dato wurden meist Kolbenmotorjäger geflogen. Es gab zwar auch schon Strahlmuster, aber nur in wenigen Stückzahlen und von deutlich geringerer Leistung. So wundert es nicht, dass bald der Ruf nach einer zweisitzigen Trainingsausführung laut wurde, dem Mikojan mit der UTI-MiG-15 Rechnung trug. Damit kamen die Sowjets auch ihren Satellitenstaaten und Verbündeten entgegen, die überraschend schnell mit der MiG-15 ausgerüstet wurden. Diese Aussage gilt zunächst für China, das die Fäden im Korea-Krieg für die kommunistische Seite zog. Sie hatten auch das Muster als Erste im scharfen Einsatz. Im Konflikt mit den National-Chinesen auf Taiwan (vormals Formosa) schoss sie am 28. April 1950 einen P-38-Aufklärer mit einer MiG-15 ab. Doch das war nur ein Vorgeplänkel im Vergleich zum Korea-Krieg, der mit dem Angriff der Nordkoreaner gegen Südkorea am 25. Juni 1950 begann und erst am 27. Juli 1953 endete.

Über die Kampfhandlungen, die Erfolge und Misserfolge liegen ungezählte Berichte vor, von denen nur wenige einer kritischen Betrachtung standhalten können. An dieser Stelle kann nur ein Fazit des Luftkrieges gezogen werden. Danach war die MiG-15 allen Jagdflugzeugen der UN-Truppen überlegen. Sie fügte außerdem den B-29-Verbänden der USAF so schwere Verluste zu, dass der Bomber aus dem Einsatz genommen werden musste. Erst der Einsatz der North American F-86 Sabre brachte die Wende. Nun stand der MiG-15 ein ebenbürtiger Gegner gegenüber. Ungeachtet dessen war das Interesse an der MiG-15 groß. Umso erfreuter zeigte sich der Westen, als am 5. März und 20. Mai 1953 zwei polnische Jagdflieger mit ihren MiG-15 nach Dänemark desertierten. Allerdings mussten die Flugzeuge aus diplomatischen Gründen wieder an Polen zurückgegeben werden. Anders verhielt es sich in Korea. Hier hatte die USAF eine Kampagne gestartet, in der jedem MiG-15-Deserteur eine Belohnung von 100.000 US-Dollar versprochen wurde. Tatsächlich klappte der Trick. Am 21. September 1953 setzte ein Nordkoreaner mit seiner Fagot in Südkorea auf. Das Flugzeug wurde im Anschluss in den USA ausgiebig erprobt.

Zu dieser Zeit waren die meisten Geheimnisse des Musters gelüftet. Die 1951 eingeleitete Verlegung von Einsatzverbänden nach Polen und der DDR hatten den Schleier um das Flugzeug löchrig gemacht. Diese Fakten, aber auch politische Überlegungen, führten nach dem Ende des Korea-Krieges dazu, dass die MiG-15 in großem Stil an die Satelliten-Staaten der Sowjetunion und an Länder der Dritten Welt in Afrika, Nahost und Asien geliefert wurde. So war das Muster in den 1960er Jahren in mehr als 30 Ländern anzutreffen. Außerdem war es an verschiedenen Konflikten – allen voran die Suez-Krise, die israelisch-arabischen Kriege und der Vietnam-Krieg – beteiligt.

Aus der Vielzahl der Betreiber seien nur Ägypten, Finnland, Mongolei, Nigeria, Pakistan, Syrien, Somalia, Tansania und die DDR erwähnt. In Ostdeutschland trafen zunächst UTI MiG-15 zu Trainingszwecken ein. Die Zuführung zu den Einsatzverbänden erfolgte ab Sommer 1956, wobei das Fliegergeschwader 1 (später JG 1) als erste Einheit über das Muster verfügte. Es folgten die Geschwader 2, 3, 7, 8 und 9 sowie die für die Schulung zuständigen Fliegerausbildungsgeschwader (FAG) und das Jagdbombenfliegergeschwader (JBG) 31. Mitte der 1960er Jahre begann die Ausmusterung der MiG-15, die überwiegend von der MiG-21 abgelöst wurde.

Heute sind nur wenige MiG-15 international im Einsatz. Es gibt aber eine große Fangemeinde in den USA, Großbritannien, Neu Seeland und Australien, die eine Reihe von MiG-15 aus der polnischen Fertigung erworben hat und auch fliegt.

Mikojan Gurewitsch MiG-15bis Fagot

Spannweite	10,08 m
Länge	10,11 m
Höhe	3,70 m
Flügelfläche	20,60 m²
Leermasse	3.630 kg
Startmasse	5.015 kg
Höchstgeschwindigkeit	
auf Meereshöhe	1.059 km/h
	1.033 km/h in 5.000 m
	992 km/h in 10.000 m
Dienstgipfelhöhe	15.500 m
Reichweite mit Innenkraftstoff	1.240 km

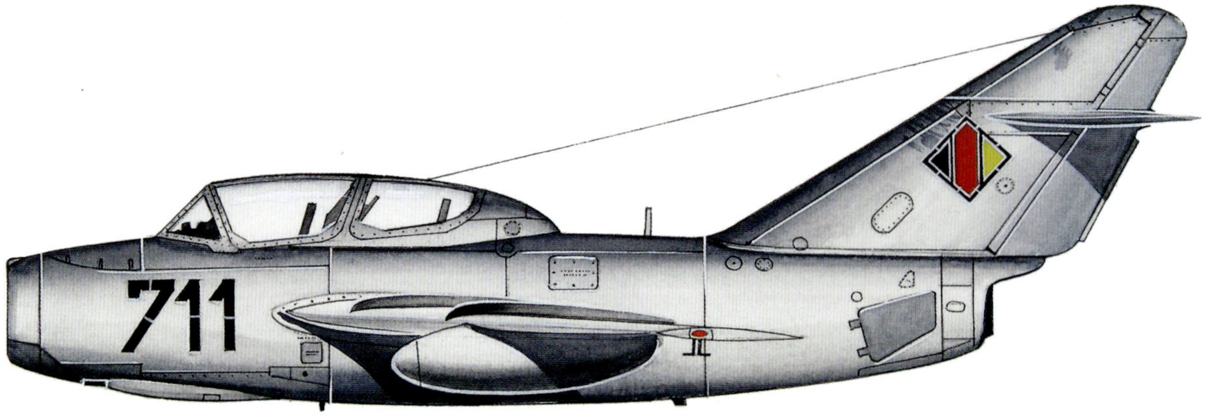

UTI MiG-15. Hier in den Farben der DDR.

Röntgenschnitt einer UTI MiG-15.

Baureihen und Varianten

MiG-15 (SW)
Erstes Serienmodell. Antrieb RD-45F. Einbau eines kleinen Sondertanks, der dem Triebwerk auch bei negativer Erdbeschleunigung Kraftstoff zuführt. Mitnahme unterschiedlicher Zusatztanks (z. B. 2 x 300 l oder 2 x 248 l) möglich. Leermasse 3.253 kg, Startmasse maximal 5.405 kg. Spezialausführungen waren SA-1 bis SA-4, die als Testflugzeuge für die Avionik dienten. Die SO fungierte als Versuchsflugzeug für neue Visiere und die SU war eine Versuchsausführung mit zwei beweglichen (7° nach unten und 11° nach oben) 23 mm-Kanonen (je 115 Schuss) links und rechts neben dem Bugradschacht.

MiG-15bis (SD)
Hauptbaureihe. Klimow WK-1-Triebwerk (2.700 kg/26,4 kN). Mit verstärktem Fahrwerk und modifizierten Leitwerksvorderkanten. Neue Servo-Antriebe mit pneumatischem Notfall-System. Panzerglas-Windschutz (64 mm). Verbesserte Klimaanlage mit zusätzlichenFußwärmern. Eine N-37-Kanone mit 40 Schuss. Zwei NS-23MK-Kanonen mit je 160 Schuss. Vier Außenstationen für Bomben und Zusatztanks. Typische Beladung: 2 x 100 kg-Bomben und 2 x 250 l-Tanks. Rückblick-Periskop serienmäßig. Einige mit 15 m² Bremsschirm. Luftbremsen auf 0,5 m² vergrößert. Zahlreiche Sonder- und Experimental-Versionen. Die SSch erprobte eine neue 23 mm-Kanone, SJa hatte ein verstärktes Tragwerk, SD-ET untersuchte Triebwerkstarter, Triebwerkbeschleunigung und Kraftstoffzufuhr. SD-P testete Bremsschirme. SL-5 hatte ein Klimow WK-5 mit 3.000 kg (29 kN). SJe diente aerodynamischen Versuchen. SD-10, SD, 21, SD-25 und SD-57 erprobten Waffen und die ISch war ein Erdkampfflugzeug mit zwei weit über die Flügelvorderkante hinausragenden Waffenträgern.
Unter dem Begriff Burlaki wurde ein Begleitjäger untersucht, der von einem Tu-4-Bomber geschleppt wurde. Verschiedene Flugzeuge wurden für die Tests abgestellt. Es blieb allerdings nur beim Versuch. Einige MiG-15 dienten weiteren Versuchen zur Luftbetankung.

MiG-15bis S (SD-UPB)
Begleitjäger mit zwei 600 l-Zusatztanks. Erstflug 10.6.50. Reichweite 2.220 km. Höchstgeschwindigkeit mit Tanks nur 650 km/h. Nach Änderung der Tankform 820 km/h und 2.520 km Reichweite. 49 Serienflugzeuge.

MiG-15bis P (SP-1 und SP-5)
Experimentelle Allwetterjäger mit Bordradar im bzw. am Lufteinlauf.

MiG-15bis R (SR)
Fotoaufklärer mit einer Kamera im Bug und reduzierter Bewaffnung.

MiG-15 M
Umbau zur Zieldarstellungsdrohne. Große Wanne zur Unterbringung der Steuerungstechnik unter dem Rumpf. Bis Anfang der 1990er Jahre im Einsatz.

UTI MiG-15 (I-312 / ST-1 / ST-2 / ST-10)
Zweisitzige Trainingsversion. Erstflug 23.5.1949. Bewaffnet mit: 1 x 12,7 mm-MG und 1 x 23 mm-Kanone. Leermasse 3.724 kg, Startmasse 4.850 kg, maximale Startmasse 5.400 kg. ST-2 hatte nur ein 12,7 mm-MG und verbesserte Avionik. ST-10 diente der Schleudersitzerprobung. Ferner existierte eine Drohnen-Kontrollausführung. NATO-Kodename für die MiG-15 Schulflugzeuge: Midget.

UTI MiG-15P (ST-7 / ST-8)
Spezialtrainer für den Einsatz des RP-1 Izumrud-Bordradar. Bewaffnet mit einem 12,7 mm-MG. Erstflug: 15.9.1953. ST-8 verfügte über eine leistungsstärkere Ausführung des RP.1

S-102 / S-103 / CS-102
Tschechische Lizenzfertigung (Erstflug: 13.4.1953). Zunächst 233 MiG-15 (SW) als S-102 gebaut. Diese später als MiG-15SB zu Jagdbombern mit sechs Außenstationen umgerüstet (Startmasse bis 6.270 kg). Einige zu Zielschleppern abgeändert. Das Gros der Fertigung (620 als S-103) entsprach der MiG-15bis, jedoch Avionik geändert u.a. PPZ-1 ILS. Ab 1968 die meisten zu Jagdbombern umgebaut. Einige als Aufklärer bzw. MiG-15T Zielschlepper.
Die Schulausführung CS-102 (2.012 Stück) entsprach weitgehend der sowjetischen Ausführung. Es existierte auch ein Radar-Trainer ähnlich UTI MiG-15P.

Lim-1 / Lim-2 / SBLim-1 / SBLim-2 / SBLim-2M / SBLim-1Art / SBLim-2Art
Polnische Lizenzfertigung. Erstflug 17.7.52. Zunächst 227 Stück als Lim-1, dann 500 als Lim-2 (MiG-15bis). SBLim waren Schulausführungen ähnlich UTI MiG-15. SBLim-1Art und -2Art dienten als Gefechtsfeldaufklärer und zur Lenkung der Artillerie.

Jianjiji J-2 / JJ-2
Shenjang stellte mehr als 800 beschädigte MiG-15 nach dem Korea-Krieg wieder her. Die meisten wurden von den chinesischen Streitkräften übernommen und als J-2 geflogen. Eine Lizenzfertigung erfolgte nur bei der UTI MiG-15, von der 534 als JJ-2 gebaut wurden.
Die Chinesen gaben später einen guten Teil ihrer MiG-15 unter der Bezeichnung F-2 an andere Länder wie Albanien und Kambodscha ab.

1950 Douglas A2D Skyshark

Der Militärflugzeugbau des 20. Jahrhunderts war schnelllebig. Kaum hatte ein Flugzeug die ersten Erprobungen durchlaufen, schon forderten die Militärs einen Nachfolger. Ein gutes Beispiel für diese These ist die Douglas A2D Skyshark, deren Entwicklung im Juni 1945 – nur drei Monate nach dem Erstflug der AD Skyraider – begann.

Neue Antriebe in Form des Turbinen-Luftstrahltriebwerkes (TL) und des Propellerturbotriebwerkes (PTL oder Turboprop) machten Hoffnung auf große Leistungssprünge.

Ed Heinemann, Chef-Konstrukteur der Firma Douglas, untersuchte verschiedene Lösungen mit beiden Triebwerkformen und entschied sich am Ende für den Allison XT40-A-2 Turboprop-Antrieb, der aus dem Zusammenbau von zwei Allison T38 entstanden war und eine Wellenvergleichsleistung von 5.100 WPS (3.800 kW) versprach.*

Zunächst ging Heinemann davon aus, dass der Motor ohne viele Änderungen in die Zelle der Skyraider passte. Eine genaue Analyse ergab jedoch, dass dies nicht machbar war und ein völlig neues Flugzeug benötigt wurde, dessen Abmessungen wegen des Trägereinsatzes aber nur wenig oberhalb des Vorgängers lagen.

Kennzeichnend für den einsitzigen Tiefdecker waren die gegenläufigen 3-Blatt-Luftschrauben mit ihren breiten Blättern, sowie die großen Abgas-Rückstoß-Öffnungen an den Rumpfseiten und die breite Sturzflugbremse unter dem Rumpf. Zu den technischen Raffinessen der Skyshark gehörte die Möglichkeit, das komplette auf Stangen montierte Triebwerk nach vorne aus dem Rumpf zu ziehen, sowie die aus Kunststoff gefertigte Propellernabe, die den Einbau einer kleinen Radarantenne ermöglichte.

Das mit Fanghaken, Schleudersitz und Druckkabine ausgestattete Flugzeug sollte neben einer aus vier 20 mm-MG bestehenden starren Bewaffnung zahlreiche unterschiedliche Außenlasten mitführen können. Dafür standen drei Träger unter dem Rumpf und dem Mittelflügel zur Verfügung. Ferner konnten 20 Hilfsträger (!) unter dem Tragwerk installiert werden. Maximal ließen sich 2,5 Tonnen außen am Flugzeug befestigen.

1947 bestellte die US Navy zwei XA2D-1-Versuchsmuster (BuNos. 122988 und 122999), von denen das erste am 26. Mai 1950 von der Edwards Air Force Base zum Jungfernflug startete. Nach nur 2 Minuten musste Testpilot George Jansen auf der Salzpiste landen. Grund waren starke Vibrationen, die vom Triebwerk ausgingen. In der Folgezeit gab es bezüglich XT40-A-2 zwar Verbesserungen, dennoch blieb der Motor die Achillesferse des Musters. Wenn es ausnahmsweise keine Probleme gab, dann war der Leistungsvorsprung gegenüber der Skyraider wie ein Wetterleuchten. Die Höchstgeschwindigkeit lag um 275 km/h und die Gipfelhöhe um 50 % über dem Vorgänger und mit einer Steigleistung von 2.222 m/min. übertraf das Muster damals fast alle Jets.

Die Schwierigkeiten mit dem Antrieb erwiesen sich aber als schier unüberwindlich. Nur zehn Vorserienflugzeuge (BuNos. 125479 bis 125488) wurden gefertigt, von denen sechs in die Erprobung gingen, die übrigen verblieben im Hangar. Nach einigen schweren Unfällen brach die Navy das Programm zugunsten der legendäre Douglas A-4 Skyhawk ab.

* Bei PTL-Triebwerken wird neben der Wellenleistung auch ein Düsen-Schub erzeugt. Die Werte werden addiert und so umgerechnet, als ob die Gesamtleistung über den Propeller abgegeben würde.

A2D Skyshark	
Spannweite	15,24 m
Länge	12,58 m
Höhe	3,68 m
Flügelfläche	37,00 m^2
Leermasse	5.864 kg
Maximale Startmasse	10.436 kg
Höchstgeschwindigkeit	813 km/h
Dienstgipfelhöhe	14.664 m
Reichweite	3.520 km

Douglas A2D Skyshark. Vorserienflugzeug 125481.

Republic F-84F Thunderstreak des JaboG 36 Rheine-Hopsten.

1950 Republic F-84F Thunderstreak und RF-84F Thunderflash

1947 reifte bei der Republic Aviation Corporation der Gedanke, ein neues Jagdflugzeug herauszubringen, das der North American Aviation F-86 Sabre ebenbürtig sein sollte. Die US Air Force zeigte zunächst kein Interesse. Erst 1949 trat ein Sinneswandel ein. Chef-Konstrukteur Dr. Alexander Kartveli entwarf daraufhin ein Flugzeug, das weitgehend auf der F-84 basierte und etwa 55 % der Fertigungsmaschinen nutzen sollte. Die F-84 (Erstflug 28.2.46) war ein konventioneller Strahljäger mit geradem Tragwerk und ungepfeiltem Leitwerk.

Das neue Flugzeug sollte moderner sein und über ein gepfeiltes Trag- und Leitwerk und eine neue Kabinenabdeckung verfügen. Die 209. F-84E diente als Musterflugzeug und wurde entsprechend umgebaut. Es entstand so die YF-96, die am 3. Juni 1950 erstmals vom Boden abhob. Kartveli war mit dem Ergebnis nicht zufrieden. Dies lag am Allison J35-Triebwerk, das nur 2.360 kg (23 kN) abgab. Zu wenig, um die angestrebte Geschwindigkeit von 1.174 km/h erreichen zu können. Für das Serienmodell F-96A war daher das Curtiss-Wright J65 mit 3.269 kg (32 kN) vorgesehen. Mit dieser Änderung entfernte sich das Muster mehr und mehr von der F-84. Wegen des neuen Antriebs musste der Rumpf um etwa 20 cm verbreitert werden. Und auch der Lufteinlauf war betroffen. Der Bug wurde etwas verlängert und der runde Lufteintritt wich einem ovalen. Hinzu kamen ein verstärktes Fahrwerk, perforierte Luftbremsen, ein geändertes Cockpit und viele Detailänderungen.

Inzwischen hatte die USAF Sorge, die Finanzierung des Flugzeuges sicherzustellen. Angesichts des Koreakrieges schien die Bereitschaft der Politiker, Mittel für ein neues Flugzeug bereitzustellen, fraglich. Es bedurfte nur eines simplen Tricks, um solche Befürchtungen aus dem Wege zu räumen. Aus der F-96 wurde die F-84F. Nach außen hin also nur ein neues Modell eines bewährten Flugzeuges. Die weitere Erprobung des Musters oblag zwei YF-84F-Vorserienflugzeugen, denen sich dann die F-84F-Serie anschloss. Sie konnte nur noch 15 % der Fertigungsmaschinen des Vorgängers nutzen. Die Unterschiede waren nicht nur äußerlicher Art, auch der Name wurde von Thunderjet in Thunderstreak geändert.

F-84F in Klammern RF-84F	
Spannweite	10,25 m
Länge	13,23 m (14,48 m)
Flügelfläche	30,23 m²
Leermasse	6.195 kg (6.362 kg)
Startmasse	12.701 kg
Höchstgeschwindigkeit	1.119 km/h (1.160 km/h)
Dienstgipfelhöhe	11.020 m (14.600 m)
Reichweite mit Zusatztanks	1.300 km

Die F-84F hatte eine aus sechs 12,7 mm-MG bestehende Bewaffnung. An vier Unterflügelstationen konnte sie Lasten von bis zu 2.722 kg mitführen. Darunter auch zwei Zusatztanks von bis zu 1.700 l. Als Starthilfe war der Anbau von 14 RATO-Startraketen möglich. Für den Waffeneinsatz stand ein Feuerleitradar bzw. als Jagdbomber mit Atombombe ein Bombenwurfrechner zur Verfügung. Als weitere Aufgabe kam später die des Tankers hinzu.*

Nach der Ablieferung des 275. Flugzeuges im Jahre 1953 erfolgt der Wechsel zum J65-W-7 mit 3.541 kg (34,7 kN) Schub. Das Triebwerk konnte nicht in den geforderten Stückzahlen geliefert werden, sodass bei Republic 1954 zeitweise bis zu 450 F-84F ohne Antrieb standen und etwa 7.000 Arbeiter vorübergehend entlassen werden mussten.

1955 konnte die Fertigung wieder aufgenommen werden. Sie endete 1957 mit dem 2.711. Flugzeug. 1.301 Thunderstreaks fanden im Rahmen militärischer Hilfsprogramme ihren Weg nach Frankreich, Belgien, Italien, Griechenland, Türkei, die Niederlande und Deutschland. Die Luftwaffe der Bundesrepublik war mit 450 Stück der Hauptabnehmer.

In den USA war es die 506th Strategic Fighter Wing auf der Dow Air Base in Main, die 1954 als Erste mit dem Muster ausgerüstet wurde. Ein Jahr später hatte das Strategic Air Command (SAC) bereits 6 Geschwader im Einsatz. Doch der Schein trog. Die Thunderstreak hatte nur eine kurze Karriere beim SAC. Hauptursache war das Triebwerk, das beim Durchfliegen von Regen oder Schnee zum Brennschluss neigte. Das SAC gab seine Flugzeuge an das Tactical Air Command ab, das aber bereits 1958 mit der Ausmusterung begann. Während der Berlin-Krise 1961 wurden die Flugzeuge wieder aktiviert. Doch schon im Jahr darauf wurden die Thunderstreak wegen Korrosionsschäden an den Gestängen der Steuerung gegroundet. Sie konnten nur mit erheblichem Aufwand beseitigt werden. 1964 kam dann das endgültige Aus für die F-84F-Verbände. Lediglich die Air National Guard flog das Muster noch bis 1971.

Bei der zweiten YF-84F hatte Republic den Lufteinlauf in die nun aufgedickten Flügelwurzeln verlegt. Der Bug bot somit Platz für verschiedene Einbauten, worauf Republic eine Aufklärerversion unter der Bezeichnung RF-84F anbot. Bereits 1951 erteilte die Air Force einen Auftrag über 130 Flugzeuge, der später erweitert wurde. Als Aufklärer konnte das als Thunderflash bezeichnete Muster sechs Kameras unterschiedlichster Art mitführen. Die Bewaffnung von nunmehr vier 12,7 mm-MG wurde vom Bug in die Tragflächen verlagert.

Insgesamt erfolgte die Auslieferung von 715 RF-84F, von denen 386 an Belgien, Dänemark, Frankreich, Griechenland, Italien, Norwegen, die Niederlande, Taiwan und Deutschland gingen. Erneut war die Luftwaffe mit 108 Exemplaren Hauptabnehmer.

In den USA sorgten die Aufklärer bei den spektakulären Projekten Tom-Tom und FICON für Aufsehen. Bei Tom-Tom klinkte sich je eine RF-84F an die Flügelspitzen einer KRB-36F, wodurch sich eine große Gesamtflügelfläche ergab, die wiederum der Reichweite der Flugzeuge zugute kam. Erste Flüge der Kombinationen fanden ab dem 24. April 1956 statt.

FICON war ein anders geartetes Experiment. Hier wurde eine RF-84K an einem »Trapez« befestigt und halbversenkt im Bombenschacht einer B-36 mitgeführt. Das Gespann konnte sich jederzeit trennen, aber auch wieder aneinander ankoppeln.

Während Tom-Tom nicht über das Versuchsstadium hinaus kam, wurde FICON ab 1955 beim 91st Strategic Reconnaissance Squadron mit 25 RF-84K in die Praxis umgesetzt.

* In einem Spezialbehälter – Buddy-Pack genannt – befand sich Kraftstoff und die Betankungsanlage, die aus einem Trichter mit Schlauch bestand. Anzumerken bleibt, dass die F-84F in der Luft nachbetankt werden konnte. Der Anschluss dafür befand sich auf der linken Flügeloberseite.

Baureihen und Varianten

YF-96A Serial Number 49-2430
Erstes Musterflugzeug für die geplante F-96A. Allison J35-Triebwerk. Jungfernflug 3. Juni 1950. Später als YF-84F geführt.

YF-84F Serial Numbers 51-1344 und 51-1345
Vorserienflugzeuge für die Baureihe F-84F. Curtiss-Wright YJ65-W-1-Triebwerk. 51-1345 auf zwei Lufteinläufe umgebaut. Diente als Musterflugzeug für die RF-84F.

F-84F Serial Numbers 51-1346 bis 51-1827; 51-9311 bis 51-9547; 51-17059 bis 17088; 52-6355 bis 52-7228; 52-8767 bis 52-9128; 52-10510 bis 52-105538; 53-6532 bis 53-7230
Serienbau bei Republic und General Motors. Diverse J65-Triebwerke von Wright und Buick. Zahllose und kostspielige Änderungen bei den verschiedenen Baulosen, unter anderem Pendelleitwerk, Anzeige der Wahren Geschwindigkeit, Anbau von Spoilern, Autopilot, Notfall-Hydrauliksystem, Hochdruck-Sauerstoffsystem, neues Instrumentenbrett. Durchführung zahlreicher Sonderaufgaben als JF-84F.

RF-84F Serial Numbers 51-1828 bis 51-1958; 51-11250 bis 51-11297; 51-16996 bis 51-17058; 52-7229 bis 52-7475; 52-8717 bis 52-8766; 53-7521 bis 53-7697;
Aufklärer mit bis zu sechs Kameras unterschiedlicher Brennweite, Bildformat und Funktion. Die ersten elf mit J65-W-3, dann W-7 (Wright)- oder B-7 (Buick)-Triebwerke. Zwei 12,7-mm im unteren Teil der Lufteinläufe. Als JRF-84F Übernahme von Spezialaufgaben.

RF-84K (GRF-84F)
Spezialvariante für den FICON-Einsatz. Zur teilweisen Unterbringung im Bombenschacht des GBR-36F-Trägerflugzeuges hatte das Muster ein nach unten abgewinkeltes Höhenleitwerk.

XF-84H Serial Numbers 51-17059 und 51-17060
Zwei Experimentalflugzeuge mit Allison XT40-A-1 Turboprop-Triebwerk. 5.850 WPS (4.365 kW) und 3-Blatt-Überschall-Luftschraube. Erstflug 7. 5. 55.

XF-84J Serial Numbers 51-1708 und 51-1709
51-1708 mit General Electric J73-Triebwerk erprobt. Schubleistung 4.454 kg (mit 43,7 kN) Nachbrenner. 1954 wurden Mach 1,09 erreicht. Entwicklung aus Kostengründen abgebrochen. 51-1709 als F-84F fertiggestellt.

Republic RF-84F Thunderflash des AG 51 Immelmann.

1952 Boeing B-52 Stratofortress

Die Boeing B-52 ist mit einer Dienstzeit von weit mehr als 50 Jahren ein Fossil unter den Kampfflugzeugen. Die ungewöhnlich lange Betriebszeit soll noch ausgedehnt werden. Die US Air Force beabsichtigt die letzten 90 Exemplare des Musters bis ins Jahr 2040 einzusetzen. Ein Beweis für die außergewöhnliche Güte der Konstruktion, die sich gegen alle Nachfolger durchsetzen konnte.

Der Kriegsverlauf der Jahre 1939 und 1940 hatte gezeigt, dass sich die USA nicht auf ausländische Stützpunkte verlassen konnte. Mit dem Bau der Convair B-36 Peacemaker wurde ein Flugzeug geschaffen, das über eine enorme Reichweite verfügte, die es ermöglichte, Ziele in Europa von den Vereinigten Staaten aus zu bombardieren. Noch bevor die sechsmotorige XB-36 am 8. August 1946 in die Flugerprobung ging, befasste sich die US Army Air Force mit einem Nachfolger. Eine entsprechende Ausschreibung ließ sie ab Februar 1946 innerhalb der amerikanischen Luftfahrtindustrie zirkulieren. Gefordert wurde ein Kampfflugzeug, das mit einer Bombenlast von 4.500 kg und einer Reisegeschwindigkeit von 480 km/h in mehr als 10.000 m Höhe einen Einsatzradius von 8.000 km hatte. Boeing, Convair und Martin reichten Entwürfe ein. Boeing erhielt für seinen Vorschlag – Modell 462 – den Zuschlag. Das Muster orientierte sich an der B-29, war aber mit 163 Tonnen Startmasse, einer Länge von rund 50 m und einer Spannweite von etwa 67 m viel größer und schwerer.

Wenngleich Boeing zeitgleich die B-47 mit Pfeilflügel und Strahltriebwerken bearbeitete, liefen beide Programme völlig getrennt voneinander. Dies lag daran, dass das Modell 462 ganz auf die Verwendung eines Turbinen-Propeller-Triebwerkes (kurz Turboprop) zugeschnitten war. Ein solcher Antrieb ermöglicht zwar nicht so hohe Geschwindigkeiten wie ein Turbinen-Luftstrahltriebwerk, offeriert aber einen deutlich geringeren Kraftstoffverbrauch. Eine Eigenschaft, die dem Langstreckenflugzeug sehr entgegenkam.

Während der Projektierung und dem Bau einer 1:1-Attrappe des als B-52 bezeichneten Flugzeuges gab es immer wieder Änderungen. Die Sowjetunion war nach Kriegsende auf Konfrontationskurs zum Westen gegangen und wurde zum potenziellen Gegner der USA. Das riesige Land erforderte einen Bomber mit noch größerer Reichweite. Außerdem hatte das schnelle, strahlgetriebene Jagdflugzeug den bis dahin üblichen Kolbenmotorjäger verdrängt. Damit war das Modell 462 nicht auf der Höhe der Zeit. Die US Army Air Force (ab September 1947 US Air Force) reagierte mit neuen Forderungen, die weit von den bisherigen Leistungen abwichen. Nun wurden 19.000 km Reichweite und 640 km/h erwartet. Werte, die auch die B-36 mit zusätzlichen Strahltriebwerken und Luftbetankung erreichen konnte. Somit stand das Programm auf der Kippe, zumal sich die US Navy generell gegen den Bau von Langstreckenbombern aussprach und dafür lieber Unterseeboote und Flugzeugträger in Dienst stellen wollte. Der Chef der Bomberflotte, General LeMay, konnte jedoch einen Abbruch der Arbeiten verhindern. Aber damit waren die Probleme nicht beseitigt. Erneut schraubten die Militärs die Leistungsparameter nach oben und

Boeing B-52H Stratofortress	
Spannweite	56,39 m
Länge	47,72 m
Höhe	12,40 m
Flügelfläche	371,60 m²
Leermasse	83.250 kg
Maximale Startmasse	221.150 kg
Höchstgeschwindigkeit	1.014 km/h
Dienstgipfelhöhe	16.765 m
Einsatzradius	7.210 km
Überführungsreichweite	16.232 km
Mit Zusatztanks	20.150 km

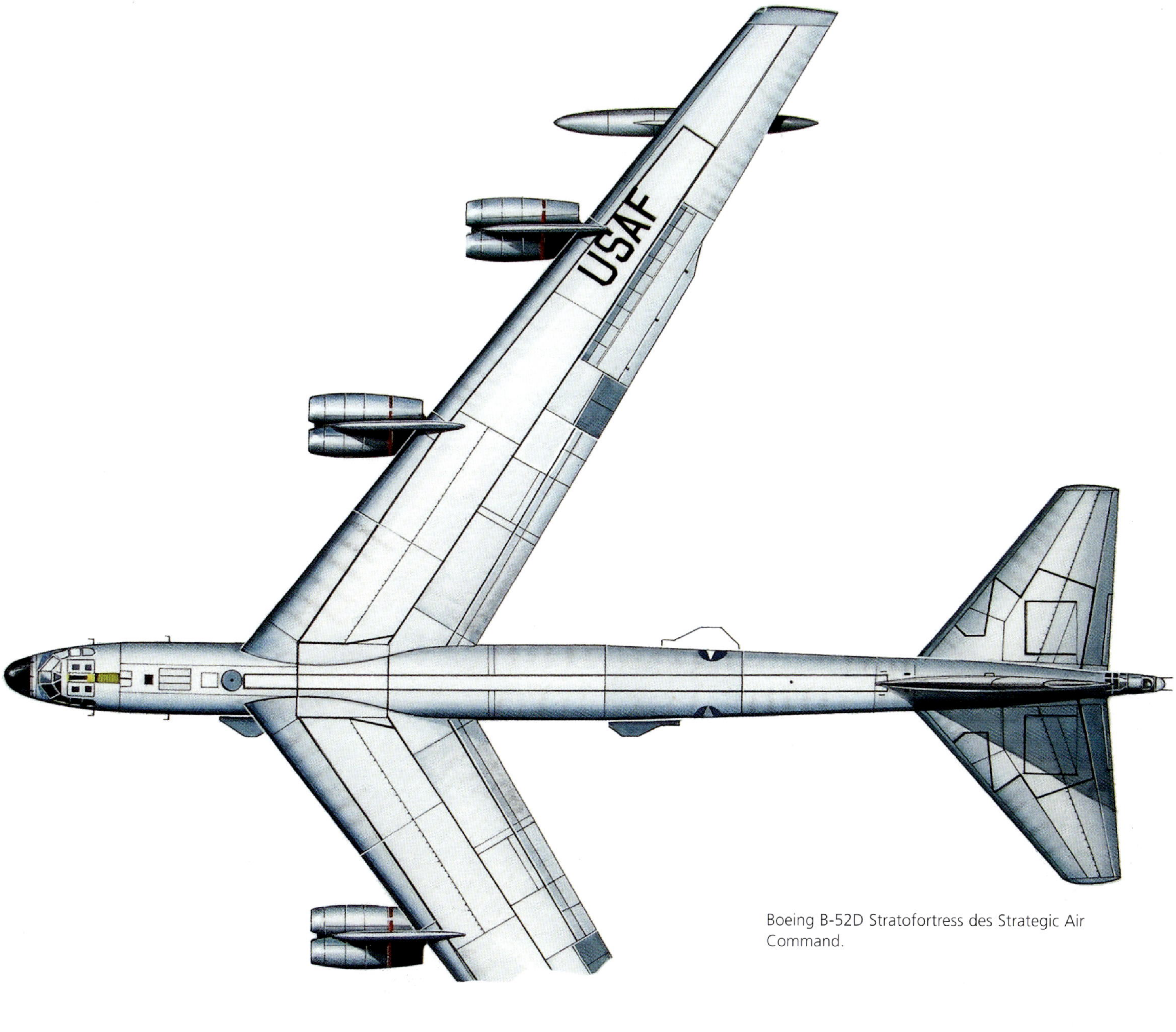

Boeing B-52D Stratofortress des Strategic Air Command.

Northrop trat mit dem Nurflügelbomber B-35 auf den Plan, der gut bewertet wurde. Boeing hatte bis dato am Turboprop-Antrieb und einem mäßig gepfeilten Tragwerk festgehalten. Mit dem Modell 464-80 erfolgte eine Abkehr davon. Nun orientierten sich die Konstrukteure an der B-47, d. h. Strahltriebwerke, Tandemfahrwerk und Flugzeugführer und Co-Pilot saßen hintereinander, wobei der Flügel aber nur gering gepfeilt war. Dies änderte sich mit den Entwürfen 464-49 und 464-67, die eine Tragfläche mit 35° Pfeilung hatten und die direkt zur B-52 führten.

Angesichts des Korea-Krieges gingen die Arbeiten rasch voran. In der Nacht des 29. Novembers 1951 rollte die mit Planen gegen neugierige Blicke abgeschirmte XB-52 von der Werkhalle zum Flugtesthangar, um dort die eingebauten Systeme zu untersuchen. Dabei kam es zu einem Fehler innerhalb des Druckluftsystems, der zum Abreißen der Flügelvorderkante führte. Dies zog langwierige Reparaturarbeiten nach sich, sodass die YB-52 am 15. April 1952 als erste B-52 die Flugversuche aufnahm. Der Erstflug stand unter der Leitung des legendären Boeing-Testpiloten A.M. »Tex« Johnson, der von Lt. Col. Guy M. Townsend begleitet wurde. Im Oktober des Jahres folgte dann die XB-52. Der Unterschied zwischen den Flugzeugen betraf die Triebwerkanlage und die Steuerung. Während die YB-52 mit J57 flog, hatte die XB-52 einen Mix aus J57- und J75-Triebwerken. Außerdem gab es Abweichungen bei der kraftbetätigten Steuerung des Tragwerkes, die aus Fowler-Klappen und Spoilern bestand.

Die Flugerprobung verlief im Großen und Ganzen ohne Probleme. Als besonders positiv stellte sich heraus, dass der Widerstand um 11 % unter den Erwartungen lag, was der Geschwindigkeit und der Reichweite zugute kam. Dennoch gab es für den Serienbau eine wesentliche Änderung. Das Tandem-Cockpit machte einem herkömmlichen Flugdeck Platz.

Als sich die US Air Force 1951 endgültig für die B-52 entschieden hatte, wurde recht bald klar, dass Boeings Kapazitäten schnell erschöpft waren und ein zusätzliches Werk in Wichita, Kansas, in die Fertigung einbezogen werden musste.

Die 744 gebauten B-52 unterscheiden sich, was die allgemeine Auslegung betrifft, nur minimal voneinander.

Der Schulterdecker hat ein Tragwerk mit 35° Pfeilung und die Boeing Profile BAC-233 (Innenflügel) und BAC-236 (Außenflügel). Störklappen – die auch als Luftbremsen dienen – befinden sich auf jedem Flügel. Ferner sind je Tragwerk zwei Fowler-Klappen sowie Querruder vorhanden.

Der Rumpf hat einen rechteckigen Querschnitt. Er nimmt das Tandemfahrwerk auf, das aus vier Achsen mit je vier Rädern besteht. Das Fahrwerk ist beweglich und steuerbar. Es erleichtert so Landungen bei Scherenwind. An den Flügelenden befinden sich einziehbare Stützräder. Ein Bremsschirm von 13,40 m Durchmesser ist vorhanden.

Zwischen den Fahrwerkschächten liegt der Waffenschacht mit einem Volumen von fast 30 m^3. Das gewaltige Seitenleitwerk ist klappbar, sodass sich die Höhe von 14,69 m auf 6,53 m reduziert und die B-52 die meisten Hangars der USAF nutzen kann. Das Höhenleitwerk wird als Ganzes verstellt. Die Triebwerke sind in Gondeln montiert, die mittels Träger weit vor die Flügelvorderkante geschoben sind. Die acht Triebwerke sind paarweise zusammengefasst. Kraftstoff in Flügeltanks. Nachbetankungsöffnung hinter dem Flugdeck.

Die Zahl der Besatzungsmitglieder differiert zwischen fünf und sechs. Anfänglich waren es Flugzeugführer, Co-Pilot, Bombenschütze, Navigator und Bordschütze. Später kam noch ein Besatzungsmitglied für elektronische Abwehrmaßnahmen hinzu. Das Flugdeck ist in zwei Etagen unterteilt. Die vier oben sitzenden Crewmitglieder haben nach oben ausschießende Schleudersitze, während die anderen nach unten ausgeschossen

Baureihen und Varianten

XB-52 Serial Number 49-230 / YB-52 Serial Number 49-231
Erstflug der XB-52 am 2.10.52. Antrieb bestehend aus vier J57-P-8 mit je 4.630 kg (46 kN) Schub und zwei J75 mit je 6.810 kg. Erstflug der YB-52 am 15.4.52. Antrieb bestehend aus sechs YJ57-P-3 mit je 3.950 kg (39 kN) Schub. Beide Flugzeuge hatten eine Startmasse von 183,8 Tonnen. Mit 10 Tonnen Last erreichten die Flugzeuge einen Einsatzradius von 4.940 km.

B-52A Serial Numbers 52-001 bis 52-003
3 Stück. Erstflug 5.8.54. Gegenüber den Vorläufern neues Flugdeck und geänderter Rumpfbug. Die 52-001 wurde zum Trägerflugzeug NB-52A umgebaut, mit der das Raketenflugzeug X-15 erprobt wurde.

B-52B Serial Numbers 53-373 bis 53-376 und 53-380 bis 53-398
23 Stück. Erstflug 7.7.55. Einbau verschiedener J57-Triebwerke z. B. J57-PW-19 Trockenschub 4.767 kg (46 kN) bzw. mit Wassereinspritzung 5.493 kg (54 kN).

RB-52B Serial Numbers 52-004 bis 52-013; 52-710 bis 52-716; 53-366 bis 53-372 und 53-377 bis 53-379
27 Stück. Erstflug 25.1.55. Aufklärervariante. Kapsel für zwei Mann mit Kameras und elektronischen Geräten im Bombenschacht. Ein Flugzeug als NB-52B zur X-15-Erprobung abgegeben.

B-52C Serial Numbers 53-399 bis 53-408 und 54-2664 bis 54-2688
35 Stück. Erstflug 9.3.56. J57-PW-19- oder -29-Triebwerke. Mitführung von 11.355 l-Zusatztanks möglich. 29 Tonnen Bombenlast. Mitnahme der Aufklärerkapsel möglich, aber nicht realisiert. Im Einsatz bis 1971.

B-52D Serial Numbers 55-049 bis 55-0117; 55-673 bis 55-680; 56-580 bis 56-630 und 56-657 bis 56-698
170 Stück. Erstflug 14.5.56. Entsprach weitgehend der Baureihe C, einschließlich der Triebwerke. Mitnahme der Aufklärerkapsel nicht mehr möglich. Speziell für den Vietnam-Einsatz wurde das Fassungsvermögen des Bombenschachtes erweitert (Big Belly-Konfiguration) und zusätzliche Außenträger angebracht. Maximale Bombenlast 108 x 227 kg! Bis 1983 im Dienst.

B-52E Serial Numbers 56-631 bis 56-656; 56-699 bis 56-712 und 57-095 bis 57-138
100 Stück. Erstflug 3.10.57. Basierte auf der Baureihe D, hatte aber einige verbesserte Systeme für Bombenwurf, Navigation und elektronische Kriegsführung. Ab 1971 ausgemustert.

B-52F Serial Numbers 57-030 bis 57-073 und 57-139 bis 57-183
89 Stück. Erstflug 6.5.58. Hauptunterschied zu

werden. Bei den ersten Baureihen bestand die Bewaffnung aus vier 12,7 mm-MG im Heck, die radargesteuert waren. Ab der B-52H kam eine 20 mm Vulcan-Kanone zum Einbau.

Von der Baureihe A wurden nur drei Exemplare gefertigt. Sie dienten vornehmlich Sonderaufgaben. Mit der B-52B lief der eigentliche Serienbau an. Die ersten Flugzeuge trafen ab 29. Juni 1955 auf der Castle AFB in Mercede, Kalifornien, beim 4017th Combat Crew Training Squadron ein. Erster B-52-Einsatzverband war das 93rd Bomb Wing, das ebenfalls auf der Castle AFB ansässig war.

Insgesamt verlief die Einführung des Musters ohne nennenswerte Schwierigkeiten. Lediglich undichte Flügeltanks sorgten für Ärger. In den kommenden Jahren ergab sich dann doch ein ernstes Problem, die B-52 war gegen Turbulenzen anfällig und es gab Abstürze. Wenngleich Boeing und die US Air Force einiges änderten und die Besatzungen gezielt auf dieses Problem ausbildeten, konnte es nie völlig ausgeschaltet werden.

In den 1950er Jahren war die B-52, die von ihren Mannschaften BUFF (Big Ugly Fat Fellow) genannt wird, das Paradepferd des Strategic Air Command (SAC) und so wundert es nicht, dass gleich mehrere Langstreckenflüge durchgeführt wurden. Sie hatten nicht nur den Zweck, die Leistungsfähigkeit des Musters unter Beweis zu stellen. Sie waren im Zeichen des Kalten Krieges zugleich eine Drohgebärde in Richtung UdSSR. Sie sollten deutlich machen, dass die B-52 überall auf der Welt zuschlagen konnte.

Im November 1956 startete der erste Fernflug über mehr als 27.000 km Entfernung. Im Januar 1957 dann ein Rund-um-die-Welt-Flug von drei Flugzeugen. Sie benötigten dafür 45 Stunden und 49 Minuten. 1949 hatte die Boeing B-50 dafür noch 94 Stunden und 10 Minuten benötigt. Bei diesen Flügen wurden die B-52 in der Luft nachbetankt. Aber auch mit dem normalen Tankinhalt konnte der Bomber Spitzenwerte vorweisen. Im Dezember 1958 legte er 14.481 km zurück. Dem SAC reichten die genannten Flüge nicht aus. Sie forderte noch spektakulärere Missionen. Demzufolge überflog die B-52 im April 1959 sämtliche Hauptstädte der US-Bundesstaaten einschließlich Alaska und legte dabei 20.824 km zurück. Im April 1960 gab es dann den letzten Leistungsnachweis. Eine mit zwei Hound Dog Luft-Boden-Lenkwaffen bestückte B-52 flog von Florida aus zum Nordpol, um dann nach Florida zurückzukehren und auf einem Testgelände die beiden Lenkwaffen abzufeuern.

Als die Fertigung der B-52 1962 endete, konnte niemand ahnen, dass das Muster noch Jahrzehnte im Einsatz stehen würde. Es gelang nicht, einen wirklichen Nachfolger für die B-52 zu entwickeln. Der Mach 3-Bomber B-70 kam über das Versuchsstadium nicht hinaus. Die B-1 hatte erhebliche Schwierigkeiten, die zu kostspieligen Änderungen führten, und der Steahltbomber B-2 krankt an einer geringen Einsatzbereitschaft.

Damit die B-52 den sich ständig ändernden Anforderungen des Luftkrieges gerecht wird, werden seit den 1970er Jahren regelmäßig Modernisierungsprogramme durchgeführt. Aus der Vielzahl der Überarbeitungen seien nur wenige Beispiele herausgegriffen. 1974 startete das Rivet Ace-Programm, das neben dem Einbau von elektronischen Störgeräten auch das EVS (Elctro-Optical Viewing System) beinhaltete. Die Sensoren des EVS wurden in drehbaren »Kinntürmen« am Bug untergebracht. Der eine Turm beherbergt eine TV-Kamera, der andere eine Infrarot-Anlage. Zweck des Einbaus war es, die Sicht bei Flügen in geringen Höhen und bei Nacht zu verbessern. 1978 erfolgten die Installation von Radarwarner, neuen Radarstörsendern, eines optimierten Bomben-Navigationsradars und einer Satelliten-Kommunikationsanlage. Mit Einführung eines Stability Augmentations System (SAS) konnten große Fortschritte erzielt werden. Die Anlage entlastet nicht nur den Flugzeugführer, sie trägt auch zu besseren Flugeigenschaften im Tiefflug und bei Turbulenzen bei und mindert die Strukturbelastung. Insbesondere der Vietnam-Krieg hatte zu einer starken Beanspruchung der Flugzeugzelle geführt, sodass in verschiedenen Bereichen

den Vorgängern bildeten die J57-PW-43W-Triebwerke mit einem Trockenschub von 5.048 kg (50 kN) bzw. mit Wassereinspritzung 6.242 kg (61,8 kN). Im Einsatz bis 1978.

B-52G Serial Numbers 57-6468 bis 57-6520; 58-158 bis 58-258; 59-2564 bis 59-2602
193 Stück. Erstflug 31.8.58. Vollständig überarbeitete Baureihe mit J57-PW-43W-Triebwerken und geänderter Struktur. Seitenleitwerk gekürzt. Querruder ausgebaut. Heckstand nicht mehr bemannt. Bordschütze nun im Flugdeck platziert. Absenkung des Flugdecks um 6 cm zur Sichtverbesserung bei Flugbetankung. Crewkomfort durch geänderte Kochstellen und Toilette verbessert. Triebwerkgondeln optimiert. Die Änderungen führten zur Reduzierung der Leermasse um rund 9 Tonnen. Fassungsvermögen der Zusatztanks nur noch 2.650 l. Neue Flügeltanks mit höherem Volumen. Kraftstoffvorrat 176.286 l. Mitführung von Luft-Boden-Lenkwaffen Hound Dog (AGM-28 / GAM-77) möglich. Mit einem 4 Megatonnen-Nuklearsprengkopf erreichte die Waffe Mach 2,1 und rund 1.200 km. Die Flughöhe variierte zwischen Bodennähe und 16.800 m. Zeitweise hatte das SAC bis zu 593 Hound Dog im Bestand. Bei den meisten G-Flugzeugen wurden nach und nach die Heckwaffen entfernt. Vier ADM-20 Quail konnten im Bombenschacht platziert werden. Es handelt sich um einen kleinen Täuschkörper, der die Radarsignatur der B-52 nachbildet. Die Baureihe war bis 1994 im Einsatz.

B-52H Serial Numbers 60-001 bis 60-062 und 61-001 bis 61-040
102 Stück. Erstflug 6.3.61. Pratt & Whitney TF33 Turbofan-Triebwerke. Standschub 7.718 kg (76 kN). Wegen des geringeren Kraftstoffverbrauchs der Turbofans Reichweite um 4.000 km auf 20.100 km erhöht. Anstelle der bis dahin üblichen Heckbewaffnung mit vier 12,7-mm nun Einbau einer 20 mm Vulcan-Kanone. Die überalterte Hound Dog wurde durch Short Range Attack Missiles (SRAM) ersetzt. Die B-52 kann zwölf davon an zwei Flügelstationen und acht an einem rotierenden Werfer im Bombenschacht mitführen. Ferner ist der Einsatz von Marschflugkörpern wie z. B. 20 SGM-86C möglich. Seit einiger Zeit auch die neuen AGM-142 (acht) oder AGM-158 (zwölf). Waffenlast maximal 31.500 kg.

Risse entdeckt wurden. Unter dem Oberbegriff Pacer Plank begann der Austausch diverser Bauteile, der einerseits rund 200 Millionen US-Dollar kostete, anderseits die Lebensdauer auf etwa 21.000 Flugstunden erhöhte.

Scharfe Einsätze führte die B-52 ab dem 18. Juni 1965 von Guam aus gegen Vietnam durch. Später kamen Okinawa und Thailand als Absprunghäfen hinzu. Wenngleich ungeheure Mengen an Bomben abgeworfen wurden, bleibt der Erfolg der Missionen umstritten. 30 B-52 gingen bei den Kampfhandlungen verloren. 1991 dann der nächste Kriegseinsatz. Diesmal war es die Operation Desert Storm. Am 17. Januar waren sieben B-52 mit 39 AGM-86C an Bord von Barksdale in Louisiana gestartet, um den Irak anzugreifen. Die 35-stündige Mission war wohl der längste Lufteinsatz der Kriegsgeschichte. Auch im Kosovo und in Afghanistan kam das Muster zum Einsatz und zuletzt war es bei der Operation Iraqi Freedom anzutreffen. Gegenwärtig bereitet Boeing die B-52 durch den Einbau neuester Avionik auf eine weitere lange Dienstzeit vor.

Abschließend noch ein Wort zu den B-52 der NASA. Sie flog den Bomber vornehmlich als Trägerflugzeug für verschiedene Programme wie X-15 und X-43. Die NB-52A (52-001) wurde 1968 ausgemustert. Die NB-52B (52-008) folgte ihr 2004. Die NB-52H (61-0025) ist nach wie vor bei der Behörde im Einsatz.

1952 **Tupolew Tu-16 Badger**

Unter der Bezeichnung »88« begann das Konstruktionsbüro von A.N. Tupolew 1949 mit der Projektierung eines schweren strahlgetriebenen Kampfflugzeuges, das die viermotorige Tu-4 ablösen sollte. Rasch nahm das Muster Gestalt an und bereits 1950 konnte eine Attrappe im Maßstab 1:1 vorgestellt werden. Das Flugzeug fand allgemeine Zustimmung, sodass das erste Versuchsmuster – die 88/1 – am 27. April 1952 in die Flugerprobung gehen konnte. In den folgenden Monaten erreichte das Flugzeug eine Geschwindigkeit von mehr als 1.000 km/h und Reichweiten von rund 6.000 km. Das waren überzeugende Leistungen. Ohne die weiteren Versuchsflüge, in die ab Frühjahr 1953 der zweite Prototyp (88/2) eingeschaltet war, abzuwarten, erfolgte die Freigabe des Serienbaus. Bereits im Juli 1953 rollte das erste Serienexemplar, nun als Tu-16 bezeichnet, aus den Werkhallen der in Kasan ansässigen Fabrik Nr. 22. Später kamen noch zwei weitere Produktionsstätten hinzu. Alles in allem wurden bis zur Einstellung der Fertigung im Jahre 1963 1.509 Serienflugzeuge und zwei V-Muster abgeliefert. Hinzu kamen 120 Flugzeuge, die in China bei Xian als H-6 in Lizenz entstanden waren.

Die Zuführung zu den Einheiten begann 1954. Neben den Bomber- und Aufklärerverbänden der Luftstreitkräfte nutzten auch die Marineflieger das Muster, dessen Einsatz ohne nennenswerte Probleme verlief.

Gegen Ende der 1950er Jahre wurde die Tu-16 (NATO-Kodename Badger) auch an das Ausland geliefert. Zunächst nach China, Ägypten und Indonesien. Später kam noch der Irak hinzu. Während die ägyptischen Flugzeuge während des 6-Tage-Krieges mit Israel von der israelischen Luftwaffe ausgeschaltet worden waren und nicht mehr in die Kampfhandlungen eingreifen konnten, kamen die irakischen Tu-16 im Krieg mit dem Iran zum Einsatz. Die Sowjets selbst hatten die Badger im Afghanistan-Krieg im Einsatz. Die letzten Tu-16 schieden Mitte der 1990er Jahre bei den russischen Einheiten aus.

Wenngleich die Zahl der gebauten Flugzeuge nicht besonders groß ist, wurden dennoch mehr als 50 Baureihen, Varianten und Sondermodelle gefertigt. In der nachfolgenden Baureihenübersicht können daher nur die wichtigsten gebracht werden.

Abschließend noch der Hinweis, das Tupolew aus der Tu-16 noch die Transport- und Verkehrsflugzeuge Tu-104, Tu-107 und Tu-110 mit neuen Rümpfen ableitete. Die Tu-104 war ein Mittelstreckenflugzeug für 100 Passagiere, das am 11. Juli 1955 zum ersten Mal flog. Die Tu-107 hatte als Militärtransporter einen Heckstand mit zwei radargesteuerten 23 mm-Kanonen und die Tu-110 war für die Langstrecke konzipiert und viermotorig, wobei vier AL-7P zum Einbau kamen.

Tupolew Tu-16A Badger	
Spannweite	32,98 m
Länge	32,20 m
Höhe	9,85 m
Flügelfläche	164,45 m²
Leermasse Startmasse	75.800 kg
Höchstgeschwindigkeit in 10.000 m	960 km/h
Dienstgipfelhöhe	12.800 m
Reichweite	5.800 km

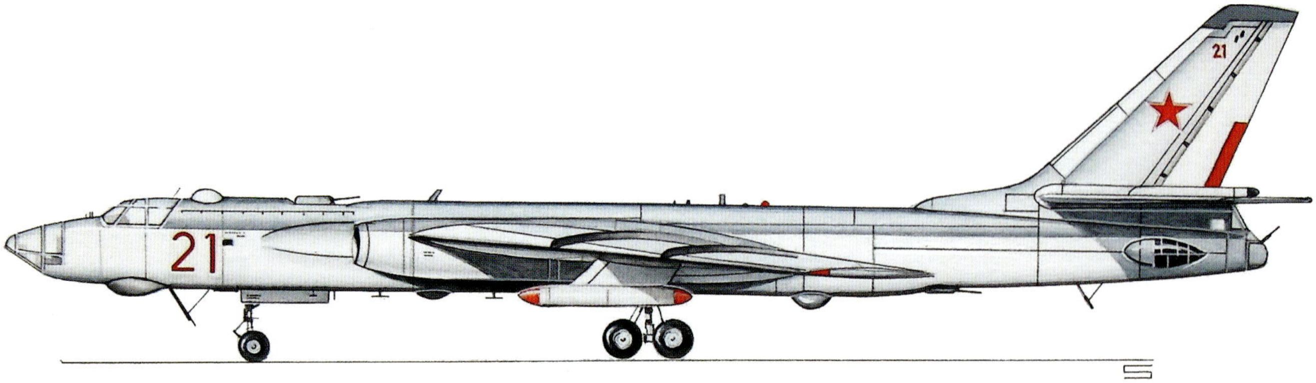

Elektronisches Störflugzeug Tupolew Tu-16E.

Baureihen und Varianten

Tu-16 (Basismodell)
Freitragender Ganzmetall-Mitteldecker. Pfeilung am Mittelflügel 37°. Pfeilung des Außenflügels 35°. Auf jedem Tragwerk zwei Grenzschichtzäune. An der Hinterkante Landeklappen und Querruder sowie Verdrängungskörper, die zugleich das Hauptfahrwerk aufnehmen. Konventionelles, gepfeiltes Leitwerk. Bugfahrwerk zweiräderig. Hauptfahrwerk zweiachsig mit vier Rädern. Rumpf nach der Flächenregel auf Höhe der Mitte »eingeschnürt«. Zwei AM-3 mit einem Standschub von 8.700 kg (86 kN) in den Flügelwurzeln. Später RD-M3 mit 9.500 kg (94 kN). Sechs Mann Besatzung. Heckstand mit zwei 23 mm-Kanonen (300 Schuss), sowie je ein ferngerichteter Drehturm auf der Rumpfober- und -unterseite mit zwei 23 mm-Kanonen (je 250 Schuss), sowie eine fest eingebaute, nach vorne feuernde 23 mm-Kanone mit 100 Schuss. Bombenlast 9.000 kg, in Sonderfällen bis zu 12 Tonnen. 293 Stück gebaut, 90 mit Luftbetankungssonde.

Tu-16A
453 Stück. Wie Basismodell, jedoch für Atombombeneinsätze vorbereitet. Verschiedene Fertigungslose mit unterschiedlicher Ausrüstung (Bombenvisier und ECM-Geräte). Zwei Flugzeuge als Tu-16W zur Erprobung von Wasserstoffbomben abgestellt.

Tu-16E (NE)
51 Stück. Elektronisches Störflugzeug. Die Ausführung ER verfügte über modernisierte Geräte.

Tu-16G
Ausbau der Bewaffnung. Einsatz als Trainingsflugzeug für die Tu-104 (Camel). Verkehrsflugzeuge der Aeroflot.

Tu-16K, KS und KRM
Der Buchstabe K kennzeichnet Lenkwaffenträger. Es existierte eine Vielzahl von Kennungen. Aus ihnen ließ sich die verwendete Lenkwaffe ableiten. Meist wurden zwei solcher Waffen mitgeführt. Darunter die KS-1, KSR-2, KSR-5 und KSR-5P. Die Tu-16KRM war ein Trägerflugzeug für die KRM-Zieldrohne. Ägypten und Indonesien erhielten etwa 40 Tu-16-Lenkwaffenträger.

Tu-16M
Ferngesteuerte Drohne. Zahlreiche Unterversionen.

Tu-16N und NN
Tanker mit herkömmlichem »Schlauch/Trichter-System«.

Tu-16PL (PLO)
U-Boot-Jäger mit Wasserbomben, AT-1 Akustik-Torpedos und Sonar-Bojen.

Tu-16S
Such- und Rettungsflugzeug mit abwerfbarem Rettungsboot.

Tu-16SP
U-Boot-Jäger mit besonders leistungsstarkem Such-Radar.

TU-16SPS
Elektronisches Störflugzeug.

Tu-16R, RE, RM, RP und RT
70 Stück. Foto-Aufklärer und ELINT (Elektronik)-Aufklärer. 23 Tu-16K-10 wurden zu Marineaufklärern umgebaut und als RM bezeichnet. RP war ein ELNIT-Aufklärer, bei dem die Aufklärungsmittel und elektronischen Störgeräte in Behältern unter dem Tragwerk mitgeführt wurden. RE hatte eine verbesserte ELNIT-Ausrüstung und RT war ein experimenteller Marineaufklärer.

Tu-16T
76 Stück. Torpedobomber für die Marineflieger. Vier RAT-52- oder sechs 45-52VT-Torpedos oder bis zu acht Luftminen.

Tu-16Z (Ju)
114 Stück zu Tankern umgebaut. Die Sowjets hatten lange Zeit ein besonderes Tanksystem im Einsatz. Die Betankung erfolgte per Schlauch von der Flügelspitze zu Flügelspitze

H-6
Lizenzfertigung in China. Zahlreiche Unterversionen. H-6A, D, E und H mit unterschiedlichen Systemen. H-6Y war ein Tanker und H-6I hatte vier Rolls-Royce Spey-Triebwerke, davon zwei in Gondeln unter dem Tragwerk.

1952 **Tupolew Tu-95 / Tu-142 Bear**

Mit der Zündung ihrer ersten Atombombe am 29. August 1949 konnte die Sowjetunion waffentechnisch an die Entwicklung der USA anknüpfen. Was fehlte waren Trägermittel, die die Sprengköpfe weit in die Vereinigten Staaten hineinbringen konnten. An den Bau von Interkontinentalraketen war noch nicht zu denken, sodass einzig Langstreckenbomber infrage kamen. Auf diesem Gebiet hatte die UdSSR nur wenig vorzuweisen. Während des Zweiten Weltkrieges war die Petljakow Pe-8 der einzige moderne viermotorige Bomber. Von ihm wurden aber nur 69 Stück gebaut. Noch während des Krieges hatte Josef Stalin mehrfach versucht, die USA zur Lieferung des ultramodernen Langstreckenbombers B-29 Superfortress im Rahmen des Lend-Lease-Vertrages zu bewegen. Doch die Technik war zu fortschrittlich, als dass man sie aus der Hand geben wollte. Dennoch gelangten die Sowjets in den Besitz des Flugzeuges. Eine Handvoll B-29 musste aus unterschiedlichen Gründen nach Kampfeinsätzen gegen die Japaner auf dem Gebiet der UdSSR notlanden. Die Besatzungen wurden interniert und nach einiger Zeit an die USA übergeben. Die Flugzeuge behielten die Russen. Sie kopierten sie einschließlich der Motoren und bauten sie als Tupolew Tu-4 nach. Von 1947 bis 1952 entstanden in drei Werken rund 1.200 dieser Bomber, die bei der NATO den Namen Bull trugen. Mit der Tu-4 war zwar ein Angriff auf die Vereinigten Staaten möglich, doch es wären wegen der Reichweite Flüge ohne Wiederkehr gewesen. Tupolew begann mit der Entwicklung von zwei neuen Flugzeugen. 1949 flog die Tu-80, die zum Teil auf der Tu-4 basierte, eine Spannweite von 43,58 m, eine Länge von 34,37 m und eine Flügelfläche von 173,1 m² hatte. Die rechnerische Reichweite betrug 8.200 km. Die Entwicklung wurde nicht weiterverfolgt. Dafür kam 1951 die Tu-85 mit Kolbenmotoren der 4.000 PS-Klasse (2.940 kW) in die Erprobung. Das Flugzeug war mit 55,96 m Spannweite, 39,30 m Länge und 273,6 m² deutlich größer als sein Vorgänger. Wenngleich die Reichweite mit 12.000 km kalkuliert wurde, war auch dieser Bomber mit Flughöhen um die 10.000 m und Geschwindigkeiten von rund 600 km/h ungeeignet, da er eine leichte Beute für die amerikanischen Jagdflugzeuge gewesen wäre.

Folglich erarbeiteten die militärischen Dienststellen eine neue Spezifikation aus, die 1951 an die Konstruktionsbüros von Tupolew und Mjasischtschew übergeben wurde. Das Pflichtenheft forderte ein Langstreckenflugzeug, das eine Reisegeschwindigkeit von 900 km/h und eine Reichweite von 12.000 km aufweisen sollte. Beide Konstruktionsbüros gingen bei der Bewältigung der Aufgabe getrennte Wege. Mjasischtschew setzte bei seiner Entwicklung M-4 (NATO-Name Bison) auf den Einbau von vier Turbinen-Luftstrahltriebwerken, während Tupolew das Ziel mit vier Turboprop-Triebwerken erreichen wollte. Nach seinen Berechnungen konnten mit diesem Antrieb ohne Weiteres Reichweiten von 13.000 km erzielt werden, während es ein vergleichbares Strahlflugzeug allenfalls auf 10.000 km bringen würde. Später sollte sich herausstellen, dass der Nestor des sowjetischen Flugzeugbaus damit richtig lag.

Das Projekt wurde bei Tupolew als Produkt 95 oder nur als 95 bezeichnet. Ein Hinweis

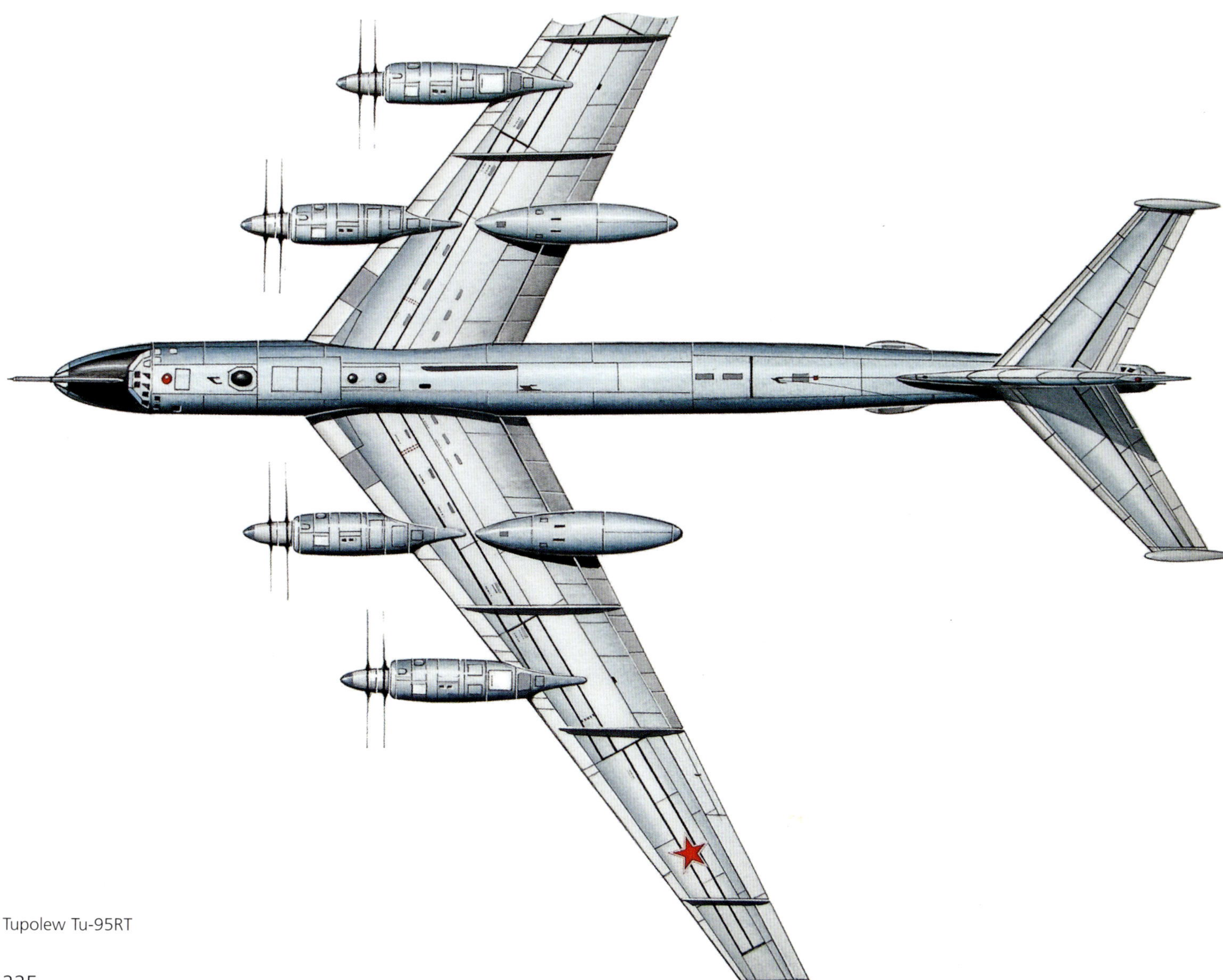

Tupolew Tu-95RT

auf die spätere Typenbezeichnung.

Generell kann Produkt 95 wie folgt beschrieben werden: Mitteldecker mit einem gepfeilten Tragwerk (37° am Mittelflügel und 35° am Außenflügel). Die mit einer Enteisungsanlage ausgestattete Tragfläche verfügte über vier Flügelholme, je drei Grenzschichtzäune sowie hydraulisch angetriebene Querruder und Klappen. Die Triebwerkgondeln lagerten weit vor der Flügelvorderkante. Der Turbinenaustritt befand sich unter dem Flügel. An der Flügelhinterkante war je ein großer Körper angeordnet, der zwei Aufgaben hatte; zum einen nahm er das Hauptfahrwerk auf und zum anderen sorgte er dafür, dass es beim Fliegen in Schallnähe nicht zum Ablösen der Strömung an der Flügelhinterkante kam.

Der Rumpf war in Schalenbauweise gefertigt und unterteilte sich aus fertigungstechnischen Gründen in mehrere Abschnitte. Typisch für viele der damaligen sowjetischen Großflugzeuge (auch zivile) war der verglaste Rumpfbug. Der Durchmesser des kreisrunden Rumpfes entsprach im Übrigen der Tu-4. Das Flugzeug verfügte über einen geräumigen Bombenschacht, der auch schwerste Kaliber aufnehmen konnte.

Das Leitwerk hatte einen konventionellen Aufbau, sowohl das Seitenleitwerk als auch das Höhenleitwerk hatten eine Pfeilung von 40°. Die Ruder wurden hydraulisch betätigt.

Das 3-Bein-Fahrwerk bestand aus der zweiräderigen, steuerbaren Bugeinheit und den vierräderigen, zweiachsigen Haupteinheiten.

Den Antrieb bildeten vier NK-12-Turboproptriebwerke mit einer Wellenvergleichsleistung von 12.000 WPS (8.952 kW) und je zwei gegenläufige 4-Blatt-Luftschrauben. Der Kraftstoffvorrat lagerte in Flügeltanks.

Das NK-12 – in der Entwicklungsphase als TV-12 bezeichnet – befand sich zu Beginn der 1950er Jahre noch auf dem Reißbrett. Es wurde beschlossen, das erste Versuchsmuster – die 95/1 – mit zwei Kusnetzow TV-2F in die Erprobung zu nehmen. Der auf dem deutschen Jumo 022 basierende Antrieb hatte eine Startleistung von 6.250 WPS (4.594 kW). Benötigt wurde aber das Doppelte. Aus diesem Grund wurden zwei Triebwerke zu einer Einheit zusammengebaut, die 12.000 WPS (8.952 kW) leistete. Diese Behelfslösung sollte beim zweiten Prototypen – der 95/2 –, durch das TV-12 ersetzt werden.

Die Abwehrbewaffnung bestand aus zwei fernbetätigten Drehtürmen, die auf der Rumpfober- und -unterseite platziert waren. Im Heck befand sich noch ein bemannter Stand mit ebenfalls zwei 23 mm-Kanonen. Das Richten der Drehtürme erfolgte entweder vom Flugdeck oder vom Heck aus. Dazu hatte die Tupolew unterhalb des Höhenleitwerks tropfenförmige Sichtfenster.

Die Arbeiten an der M-4 und Tu-95 wurden angesichts des Kalten Krieges so rasch wie möglich vorangetrieben. Kaum war die 1:1-Attrappe des Produkts 95 fertiggestellt, da lief ab Oktober 1951 die Fertigung des ersten Flugzeuges an. Zu dieser Zeit hatten sich die Luftstreitkräfte zu Wort gemeldet und die Leistungen deutlich angehoben. Nun wurde eine Reichweite von 15.000 km, eine Höchstgeschwindigkeit von wenigstens 920 km/h und eine Dienstgipfelhöhe von 13.000 bis 14.000 m erwartet. Das Programm geriet nun in Verzug. Erst am 11. November 1952 konnte die 95/1 zum Jungfernflug starten. Damals war auch die 95/2 fertig, ihr fehlten aber die TV-12-Triebwerke, sodass sie über viele Monate am Boden blieb.

Am 11. Mai 1953 war ein schwerer Rückschlag zu verzeichnen. Die 95/1 befand sich mit einer 11-köpfigen Besatzung auf einem Erprobungsflug, als plötzlich Feuer am Triebwerk Nummer 3 ausbrach, das nach und nach die Flügelstruktur zerstörte. Zwar wurde sofort der Rückflug zur Basis eingeleitet, doch bevor das Flugzeug dort eintraf, stürzte es ab. Neben Flugzeugführer A.D. Pereljot kamen noch drei weitere Crewmitglieder ums Leben, die übrigen hatten sich durch Absprung retten können. Dieser Vorfall und die Probleme

Tupolew Tu-95M	
Spannweite	50,04 m
Länge	46,17 m
Höhe	12,46 m
Flügelfläche	283,70 m²
Leermasse	76.497 kg
Startmasse	165.154 kg
Höchstgeschwindigkeit	905 km/h
Dienstgipfelhöhe	11.900 m
Reichweite	13.200 km

Tupolew Tu-142M	
Spannweite	50,04 m
Länge	53,20 m
Höhe	14,47
Flügelfläche	289,90 m²
Startmasse	167.877 kg
Höchstgeschwindigkeit	855 km/h
Reichweite	11.800 km

mit der Lieferung der TV-12 führten zu einer Diskussion, die die Absetzung des Tu-95-Programms zum Ziel hatte. Tupolew gelang es aber das Flugzeug am Leben zu halten. Mitentscheidend war dafür auch, dass die M-4 mit 9.000 km Reichweite deutlich hinter den Erwartungen zurücklag.

Am 21. Januar 1955 konnte endlich die Flugerprobung der 95/2 beginnen. Rasch zeigte sich das Muster von seiner guten Seite. Mit 5.000 kg wurde ein Kampfradius von rund 6.500 km erreicht und die Spitzengeschwindigkeit von 880 km/h lag nur unwesentlich unter den Forderungen der Luftstreitkräfte, sodass die Serienfertigung beschlossen wurde. Die ersten Flugzeuge trafen im April 1956 bei den Einheiten ein. In den kommenden Jahren sollte sich die Tu-95 (NATO-Name Bear) als Rückgrat der Bomberverbände und der Marineflieger erweisen. Sie bewährte sich auf vielen Gebieten. Neben den Kampfflugzeug-Varianten existieren Aufklärer-, Trainings- und Spezialversionen. Doch nicht nur das, mit dem Langstrecken-Verkehrsflugzeug Tu-114 und dem Frühwarnflugzeug Tu-126 erschienen zwei völlig anders geartete Muster, die ihre Wurzeln in der Tu-95 hatten. 1968 kam dann noch ein U-Boot-Jagdflugzeug heraus, das in vielen Bereichen komplett überarbeitet worden war und wegen der vielen Änderungen als Tu-142 bezeichnet wurde.

Nach wie vor ist das Flugzeug, das 38 Jahre lang in der Fertigung stand, bei den Einsatzverbänden in Form der Tu-142 und Tu-95MS anzutreffen. Nach dem Wunsch der Militärs soll das Flugzeug noch bis 2040 im Einsatz stehen! Insofern weist die Tu-95 Parallelen zu ihrem amerikanischen Gegenstück, der Boeing B-52, auf.

Die Bomber- und Lenkwaffenträger-Versionen traten militärisch nicht in Erscheinung. Die Aufklärer und U-Boot-Jäger sind aber nach wie vor präsent. Sie beobachten seit Jahrzehnten die Flottenbewegungen und Manöver der USA und der NATO-Staaten.

Baureihen und Varianten

Tu-95
Erstes Serienmodell. Basiert auf der 95/2. NK-12-Triebwerke. Rumpf um 2 m verlängert. 6 x 23 mm -Kanonen. Besatzung 9 Mann. Bombenlast bis zu 10.300 kg. Reichweite mit 5.000 kg 12.100 km.

Tu-95A / Tu-95MA
Entsprach der Tu-95, war aber für den Einsatz als Nuklearbomber geringfügig abgeändert.

Tu-95M
Zusammen mit der Tu-95 entstanden von dieser Variante 49 Exemplare. NK-12M-Triebwerke (15.000 WPS/11.190 kW). Vergrößerte Tankanlage. Reichweite 13.200 km. Ab 1957 gefertigt. Tu-95M-5 war eine Sonderausführung für den Einsatz der Anti-Radar-Lenkwaffe KSR-5.

Tu-95M-55
Ein Flugzeug zum Träger für Marschflugkörper ab 31.7.78 erprobt.

Tu-95U / Tu-95MU
Umbauflugzeuge. Trainer. Keine Abwehrbewaffnung. Bombenschacht geschlossen.

Tu-95MR
4 Stück als Aufklärer gebaut. Aufklärungsmittel (Kameras, Sensoren u.ä.) palettenmontiert im Waffenschacht platziert. Teils mit Tanksonde ausgeliefert. Erprobung ab 1964.

Tu-95RT (RC)
Zirka 53 Stück als Aufklärer und Zielbeleuchter (für U-Boote) hergestellt. Die vom Flugzeug erfassten Daten und Erkenntnisse konnten an U-Boote übermittelt werden, die dann Angriffe (auch mit Atomraketen) einleiten konnten. Umfangreiche Avionik und Seitenblick-Radar vorhanden.

Tu-95W
Spezialausführung zum Transport der 100 Megatonnen-Wasserstoffbombe »Iwan«.

Tu-95N
Trägerflugzeug für das Mach 3-Aufklärungsflugzeug RS.

Tu-95LAL
Experimentalflugzeug. Diente als Vorstufe für den Einbau eines Nuklearantriebes.

Tu-95LL
Sonderausführung für die Erprobung von Turbinen-Luftstrahltriebwerken an einem Rumpfträger.

Tu-95K
2 Versuchsmuster und 47 Serienflugzeuge gebaut. Lenkwaffenträger. Verglaster Rumpfbug gegen Radom getauscht.

Tu-95KD
Zirka 23 auf Basis der Tu-95K gefertigt. Hauptunterschied bildete die Tanksonde auf dem Bug.

Tu-95 km
Bezeichnung für modernisierte K- und KD-Flugzeuge. Später nochmals für den Einsatz von zwei Kh-22-Lenkwaffen modifiziert und als Tu-95K-22 bezeichnet.

Tu-95KU
Durch Umbau von Tu-95K-Flugzeugen entstand diese Trainingsausführung.

Tu-96
Höhenbomber mit Dienstgipfelhöhe von 16.000 bis 17.000 m. Vergrößertes Tragwerk. 8 Mann Besatzung. Ab 1956 mit NK-12 erprobt, da die vorgesehenen TV-16 (12.500 WPS/9.325 kW) nicht verfügbar waren. Entwicklung aufgegeben.

Tu-114
Ausführung als Langstrecken-Verkehrsflugzeug mit neuem Rumpf. NK-12MW-Triebwerke (15.000 WPS / 11.190 kW). 170 bis 200 Passagiere. Startmasse 157.441 kg. Reichweite 7.000 km. Reisegeschwindigkeit 700 km/h. Die Tu-114D war eine Spezialversion für Ultra-Langstrecken bei deutlich verringerter Nutzlast (10.270 km mit 5,5 Tonnen). Erstflug 1957. 33 Stück gebaut. Bis 1976 im Einsatz. Stellte 32 Weltrekorde in verschiedenen Klassen auf. NATO-Kodename: Cleat

Tu-116
Zwei Tu-95 als schnelle VIP-Reiseflugzeuge für hochrangige Militärs gefertigt.

Tu-126
Frühwarnflugzeug mit tellerförmigem Radom an einem Pylon auf dem Rumpfrücken. Erstes von drei Versuchsmustern ab 23.2.1962 erprobt. Einsatz ab 1965. 18-24 Mann Besatzung. Flugdauer 10,2 Stunden. Reisegeschwindigkeit 650-700 km/h. 1984 ausgemustert.

Tu-142
Das Langstrecken-U-Boot-Jagdflugzeug stellt eine weitere wichtige Baureihe der Tu-95 dar. Wegen der vielen Unterschiede zur Basisausführung als Tu-142 bezeichnet. Tragwerk komplett überarbeitet. Gummitanks gegen Metallbehälter – die die Struktur verstärken – ausgetauscht. Flügelfläche um rund 6 m^2 vergrößert und Rumpf um etwa 7 m verlängert. Seitenleitwerk aufgestockt. Rumpfbug verglast. Tanksonde auf dem Bug montiert. Großer Radom für ein Seitenblick-Radar unter dem Rumpf. Kleinerer Radom unter dem Bug. Fahrwerkbehälter geändert. Für den Einsatz von provisorisch befestigten Plätzen neues Hauptfahrwerk mit zwölf Rädern. Zwei 23 mm-Kanonen im Heckstand. Umfangreiche elektronische Ausrüstung einschließlich ECM-Geräte. Das erste Versuchsmuster flog ab 18.7.68. Spätere Flugzeuge hatten ein geräumigeres Flugdeck und ein achträderiges Fahrwerk. Außerdem entfiel der Radom unter dem Bug.

Tu-142M/Tu-142MK
Vergrößertes Flugdeck, achträderiges Fahrwerk, Insgesamt 11 Mann Besatzung. Optimierte Geräte zum Aufspüren und Jagen von U-Booten. Umfangreiches Waffenarsenal, bestehend aus verschiedenen Bomben, Wasserbomben und Torpedos.
Die Tu-142MK stellte zehn Weltrekorde in den Klassen Geschwindigkeit und Flughöhe auf. Acht MK wurden an Indien geliefert.
1993 Modernisierungsprogramm (Tu-142M-Z). In der Hauptsache Such- und Aufklärungssysteme geändert.

Tu-142LL
Fliegendes Laboratorium für diverse Aufgaben. Stellte drei Weltrekorde in den Klassen Geschwindigkeit und Steigzeit auf.

Tu-95MS
Lenkwaffenträger mit neugestaltetem Rumpfbug. Bugverglasung entfällt, dafür großer Radom. NK-12MP-Triebwerke. Zwei GSch-23 23 mm-Kanonen im Heckstand. Rotierender Raketenwerfer im Bombenschacht für sechs Marschflugkörper vom Typ RKV-500A (auch Kh-55). Musterflugzeug war eine umgebaute Tu-142MK No.42015. Tu-95MS-16 hat zwei Außenträger für zwölf zusätzliche RKV-500A.

Tu-95MA
1993 entstand ein Trägerflugzeug für zwei Lenkwaffen an Flügelstationen auf Basis der Tu-95MS.

North American F-100C Super Sabre

1953 North American Aviation F-100 Super Sabre

Auf privater Basis begann North American Aviation Ende der 1940er Jahre mit der Entwicklung eines Überschall-Nachfolgers für die F-86 Sabre. Die Projektarbeiten liefen unter der Kennung Sabre 45, wobei sich die Zahl auf die Pfeilung des Tragwerks bezog. Das neue Flugzeug fand die Zustimmung der US Air Force, sodass es zum Bau einer Attrappe in Originalgröße kam, die von der USAF am 7. Juli 1951 inspiziert wurde. Die Besichtigung zog rund 100 Änderungen nach sich. Gleichzeitig wurde ein Auftrag über den Bau von zwei V-Mustern als YF-100 und 23 Serienflugzeugen unter der Bezeichnung F-100A Super Sabre erteilt.

Unter der Führung von George Welch führte der erste Prototyp am 25. Mai 1953 von der Edwards AFB aus seinen Jungfernflug durch. Während des 57-minütigen Tests erreichte das Muster Überschallgeschwindigkeit. Es war das erste Mal, dass ein Flugzeug bei seinem Jungfernflug die Schallmauer durchbrach.

Bereits im Oktober 1953 gelangten die ersten Serienflugzeuge zur Auslieferung. Sie trafen im November des Jahres bei der 479th Fighter Day Wing des Tactical Air Command (TAC) ein. Unabhängig davon hatte die Air Force ein Erprobungskommando unter Leitung von Frank K. »Pete« Everest eingerichtet, das sich sehr negativ über das Muster äußerte. Bemängelt wurden die schlechte Sicht bei Start und Landung, ungenügende Steigleistung, schlechte Langsamflugeigenschaften und mangelhafte Stabilität bei hoher Geschwindigkeit. Die Flugzeugführer des TAC empfanden die Kritik jedoch überzogen, sodass die Fertigung wie geplant weiter lief. Dennoch gingen die Dinge langsamer voran als erwartet. Am 12. Oktober 1954 kam George Welch bei einem Werkstattflug mit einer F-100 ums Leben. Das Flugzeug war in der Luft auseinander gebrochen. Nachdem sich dies zuvor schon einmal ereignet hatte, wurde die Super Sabre-Flotte stillgelegt. Umfangreiche Untersuchungen zeigten, dass das Muster Opfer des sogenannten inertial coupling – auch roll coupling – geworden war. Bei diesem Phänomen nimmt das Flugzeug bei hohen

F-100D Super Sabre	
Spannweite	11,81 m
Länge	14,32 (F-100F 15,24 m)
Höhe	4,95 m
Flügelfläche	37,3 m²
Leermasse	9.534 kg
Startmasse	13.085 kg
Höchstgeschwindigkeit	1.390 km/h
Dienstgipfelhöhe	15.250 m
Einsatzradius	920 km
Überführungsreichweite	3.210 km

USAF
USAF

Baureihen und Varianten

YF-100A Serial Numbers 52-5754 und 52-5755
Einsitziger Jagdtiefdecker mit ovalem Lufteinlauf im Bug. Einziehfahrwerk mit doppeltbereiftem Bugfahrwerk. Steuerung mittels Seitenleitwerk, Pendel-Höhenleitwerk und zwei getrennte Querruder an jedem Flügel. Keine Landeklappen. Automatische Vorflügel. XJ57-P-7-Triebwerk. Erstflug am 25. Mai 1953. Am 29.10.1953 stellte die 52-5754 mit 1.215,295 km/h einen Weltgeschwindigkeitsrekord im Tiefflug auf.

F-100A Serial Numbers 52-5756 bis 52-5778 und 53-1529 bis 53-1708
Erste Serienausführung. J57-P-7-Triebwerk. Standschub 4.403 kg (43 kN). Vier 20 mm Pontiac M-39E-Bordwaffen mit je 200 Schuss. Sechs Außenstationen für Gesamtlasten von bis zu 2.720 kg. Gegenüber den V-Mustern verkürztes, aber breiteres Seitenleitwerk. Ab dem 70. Flugzeug wieder höher gebaut. Einbau des J57-P-39 ab der 168. Maschine.
Sechs Stück als RF-100A mit breiterem Rumpfbug für den Einbau von fünf Kameras als Aufklärer hergestellt. Mit dem Spitznamen »Slick Chicks« für geheime Aufklärung über dem Ostblock und Asien eingesetzt.

F-100C Serial Numbers 53-1709 bis 53-1778; 54-1740 bis 54-2120 und 55-2709 bis 55-2733
Jagdbomber mit verstärktem Tragwerk und acht Außenstationen. Anbau einer Nachbetankungssonde möglich. Musterflugzeug war eine F-100A. Erstflug der Serienausführung am 17. Januar 1955.

F-100D Serial Numbers 54-2121 bis 54-2303; 55-2734 bis 55-2954; 55-3502 bis 55-3814; 56-2903 bis 56-3346; 56-3351 bis 56-3463
Jagdbomber. Jungfernflug am 24.1.1956. Erstmals Einbau von Landeklappen, Heckwarnradar und Autopilot für Überschallflug. Spannweite um 66 cm vergrößert. Bis zu 3.400 kg Außenlasten. J57-P-21-Triebwerk. 4.487 l Innenkraftstoff. Mitführung von zwei 945 l- und zwei 850 l-Zusatztanks oder zwei 1.700 l-Behältern möglich. Einige für den Anbau einer Astrodyne-Startrakete mit 59 Tonnen Schub vorbereitet. Einsatz als sogenannter Null-Starter von einem Startgestell aus möglich.

F-100F Serial Numbers 56-3725 bis 56-4019; 58-1205 bis 58-1233: 58-6975 bis 58-6983 und 59-2558 bis 59-2563
Zweisitzer mit um 91 cm verlängertem Rumpf. Aufgabenstellung: Jabo, Jäger und Trainer. Bewaffnet mit zwei 20 mm M-39-Kanonen. Musterflug als TF-100C bezeichnet. Erstflug am 3.8.1956. Serienflugzeuge ab 8.3.1957 eingeflogen.

Geschwindigkeiten plötzlich die Nase hoch und geht in eine Rollbewegung über, die den Flugzeugführer überrascht und so heftig ist, dass die Zelle zerbricht. Dies war aber nicht das einzige Problem. Auch der Strömungsabriss an den Flügelspitzen, der bei geringen Geschwindigkeiten auftrat und zu unkontrollierten Bewegungen (Sabre Dance genannt) führte, war ein schweres Manko des Musters.

Als Gegenmaßnahmen erfolgten eine Vergrößerung des Seitenleitwerkes, Änderungen der Flügelenden und eine Verlagerung des Flugzeugschwerpunktes.

Im Februar 1955 gab die Air Force die F-100 wieder für den Flugbetrieb frei. Probleme bei der Einführung des F-84F-Jagdbombers führten dazu, dass die Super Sabre (Spitzname The Hun, abgeleitet von Hundred) vornehmlich als Angriffsflugzeug Verwendung fand, wobei das Muster auch Atombomben tragen konnte.

Während des Vietnam-Krieges kam die F-100 in großem Umfang zum Einsatz und zahlte einen hohen Preis. Bei 360.283 Kampfeinsätzen gingen 242 Flugzeuge verloren.

Mit Beginn der 1970er Jahre trennte sich die US Air Force langsam von dem Muster. Die Air National Guard (ANG) erhielt einige Flugzeuge, die sie bis 1979 nutzte. Weitere wurden als Drohnen (QF-100) und Drohnen-Kontrollflugzeug (DF-100F) verwendet und andere gaben die USA an befreundete Nationen ab. Taiwan erhielt 118 F-100A und vier RF-100A. Dänemark verfügte über 72 Flugzeuge, davon 24 Zweisitzer. Frankreich bezog 85 F-100D und 15 F-100F und die Türkei besaß 206 Super Sabres der Baureihen C, D und F, von denen einige aus Dänemark kamen. 1982 musterten die Türken die letzten F-100 aus ihren Beständen aus. Alles in allem wurden bis 1959 2.294 Super Sabres gebaut.

1954 **Lockheed F-104 Starfighter**

Nach ihrer öffentlichen Vorstellung betitelte sie die Presse als »bemannte Rakete«: Jahre später sorgte Lockheeds Mach 2-Jagdflugzeug F-104 Starfighter erneut für Schlagzeilen, nun aber als »Witwenmacher«. Die verschiedenen Headlines spiegeln wider, wie umstritten das Flugzeug war und ist. Noch heute ist der Starfighter ein Flugzeug, an dem sich die Geister scheiden.

Lockheeds genialer Chef-Konstrukteur Clarence »Kelly« Johnson hatte das Muster ohne einen offiziellen Auftrag entwickelt und der US Air Force angeboten. Angesichts des unerwarteten Auftauchens der überragenden MiG-15 während des Korea-Krieges war die Air Force ob der skizzierten Leistungen des neuen Musters mehr als begeistert. Johnson versprach eine Höchstgeschwindigkeit von Mach 2+, eine Gipfelhöhe von 18.000 m und eine phänomenale Steigleistung von 300 m/sec. All dies wollte er mit einem Flugzeug erreichen, dessen Auslegung eine radikale Abkehr von allen bis dahin bekannten Jägern darstellte. Der schlanke, röhrenförmige Rumpf war nach der Flächenregel im Bereich des Tragwerks eingeschnürt. Anstelle des bis dahin üblichen Pfeilflügels hatte das Tragwerk des Starfighters Trapezform. Darüber hinaus wies es eine extrem kurze Spannweite und ein sehr dünnes Profil auf. Attribute, die das Erreichen der zweifachen Schallgeschwindigkeit erlaubten. Der Nachteil einer hohen Flächenbelastung wurde bewusst in Kauf genommen. Damit die Start- und Landeeigenschaften im Rahmen des Normalen blieben, hatte das Tragwerk Nasenklappen, die auf 30° abgesenkt werden konnten. Später kam noch die Anblasung der Landeklappen mittels Triebwerk-Zapfluft hinzu. Ein weiteres Erkennungszeichen der F-104 bildete das T-Leitwerk. Die Lage des Höhenleitwerkes verhinderte eine Beeinflussung durch das Tragwerk und außerdem war die Hebelwirkung hoch. Diesen Vorteilen stehen aber auch Nachteile gegenüber, über die noch berichtet wird. Als Triebwerk hatte Johnson das nagelneue General Electric J79 vorgesehen, das über Lufteinläufe an den Rumpfseiten versorgt wurde.

Am 12. März 1953 erhielt Lockheed einen Auftrag über den Bau von zwei XF-104-Prototypen. Nach einigen Rollversuchen und kurzzeitigem Abheben startete A.W. »Tony« LeVier am 4. März 1954 zum Jungfernflug. Da das J79 noch nicht verfügbar war, hatte das Muster das Wright J65 – ein Nachbau des britischen Sapphire –, das nur 3.266 kg (32 kN) leistete, und auch die typischen Kegelstoß-Diffusoren an den Lufteinläufen fehlten. Was in dem Flugzeug steckte, offenbarte die zweite XF-104, die mit einer Nachbrennerversion des J65 ausgestattet war, die 4.627 kg (45,4 kN) abgab. Herman »Fish« Salmon erreichte damit im März 1955 Mach 1,97. Trotz einiger Probleme zeigten sich alle Beteiligen im Großen und Ganzen mit dem Flugzeug zufrieden, sodass 17 YF-104A-Vorserienflugzeuge geordert wurden, bei denen das J79 zum Einbau kam. Allerdings bedingte dies zahlreiche Änderungen der Zelle, von denen die Verlängerung des Rumpfes und Änderungen des Leitwerkes herausragten. Der Starfighter war das weltweit erste Mach 2-Serienjagdflugzeug und so wundert es nicht, dass die Vorserienflugzeuge noch zahlreiche Erprobungs-

Lockheed F-104G Starfighter des JaboG 33.

flüge durchführen mussten. Dennoch gingen die Dinge voran. 1955 bestellte das Air Defense Command (ADC) 153 F-104A. Die ersten Exemplare trafen im Januar 1958 bei der 83rd Fighter Interceptor Squadron auf der Hamilton AFB ein. Die Bewaffnung bestand aus einer 20 mm T-171-Kanone und zwei an den Flügelenden montierten AIM-9 Sidewinder Luft-Luft-Raketen.

Wenngleich mit dem Starfighter verschiedene Weltrekorde aufgestellt wurden, zu denen eine Geschwindigkeit von 2.259,83 km/h, eine Höhe von 27.813 m und das Erreichen von 25.000 m in 266,03 Sekunden gehörte, wurde das Muster beim ADC rasch durch die F-101 und F-106 ersetzt und an befreundete Nationen und die Air National Guard abgegeben. Lockheed versuchte durch neue Baureihen das Flugzeug am Leben zu halten, doch es waren nur geringe Stückzahlen, die zusammen kamen. Die Situation änderte sich aber grundlegend, als sich die Luftwaffe im Jahre 1959 auf der Suche nach einem Mehrzweckflugzeug für die F-104 entschied, 364 bestellte und andere NATO-Länder nachzogen. Es waren dies: Belgien, Dänemark, Griechenland, Italien, Kanada, Norwegen und die Türkei. Ferner flog das Muster in Spanien, Jordanien, Pakistan, Taiwan und Japan.

Das für Deutschland und die übrigen NATO-Staaten bestimmte Modell trug die Kennung F-104G (G für Germany). Für die Bedürfnisse der Bundeswehr musste es erheblich abgeändert werden, wobei dies in der Hauptsache die Struktur und die Avionik betraf. All dies führte zu einem deutlichen Anstieg der Massen. Das Flugzeug sollte nicht nur als Abfangjäger, sondern auch als Jagdbomber, Aufklärer und zweisitziger Trainer zum Einsatz kommen. Neben der 20 mm M.61-Bordkanone konnte es an Flügel- und Rumpfträgern verschiedene Waffen von mehr als 2,2 Tonnen mitführen, darunter auch taktische Atombomben.

Die Fertigung des Flugzeuges erfolgte teils in den USA, teils in europäischen Produktionsverbünden bzw. in Kanada und Japan.

Die rasche Einführung des ultramodernen Flugzeuges und der damit verbundene Sprung vom Unterschallflugzeug zum Mach 2-Muster bereitete der Bundeswehr viele Probleme, die zu einer Unfallserie führte, die 1963 begann und 1966/67 ihren Höhepunkt erreichte. Die vielen Abstürze und die damit verbundenen Todesfälle führten zu einer öffentlichen Diskussion, die dazu führte, dass General Johannes Steinhoff neuer Inspekteur der Luftwaffe wurde. Unter seiner Führung bekamen Luftwaffe und Marienflieger das Flugzeug in den Griff. Die Bodenorganisation wurde verbessert, die Ausbildung der Flugzeugführer intensiviert und das Flugzeug selbst abgeändert. Neben einem neuen Schleudersitz war es die Einführung einer verbesserten Schubdüse und des »stick-pushers«, die herausragten. Das T-Leitwerk hatte die unangenehme Eigenschaft, bei hohen Anstellwinkeln in den Windschatten des Tragwerkes zu geraten. Es wurde nicht mehr angeströmt und das Flugzeug geriet in Probleme. Der »stick-pusher« ließ diesen Flugzustand nicht mehr zu. Zunächst zeigte ein Rütteln dem Flugzeugführer an, dass er sich in einem gefährlichen Bereich befand, reagierte er nicht, so drückte der pusher die Steuersäule automatisch nach vorne.

Alles in allem erhielt die Bundeswehr 916 Starfighter der Baureihen F, G, RF und TF, von denen 292 abstürzten, wobei 116 Flugzeugführer den Tod fanden..Neun Luftwaffen- und zwei Marinefliegergeschwader waren zwischen 1960 und 1987 mit der F-104 ausgerüstet. Ebenso wie die Bundesrepublik trennten sich auch die übrigen Betreiber in den 1980er Jahren vom Starfighter. Lediglich Italien und die Türkei, die auch über die verbesserte F-104S verfügten, hielten bis in das neue Jahrtausend an dem Flugzeug fest. Insgesamt wurden 2.578 Starfighter gebaut.

Lockheed F-104G Starfighter	
Spannweite	6,66 m
Länge	16,69 m
Höhe	4,11 m
Flügelfläche	18,22 m²
Leermasse	6.387 kg
maximale Startmasse 1	3.054 kg
Höchstgeschwindigkeit ohne Außenlasten	Mach 2,1 in 11.000 m
Dienstgipfelhöhe	18.300 m
Einsatzradius mit maximalem Kraftstoffvorrat	1.200 km

Baureihen und Varianten

XF-104 Serial Numbers 53-7786 und 53-7787
Zwei Versuchsmuster. Erstflug 4. 3. 1954. Wright XJ65W-6-Triebwerk. Länge 14,99 m, Spannweite 6,55, Höhe 3,87 m, Startmasse 7.120 kg.

YF-104A Serial Numbers 55-2955 bis 55-2971
Vollständig überarbeitetes Vorserienmodell mit General Electric J79. Vergrößerte Abmessungen. Länge 16,69 m; Spannweite 6,68 m; Höhe 4,11 m. Erstflug 17. Februar 1956. Einige zu QF-104A Drohnen umgebaut.

F-104A Serial Numbers 56-730 bis 56-882
Serienausführung mit verschiedenen Varianten des J79-Triebwerkes. Zwei Sidewinder Luft-Luft-Raketen. Teilweise mit 20 mm-Bordkanone. Kielflosse und Klappenanblasung bei allen Flugzeugen. Einige an Pakistan, Jordanien und Taiwan geliefert. Geringe Stückzahlen als QF-104A Drohnen. 18 RF-104A-Aufklärer bestellt, aber 1957 gestrichen. Der unbewaffnete Trainer TF-104A wurde zu Gunsten der bewaffneten F-104B aufgegeben.

F-104B Serial Numbers 56-3719 bis 56-3724 und 57-1294 bis 57-1313
26 zweisitzige Trainer mit Doppelsteuer und größerem Seitenruder. Tankvolumen reduziert. Erstflug 16. Januar 1957. Einige an Pakistan, Jordanien und Taiwan.

F-104C Serial Numbers 56-883 bis 56-938 und 57-910 bis 57-930
Strikeversion für den Einsatz beim Tactical Air Command (TAC). J79GE-7 mit 7.167 kg (70,3 kN) im Nachbrennerbetrieb. Außenträger unter dem Rumpf und dem Tragwerk für Bomben (einschließlich Atombomben), Raketen und Lenkwaffen. Eine nicht einziehbare Nachbetankungssonde konnte an der linken Rumpfseite montiert werden.

F-104D Serial Numbers 57-1314 bis 57-1334
Trainingsausführung der Baureihe C mit begrenzter Kampftauglichkeit. 21 Exemplare 1958/59 gebaut. Weitere 20 folgten ab 1962 als F-104DJ für Japan mit J79-IHI-11A aus japanischer Fertigung. Kanada über 38 als CF-104D mit J79-OEL-7, das bei Orenda in Kanada hergestellt wurde.

F-104F
Ableitung aus der F-104D speziell für die deutsche Luftwaffe. 30 Stück. Erstflug 15. Januar 1960.

F-104G
Mehrzweckversion. Mit 1.122 Stück Hauptbaureihe des Starfighters. Erstflug 7. Juni 1960. Umfangreiche Zellenverstärkungen. Avionik fast vollständig neu. J79GE-11A. Die deutschen Flugzeuge zum überwiegenden Teil auf J79MTU-J1K (7.235 kg/70,9 kN) umgebaut. Fünf Außenstationen für bis zu 2.180 kg. Vergrößerter Bremsschirm und Fanghaken unter dem Heck.

RF-104G
Aufklärervariante der Baureihe G. Kameraschacht hinter dem Bugfahrwerk. Bordkanone ausgebaut. Einige mit Aufklärungsbehälter Orpheus (fünf Kameras und ein Infrarot-Linescanner). Zwei als RF-104G1 für die Luftwaffe mit verlängertem Rumpfbug, Seitenblick-Radars und Schrägbildkamera gebaut. Es war geplant, auch eine zweisitzige Ausführung dieser Sondervariante als TRF-104G herauszubringen.

TF-104G
Kampftaugliche Trainerableitung der Baureihe G. Die Bordkanone wurde ausgebaut. 220 Stück. Bugrad wie bei allen Zweisitzern nach hinten einziehbar.

CF-104
Canadair fertigte 200 Flugzeuge auf Basis der F-104G. Flugerprobung des Musterflugzeuges ab 26. Mai 1961.

F-104J
Allwetterjäger für die japanische Heimatverteidigung auf Grundlage der F-104G. 210 Exemplare mit J79-IHI-11A. Erstflug 30. Juni 1961. Einige als EF-104J als elektronische Störflugzeuge eingesetzt. 30 ab 1991 zu QF-104J-Zieldarstellungsflugzeugen umgebaut. Die ab 18. Dezember 1989 erprobten Musterflugzeuge trugen die Bezeichnung XQF-104J.

F-104N
Unbewaffnete Flugzeuge der Baureihe G für den Einsatz bei der NASA.

F-104S
Letzte Serienversion des Starfighters. 245 Stück für die italienischen und türkischen Streitkräfte. J79-GE-19 (mit Nachbrenner 8.119 kg/79,6 kN). Zwei zusätzliche Kielflossen. Mehr als 3 Tonnen Kampfmittelzuladung möglich. Startmasse 14.061 kg. Höchstgeschwindigkeit Mach 2,2. Beginn der Serienfertigung 1969.

NF-104A Serial Numbers 56-756, 56-760 und 56-762
Astronautentrainer mit zusätzlichem Rocketdyne AR-2-Raketenmotor unterhalb des Leitwerkes. Schubleistung 2.722 kg (26,7 kN). Tragwerk um 61 cm vergrößert. Strahlsteuerung im Rumpfbug und an den Flügelspitzen. Seitenruder vergrößert.

F-104G des Marinefliegergeschwaders 2.

Vorserienflugzeug Convair YB-58 Hustler mit Sonderbemalung.

1956 **Convair B-58 Hustler**

Die Wurzel der Convair Hustler reichen bis in die Jahre 1946 und 1949 zurück. Damals gaben die US-Luftstreitkräfte unter den Kürzeln GEBO I und GEBO II (Generalised Bomber Study) Studien für den Bau eines Überschallkampfflugzeuges heraus, die letztlich zur Entwicklung der Convair B-58 führten. Zuvor hatte sich das Muster einem Wettbewerb mit der Boeing B-59 stellen müssen, aus dem es als Sieger hervorgegangen war.

Nach der Besichtigung der Flugzeugattrappe erteilte die US Air Force am 13. Oktober 1954 den Auftrag zum Bau von dreizehn Test- und Vorserienflugzeugen unter der Bezeichnung YB/RB-58. Als sogenanntes Waffensystem sollte das für Mach 2 ausgelegte Muster sowohl als Bomber (WS102A) als auch als Aufklärer (WS102L) zum Einsatz kommen.

Als das erste Flugzeug (S/N 55-660) im Herbst 1956 aus der Fertigungshalle in Fort Worth rollte, bestach es die Zuschauer durch sein exotisches Erscheinungsbild. Ungewöhnlich für einen Deltaflügler war die Triebwerkanlage, die aus vier General Electric J79-GE-5 (7.082 kg/69,4 kN) in Einzelgondeln unter dem Tragwerk bestand. Neu war auch die Behäutung des in Sandwichbauweise erstellten Tragflügels durch große Platten, die mit der Flügelstruktur verklebt wurden.

Der spitz zulaufende Rumpf war im Mittelteil nach der Flächenregel eingeschnürt. Die Besatzung, bestehend aus dem Flugzeugführer, dem Navigator und Bombenschützen sowie dem Defensiv-System-Operator, saß hintereinander in getrennten Kabinen auf Schleudersitzen, die später durch Rettungskapseln ersetzt wurden. Im Heck befand sich eine radargesteuerte 20 mm M-61-Bordkanone.

Kernelement des Waffensystems war ein 17,37 m langer Behälter, der unter dem Rumpf mitgeführt und MB-1C genannt wurde. Er nahm bis zu 15.790 Liter Kraftstoff sowie eine Atombombe auf. Ein Angriff sollte in niedriger Höhe mit Mach 0,91 beginnen. Vor dem Ziel beschleunigte die B-58 auf Mach 2 und stieg gleichzeitig auf 16.700 m. Während des Manövers erfolgte der Abwurf des MB-1C, der in einem Bogen auf das Ziel

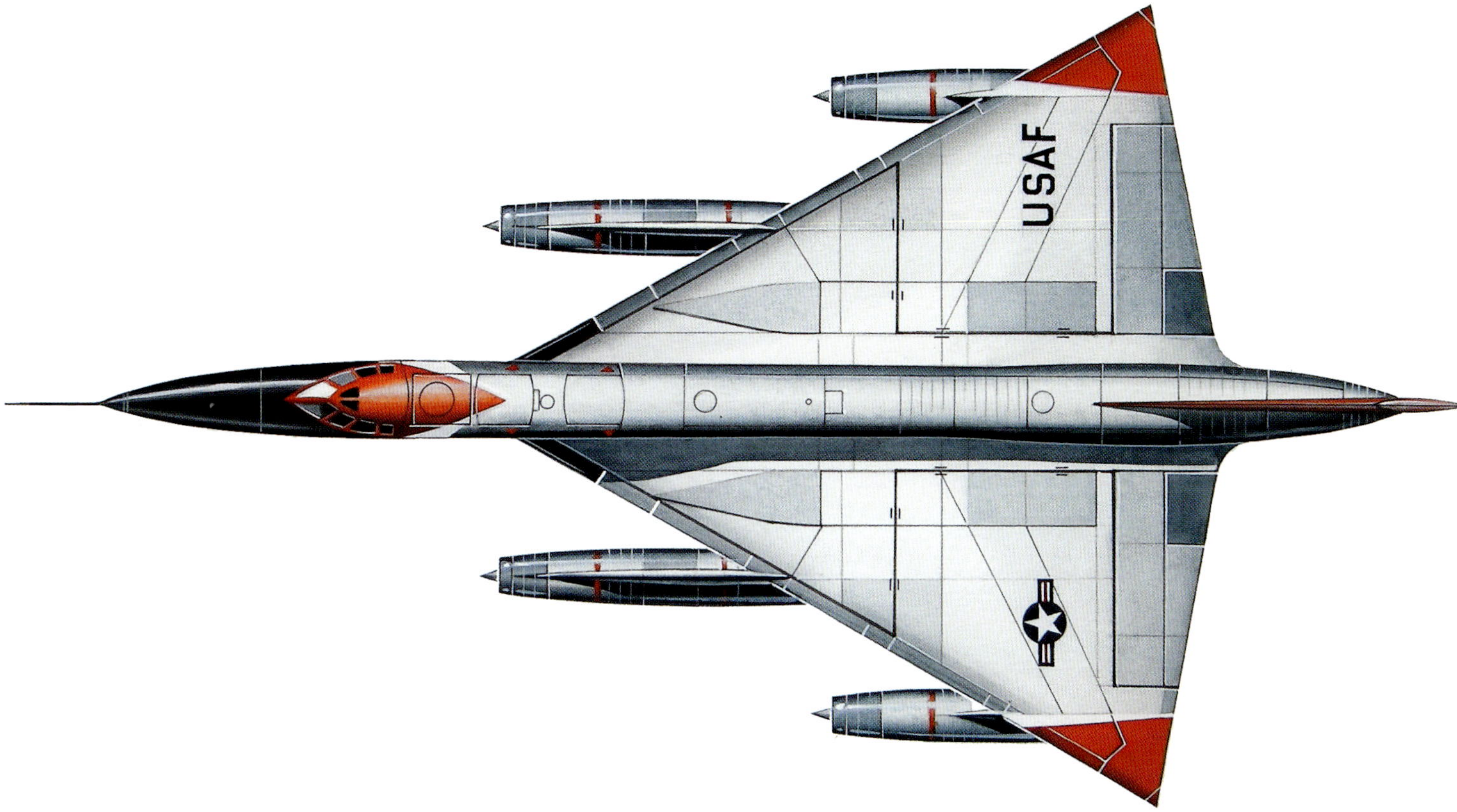
USAF

B-58 Hustler

Spannweite	17,32 m
Länge	29,49 m
Höhe	9,11 m
Flügelfläche	143,25 m²
Leermasse ohne Außenbehälter	25.224 kg
Startmasse mit Außenbehälter	74.002 kg
Höchstgeschwindigkeit	2.125 km/h in 19.200 m
Maximal mögliche Geschwindigkeit	Mach 2,2 Ein-
satzradius	2.815 km
Überführungsreichweite	7.593 km
Dienstgipfelhöhe	19.500 m

Baureihen und Varianten

YB/RB-58 Serial Numbers 55-660 bis 55-672; 58-1007 bis 58-1023
Test- und Vorserienflugzeuge. Meist mit J79-GE-1 motorisiert.

B-58A Serial Numbers 59-2428 bis 59-2463; 60-1110 bis 60-1129; 61-2051 bis 61-2080
Serienflugzeuge mit J79-GE-5 oder J79-GE-5B.

TB-58A Serial Numbers 55-661 bis 55-663; 55-668; 55-670 bis 55-672 und 58-1007
Umbau von YB/RB-58-Flugzeugen zu Trainern mit Doppelsteuer, neu gestalteten Kabinen und geänderter Verglasung.

zuflog. Später kam in geringem Umfang ein Zwei-Komponenten-Behälter (TCP) zum Einsatz. Der untere Teil nahm nur Kraftstoff (14.700 l) auf und wurde nach dem Leerfliegen abgeworfen. Der obere hatte zwei Tanks und Raum für eine Atombombe, Aufklärungsmittel oder elektronische Störanlagen.

Der große Behälter und die Gondelmontage der Triebwerke bedingten ein hochbeiniges Fahrwerk, dessen Haupteinheiten je acht Räder und dessen Bugfahrwerk zwei Räder hatten.

Die Flugerprobung des Musters begann am 11. November 1956. Testpilot war Beryl A. Erickson. Am 30. Dezember 1956 wurde Mach 1 überschritten, am 16. Februar 1957 erstmals mit dem Behälter geflogen und am 29. Juni 1957 Mach 2 erreicht.

Den positiven Aspekten der Erprobung standen nicht weniger als sieben Abstürze gegenüber. Dies führte dazu, dass weitere 17 YB/RB-58 bestellt wurden. Parallel dazu orderte die USAF 86 Einsatzflugzeuge als B-58A Hustler. Die ersten Serienmaschinen gelangten ab März 1960 zur Auslieferung. Erster Hustler-Verband war die 43rd Bomber Wing in Carswell.

Die Flugunfälle und die problematischen Start- und Landeeigenschaften führten einerseits zum Umbau von acht Flugzeugen zu TB-58A-Trainern und andererseits zu deutlicher Kritik. Neben den Abstürzen gab es weitere Schwachpunkte. So war das Muster dreimal so teuer wie eine B-52G. Es hatte ohne Flugnachbetankung eine geringe Reichweite und die elektronischen Störgeräte wurden als unzureichend empfunden.

Die Air Force konterte mit einer Reihe von spektakulären Flügen, die zur Eroberung von 19 Rekorden führten. Darunter 5 Tonnen Last auf 26.018 m Höhe und die Bewältigung der Strecke Tokio-London mit einer Durchschnittsgeschwindigkeit von 1.510 km/h. Ferner legte das Muster am 26. Mai 1961 die 5.835 km lange Route New York-Paris in 3 Stunden 19 Minuten zurück. Als das Flugzeug (59-2451 The Firefly) am 3. Juni zum Rückflug startete, stürzte es ab und die Besatzung fand den Tod. Die Pariser Luftfahrtschau forderte Jahre später ein weiteres Opfer. Die 59-2443 setzte am 15. Juni 1965 beim Landeanflug zu spät auf und wurde vollständig zerstört. Während sich zwei Besatzungsmitglieder retten konnten, kam der Flugzeugführer ums Leben.

Von den 116 gebauten Flugzeugen mussten 26 als Totalschäden abgeschrieben werden. Des Weiteren gab es noch eine Reihe von mehr oder weniger schweren Unfällen. All dies führte zu einer vorzeitigen Beendigung des Einsatzes und der Aufgabe von Plänen, das Flugzeug in verschiedenen Baureihen aufzulegen. Die meisten B-58A wurden verschrottet, es sind aber sechs Stück erhalten geblieben, die sich heute im Besitz amerikanischer Luftfahrtmuseen befinden.

1957 **BAC Lightning**

Nach dem Zweiten Weltkrieg gab Großbritannien seine Rolle als eine der führenden Luftfahrtnationen nach und nach ab. Gründe dafür gab es viele. In erster Linie waren es aber Fehlentscheidungen und finanzielle Aspekte, die zum Niedergang führten.

Während sich die USA, die UdSSR und mit Einschränkungen auch Frankreich rechtzeitig mit den Problemen des Überschallfluges wie hoher Widerstand, Auftreten von Verdichtungsstößen und Verlust der Kontrolle und Steuerung befassten und eine Vielzahl von Überschallmustern entwickelten, traten die Briten auf der Stelle. Sie hatten ihr Überschall-Forschungsflugzeug Miles M.52 ohne Not aufgegeben und mussten 1947 wieder von vorne anfangen, indem das Luftfahrtministerium die Experimental Requirement ER.103 verfasste. Die Ausschreibung hatte den Bau eines neuen Überschallversuchsflugzeuges zum Inhalt. Die Firma English Electric legte unter Führung ihres Chefkonstrukteurs William E. W. Petter das Projekt P.1 vor. Es handelte sich um einen zweimotorigen Entwurf, bei dem die beiden Turbinen-Luftstrahltriebwerke gestaffelt übereinander im Heck platziert waren und über einen geteilten Luftkanal mit Eintrittsöffnung im Bug versorgt wurden. Das moderat gepfeilte Tragwerk wies eine beachtliche Tiefe auf und das Höhenleitwerk war als T-Leitwerk konzipiert. Das ursprüngliche Projekt wurde in der Folge immer wieder überarbeitet. 1949 näherte sich der Entwurf seiner endgültigen Form. Unter Beibehaltung der Triebwerkanordnung kam es zu Änderungen am Tragwerk, das nun auf 60° gepfeilt war und am Höhenleitwerk, das tiefer gelegt wurde. Zu dieser Zeit hatte die Royal Air Force Interesse angemeldet. Sie wünschte sich auf Basis des Experimentalflugzeuges ein Überschall-Tag-Jagdflugzeug mit zwei Kanonen und einem einfachen Radar zur Entfernungsmessung. Das Heranführen an Luftziele sollten Bodenstationen übernehmen. Die genauen Leistungsparameter wurden in der Spezifikation F23/49 festgehalten. In dieser Phase verließ Petter das Unternehmen, um zu Folland zu wechseln. Seine Aufgaben übernahm nun F.W. Page, der sogleich einen Erfolg verbuchen konnte. English Electric erhielt den Auftrag, drei P.1 zu fertigen, von denen eine als Bruchzelle dienen sollte. Über allem schwebten aber noch viele Fragezeichen, das Royal Aircraft Establishment (RAE) war von der Konzeption nicht überzeugt. Dabei ging es vor allem um die Pfeilung des Tragwerkes und die Lage des Höhenleitwerkes. Klarheit sollte ein weiteres Versuchsflugzeug bringen, das als SB.5 bei Short in Belfast entwickelt und gebaut wurde. Das Unterschallflugzeug konnte die Tragwerkpfeilung dreifach und zwar auf 50, 60 und 69 Grad ändern und auch die Lage des Höhenleitwerks war variabel.

Die Erprobung der SB.5 begann am 2. Dezember 1952 mit 50° Pfeilung und T-Leitwerk, ohne voll zufrieden zu stellen. In einer zweiten Versuchsphase, die im August 1953 anlief, hatte das Flugzeug eine Tragfläche mit 60° Pfeilung und ein tiefer gesetztes Höhenleitwerk. Doch auch in dieser Form gab es noch Kritik am Flugverhalten. Erst als das Höhenleitwerk am Rumpfheck platziert wurde, waren die Flugeigenschaften in Ordnung.

Unabhängig von diesen Dingen nahmen die Arbeiten an der P.1 ihren Fortgang. Das Muster sollte mit zwei Armstrong Siddeley Sapphire AS.Sa.5 fliegen, die noch keine Nach-

BAC Lightning F.6	
Spannweite	10,62 m
Länge	16,84 m
Höhe	5,67 m
Flügelfläche	44,1 m²
Leermasse	12.720 kg
Startmasse	18.900 kg
Höchstgeschwindigkeit	2.415 km/h
Dienstgipfelhöhe	18.800 m
Reichweite	1.300 km
Überführungsreichweite	2.500 km

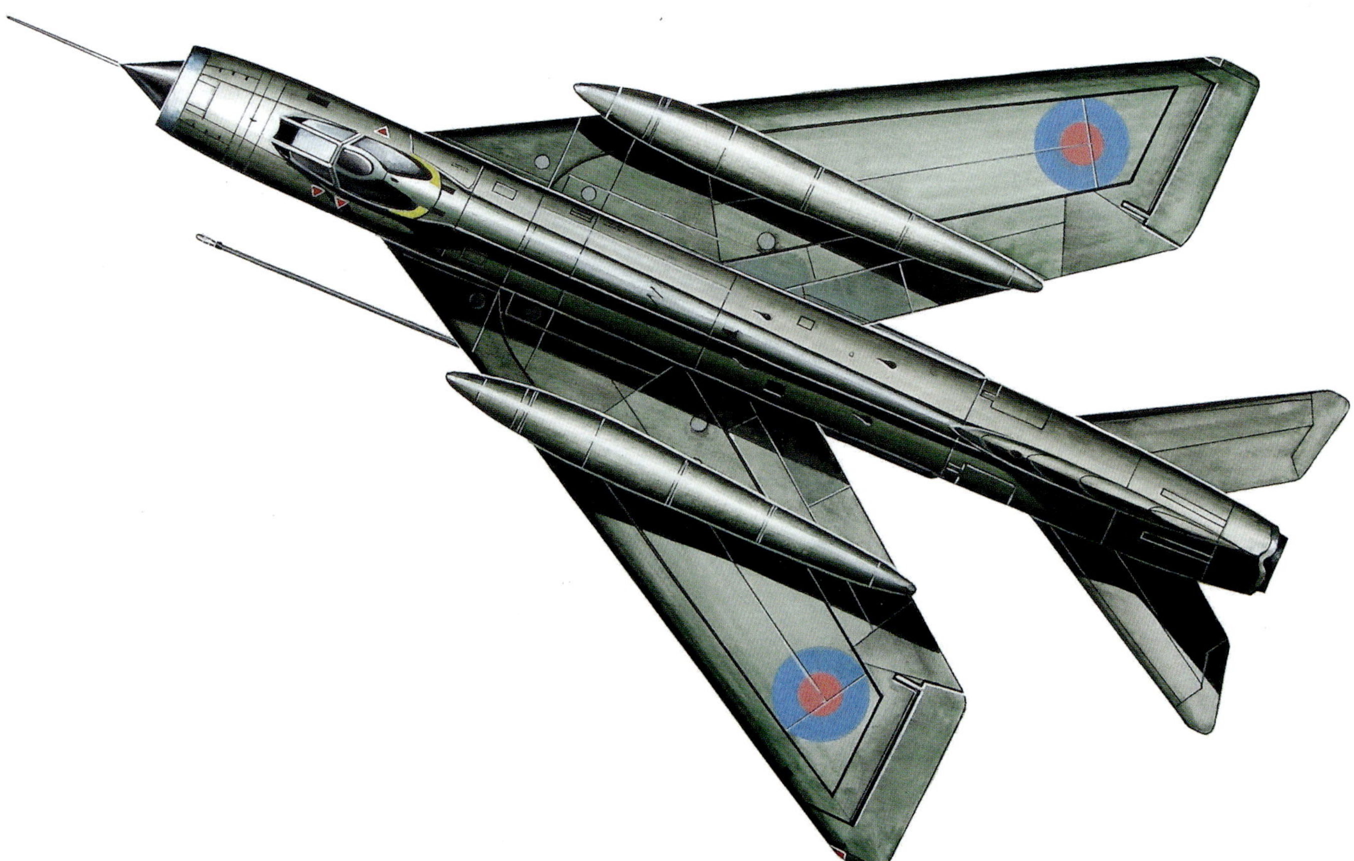

BAC Lightning F.6 des No.11 Squadron.

Baureihen und Varianten

P.1A Serial Numbers WG760 und WG763
2 Stück. Experimentalflugzeuge. WG763 mit Bewaffnung. Erstflug 4.8.54 (WG760) und 18.7.55 (WG763).

P.1B Prototypen Serial Numbers XA847, XA853 und XA856
3 Stück. Versuchsmuster für die Jagdflugzeugvariante. Erstflug 4.4.57.

P1.B Vorserienflugzeuge Serial Numbers XG307 bis XG313 und XG325 bis XG337
20 Stück. Erstflug 3.4.58.

F Mk.1 Serial Numbers XM134 bis XM147 und XM163 bis XM168
20 Stück. Davon eine Bruchzelle. Rolls-Royce Avon 200R-Triebwerke. 2 x 30 mm Aden-Kanonen und zwei Firestreak Luft-Luft-Raketen.

F Mk.1A XM169 bis XM192 und XM213 bis XM216
28 Stück. Avon 210R-Triebwerke. Flugbetankungssonde.

F Mk.2 Serial Numbers XN723, XN725, XN729, XN734, XN767 bis XN770, XN779, XN785 und XN794 bis XN770
14 Stück. Erstflug 11.7.61. Entsprach bis auf wenige Details der F Mk1. 31 Flugzeuge auf den Stand der Ausführung F.2A abgeändert. Fünf zu F Mk.52 umgebaut.

F Mk.2A Serial Numbers XN724, XN726 bis XN728; XN730 bis XN733, XN735, XN771 bis XN778, XN780 bis XN784 und XN786 und XN793
30 Stück. Avon 211R-Triebwerke. Größerer Rumpfzusatztank. Fanghaken für Notfälle. Musterflugzeug war die XN795.

F Mk.3 Serial Numbers XP693 bis XP708; XP735 bis XP765; XR711 bis XR721; XR748 bis XR751
62 Stück. Erstflug 16.6.62. Rolls-Royce RA.34R Avon 301R-Triebwerke. Standschub 6.000 kg (59 kN), Nachbrennerschub 7.427 kg (73 kN). Die Red Top löste die Firestreak als Luft-Luft-Rakete ab. Ein Flugzeug zur F Mk.53 umgerüstet.

F.3A
16 Umbauflugzeuge. Geändertes Tragwerk mit gewölbter Vorderkante an der Außenfläche. Musterflugzeug war XP697. Flugversuche ab 17.4.64. Später 15 auf den Standard der F.6 gebracht.

F Mk.6 Serial Numbers XR723 bis XR728; XR747, XR752 bis XR773; XS893 bis XS904, XS918 bis XS938
Insgesamt 62 Stück. Sechs Außenstationen. Zwei an den Rumpfbugseiten. Zwei unter und zwei auf dem Tragwerk. Gesamtwaffenlast maximal 2.750 kg.

F Mk.52
Fünf Umbauflugzeuge auf Basis der F Mk.2

brenner hatten und jeweils nur 3.677 kg (36 kN) leisteten. Für ein Jagdflugzeug zu wenig und so forderte die RAF den Einbau stärkerer Triebwerke. Außerdem wünschte sie nun den Einbau eines leistungsstarken Radar-Gerätes. Das waren Änderungen, die sich gravierend auf den Entwurf auswirkten und zwei neue Bezeichnungen nach sich zogen. Während die Experimentalflugzeuge als P.1A geführt wurden, lief die militärische Variante unter P.1B. Tatsächlich unterscheiden sich die beiden Flugzeuge doch deutlich voneinander. Kennzeichen der P.1A ist ihr ovaler, maulartiger Lufteinlauf, der bei der P.1B völlig anders ist. Hier befindet sich ein verstellbarer Kegelstoß-Diffusor im Lufteinlauf, der zugleich das Bordradar aufnimmt. Ferner erhielt die P.1B ein neues Kabinendach und ein höheres Seitenleitwerk. In dieser Form akzeptierte die Royal Air Force das Muster und gab im August 1953 drei V-Muster und im Jahr darauf 20 Serienflugzeuge in Auftrag. Bevor es an den Bau gehen konnte, mussten die zwei P.1A die Brauchbarkeit des Konzeptes unter Beweis stellen. Nachdem das erste Flugzeug, die WG760, im Juli 1954 auf dem Testzentrum Boscombe Down eingetroffen war, führte Testpilot Roland Beaumont einige Rollversuche durch, bei denen das Flugzeug auch kurzzeitig vom Boden frei kam. Der eigentliche, 40-minütige Jungfernflug erfolgte am 4. August 1954. Beaumont zeigte sich rundum zufrieden und lobte besonders die Steuerung des Flugzeuges. Schritt für Schritt erfolgte ein Herantasten an die Überschallgeschwindigkeit, die dann ohne Probleme erreicht wurde. Im Laufe der Erprobung erzielte die WG760 Mach 1,22 und überbot damit die vorgegebene Höchstgeschwindigkeit geringfügig. Die zweite P.1A (WG763) konnte erst ab dem 18. Juli 1955 in die Flugversuche einbezogen werden. Nachdem die grundsätzlichen Fragen bereits von der WG760 beantwortet werden konnten, diente die WG763 schon zu einem guten Teil militärischen Anforderungen. Sie war mit zwei 30 mm Aden-Kanonen bestückt und erhielt ab Oktober 1955 einen großen, wannenartigen Zusatztank unter dem Rumpf, der abwerfbar war und 1.137 l fasste.

Die positiven Aspekte der P.1A-Erprobung wurden in den Jahren 1955/56 nachhaltig getrübt, als sich dreimal bei hohen Geschwindigkeiten das Kabinendach löste. Zum Glück erlitten die Flugzeugführer nur geringe Verletzungen und auch die Sachschäden hielten sich in Grenzen. Dieser Mangel wurde durch Änderung des Schließsystems der Haube abgestellt.

Die Arbeiten an der P.1B kamen nur langsam voran. Als das erste Flugzeug 1957 vor seiner Fertigstellung stand, legte das Verteidigungsministerium ein Weißbuch vor, dessen Inhalt die gesamte Luftrüstung nachhaltig beeinflussen sollte. Militärflugzeuge – speziell Jäger und Bomber – sollten im großen Stil durch Raketen und Lenkwaffen ersetzt werden. Es gelang zwar, die P.1B als solche zu retten, doch es war klar, dass nur bescheidene Stückzahlen zu erwarten waren. Die erste P.1B begann am 3. April 1958 mit den Flugversuchen. Zuvor hatten die P.1A zahlreiche Flüge durchgeführt und wertvolle Erkenntnisse geliefert. So flog die WG760 versuchsweise mit gewölbten Flügelkanten im Bereich der Außenflügel. Der Auftrieb und das Aufbäumverhalten konnten verbessert werden. Allerdings dauerte das Beschleunigen auf die Überschallgeschwindigkeit länger. Später wurden die gewölbten Flächen bei einigen der Serienmodelle wieder aufgegriffen.

Insgesamt gesehen machte das Programm gute Fortschritte. Bis zum August 1959 hatten mehr als 30 Flugzeugführer 2.000 Flugstunden auf verschiedenen P.1B-Flugzeugen absolviert. Anfang 1960 kamen die ersten Flugzeuge – nun mit dem Namen Lightning – zur Air Fighting Development Squadron nach Coltishall Norfolk. Als erster Einsatzverband erhielt das ebenfalls in Coltishall stationierte 74. Squadron ab Sommer 1960 das Muster.

Recht früh hatte sich der Bedarf an einer Trainingsausführung herauskristallisiert. Unter der Bezeichnung P.11 (später T.4) entstand eine solche Variante mit Doppelsteuer, nebeneinander angeordneten Sitzen, zweifacher Waffensystemanzeige, neuer Kanzel und breiterem Vorderrumpf. Das erste von zwei V-Mustern, die XL628, nahm am 6. Mai 1959 den Flugbetrieb auf. Das Flugzeug stürzte am 1. Oktober 1959 wegen des plötzlichen Ausfalls der Flug-

F Mk.53
47 Exportflugzeuge. Saudi Arabien erhielt 35 neue und ein umgebautes F Mk.3-Flugzeug, während an Kuwait 12 Neubauten geliefert wurden.

T Mk.4 Serial Numbers XM968 bis XM974 und XM987 bis XM997
20 Stück. Zweisitziges Schulflugzeug. Sitze nebeneinander. Rumpf verbreitert. Neues Kabinendach. XN989 und XM992 zu T Mk.54 umgebaut.

T Mk.5 Serial Numbers XS416 bis XS423, XS449 bis XS459 und XV328 bis XV329
23 Stück. Zweisitziges Schulflugzeug, ähnlich der F Mk.3. Ein Flugzeug zu T Mk.55 umgebaut.

T Mk.55
9 Stück. Zweisitziger Trainer. Kuwait kaufte zwei und Saudi Arabien sieben. Die Saudis erhielten außerdem eine umgebaute T Mk.5

kontrolle über der Irischen See ab. Die in Marsch gesetzten Suchmannschaften konnten Flugzeugführer Squier nicht finden. Nach 28 Stunden, mit Verletzungen am Rücken, Augen und Ohren konnte Squier mit seinem Schlauchboot das Ufer und eine Farm erreichen. Nach Heilung seiner Verletzungen kehrte er wieder als Versuchspilot zurück.

Wenngleich die Stückzahlen an Lightnings bescheiden blieben, kam es doch zum Bau verschiedener Versionen, für die ab 1963 die aus dem Zusammenschluss von Bristol, Hunting, Vickers-Armstrongs und English Electric entstandene Bristish Aircraft Corporation (BAC) verantwortlich zeichnete. Aus der Modellreihe ragt die F Mk.6 besonders hervor. Der Ganzmetall-Mitteldecker hatte als Antrieb zwei Rolls-Royce Avon 302 C, die im Nachbrennerbetrieb 7.393 kg (73 kN) abgaben. Durch gewölbte Außenflügel änderte sich die Pfeilung von 60° an der Wurzel auf 55°30´ an der Spitze. Querruder und Landeklappen waren vorhanden.

Der Rumpf nahm die Triebwerke, den Flugzeugführer, einen Teil der Bewaffnung und einen Unterrumpfbehälter auf, der in drei Sektionen unterteilt war. Die mittlere und hintere nahm Kraftstoff auf. Die vordere konnte ebenfalls als Tank genutzt werden, diente aber vornehmlich zur Aufnahme von zwei 30 mm Aden-Kanonen (je 120 Schuss). Vor dem Behälter befand sich der eigentliche Waffenschacht. An seinen Seiten waren die Außenträger für die Luft-Luft-Lenkwaffen Firestreak oder Red Top befestigt. Im Schacht selbst konnten zwei ausklappbare Raketenwerfer für 2 x 24 5-cm-Raketen oder fünf Vinten-Kameras untergebracht werden. Ferner standen zwei Unterflügelstationen für Bomben von bis zu 454 kg zur Verfügung. Ungewöhnlich waren die zwei Oberflügelstationen für zwei 1.182 l-Zusatztanks.

Das Leitwerk wies keine Besonderheiten auf und auch zum 3-Bein-Fahrwerk gibt es lediglich zu berichten, dass es komplett in das Tragwerk eingefahren wurde.

Die BAC Lightning war mit einer Gesamtstückzahl von 286 Einsitzern (einschließlich einer Bruchzelle) und 54 Zweisitzern kein großer Erfolg. Dies lag auch daran, dass sich das Muster nur sehr begrenzt ins Ausland, und zwar nach Kuwait und Saudi Arabien, absetzen ließ. Ursächlich dafür waren die begrenzten Einsatzmöglichkeiten. Die Lightning war ein reinrassiges Jagdflugzeug, das nur sehr bedingt andere Aufgaben wie des Jagdbombers übernehmen konnte. Kuwait setzte das Muster von 1968 bis 1977 ein. In Saudi Arabien trafen die ersten Lightnings 1967 ein. Sie blieben bis 1986 im Einsatz. Die Royal Air Force übernahm das Jagdflugzeug 1959. Die letzten Maschinen wurden 1988 ausgemustert.

Heute befinden sich rund 30 Exemplare in verschiedenen Luftfahrtmuseen und Sammlungen. Das Gros davon findet sich in Großbritannien. In den USA ist derzeit noch ein flugfähiges Exemplar vorhanden und auch in Südafrika existieren noch zwei Trainer und ein Einsitzer, die regelmäßig geflogen werden.

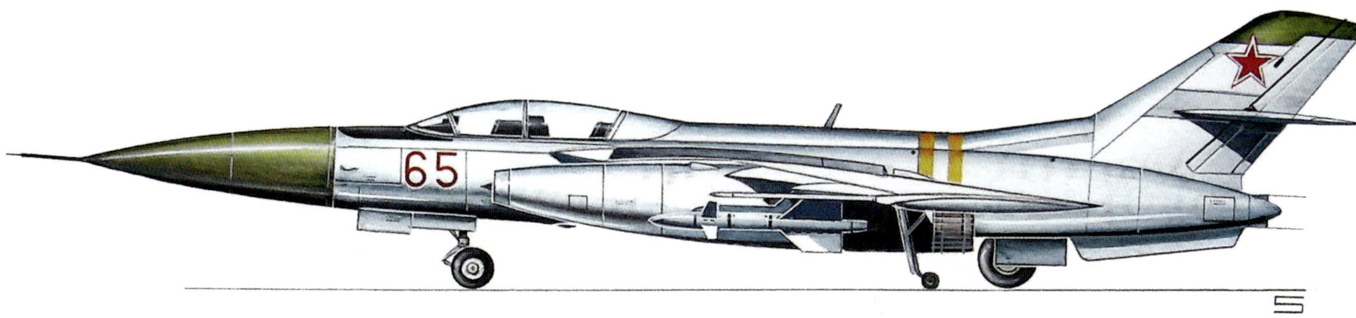

Jakowlew Jak-28P

1958 Jakowlew Jak-28 Brewer / Firebar

Das Konstruktionsbüro von Alexander Sergejewitsch Jakowlew* legte mit dem Allwetter-Jagdflugzeug Jak-25 Flashlight den Grundstein für die Entwicklung einer Flugzeugfamilie, die auf dem Militärsektor ihresgleichen sucht. Die Jak-25 Flashlight (Erstflug 19. Juni 1952) war ein zweisitziger Pfeilflügler mit zwei direkt unter dem Tragwerk befestigten Triebwerken und gepfeiltem Leitwerk. Ungewöhnlich war das Tandemfahrwerk, das den Anbau von einziehbaren Stützrädern an den Flügelspitzen bedingte. Das ab September 1954 in Serie gefertigte Muster bewährte sich gut und bot die Basis für den Bau diverser Varianten wie der taktische Atombomber Jak-25B (intern Jak-125B), der taktische Aufklärer Jak-25R und der Höhenaufklärer Jak-25RW Mandrake. Während sich der Bomber mit verglastem Rumpfbug und der Aufklärer mit seinen Kamerafenstern nur wenig von der Basisausführung abhoben, war die Jak-25RW in mehreren Bereichen eine Neuentwicklung. Das Muster verfügte über ein neues, gerades Tragwerk von großer Spannweite und geringer Tiefe. Das gepfeilte Leitwerk wurde indes beibehalten. Neu waren auch die für große Flughöhen ausgelegten Triebwerke, die dem Aufklärer (NATO-Name Mandrake) Flughöhen von rund 21.000 m erlaubten.

Die Jak-25B, die bevorzugt Punktziele wie Kommandozentralen bekämpfen sollte, entsprach nicht den Vorstellungen der sowjetischen Luftstreitkräfte, worauf Jakowlew mit der Jak-26 (intern Jak-123) einen experimentellen Überschallbomber entwickelte, der stärkere Triebwerke hatte und einen spitzzulaufenden statt eines runden Rumpfbugs hatte. Die Pfeilung des Tragwerks von 45° blieb zwar unverändert, dafür kam aber ein dünneres Profil zur Anwendung. Außerdem sollten zusätzliche, kleine Flächen im Bereich der Flügelvorderkante/ Flügelwurzel die Strömung am Tragwerk verbessern und die Flügelfläche vergrößern. Das ab 1955 erprobte Muster konnte nicht überzeugen. Die Schallgeschwindigkeit wurde nur knapp überboten und das auch nur in großer Höhe. Hinzu kamen die Verwindung des Tragwerkes bei bestimmten Belastungen und Probleme mit den Quer-

* In der kommunistischen UdSSR existierten keine Flugzeugfirmen im westlichen Sinn. Die Entwicklung und der Experimentalbau oblag den Experimentellen Konstruktionsbüros (Opitno-Konstruktorski Bjuro, OKB). Aus Gründen der Geheimhaltung trugen diese keine Namen, sondern Zahlen. Das 1935 in Moskau auf dem Gelände der staatlichen Flugzeugfabrik No.115 eingerichtete OKB von Jakowlew trug daher die offizielle Bezeichnung OKB-115.

rudern. Dies alles führte dazu, dass der zweite Prototyp umfänglich abgeändert wurde. Die Flügelvorderkante erfuhr verschiedene Änderungen. Die bis dato verwendeten Grenzschichtzäune machten einem Sägezahn Platz und die Pfeilung des Leitwerkes wurde vergrößert. Doch auch in dieser Form lehnten die Luftstreitkräfte das Muster – das zeitweise mit einer 23 mm-Kanone im Heck bewaffnet war – ab. Erneut überarbeitete Jakowlew das Flugzeug. Erneut stand dabei das Tragwerk im Mittelpunkt und auch die Station des Navigators/Bombenschützen im Rumpfbug wurde geändert.

Parallel zum Kampfflugzeug bearbeitete das Konstruktionsbüro weitere Ausführungen und zwar den Aufklärer Jak-27R (intern Jak-122) und das Jagdflugzeug Jak-27 (intern Jak-121). Der im Frühjahr 1956 eingeflogene Allwetter-Jäger hatte ein weitreichendes Sokol-M-Radar. Die Bewaffnung des Erprobungsträgers bestand aus zwei 37 mm-Kanonen mit je 50 Schuss und 24 ungesteuerten Luft-Luft-Raketen. Triebwerkseitig kamen zwei RD-9AK zum Einbau, die mit Nachbrenner 3.250 kg (32 kN) leisteten. Für den Serienbau war an zwei Ausführungen gedacht. Eine mit reiner Kanonenbewaffnung und eine mit Luft-Luft-Raketen. Die letztgenannte Version wurde als Jak-27K geführt. Aber auch die Jak-27 konntesich nicht durchsetzen. Die sowjetischen Luftstreitkräfte entschieden sich für die Sukhoi Su-9 Fitter. So blieb es beim Bau weniger Flugzeuge, unter ihnen der experimentelle Höhenjäger Jak-27W, der ein zusätzliches Raketentriebwerk im Heck hatte und für zwei bis drei Minuten Höhen von 23.000 m und Geschwindigkeiten um Mach 1,8 erreichte. Einzig der Aufklärer Jak-27R kam in geringen Zahlen zu den Einsatzverbänden. Das Flugzeug – NATO-Name Mandrake – konnte mit seiner Kameraausrüstung sowohl in geringen (300 m bis 400 m) als auch in großen (16.000 m) Höhen operieren. Mit Zusatzbehältern erreichte das Muster Reichweiten von bis zu 2.380 km. Zur Verteidigung führte es eine 23 mm NR-23-Kanone mit 50 Schuss mit. Alle Bemühungen, aus der Jak-25 ein

Jakowlew Jak-28L	
Spannweite	11,64 m
Länge	20,20 m
Höhe	4,30 m
Flügelfläche	35,25 m²
maximale Startmasse	17.465 kg
Höchstgeschwindigkeit auf Meereshöhe	1.070 km/h
Höchstgeschwindigkeit in 12.000 m	1.945 km/h
Dienstgipfelhöhe	16.250 m
Reichweite	2.420 km

Baureihen und Varianten

Jak-28
Erste Serienausführungen. Nur sehr wenige gefertigt. Die Flugzeuge entsprachen bis auf die militärische Avionik dem Versuchsmuster Jak-28-2. Kein Bordradar. RF11AF-300-Triebwerke.

Jak-28B
Diese Baureihe verließ ab 1960 die Werkhallen. RBP-3-Radar in großem Radom unter dem Rumpf unmittelbar hinter dem Bugfahrwerk. Eine 23 mm NR-23 an der rechten Rumpfseite. Mitnahme von zwei 1.000 l-Zusatztanks unter dem Tragwerk möglich. Bombenlast bis zu 3 Tonnen. Höchstgeschwindigkeit in 12.000 m 1.900 km/h. Unterhalb von 8.000 m wurde wegen des Staudrucks nur noch Unterschallgeschwindigkeit erreicht. Nachbrennerschub der RF11AF-300 während der Fertigung auf 6.050 kg (5,9 kN) gesteigert.

Jak-28I
Allwettertauglicher Tag- und Nachtbomber. 223 parallel zur Jak-28L gefertigt. Weitgehend baugleich, aber geänderte Zielfindungssysteme mit 360° Navigations- und Bombenwurf-Radar. Zur Unterbringung des großen Radars musste der Rumpf um 78 cm verlängert werden. Eine zweiläufige 23 mm GSch-Kanone als Starrwaffe. Startmasse bis zu 18,1 Tonnen. Höchstgeschwindigkeit 1.800 km/h. Reichweite mit zwei Zusatztanks auf großer Höhe 2.290 km, in Bodennähe 875 km!
Ein Flugzeug als Jak-28N für Anti-Radar-Einsätze mit speziellen Lenkwaffen bestückt. Ein anderes als Jak-28UVP mit JATO-Startraketen und zwei Bremsschirmen erprobt.

Jak-28L
111 Stück vor der Baureihe I ab 1962 gebaut. Gegenüber Jak-28B neues Ziel- und Feuerleitsystem. Geänderte Triebwerkgondeln. Optimierte Bugverglasung. Eine 23 mm GSch-Kanone.

Jak-28P
435 Stück als Abfangjäger für Allwettereinsätze bei Tag und Nacht für geringe und mittlere Flughöhen gefertigt. Flugzeugführer und Waffensystemoffizier wurden hintereinander platziert. Doppelsteuer vorhanden. Neuer Rumpfbug mit Radom für das Oryol-3-Radar. 2.000 l-Tank im Bombenschacht. Gesamtvolumen somit 6.570 l. Höchstgeschwindigkeit mit zwei Luft-Luft-Lenkwaffen 1.840 km/h. Ohne Lenkwaffen 2.060 km/h. Ab 1966 Mitführung von vier Luft-Luft-Raketen möglich. Einige mit geänderten Lufteinläufen und neuen Kegelstoß-Diffusoren als Jak-28PD. Ein Flugzeug als Erprobungsträger für Klappenanblasung. Die Jak-28PM war Einzelexemplar mit starken R11AF3-300-Triebwerken. Höchstgeschwindigkeit 2.400 km/h!

Jak-28PP
Elektronisches Störflugzeug für den Einsatz über dem Gefechtsfeld.

erfolgreiches Überschallmuster abzuleiten, waren gescheitert, wenn man einmal von der Jak-27R absieht. Im März 1956 erhielt Jakowlew eine neue Chance zur Umsetzung seines Grundgedankens. Er wurde beauftragt, ein leichtes, taktisches Überschallkampfflugzeug für große Flughöhen zu entwickeln. Das Konstruktionsbüro fasste bei der Projektierung der Jak-129 alle bis dahin gewonnenen Erfahrungen zusammen und schlug ein Muster vor, das sich auf den ersten Blick nur wenig von den Vorgängern unterschied. Neu waren in der Hauptsache die Tumanski R11-300-Triebwerke mit einer Schubleistung von 3.900 kg (38 kN) bzw. mit Nachbrenner 5.500 kg (54 kN). Sie sollten dem Muster bei einer Flugmasse von rund 12 Tonnen eine Geschwindigkeit von 1.500 bis 1.600 km/h verleihen. Als Waffenlast waren je nach Reichweite 1,2 bis 3 Tonnen vorgesehen. Das Tragwerk hatte sich bis dato als Achillesferse der Überschallmuster herausgestellt. Nun sollte eine umfassende Überarbeitung alle Mängel beseitigen. Die Pfeilung wurde auf 45° erhöht, die Flügelhinterkante zwischen Rumpf und Triebwerkgondeln gerade ausgeführt und die hier befindlichen, wenig brauchbaren Schrenck-Klappen gegen Fowler-Klappen ausgetauscht. Die verschiedenen Änderungen erlaubten den Einbau kräftigerer Holme, das Flügelverwinden gehörte der Vergangenheit an.

Die Tumanski-Triebwerke hatten gegenüber den RD-9-Antrieben einen größeren Durchmesser, wodurch sich nur noch eine geringe Bodenfreiheit ergab. Als Gegenmaßnahme wurde der Tragflügel von der Mitteldecker- in die Schulterdecker-Position verlegt. Um möglichst rasch Ergebnisse zu erhalten wurde beschlossen, eines der drei Jak-26-Vorserienflugzeuge umzubauen. Als Antrieb stand das R11A-300 bereit, das mit 4.850 kg (4,8 kN) noch nicht den erwarteten Schub im Nachbrennerbetrieb erreichte. Eine Besonderheit stellten bei dem Erprobungsträger auch die Motorgondeln dar. Sie hatten zwar einen ovalen Querschnitt, aber einen kreisrunden Lufteinlauf. Hier befand sich ein Kegelstoß-Diffusor, der zweifach verstellbar war.

Auch am Tandemfahrwerk hatten sich Änderungen ergeben. Das Federbein der Bugräder konnte seine Länge ändern. Dadurch bestand die Möglichkeit, den Einstellwinkel des Flugzeuges am Boden den jeweiligen Erfordernissen für den Start anzupassen.

Am 5. März 1958 – fast auf den Tag genau zwei Jahre nach Auftragserteilung – nahm die Jak-129 die Flugerprobung auf. Die Flugversuche und Leistungsmessungen erfüllten die Erwartungen. Allerdings reichte die Richtungsstabilität noch nicht aus. Durch Anfügen von Grenzschichtzäunen, einer Verlängerung der Tragflächen über die Stauräume der Stützräder hinaus und durch größere Heckflossen konnten ausreichende Werte erzielt werden. Dies alles führte zu dem Beschluss, das Flugzeug als Jak-28 in den Serienbau zu geben. Bevor die Fertigung anlief, kam es noch zum Bau von zwei weiteren Versuchsflugzeugen, der Jak-28-2 und Jak-28-3. Sie hatten das RF11AF-300, das die volle Leistung brachte, aber Änderungen des Lufteinlaufes und die Einführung eines automatisch verstellbaren Diffusors bedingte.

Der Basisausführung – NATO-Name Brewer – folgten diverse Ausführungen, darunter das Jagdflugzeug Jak-28P – NATO-Name Firebar – das 1967 vorgestellt wurde und mit 435 Einheiten die Hauptbaureihe der Jak-28 ist. Als das Flugzeug Anfang der 60er Jahre bei den ersten Erprobungs- und Einsatzverbänden in Lipzek und dem Baltikum eintraf, schieden sich an ihm die Geister. Nachdem sich bereits die Fertigung als besonders schwierig und aufwendig herausgestellt hatte, wiesen die ersten Flugzeuge viele kleine Risse auf. Der Verzicht auf die Erprobung einer Bruchzelle wie das Anwenden einer »Leichtbauweise« zur Gewichtseinsparung sollte sich als nachteilig erweisen. In aufwendigen Untersuchungen konnte zwar nachgewiesen werden, dass die Risse mit ganz wenigen Ausnahmen nicht bedrohlich waren, doch das Vertrauen der Besatzungen in das Flugzeug war nur gering. Dazu hatte auch eine überproportionale Absturzrate beitragen, die zu weiten

Jak-28R
Taktischer Aufklärer. Erprobung ab 1963. Entsprach weitgehend der Jak-28I, jedoch neue Führerkanzel. Zusätzliche 550 l Kraftstoff im Rumpf. Bombenschacht zur Aufnahme von bis zu fünf Aufklärerpaletten vorbereitet. Auch Einsätze als elektronischer Aufklärer möglich. Serienbau ab 1966. 183 Stück gefertigt. Darunter auch die Sondervarianten RR und RL (Sammelflugzeuge für atomaren Niederschlag) und SR. Von der SR gab es zwei Versionen. Eine als Sprühflugzeug für chemische Kampfmittel (die in Außentanks mitgeführt wurden) und eine als Aufklärer mit elektronischen Störgeräten zur Abwehr gegnerischer Raketen.

Jak-28U
Trainingsflugzeug mit separatem Cockpit im Rumpfbug. Erprobung ab September 1962. 183 Stück gefertigt. NATO-Name Maestro.

Jak-28-64
Experimentelles Jagdflugzeug. Weitgehende Neukonstruktion. Triebwerke an die Rumpfseiten verlegt. Rechteckige Lufteinläufe. Vier Luft-Luft-Raketen. Erprobung ab 1966. Wegen ungenügender Flugeigenschaften aufgegeben.

Untersuchungen führte, die verschiedene Ursachen ermittelten. Neben fehlendem Training – dem durch eine Schulausführung begegnet wurde – waren es unter anderem die Fowlerklappen, die oftmals nicht synchron ausfuhren, und die unzuverlässigen Tumanski-Triebwerke. Sie neigten beim Nachbrenner-Start zum Ausfall, sodass es während des Starts zu einem asymmetrischen Schub kam, den der Flugzeugführer nicht beherrschen konnte. Starts mit Nachbrenner wurden daher untersagt, zumal der schräg nach hinten unten gerichtete Triebwerkstrahl schwere Schäden am Startbahnbelag verursachte.

Trotz diverser Schwierigkeiten schritt die Einführung bei den Bomberverbänden weiter voran, sicherlich auch, weil die Jak-28 das einzige sowjetische Überschallbombenflugzeug seiner Gewichtsklasse war. Als Erstschlagwaffe mit mittlerer Reichweite war das Muster besonders in Europa gefragt, worauf die Jak-28 in Ungarn und der DDR (Werneuchen, Brand, Großenhain und Cochstedt) stationiert wurde. Als eines der ersten sowjetischen Flugzeuge kam die Brewer ab Dezember 1979 über Afghanistan zum Einsatz. Die Ausmusterung der Bomber- und Aufklärervarianten begann Mitte der 1980er Jahre und auch die ab 1965 in der Nähe von Gorki produzierte Jagdversion Jak-28P – die gegen westliche Spionageballone und Aufklärer zum Einsatz gekommen war – schied 1988 bei den Verbänden aus.

Unbestätigten Meldungen zufolge wurden 1.080 Jak-28 gefertigt. Hinzu kommen 598 Jak-25 Serienflugzeuge unterschiedlicher Baureihen, die Versuchsmuster und Serienflugzeuge der Jak-26 und Jak-27. Die Gesamtzahl der Flugzeugfamilie beträgt rund 1.700 Stück.

1958 **Mikojan Gurewitsch MiG-21 Fishbed**

Die MiG-21 kann mit Fug und Recht als ein Flugzeug der Superlative bezeichnet werden. Kein anderer Jet wurde in soviel verschiedenen Baureihen, Unterversionen und Sonderausführungen gebaut. Kein anderer ist in mehr als 50 Ländern geflogen und kein anderer hat an so vielen Konflikten wie die MiG-21 teilgenommen. Darüber hinaus stellte das Muster 17 Weltrekorde auf und stand 28 Jahre lang ununterbrochen in der Sowjetunion in der Serienfertigung. Ferner ist es mit rund 12.500 Exemplaren das mit Abstand meist gefertigte Mach 2-Flugzeug der Welt. Während des Serienbaus wurde die MiG-21 ständig weiterentwickelt, verbessert und in ihren Leistungen gesteigert. Doch der Weg zum erfolgreichen Jagdflugzeug war lang und beschwerlich.

Das Konstruktionsbüro von Mikojan und Gurewitsch war in den 1950er Jahren einer unglaublichen Arbeitsbelastung ausgesetzt. Einerseits galt es die Probleme und Schwierigkeiten mit dem ersten Überschall-Serienjäger MiG-19-Farmer zu meistern und dieses Flugzeug weiterzuentwickeln, andererseits brachte das Büro mehrere neue Experimental-Jagdflugzeuge heraus, die sich anfänglich noch an der MiG-19 orientierten, aber nur ein Triebwerk hatten. Es waren dies die:

I-370 / I-1 / I-2 Baujahr 1955, Startmasse 7.030 kg
I-380 / I-3 Baujahr 1954, Startmasse 7.600 kg
I-410 / I-3U / I-5 Baujahr 1956, Startmasse 8.500 kg

Parallel dazu liefen die Arbeiten an einem deutlich leichteren Jäger mit rund 5,5 Tonnen Startmasse an, der sich an den Erfahrungen des Korea-Krieges orientierte. Er sollte neben ausgezeichneten Steigleistungen eine Höchstgeschwindigkeit von Mach 2 und eine Dienstgipfelhöhe von 20.000 m erreichen.

Die Konstrukteure standen vor der Frage, welche Flügelform die besten Ergebnisse brachte. In enger Zusammenarbeit mit dem ZAGI (Zentrales Aero- und Hydrodynamisches Institut) wurde sowohl ein Pfeilflügel als auch ein Deltatragwerk entwickelt. Während im Westen bei Convair und Dassault Deltaflugzeuge ohne separates Höhenleitwerk konstruiert wurden, sprach sich das ZAGI gegen eine solche Lösung aus. Demzufolge hatten die bei Sukhoi und Mikojan gefertigten Deltaflugzeuge stets ein gesondertes Höhenleitwerk. Die theoretischen Grundlagen mussten in der Praxis erprobt werden. Es entstanden so die Muster Je-2 und Je-2A mit Pfeilflügel und die Je-4 und Je-5 mit 57° Deltafläche.

Als Erstes der vier Flugzeuge konnte die Je-2 mit schlankem Rumpf, 55° Pfeilflügel, Lufteinlauf im Bug und Mikulin AM-9B-Triebwerk, das im Nachbrennerbetrieb 3.250 kg (3,1 kN) leistete, vorgestellt werden. Das Muster nahm am 14. Februar 1955 den Flugbetrieb auf. Es folgten die Je-5 am 9. Januar 1956, die Je-2A am 22. März 1956 und die Je-4 am 16. Juni 1956. Sie hatten weitgehend identische Rümpfe, aber verschiedene Triebwerke. Das AM-9B kam bei der J-2 und der Je-4 zum Einbau. Die Je-2A und die Je-5

Mikojan Gurewitsch MiG-21F-13 der Luftstreitkräfte der DDR.

hatten das stärkere AM-11. Während die Je-2 und Je-4 Einzelstücke blieben, wurden von der Je-2A ein V-Muster und fünf Vorserienflugzeuge und von der Je-5 zwei V-Muster und fünf Vorserienflugzeuge gefertigt. Außerdem befasste sich Mikojan noch mit einer Sonderausführung der Je-2A, die ein zusätzliches Raketentriebwerk im Heck hatte und als Je-50 bezeichnet wurde. Nach umfangreichen Flugversuchen mit drei V-Muster wurde dieser Weg schlussendlich nicht weiter verfolgt.

Eine Zeit lang sah es so aus, als ob die Je-2A als MiG-23 in Serie gehen würde, sodass die NATO den Kodenamen Faceplate für das Muster vergab. Es kam aber bekanntlich anders. Alle vier Entwürfe lagen in ihrer Endgeschwindigkeit bei rund 1.900 km/h und verfehlten somit das gesteckte Ziel. Mikojan brachte daraufhin die Je-6 in drei Exemplaren heraus, die als Prototypen der MiG-21 (NATO-Name Fishbed) anzusehen sind. Nach Überwindung verschiedener Probleme hatte sich das Konstruktionsbüro endgültig für das Deltatragwerk entschieden, das gegenüber dem Pfeilflügel folgende Vorteile bot: leichtere Struktur, bessere Rolleigenschaften, geringerer Kurvenradius und besseres Verhalten im Überschallflug.

Die Je-6 hatte ihre Wurzeln in der Je-5, von der sie sich in der Hauptsache durch ein tiefer gesetztes Höhenleitwerk, geänderte Luftbremsen, ein neues Kabinendach und einem nochmals verbesserten AM-11-Triebwerk, das Tumanski im Konstruktionsbüro von Mikulin entwickelt hatte, unterschied. Der Antrieb ging später als R-11F-300 in Serie und leistete 3.880 kg (3,8 kN) bzw. mit Nachbrenner 5.740 kg (5,6 kN). Eine weitere Änderung betraf die zwei Heckflossen, die gegen eine einfache ausgetauscht wurden.

Die Je-6/1 begann am 20. Mai 1958 mit den Flugversuchen. Dabei lagen Triumph und Tragödie dicht beieinander. Bereits bei den ersten Flügen wurden Mach 2,05 in 12.050 m erreicht, doch schon beim siebten Flug kam es zur Katastrophe. Das Triebwerk fiel aus. Flugzeugführer Nefjedow gelang es wegen einer Störung im Hydrauliksystem nicht, den Motor erneut zu starten. Um das wertvolle Experimentalflugzeug zu retten, ignorierte Nefjedow die Anweisung zum Ausstieg. Er kehrte mit dem antriebslosen Jet zum Flugplatz zurück, überschlug sich aber bei der Landung und erlag später seinen Verletzungen. Aus dieser Erfahrung heraus wurde das Hydrauliksystem geändert und das Flugzeug sicherer gemacht.

Die Je-6/2 war die erste bewaffnete Ausführung. Sie hatte zwei 30 mm NR-30-Kanonen und zwei Träger unter dem Flügel, an dem Bomben der Kaliber 50 bis 500 kg ebenso mitgeführt werden konnten wie zwei ARS 240-Raketenwerfer. Ferner bestand die Möglichkeit, einen 490 l-Zusatztank an einem zentralen Rumpfträger anzuschließen.

Mit der Je-6/3 ging die Waffenerprobung ein Stück weiter. Erstmals wurden zwei Luft-Luft-Raketen vom Typ K-13 (Nachbau der amerikanischen Sidewinder) nach dem Vorbild der F-104 Starfighter an Trägern an den Flügelenden befestigt. Testschüsse zeigten unbefriedigende Ergebnisse, sodass die K-13 dann an Trägern unter dem Flügel mitgeführt wurden.

Was in dem Entwurf steckte, zeigte die Je-6/3, die unter der Tarnbezeichnung E-66 am 31. Oktober 1959 und 16. September 1960 mit 2.388 km/h und 2.148 km/h Weltgeschwindigkeitsrekorde auf der 15/25 km-Strecke und dem 100 km-Rundkurs aufstellte.

Zu dieser Zeit war der Serienbau in Gorki mit der MiG-21F (alias Je-6T) angelaufen. Eines dieser Flugzeuge, die Je-6T/1, wurde später zum Rekordflugzeug Je-66A umgebaut. Dazu erhielt das Flugzeug neben dem R11F2-300 (6.120 kg/6,05 kN) einen Raketenmotor und einen neuen Rumpfrücken, der einen 170 l-Tank aufnahm. In dieser Ausführung eroberte die Je-66A am 28. April 1961 mit 34.714 m den Höhenweltrekord.

Doch zurück zur Serienfertigung. Die MiG-21F war ein Ganzmetall-Flugzeug mit einem Deltatragwerk, das eine Vorderkantenpfeilung von 57° und eine V-Stellung von -2° hatte. An der Hinterkante befanden sich Spaltklappen und Querruder. Der in Halbschalenbauweise gefertigte Rumpf war nach der Flächenregel im Bereich des Tragwerks »eingeschnürt«. Im Bug befand sich der kreisrunde Lufteinlauf mit einem Durchmesser von 69 cm. Ein Kegelstoß-Diffusor, der dreifach verstellbar war, regelte den Luftdurchsatz in Abhängigkeit zur Geschwindigkeit. Der Flugzeugführer saß weit vorne und hatte ein optimales Sichtfeld bei Start und Landung. Das Kabinendach mit einer Frontscheibe aus Panzerglas konnte seitlich oder von hinten nach oben geöffnet werden. Bei einem Ausschuss mit dem Schleudersitz (der bis 1.100 km/h möglich war) wurde das Kabinendach in jedem Fall von hinten nach vorne oben geöffnet, sodass es einen Windschutz für den Piloten bildete. Die Pfeilung des Seiten- und Höhenleitwerks betrug 60° respektive 55°. Das hydraulisch betätigte Fahrwerk fuhr von außen nach innen ein, wobei die Räder schräg im Rumpf lagerten. Aus diesem Grund wies der Rumpf im Bereich der Fahrwerkschächte »Beulen« zur Radaufnahme auf. Als Triebwerk kam das R-11F-300 zum Einbau. Der Kraftstoffvorrat von 2.280 l verteilte sich auf zwei Flügel- und sechs Rumpftanks. Die Bewaffnung entsprach der Je-6/2. Von der MiG-21F wurden nur wenige Exemplare gebaut. Dann ging die

MiG-21F-13 Fishbed	
Spannweite	7,154 m
Länge ohne Staurohr	13,46 m
Länge mit Staurohr	15,76 m
Höhe	4,10 m
Flügelfläche	23,0 m²
Leermasse	4.980 kg
Startmasse	7.370 kg
Maximale Startmasse	8.625 kg
Höchstgeschwindigkeit auf Meereshöhe	1.100 km/h
Höchstgeschwindigkeit auf 13.000 m	2.175 km/h
Dienstgipfelhöhe	19.000 m
Reichweite mit Innenkraftstoff	1.300 km
Reichweite mit Zusatztanks	1.750 km

Fertigung auf die MiG-21F-13 über, die in großen Zahlen abgeliefert wurde. Das Flugzeug stellte als leichter Tag-Abfangjäger die erste von drei MiG-21-Generationen dar. Die zweite, ab Mitte der 1960er Jahre produzierte, war ein Allwetter-Abfangjäger und Jagdbomber und die dritte ein leistungsgesteigerter Allwetter-Mehrzweckjäger. Ferner wurden Varianten als Aufklärer und Trainer aufgelegt und eine Vielzahl von Sonderausführungen herausgebracht.

Ab März 1960 wurde das Flugzeug den ersten Einsatzverbänden der sowjetischen Luftstreitkräfte zugeführt. Traditionell kamen Neuentwicklungen zunächst bei Verbänden zum Einsatz, die sich in der Nähe von Moskau befanden, so auch die MiG-21, die von drei Regimentern der 9. Jagddivision übernommen wurde. Überraschend schnell erfolgten 1962 erste Verlegungen ins Ausland, und zwar nach Indonesien und Kuba. Aber auch die Ausrüstung befreundeter Nationen und der sowjetischen Satellitenstaaten mit dem Muster ging rasch vonstatten. In der DDR trafen bereits im April 1962 die ersten Flugzeuge beim Jagdfliegergeschwader 8 in Marxwalde (heute Neuhardenberg) ein. In den kommenden Jahren wurden sechs Jagdgeschwader und zwei taktische Aufklärungsfliegerstaffeln mit dem Muster ausgerüstet und auch beim Fliegerausbildungsgeschwader 15 war es anzutreffen. Nach der Wiedervereinigung gaben die Luftstreitkräfte der DDR 251 MiG-21 an die Luftwaffe der Bundesrepublik ab, die dann recht bald ausgemustert wurden.

Die MiG-21 erfuhr bereits in den 1960er Jahren eine weite Verbreitung. Im Laufe der Jahre war es in den osteuropäischen Ländern ebenso anzutreffen wie in großen Teilen Afrikas und Asiens. Darunter befanden sich auch eine beträchtliche Anzahl von Flugzeugen aus chinesischer Lizenzproduktion. Die fast flächendeckende Verbreitung des Musters führte zwangsläufig dazu, dass es an allen kleinen und großen Konflikten beteiligt war. Aus den verschiedenen Auseinandersetzungen ragen der indisch-pakistanische Krieg des Jahres 1965, der Vietnam-Krieg, die israelisch-arabischen und die sowjetisch-afghanischen Kämpfe heraus. Die MiG-21 erwies sich gegen über ihren meist aus amerikanischer Produktion stammenden Gegnern als gefährlich und so wundert es nicht, dass die USA brennend an dem Flugzeug interessiert waren. Als am 16. August 1966 ein irakischer Flugzeugführer mit einer MiG-21F-13 nach Israel desertiert war, erprobten die Israelis das Muster ausgiebig und gaben es dann an die Amerikaner ab. Es sollte nicht das einzige Exemplar bleiben. In den folgenden Jahren trafen aus verschiedenen Kanälen weitere MiG-21 in den Vereinigten Staaten ein. Die Flugversuche liefen streng geheim ab, sodass bis heute nur wenig darüber bekannt wurde.

Während die MiG-21 noch heute vielerorts anzutreffen ist, begann in der UdSSR ab den 1980er Jahren die Ablösung im großen Stil. Anzumerken bleibt, dass in den USA etwa 40 Flugzeuge von Privatleuten geflogen werden!

Ägyptische MiG-21PFM

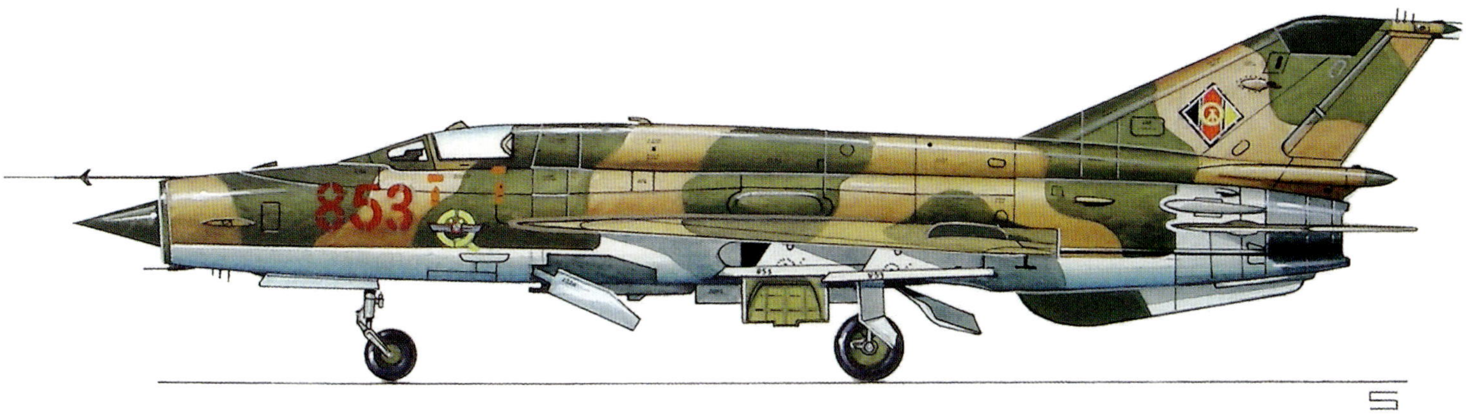

MiG-21bis des Jagdgeschwaders 8 der DDR. Unter dem Cockpit das »geflügelte Q« als Auszeichnung für besonders gute Wartung.

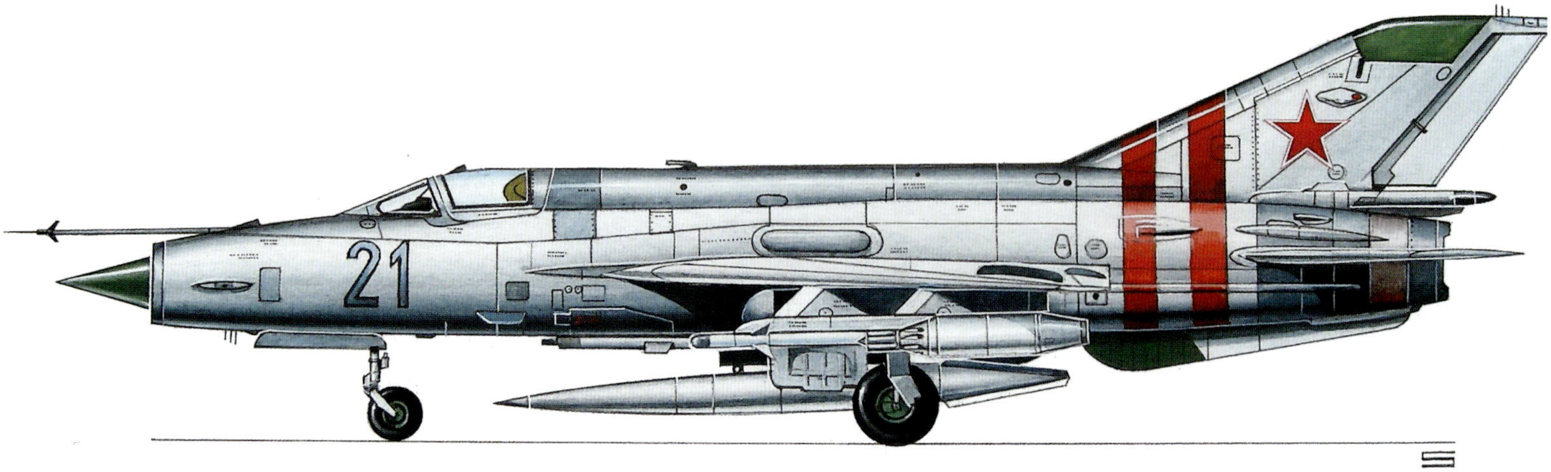

Bei der Invasion der Warschauer-Pakt-Staaten in die Tschechoslowakei – im Jahre 1968 – trugen die sowjetischen MiG-21 rote Rumpfbänder.

Röntgenschnitt einer MiG-21UM.

Baureihen und Varianten

MiG-21F
99 Stück als Tag-Jagdflugzeug gefertigt. Einfaches Radar zur Entfernungsmessung. Kein Autopilot. Avionik auf minimalem Standard. Höchstgeschwindigkeit 2.175 km/h (Mach 2,04) in 12.500 m Höhe.

MiG-21F-13
606 Stück ab Mitte 1960 gefertigt. Mitführung von zwei K-13 (spätere Bezeichnung R-3) an Unterflügelstationen möglich. Bordwaffen auf eine 30 mm-Kanone reduziert. Verbessertes Radargerät. Breiteres Seitenleitwerk. Innenkraftstoff auf 2.550 l gesteigert. Außerdem Anschluss eines 800 l-Zusatztanks möglich. Zwei Flugzeuge als Je-6W mit Feststoffstartraketen erprobt. Die Je-6/9 kam als Atombombenträger zum Fliegen.
Exportiert nach: DDR, China, Kuba, Ägypten, Finnland, Indien, Irak, Polen, Ungarn und der Tschechoslowakei.

MiG-21P
Einige Prototypen (Je-7) gefertigt. Neues Bordradar vom Typ Sapfir im vergrößerten Kegelstoß-Diffusor machte umfängliche Änderungen erforderlich. Rumpfbug verlängert und im Durchmesser erweitert. Ausbau der Bordkanone. Zusätzlicher Tank hinter dem Cockpit. Anstieg der Massen bedingte Strukturverstärkungen. Lastvielfaches von 7 auf 7,8 erhöht. Größere Reifen für das Hauptfahrwerk erforderten größere Rumpf-«Beulen«. Luftbremsen ebenfalls größer. Kraftstoffvorrat auf 2.380 l reduziert. Gegenüber der F-13 im Aussehen deutlich verändert. Erstflug der Je-7/1 am 10. August 1958. Die Je-7/3 hatte ein breiteres Seitenleitwerk und Bremsschirmbehälter unter dem Seitenruder. Die Je-7/4 verfügte über zwei Tanks auf dem Rumpfrücken, wodurch sich das Volumen auf 2.750 l erhöhte.

MiG-21PF
Großserie auf Basis der Je-7/4 mit R-11F2-300-Triebwerk (Schubleistung 3.950 kg bzw. mit Nachbrenner 6.120 kg). Sowjetische Fliegerinnen stellten ab 1966 mit dem Muster einige Geschwindigkeits-Weltrekorde für Frauen auf. Darunter 900,20 km/h auf der 2.000 km-Strecke und 2.128,7 km/h auf dem 100 km-Rundkurs.
Die PF wurde mit reduzierter Avionik ins Ausland geliefert. Abnehmer waren u.a. Sudan, Nord-Korea und Nord-Jemen. Nord-Vietnam erhielt eine für den Einsatz in heißen und feuchten Gebieten konzipierte Variante (MiG-21PF-V).

Je-8
Platzprobleme bei der Unterbringung großer Radargeräte führten zur Entwicklung dieser Sonderversion. Sie hatte einen neuen Rumpfbug mit Nasenflügeln (zuvor an der Je-6T/3 erprobt) und neue Lufteinläufe unter dem Bug (ähnlich F-16 Fighting Falcon). Erstflug am 5. März 1962. Entwicklung abgebrochen.

MiG-21PFS
Die relativ langen Startstrecken der MiG-21 führten zu der Überlegung, die Klappen mit Triebwerkzapfluft anzublasen, um so die Strecken zu verkürzen. Nur wenige Muster wurden 1964 gebaut. Erstes Versuchsflugzeug war die Je-7SPS.

MiG-21PFM
Ab Ende 1964 gefertigt, basiert das Flugzeug auf der Baureihe PFS. Es hatte ein verbreitertes Seitenleitwerk und das neue RP-21M-Radar, das auch den Einsatz von Luft-Boden-Lenkwaffen erlaubte. Die mehrläufige 23 mm-Kanone Gsch-23L mit 200 Schuss konnte im Behälter GP-9 angebaut werden. Die Avionik wurde umfangreich verbessert. Freund-Feind-Kenngerät vorhanden. Passives Radar-Warngerät im Heck. Einbau des km-1-Schleudersitzes, der auch im Überschallbereich funktionierte. Geänderte Tankanlage. Volumen 2.650 l. Neues Kabinendach. Musterflugzeuge waren die Je-7SPS und die Je-7M (Erstflug Oktober 1962).

MiG-21FL
Lizenzversion der PFM für Indien. Reduzierte Avionik, alter Schleudersitz. Bei Hindustan Aircraft Ltd. (HAL) 196 zwischen 1965 und 1973 hergestellt.

MiG-21R / MiG-21RF
Taktischer Aufklärer mit R-11F2S-300, angeblasenen Klappen, bis zu vier Zusatztanks. Sensorbehälter für Tag- und Nachtkameras oder Infrarot-Kameras. Später auch mit Fernsehkamera oder Seitenblickradar. Einige hatten ein Rückblick-Periskop. Das Musterflugzeug war die Je-7/8 aus dem Jahre 1961. Nach langwieriger Erprobung von 1965 bis 1971 wurde das Flugzeug in Serie gebaut. Höchstgeschwindigkeit auf Meereshöhe 1.150 km/h bzw. 1.700 km/h in 13.000 m. Reichweite mit zwei Zusatztanks 1.600 km. Die Bezeichnung RF wurde zweimal vergeben. Zum einen für ägyptische Aufklärer, bei denen die Kameras fest eingebaut waren und für Exportflugzeuge mit R13-300-Triebwerken.

MiG-21S
Verbessertes Jagdflugzeug für den Einsatz über der Front. Lastvielfaches auf 8,5 erhöht. Leistungsfähiges RP-22 Sapfir-Radar. Klappenanblasung. Breites Seitenleitwerk. Fünf Außenstationen. Mitführung des Kanonenbehälter GP-9 möglich. Musterflugzeug war die Je-7S. Fertigung von 1965 bis 1968. Startmasse 8.150 kg, maximale Startmasse 9.100 kg.

MiG-21SMF
Taktischer Jäger mit R13F2-300-Triebwerk. Einzelstück. 1970.

MiG-21SM
Neues Triebwerk vom Typ R-13-300 (Weiterentwicklung des R-11) mit einem Standschub von 4.070 kg (40 kN) bzw. Nachbrennerschub von 6.490 kg (64 kN). Fest eingebaute GSch-23-Kanone. Serienbau von 1968 bis 1974.

MiG-21SN / MiG-21N
Trägerflugzeug für taktische Atombomben. Nur wenige 1965 hergestellt. Musterflugzeug war Je-7N.

MiG-21M
Exportversion der MiG-21S mit eingebauter GSch-23-Kanone. In der UdSSR wurde das Muster von 1968 bis 1971 gefertigt. Abnehmer waren u.a. DDR, Syrien, Rumänien und Jugoslawien. Die indische HAL baute zwischen 1973 und 1981 weitere 150 Flugzeuge.

MiG-21MF
Schlechtwettertaugliche Exportversion der MiG-21SM. Unter anderem an Mongolei, Nigeria, Angola und Somalia geliefert. Serienbau ab 1970.

MiG-21D / MiG-21DF
Einzelstück. Schwerer Jagdbomber mit bis zu 2 Tonnen Waffenlast. R13F2-300-Triebwerk.

MiG-21SMT
Die ständig zunehmenden Leer- und Startmassen reduzierten die Reichweite. Als Gegenmaßnahme wurde der Rumpfrücken zur Aufnahme von weiteren Satteltanks aufgedickt, sodass 3.250 l-Innenkraftstoff mitgeführt werden konnten. Da sich der Schwerpunkt bei der Kraftstoffentnahme sehr veränderte, war das Muster schwierig zu fliegen, worauf der Kraftstoff auf 2.950 l begrenzt wurde. Nur wenige Flugzeuge verließen die Werkhallen.

MiG-21MT
15 Stück auf Basis der MiG-21SMT für den Export gebaut, aber nicht abgeliefert. Die Flugzeuge verblieben bei MiG bzw. gingen an die Testpilotenschule der Luftstreitkräfte.

MiG-21ST
Rückrüstung abgelieferter MiG-21SMT durch Anbau einer schmaleren Rückverkleidung.

MiG-21bis
Hauptbaureihe. Zwischen 1972 und 1974 2.030 gebaut. Umfassende Überarbeitung des Musters. Verwendung neuer Werkstoffe wie Titan. Durchmesser der Rückverkleidung geändert. Gsch-23L-Bordkanone fest eingebaut. Radar RP-22 und Navigationssystem optimiert. Einsatz der für den Kurvenkampf konzipierten Luft-Luft-Lenkwaffen R-60 und R-60M möglich. R-25-300-Triebwerk mit 4.100 kg (40,5 kN) Standschub bzw. 7.100 kg (70,2 kN) mit Nachbrenner. HAL baute ab 1979 220 Lizenzflugzeuge für die indischen Luftstreitkräfte.

MiG-21K
Versuchsträger für diverse Ausrüstung. Einzelstück. 1989 der Öffentlichkeit vorgestellt.

MiG-21U
Zweisitziges Schulflugzeug auf Grundlage der MiG-21F-13. Neues, zweiteiliges Kabinendach. Schüler vorne, Lehrer hinten. Anstelle von zwei Luftbremsen nur noch eine zentrale. Keine fest ein-

gebauten Bordwaffen. Neugestaltete Tankanlage für 2.350 l. Mitführung eines behältermontierten 12,7 mm-MG ebenso möglich wie K-13 Luft-Luft-Rakete oder Zusatztank.
Musterflugzeug war die Je-6U/1 (Erstflug 17.10.1960). Ab 1962 180 für die sowjetischen Luftstreitkräfte gebaut. Weitere für den Export gefertigt. Abnehmer waren u.a. Finnland und Ungarn. NATO-Kodename Mongol.
Unter der Bezeichnung Je-33 am 22.5.65 und 23.6.65 zwei Frauen-Höhenweltrekorde mit 24.336 m (absolute Höhe) und 19.020 m (Höhendauerflug) aufgestellt.

MiG-21US
Schulflugzeug mit angeblasenen Klappen. Vier Flügelstationen. 2.450 l Innenkraftstoff. Hinteres Cockpit mit Periskop zur Sichtverbesserung nach vorne. Periskop entfaltet sich selbsttätig beim Ausfahren des Fahrwerkes. Für den Eigenbedarf und den Export 347 Stück gebaut.
Mehrere Steigzeit-Weltrekorde als Je-33 u.a. 12.000 m in 2 Minuten 35 Sekunden und als Je-66B mit zwei Feststoffstartraketen (12.000 m in 1 min. 39 sec.).

MiG-21UM
Letzte Schulausführung. Verbesserte Avionik z. B. 3-Achsen-Autopilot, rechnergesteuertes Visier und R-832 VHF/UHF-Funkgerät. Fertigung ab 1971.

MiG-21Je / M-21 / M-21M
Umbau vorhandener Serienflugzeuge zur Zieldarstellung (M steht für Mischen / Ziel).

MiG-21-93
Nach dem Zerfall der UdSSR wurde 1993 von der neu gegründeten MAPO-MiG ein Konzept zur Modernisierung der MiG-21 erarbeitet, das sich in erster Linie an die ausländischen Betreiber richtete. Ein Musterflugzeug flog erstmals am 25.5.95. Hervorstechende Änderungen betreffen ein neues Radargerät, das den Einsatz zahlreicher Lenkwaffen – auch Anti-Schiff-Raketen – ermöglicht. Ferner kann das MiG-29-Triebwerk RD-33 eingebaut werden.

MiG-21-2000 / Lancer
Israel Aircraft Industrie ist auf dem Gebiet der Modernisierung von Kampfflugzeugen Marktführer. Ein entsprechendes Programm wurde in Zusammenarbeit mit der rumänischen Aerostar ab 1995 angeboten. Zu den Änderungen zählen der Einbau des Elta EL/M-2032-Radars und des Martin Baker Mk.10-Schleudersitzes. Für den Eigenschutz waren ein Radarstörsender und die Mitführung von Fackeln zur Ablenkung von Infrarot-Lenkwaffen vorgesehen. Die Avionik wurde den Wünschen des Auftraggebers angepasst. Ein weiteres Modernisierungsprogramm von IAI und Aerostar läuft unter dem Namen Lancer.

Je-7PD (23-31)
Kurzstart-Versuchsflugzeug mit zwei im Winkel von 80° im Rumpf eingebauten RD-36-35-Hubtriebwerken (Schubleistung je 2.350 kg/23 kN). Spannweite auf 7,765 m vergrößert. Erstflug: 16.6.65. Entwicklung abgebrochen.

MiG-21I
Das auch als Analog oder 21-11 bezeichnete Flugzeug wurde in zwei Exemplaren gefertigt. Es sollte in Vorversuchen das für das Überschall-Verkehrsflugzeug Tu-144 bestimmte Tragwerk untersuchen. Bau und Entwicklung verzögerten sich jedoch, sodass die 21-11/1 erst am 18.4.68 zum Fliegen kam. Somit konnte das Muster nur wenige Erkenntnisse liefern, da die Tu-144 bereits am 31.12.68 in die Erprobung ging. MiG nutzte die beiden Flugzeuge daher für eigene Zwecke.

S-106
Nachbau von 196 MiG-21F-13 von 1963 bis 1966 als S-106 bei Aero in der Tschechoslowakei.

J-7 / F-7 / J-8 / JJ-7 und FT-7
China erwarb die Nachbaurechte für die MiG-21F-13 und das R-11F-300. Das erste Flugzeug – als J-7 bezeichnet – startete am 17. Januar 1966 zum Erstflug. Es folgten verschiedene Ableitungen wie die J-7/II, die J-7G (mit neuem Doppeldeltaflügel) und die Exportversionen F-7, F-7BS, F-7M und F-7P, die sich im Wesentlichen durch unterschiedliche Ausrüstung voneinander unterschieden.
1984 kam unter der Bezeichnung J-7III der Nachbau der MiG-21MF einschließlich Triebwerk in die Fertigung. Ferner bauten die Chinesen noch den Trainer JJ-7, der in der Exportversion als TF-7 bezeichnet wird. Genaue Zahlen über die chinesische Fertigung liegen nicht vor. Schätzungen sprechen von 2.400 Exemplaren. Zu den Abnehmern gehörten u.a. Albanien, Iran, Sri Lanka, Zimbabwe und Pakistan.

McDonnell F-4B Phantom II der VF-111 »Sundowners«.

1958 **McDonnell F-4 Phantom II**

Über Jahrzehnte hinweg war die McDonnell F-4 Phantom II eines der wichtigsten Kampfflugzeuge des Westens. Noch heute befinden sich rund 900 der 5.195 gebauten Flugzeuge bei verschiedenen Luftstreitkräften in aller Welt im Einsatz. Die Geschichte des Flugzeuges nahm 1953 ihren Anfang. Damals bot McDonnell der US Navy den Bau eines einsitzigen, allwettertauglichen Jagdflugzeuges an, das alternativ auch als Aufklärer zum Einsatz kommen sollte. Da die Navy aber anderweitig den Bau eines Überschalljägers in Auftrag gegeben hatte, wurde McDonnell empfohlen, das Projekt in ein Allwetter-Angriffsflugzeug abzuändern. Zeitgleich stellte die Navy einen Auftrag über zwei Versuchsmuster unter der Bezeichnung YAH-1 in Aussicht. Doch es sollte anders kommen. Bei der Navy trat ein Sinneswandel ein. Nun wünschte sie einen zweisitzigen Allwetterjäger, der ausschließlich mit Lenkwaffen bestückt werden sollte. So entstand das zweimotorige Mach-2-Flugzeug YF4H-1, von welchem zwei Versuchsmuster gebaut wurden.

Der Entwicklungsaufwand war enorm, in ungezählten Windkanaluntersuchungen musste die optimale Auslegung des Flugzeuges ermittelt werden. Am Ende stellte McDonnell einen Jäger vor, der zwei unverwechselbare Kennzeichen besaß. Zum einen die um 12 Grad nach oben abgewinkelten Flügelenden und zum anderen das um 23 Grad nach unten geneigte Höhenleitwerk.

Am 27. Mai 1958 startete Robert C. Little vom Lambert Field, St. Louis, zum Erstflug. Anstelle der vorgesehenen General Electric J79-GE-8 hatte das Muster wegen Lieferschwierigkeiten die schwächere Ausführung GE-3 an Bord.

Im Rahmen der Flugversuche zeigte sich, dass die Lufteinläufe noch nicht optimal ausgelegt waren und der Bearbeitung bedurften. Ferner wurde das Kabinendach des Radar- und Waffenoperators geändert und ein neuer Radom für größere Antennen angebaut. Versuchsweise erfolgte die Erprobung einer Anlage zur Grenzschichtanblasung, die später serienmäßig zum Einbau kam. Ansonsten war das Flugzeug in Ordnung und ließ erkennen, dass es sich um einen guten Wurf handelte, sodass es sich gegen das Konkurrenzmuster von Vought – der F8U-3 Crusader III – durchsetzen konnte. Es war der Beginn einer Erfolgsstory, die mit Erstbestellungen über 16 und 24 Flugzeuge ihren Anfang nahm. In den kommenden Jahren wartete das Muster mit spektakulären Leistungen auf, die in den USA zu generellen Überlegungen führten. US-Verteidigungsminister Robert S. McNamara hatte es sich zum Ziel gesetzt, die ausufernden Entwicklungskosten im Flugzeugbau in den Griff zu bekommen. Eine Maßnahme war die Reduzierung von Neuentwicklungen und der Einsatz eines Flugzeugmusters bei mehreren Waffengattungen. Die F4H hatte das Potenzial zur Ablösung mehrerer USAF-Muster. Es waren dies der Abfangjäger F-106 Delta Dart, der Jagdbomber F-105 Thunderchief und der Aufklärer RF-101 Voodoo. Tatsächlich übernahm die Air Force das Muster unter den Bezeichnungen F-110 / RF-110 und dem Namen Spectre, der sich aber nicht durchsetzen konnte. McDonnell hatte für die F4H zunächst die Namen Satan und Mithras (nach einem persischen Lichtgott) vorgesehen, sich dann aber für Phantom II entschieden, nachdem der aus dem eigenen Hause stammende Unterschall jäger FH-1 Phantom schon lange nicht mehr im Einsatz stand und der Name wieder verfügbar war. Als 1962 ein einheitliches Bezeichnungssystem für alle drei US-Waffengattungen eingeführt wurde, lautete die Kennung F-4 Phantom II.

Zu dieser Zeit war der Serienbau angelaufen und die ersten Flugzeuge bei den Verbänden der US Navy eingetroffen. Als Versuchsstaffel erhielt die VF-121 Pacemaker in Miramar am 30. Dezember 1960 die ersten Phantom II. Es folgten die VF-74 und die auf dem Träger USS Forrestal beheimatete VF-102 Diamondbacks. Neben der Navy wurde auch das Marine Corps mit dem Flugzeug ausgerüstet. Während Navy und Marine Corps 1.264 F-4 erhielten, übernahm die Air Force 2.840 Exemplare. Die ersten zwei Flugzeuge waren am 24. Januar 1962 beim Hauptquartier des Tactical Air Command (TAC) eingetroffen. Zu dieser Zeit hatte die Phantom II mehrere Weltrekorde aufgestellt, denen weitere folgen sollten. Von den insgesamt elf Flügen sollen hier nur drei vorgestellt werden:

6. Dezember 1959, Project Top Flight
Die YF4H-1 (BuNo.142260) erreicht eine Höhe von 30.040 m.

28. August 1961, Project Sageburner
Neuer Tiefflugrekord über die 3 km-Strecke. Die Phantom II fliegt in 38 m Höhe eine Geschwindigkeit von 1.452,869 km/h.

21. Februar 1962
Zwei Steigzeitrekorde. 3.000 m in 35,52 Sekunden und 6.000 m in 48,78 Sekunden.

Die Einführung der F-4 bei den Einsatzverbänden verlief ohne größere Probleme, sodass ab Anfang 1965 erste Missionen über Vietnam erfolgten. Am 9. April des Jahres konnte der erste Luftsieg durch den Abschuss einer chinesischen MiG-17 Fresco verbucht werden. Allerdings wurde der Erfolg teuer erkauft. In der Hektik des Luftkampfes wurde die siegreiche Phantom versehentlich von einem Staffelkameraden abgeschossen.

Während des Vietnam-Krieges kam die F-4 nicht nur als Jagdflugzeug, sondern in besonderem Maße auch als Jagdbomber und in geringer Zahl als Aufklärer zum Einsatz, wobei die Jagdbomber wegen der starken Bodenabwehr erhebliche Verluste hinnehmen mussten. Am Ende der Kampfhandlungen waren es 761 Flugzeuge. Auf der anderen Seite standen die Erfolge. So reklamierte allein die US Navy 227 Luftsiege für sich.

Mit der Ausdehnung des Vietnam-Krieges und dem großen Interesse, welches das Muster bei den westlichen Luftstreitkräften hervorgerufen hatte, nahm die Fertigung rasch

McDonnell F-4E Phantom II	
Spannweite	11.77 m
Spannweite mit hochgeklappten Tragflächen	8,41 m
Länge	19,20 m
Höhe	5,02 m
Flügelfläche	49,20 m²
Leermasse	13.757 kg
Startmasse	28.030 kg
Höchstgeschwindigkeit	Mach 2+
Dienstgipfelhöhe	16.580 m
Reichweite als Abfangjäger	1.266 km
Überführungsreichweite	3.184 km

F-4F Phantom II des Jagdgeschwaders 71 Richthofen.

Fahrt auf. Am 21. Februar 1967 wurde die 2.000ste Phantom und am 1. Februar 1971 die 4.000ste abgeliefert. Dann traten neue Flugzeuge auf den Plan, die die F-4 nach und nach ablösten, sodass die Produktion mehr und mehr gedrosselt wurde und am 20. Mai 1981 endgültig auslief.

Die US Air Force hatte Ende der 1970er Jahre mit der schrittweisen Ausmusterung begonnen und Flugzeuge an die Air National Guard abgegeben. Dennoch setzte sie 1990 bei der Operation Desert Storm einige Phantom ein. Es waren Spezialflugzeuge der Ausführung G, die die gegnerische Elektronik einschließlich der Radaranlagen störten und bekämpften, sowie RF-4C-Aufklärer. 1996 trennte sich die Air Force endgültig von dem Muster, das aber als Zieldrohne noch bis 2013/14 Verwendung finden wird.

Die US Navy hatte ab Anfang der 1980er Jahre die Phantom durch neue Flugzeuge ersetzt, während das Marine Corps die F-4 noch bis 1992 flog.

Neben den Amerikanern flogen auch viele ihrer Verbündeten das Muster. Teils wurden Flugzeuge aus vorhandenen Beständen geliefert, teils waren es Neubauten.

Im Einzelnen handelte es sich um folgende Länder: Australien (24), Ägypten (45), Deutschland (263), Griechenland (121), Großbritannien (181), Iran (225), Israel (286), Japan (154), Südkorea (222), Spanien (58) und die Türkei (233).

Einige dieser Länder setzten die Phantom bei Kampfhandlungen ein. So im Krieg zwischen dem Iran und dem Irak, bei den israelisch-arabischen Konflikten und während des Falkland-Krieges.

Die Bundeswehr entschloss sich 1968 zur Beschaffung von 88 RF-4E-Aufklärern. Die Flugzeuge wurden ab Januar 1971 den Aufklärergeschwadern 51 und 52 zugeführt. Außerdem erhielt die Erprobungsstelle 61 in Manching und die Technische Schule der Luftwaffe 1 die Phantom II. Als Ende der 1960er Jahre ein Ergänzungskampfflugzeug bis zur Verfügbarkeit der Tornado gesucht wurde, entschied sich die Luftwaffe erneut für die F-4, von der sie 175 Exemplare der Baureihe F-4F orderte. Das Muster löste den Starfighter und die Fiat G.91/R3 bei den Jagd- und Jagdbombergeschwadern JG 71, JG 74, JaboG 35 und JaboG 36 ab. Erster Verband war das JG 71, das zum 1. April 1974 einsatzklar gemeldet wurde.

Die Ausmusterung der Aufklärer begann im Herbst 1992 und war im Januar 1994 abgeschlossen. Die F-4F schied zunächst bei der Ausbildungseinheit auf der Holloman AFB in den USA ab 1997 aus. Der erste Einsatzverband folgte 2002. Bis 2012 sollen die letzten Phantom der Luftwaffe außer Dienst gestellt werden.

RF-4F Phantom II des AG 52.

Baureihen und Varianten

YF4H-1 BuNos. 142259 und 142260
Zwei Versuchsmuster. Erstflug 27. 5. 58. J79-GE-3A-Triebwerke. Schub mit Nachbrenner 6.713 kg/65,87 kN. Starre Lufteinlauframpe und gebogene Einlauflippe. Mach 2,6 im Versuchsbetrieb.

F-4A (F4H-1)
45 Stück als Vorserienflugzeuge gebaut. J79-GE-2 oder GE-2A mit maximal 7.326 kg (71,89 kN) Schub. Gegenüber V-Mustern geänderte Lufteinläufe. Zweimotoriger, zweisitziger Tiefdecker. Besatzung in Tandemanordnung mit nach oben öffnenden, separaten Kabinenhauben. Tragfläche in modifizierter Deltaform. Pfeilung 45 Grad, Dickenverhältnis 5.1%. Sägezahnvorderkante. Vier Nasenklappen mit unterschiedlichen Stellungen. Anblasung durch Triebwerkzapfluft. Zwei Querruder pro Tragwerk. Die inneren schlagen nur nach unten aus, ihnen sind Spoiler vorgeschaltet. Landeklappen und Luftbremsen (hinter Fahrwerkschächten) vorhanden. Tragfläche als Integraltank ausgebildet. Sechs Rumpfbehälter. Innenkraftstoff 7.408 l. Mitführung von Zusatztanks und Anbau einer Nachbetankungssonde möglich. Pendelleitwerk. 3-Bein-Fahrwerk. Haupteinheiten einfach bereift. Bugfahrwerk mit Zwillingsreifen. Drei voneinander unabhängige Hydraulik-Systeme. Umfangreiche Avionik einschließlich Flugdatenrechner. Vier Sparrow III Luft-Luft-Raketen. Einige als TF-4A bezeichnet, um den Trainingscharakter der Vorserienflugzeuge zu unterstreichen.

F-4B (F4H-1F)
Allwetter-Jagdflugzeug für die USN und das USMC. 649 Stück. J79-GE-8 (7.711 kg/75,67 kN). Bewaffnung: sechs Sparrow III oder vier Sparrow III und vier Sidewinder Luft-Luft-Raketen. Insgesamt bis zu 7.250 kg Außenlasten. Mitführung eines 2.270 l-Zusatztanks unter dem Rumpf und zwei 1.400 l-Behältern unter dem Tragwerk möglich.Lufteinläufe erneut überarbeitet. Zwölf zu F-4G umgebaut. Drei als YF-4J und 228 auf den Standard der F-4N gebracht. Einige wenige zu DF-4B (Drohnen-Kontrolle), EF-4B (elektronisches Störflugzeug), NF-4B (permanente Erprobung) und QF-4B (Drohne für Überschall-Zieldarstellung) modifiziert.

RF-4B (F4H-1P)
46 Stück als Multi-Sensor-Aufklärer. Erstflug: 12.3.65. Unbewaffnet ohne Doppelsteuer. Trägheits-Navigation. J79-GE-8 später durch GE-10 ersetzt.

F-4C (F-110A)
Luftüberlegenheits-Jagdflugzeug und Angriffsflugzeug für Atomwaffen. Fanghaken und Faltmechanismus des Tragwerks entfernt. Erstflug: 27.5.63. J79-GE-15. 583 Stück für das TAC. Davon später 40 an Spanien. Einige zu EF-4C Elektronik-Störflugzeugen (Wild Weasel Missionen) umgebaut, die FlaRak-Stationen aufspürten und bekämpften.

YRF-4C (YRF-110A)
Aufklärer für die USAF. Umbau von sechs F-4B. Zwei als YRF-110A (Erstflug: 9.8.63) und vier als RF-110A-Entwicklungsflugzeuge.

RF-4C (RF-110A)
Multi-Sensor-Aufklärer, u.a. mit Seitenblick-Radar, Infrarot-System und Kameras einschließlich Panorama-Kamera. 502 Stück. Je zwölf an Spanien und Südkorea. Israel wurden 1970/71 zwei geliehen.

F-4D
Erstflug: 7.12.65. Ableitung der F-4C für die USAF. J79-G-15 und verbesserte Avionik und Feuerleitsystem. Vergrößerter Radom. 825 Stück. 42 an Südkorea und 32 an den Iran. Weitere wurden vom ANG ab 1989 an Griechenland abgegeben.
Vier zu EF-4D Wild Weasel umgerüstet und mit AGM-78 Anti-Radar-Lenkwaffen bestückt.

YF-4E
Umbau einer YRF-4C zur Mitführung einer sechsläufigen 20 mm M-61A1-Bordkanone. Später kamen noch zwei Erprobungsträger (F-4C 63-7445/ F-4D 65-0713) hinzu.

F-4E
Die Hauptbaureihe der Phantom II. 959 Exemplare für die USAF, 428 für den Export. Der Einbau der 20 mm-Bordkanone mit 639 Schuss führte zu vielen Änderungen. Bordradar mit kleinerer Antenne. 360 l-Hecktank zur Vermeidung von Schwerpunktänderungen. Die Tankkapazität wurde insgesamt auf 7.022 l verringert. J79-GE-17 in diversen Unterbaureihen. Maximaler Schub 8.119 kg (79,67 kN). Während der Fertigung ständig weiterentwickelt und geändert. Ab 1972 Auslieferung mit Vorflügelschlitzen zur Verbesserung der Wendigkeit. Mittels Umbausätzen konnten die vorhandenen Flugzeuge geändert werden. Zehn F-4E-63-MC von der Luftwaffe im Rahmen eines deutsch-amerikanischen Trainingsprogramms auf der George AFB, Kalifornien, übernommen. Ein Flugzeug als F-4(S) mit Spezialkameras für Israel gefertigt.

F-4EJ
Baureihe für Japan auf Basis der F-4E. 127 Stück. Zwei bei McDonnell gebaut. Elf als Bausätze geliefert, anschließend Beginn der Lizenzfertigung. 96 zu F-4EJ (KAI) mit verbesserter Avionik und amerikanischen Lenkwaffen umgebaut.

RF-4F
Unbewaffnete Aufklärervariante für den Export. J79-GE-17-Triebwerke. 132 Stück. Davon 88 für die Luftwaffe. Die deutschen Flugzeuge wurden bei MBB ab Ende der 1970er Jahre so abgeändert, dass sie auch als Angriffsflugzeuge zum Einsatz kommen konnten (sechs BL 755-Schüttbomben).

RF-4EJ
14 Aufklärer für Japan. Später mit Seitenblick-Radar ausgerüstet und als RF-4EJ (KAI) bezeichnet.

F-4F
175 Stück für die Luftwaffe. Einbeziehung der Firmen MBB und VFW-Fokker in die Fertigung. MTU baute die J79-MTU-17A-Triebwerke. Gewichtseinsparungen von ca. 1.500 kg u.a. durch Ausbau der Nachbetankungsanlage (später wieder nachgerüstet). Schlitzen in den Vorflügeln und in der Nase des Höhenleitwerkes. Ab 1992 führte MBB eine Kampfwertsteigerung der Jagdflugzeuge durch. Sie beinhaltete den Einbau des AN/APG-65-Radars, eines neuen Navigationssystems und eines digitalen, zentralen Flugdatenrechners mit neuen Datenleitungen. Später folgten auch die Jagdbomber.

F-4G (US Navy)
Zwölf F-4B wurden mit einem automatischen Träger-Landesystem ausgestattet.

F-4G (US Air Force)
116 F-4E; Umrüstung zu Wild Weasel-Flugzeugen und von da an als F-4G geführt. Erste Flugversuche ab Dezember 1975. Mitführung diverser Lenkwaffen wie AGM-45, AGM-75 und AGM-88 möglich.

F-4J
Jagdflugzeug für die USN und das USMC. 522 Stück. Zunächst drei F-4B zu YF-4J-Musterflugzeugen umgebaut. Serienflugzeuge mit J79-GE-10, vergrößertem Querruderausschlag und Schlitzen in der Vorderkante des Höhenleitwerks. Automatisches Träger-Landesystem und AN/APG-59-Radar zum Aufspüren von tief fliegenden Zielen über See. Höchstgeschwindigkeit 2.550 km/h. Zirka zehn F-4J wurden zu elektronischen Störflugzeugen (EF-4J) umgebaut.

F-4J (UK)
Die RAF erhielt 15 F-4J, um die durch Falkland-Krieg bedingte Schwächung der Heimatverteidigung zu beheben. Bei diesen Flugzeugen wurde die US-Avionik gegen britische ausgetauscht.

F-4K
Exportversion für Großbritannien. Zunächst zwei YF-4K-Versuchsmuster gefertigt. Erstflug: 27.6.66. Rolls-Royce RB.168-25R Spey 201 Turbofan-Triebwerke (9.305 kg / kN mit Nachbrenner). Neue, vergrößerte Lufteinläufe. Federbein des Bugrades auf 1,02 m verlängert, um höhere Anstellwinkel bei Trägerstarts zu erzielen. Die Royal Navy bestellte 48 Serienflugzeuge als Phantom FG Mk.1, 29 wurden übernommen. 19 an die Royal Air Force.

F-4M
Exportausführung für die Royal Air Force. Den zwei YF-4M-Musterflugzeugen (Erstflug: 17.2.67) folgten 116 F-4M-Serienflugzeuge. In Großbritannien als Phantom FGR Mk.2 geführt. Gegenüber der F-4K nur wenige Änderungen. Einsatz mittels Spezialbehälter auch als Aufklärer möglich.

F-4N
228 F-4B wurden modernisiert, Erneuerung des kompletten Kabelnetzes und die Verstärkung der Struktur. Die erste abgeänderte F-4B flog ab dem 4.6.72 unter der neuen Bezeichnung F-4N. 35 Flugzeuge wurden zu QF-4N-Drohnen umgebaut.

F-4S
Unter der Bezeichnung F-4S erfolgte die Modernisierung von 265 F-4J.

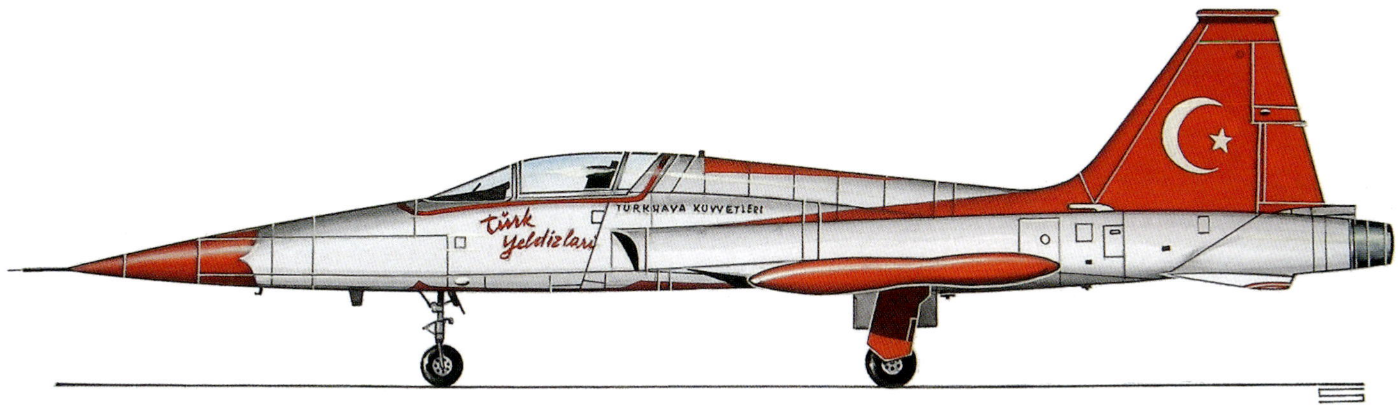

NF-5A der türkischen Kunstflugstaffel Türk Yildizlari (Türkische Sterne).

1959 Northrop F-5

Die Northrop F-5 weist einen höchst ungewöhnlichen Werdegang auf. Alles begann 1952, als der Chef-Konstrukteur des Unternehmens, Welko E. Gasisch, unter der Bezeichnung Fang einige Konzepte für einen Leichtbaujäger entwarf, der neben guten Leistungen auch von den Anschaffungskosten her für die Militärs interessant war. 1954 lag der endgültige Entwurf mit Namen Tally Ho Fighter vor. Der schlanke Jäger sollte von zwei General Electric J85 angetrieben werden, deren Einbaugewicht nur 250 kg betrug. Die Schubleistung lag bei 1.700 kg (17 kN). Unter der Firmen-Bezeichnung N-156 wurde der Jet der US Navy angeboten, die ihre leichten Flugzeugträger – die sogenannten Jeep-Carrier – damit ausstatten sollten. Nachdem die Navy diese Trägergattung nicht mehr einsetzte, war dem Bau des Flugzeuges die Grundlage entzogen, zumal sich die US Air Force nicht für das Muster interessierte. Die Luftstreitkräfte suchten ein ganz anderes Flugzeug, und zwar einen Überschalltrainer. Angesichts der immer schnelleren Serienflugzeuge erschien der Sprung vom Unterschall-Trainer Lockheed T-33 auf Einsatzmuster wie dem Mach 2-Jagdflugzeug F-104 Starfighter zu groß. Von einem neuen Schulflugzeug erwartete die USAF neben einer hohen Geschwindigkeit auch sehr gute Flugeigenschaften, hohe Zuverlässigkeit und einfache Wartung. Darüber hinaus mussten die Beschaffungs- und Betriebskosten so gering wie möglich sein. Northrop griff die Anforderung sofort auf und entwickelte mit der N-156T das entsprechende Flugzeug, das bei der Air Force im März 1961 als T-38 Talon eingeführt wurde. Bis zur Einstellung der Serienfertigung wurden 1.187 Exemplare gebaut, die sich ganz außerordentlich bewährten.

Die ersten Vorserienflugzeuge vom Typ YT-38 (Erstflug 10. April 1959) hatten die Aufmerksamkeit des US-Verteidigungsministeriums auf sich gezogen. Die Behörde war der Ansicht, dass das Flugzeug als einsitziger, preiswerter Jäger an befreundete Länder geliefert werden könnte und erteilte Northrop einen Auftrag, der zur N-156F Freedom Fighter führte. Das Muster unterschied sich in mehreren Punkten vom Trainer. Neben dem neuen

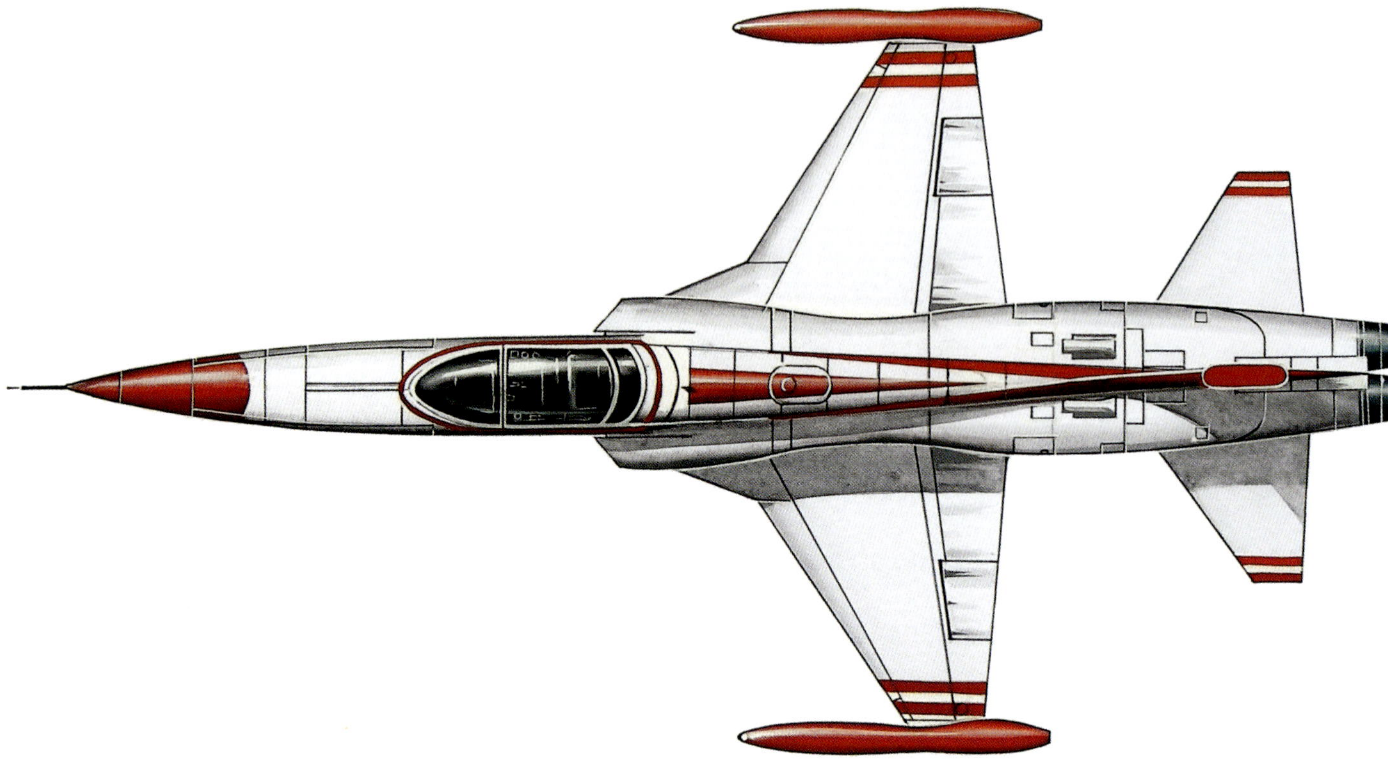

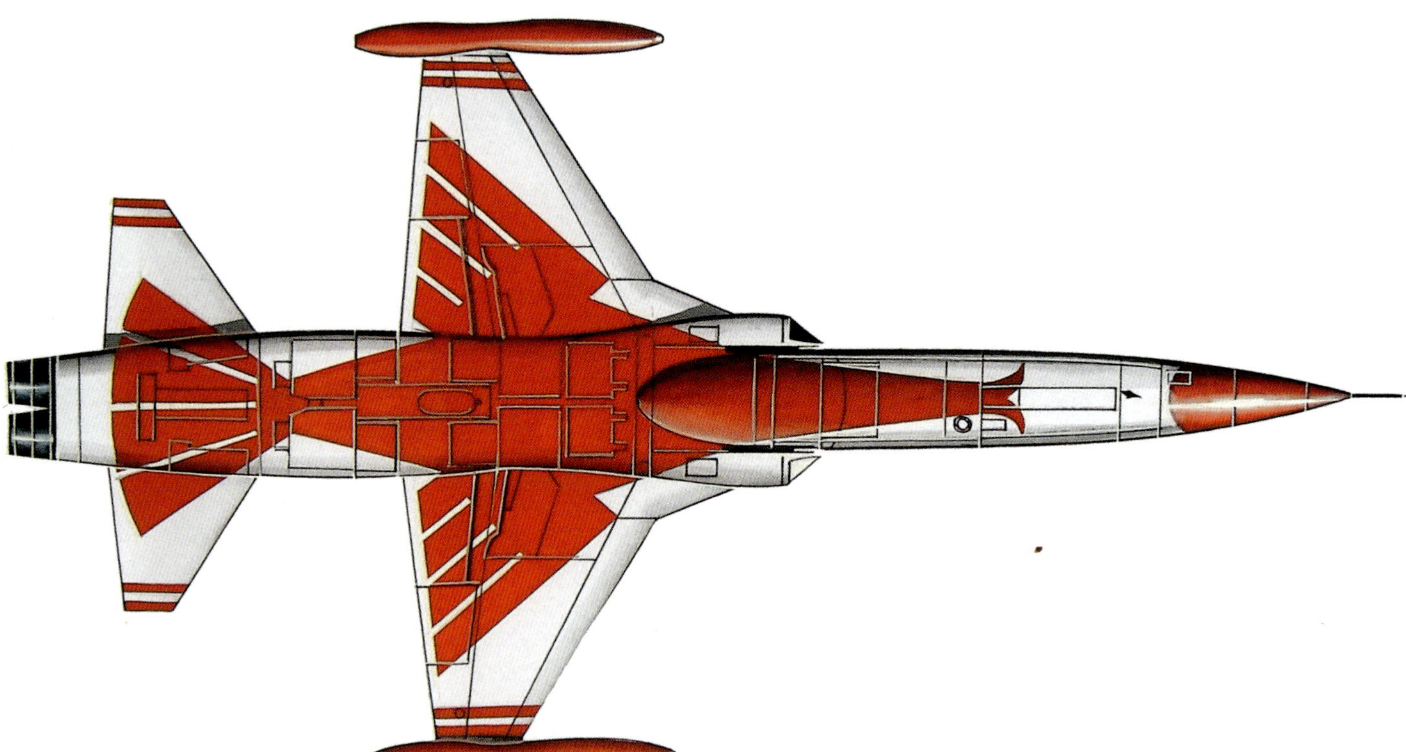

Northrop F-5A der USAF während des Vietnam-Einsatzes.

Cockpit mit geändertem Rumpfbug ragten der Einbau von zwei 20 mm M-39-Maschinenkanonen, zusätzlicher Avionik und der Anbau von Außenstationen hervor. Außerdem kam mit dem J85-GE-13 ein stärkeres Triebwerk mit einem Standschub von 1.850 kg (18 kN) zum Einbau. Wegen des höheren Luftdurchsatzes des Antriebes mussten die Lufteinläufe modifiziert werden und schlussendlich wurde das Tragwerk vollständig überarbeitet. Es erfolgte eine Vergrößerung der Flügelfläche, der Anbau einer Nasenklappe und einer zusätzlichen Fläche zwischen Flügelvorderkante und Lufteinlauf (leading-edge root extension, LERX). Mit dem Einbau eines Fanghakens (für Notfälle) und eines Bremsschirms trugen die Ingenieure den gestiegenen Massen Rechnung.

Nach dem Bau von drei Flugzeugen, von denen das erste ab dem 30. Juli 1959 in der Flugerprobung stand, wurde es ruhig um den Freedom Fighter. Northrop und General Electric, die rund 50 Millionen US-Dollar in die Entwicklung des Flugzeuges gesteckt hatten, glaubten schon nicht mehr an den Erfolg des Jägers, der die offizielle Bezeichnung F-5 trug. Doch es sollte anders kommen. US-Präsident John F. Kennedy forcierte wegen den Kuba- und Berlin-Krisen die Lieferung moderner Militärflugzeuge an verbündete Nationen. Von Stund an vollzog der Jet eine steile Aufwärtskurve: Im Laufe weniger Jahre konnte das Muster weltweit Fuß fassen. Auf dem Höhepunkt seiner Karriere stand es in 30 Ländern im Einsatz und auch heute noch ist es bei verschiedenen Luftstreitkräften anzutreffen. In den USA, aber auch bei Lizenznehmern in Taiwan, Kanada, Spanien, der Schweiz und Südkorea wurden verschiedene Baureihen, darunter auch zweisitzige, hergestellt. Insgesamt belief sich die Stückzahl auf 2.618.

Wenngleich die F-5 in der Hauptsache für den Export bestimmt war, griff auch die US Air Force auf das Flugzeug zurück. Ab Oktober kamen zwölf umfangreich modifizierte Jets unter dem Kode-Namen »Skoshi Tiger« in Vietnam zum Einsatz. Hier flogen sie mehr als 3.500 Stunden und 4.000 Kampfeinsätze. Nur zwei Flugzeuge gingen durch Bodenabwehr verloren.

Auch die wesentlich kampfstärkere Baureihe E, die ab 1972 im Testbetrieb stand, wurde von der Air Force und der Navy übernommen. Die Mehrzahl kam bei den sogenannten Agressor-Squadrons zum Einsatz. Hier simulieren sie bei Luftkampfübungen die sowjetischen Muster MiG-21 und MiG-23.

Die F-5 ist in Form der Ausführung E auch heute noch ein gefragtes Kampfflugzeug. So beabsichtigt die Schweiz ihre 57 Flugzeuge bis 2010 im Einsatz zu belassen.

Northrop F-5E Tiger II	
Spannweite	8,14 m
Länge	14,45 m
Höhe	4,07 m
Flügelfläche	17,29 m²
Leermasse	4.410 kg
Maximale Startmasse	11.214 kg
Höchstgeschwindigkeit	1.743 km/h
Dienstgipfelhöhe	15.790 m
Maximale Reichweite mit Zusatztanks	3.720 km

Baureihen und Varianten

F-5A
Basismodell. 617 bei Northrop gebaut. Erstflug Oktober 1963. J85-GE-13-Triebwerke. Standardbewaffnung: zwei 20 mm M-39-Maschinenkanonen und zwei AIM-9 Sidewinder Luft-Luft-Raketen an den Flügelspitzen. Ein Träger unter dem Rumpf und vier unter dem Tragwerk für Bomben, Zusatztank, Lenkwaffen oder Kanonenbehälter.
Canadair stellte 164 als CF-5A her. Sie konnten eine Tanksonde mitführen, hatten eine verstärkte Windschutzscheibe und das J85-CAN-15 mit 1.950 kg (19 kN) Schub. Der Rumpfbug konnte gegen einen »Aufklärer-Bug« mit drei 70 mm-Kameras ausgetauscht werden.
Die spanische CASA baute das Muster unter der Bezeichnung SF-5A. Einige davon wurden zu SRF-5A-Aufklärern modifiziert.
Lieferung unter anderem an Kanada, Äthiopien, Marokko, Norwegen, Griechenland, Iran und Südkorea.

RF-5A
Einsitziger Aufklärer auf Basis der F-5A mit vier KS-92-Kameras in verschiedenen Winkeln im Bug. 89 bei Northrop und 18 bei CASA produziert.

F-5B
Vollständig kampftauglicher Zweisitzer. Erstflug 24. Februar 1964. 183 bei Northrop gefertigt. Weitere 76 entstanden bei Canadair als CF-5B und 34 bei CASA als SF-5B.

NF-5A / NF-5B
Die ein- und zweisitzigen Flugzeuge waren für die niederländischen Luftstreitkräfte bestimmt. Ihre Fertigung erfolgte bei Canadair. Die Baureihen hatten verstärkte Flügel, die die Mitnahme von Tanks an den Flügelspitzen ermöglichten.

F-5E
Stark überarbeitete Variante. Beiname Tiger II. J85-GE-21-Triebwerke. Standschub 2.267 kg (22 kN). Höhenverstellbares Bugfahrwerk. Fanghaken und Manöverklappen. Zwei 20 mm M-39-Bordwaffen auf dem Bug mit je 280 Schuss. Rumpf größer und breiter. Integriertes Feuerleitsystem. Rechnergesteuertes Visier. Zentraler Flugdatencomputer. Erstflug 11. August 1972. Im Einsatz bei der USAF ab Frühjahr 1973. Unter anderem an Jordanien, Brasilien, Singapur, Schweiz und Kenia exportiert.

RF-5E
Aufklärervariante. Nur 12 als TigerEye gebaut.

F-5F
Zweisitziger Kampftrainer auf Basis der F-5E. Ein M-39 MG mit 140 Schuss auf der linken Rumpfbugseite. Rumpf um 107 cm verlängert. Zur Vermeidung von Schwerpunktänderungen 150 kg Gewicht im Heck. Neu sind auch Grenzschichtzäune auf dem Tragwerk. Bugfahrwerk in der Höhe verstellbar. Fanghaken und absprengbare Außenträger.

F-5G / F-20
Zunächst als F-5G, dann als F-20 Tigershark bezeichnet, sollte eine stark geänderte F-5E das Programm am Leben halten. Das Muster hatte als Antrieb anstelle von zwei Triebwerken nur noch ein F-404-GE-400. Es blieb beim Bau von drei Versuchsflugzeugen.

Die Türkei erhielt von den Niederlanden Flugzeuge der Baureihen A und B.

1961 **Tupolew Tu-128 Fiddler**

Die Luftfahrtschau des Jahres 1961 auf dem Flugfeld von Tuschino nahe Moskau wurde von den westlichen Beobachtern mit großer Spannung erwartet. Sie sollten nicht enttäuscht werden. Wie stets bei solchen Veranstaltungen warteten die Sowjets wieder mit einigen Überraschungen auf. Diesmal waren es zwei Flugzeuge, auf das sich das besondere Interesse des Westens richtete. Ein schwerer, vierstrahliger Delta-Bomber und ein zweimotoriges Pfeilflügelflugzeug, dessen Bestimmung unklar blieb. Bei den Russen war es damals Gewohnheit, bei der Vorstellung neuer Flugzeuge deren Herkunft und Typenbezeichnung zu verschweigen, und so rankten sich in den kommenden Jahren in der westlichen Fachpresse zahlreiche Gerüchte um die Muster. Heute wissen wir mehr. Das Deltaflugzeug stammte aus dem Konstruktionsbüro von Mijasischew und kam nicht in den Serienbau. Der Pfeilflügeltyp hingegen gehörte als Tupolew Tu-128 Fiddler einige Jahre zum Arsenal der sowjetischen Heimatverteidigung.

Tupolew hatte in den späten 1950er Jahren den zweimotorigen Überschallbomber Tu-98 Backfin entwickelt, der aber ebenso wie das Konkurrenzmuster Iljuschin Il-54 Blowlamp nicht in Serie ging. Kennzeichnend für die Tupolew waren die oben an den Rumpfseiten angeordneten Lufteinläufe und ein schmalspuriges Fahrwerk, das in die Rumpfseiten einschwenkte. Wenngleich das Flugzeug als Bomber auf der Strecke blieb, so hatte es das Interesse der Heimatverteidigung auf sich gezogen. Die riesige Sowjetunion verfügte über relativ wenige Radarstationen. Große Teile des Landes waren somit ungeschützt. Ein Jagdflugzeug von großer Reichweite und mit einem weit reichenden Radar konnte die Situation bessern.

Nachdem Tupolew am 4. Juli 1958 einen offiziellen Auftrag zum Bau eines Langstreckenjägers erhalten hatte, entwarf sein Büro die Tu-28 (intern Tu-128), die von der Gesamtauslegung her auf der Tu-98 basierte, sich aber in den nachfolgenden Punkten deutlich von ihr unterschied: der Rumpf war nun nach der Flächenregel »eingeschnürt«, in den Lufteinläufen befanden sich bewegliche Halbkegel-Diffusoren und das Fahrwerk befand sich in den für Tupolew typischen Verdrängungskörpern an der Flächenhinterkante.

Der zweisitzige Tiefdecker sollte eine Höchstgeschwindigkeit von 1700 bis 1800 km/h erreichen und bei einer Reisegeschwindigkeit von etwa 900 km/h eine Flugdauer von 3,5 Stunden aufweisen. Gemäß der damaligen Rüstungspolitik waren das Feuerleitradar und die Luft-Luft-Raketen aufeinander abgestimmt. Ein solches System wurde als Komplex bezeichnet und nummeriert. Im Fall des Tupolew-Jägers war es Komplex 80 mit K-80 Langstrecken-Lenkwaffen. Im Normalfall wurden vier Luft-Luft-Raketen mitgeführt, zwei mit halbaktiven Radar-Suchköpfen und zwei mit Infrarot-Sensoren. Die radargesteuerten Waffen sollten gegen anfliegende Ziele, die infrarotgesteuerten gegen abfliegende Ziele eingesetzt werden. Die K-80 wurde im Übrigen in R-4 umbenannt. Sie trug den NATO-Kodenamen Ash, hatte eine Länge von 5,45 m und wog 483 kg. Ihre effektive Reichweite lag bei maximal 25 km.

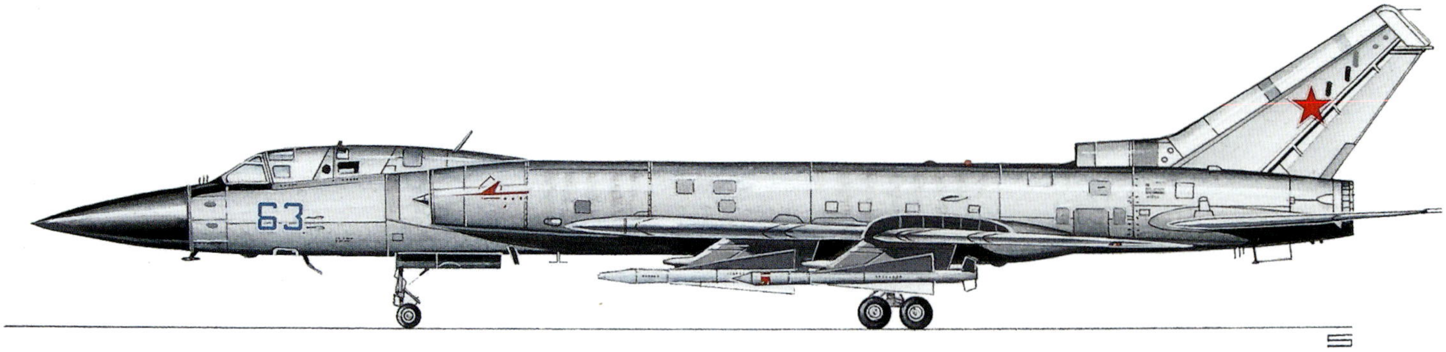

Tu-128 der sowjetischen Heimatverteidigung.

Trainingsflugzeug Tu-128UT mit zusätzlichem Cockpit im Bug.

Tupolew Tu-128 Fiddler

Spannweite	17,53 m
Länge	30,06 m
Höhe	7,15 m
Flügelfläche	96,94 m^2
Leermasse	25.960 kg
Startmasse	43.000 kg
Höchstgeschwindigkeit	
mit Lenkwaffen	1.665 km/h
ohne Lenkwaffen	1.910 km/h
Reichweite	2.565 km
Dienstgipfelhöhe	15.600 m

Baureihen und Varianten

Tu-128
Einschließlich des 1. Versuchsmusters 188 Stück. Ganzmetall-Tiefdecker mit gepfeiltem Tragwerk (56°) und konventionellem Leitwerk. Tragwerk mit je einem Grenzschichtzaun und zwei Lenkwaffenträgern. Querruder und Landeklappen an der Hinterkante. Hydraulisches 3-Bein-Fahrwerk mit Doppelrädern. AL-7F2-Triebwerke. Standschub 6.800 kg (kN), Nachbrennerschub 10.100 kg (kW). Später AL-7F4 mit 1.000 kg höherer Leistung.

Tu-128M
2 Stück mit Smerch-M-Radar und R-4TM-Raketen zur Bekämpfung von tieffliegenden Zielen. Einige Tu-128 wurden auf den Standard der Tu-128M umgebaut.

Tu-128UT
Trainingsausführung. Radom gegen zusätzliche Führerkabine ausgetauscht. Rumpflänge nun 30,58 m. Spitzname Pelikan. Vier Flugzeuge durch Umbau entstanden. Zehn weitere in Serie gefertigt.

Am 18. März 1961 konnte die Tu-28 zum Erstflug starten. Ihr folgte recht bald das erste Serienflugzeug, das ebenfalls Versuchsaufgaben übernahm. Für die erwähnte Luftfahrtschau standen somit zwei noch in der Erprobung befindliche Flugzeuge bereit. Die Parteiführung wünschte trotz eines gewissen Risikos aus Gründen der Machtdemonstration die Vorführung des V-Musters, welches das gewünschte Echo im Westen erzielte. Lange waren sich die Experten nicht über den Zweck des Flugzeuges im Klaren. Verwirrung stiftete vor allem eine große Verkleidung unter dem Rumpf, die auf ein Bodenradar hindeutete. Tatsächlich befand sich hier eine umfangreiche Testausrüstung mit zahlreichen Geräten. Als das Muster 1967 in zwölf Exemplaren erneut bei einem Flugtag vorgestellt wurde, fehlte die Verkleidung und auch die zwei großen Heckflossen waren nicht mehr vorhanden. Dennoch versuchte die Sowjetunion ein weiteres Täuschungsmanöver. Während des Vorbeifluges äußerte sich der offizielle Kommentator wie folgt: dies sind die Nachfolger der Sturmowiki des großen vaterländischen Krieges. Die Überschalljäger sind in der Lage, Luft- und Bodenziele zu bekämpfen.

Zum Zeitpunkt der Vorführung hatte das Muster Einzug bei den Verbänden der Heimatverteidigung gehalten. Allerdings nicht mehr als Tu-28, sondern als Tu-128 (NATO-Kodename Fiddler).

Insgesamt wurden ab Mai 1965 sechs Geschwader mit dem Muster ausgerüstet. Soweit wie möglich erfolgte eine Bodenführung durch Radar. Ferner erfolgten eigenständige Flüge, wobei meist zwei Fiddler Patrouille flogen und sich gegenseitig mit Radardaten versorgten. Mit der Verfügbarkeit des Frühwarnflugzeuges Tu-126 Moss konnte das Einsatzspektrum erweitert werden. Darüber hinaus gab es immer wieder Änderungen im Bereich der Avionik und des Feuerleitsystems. Nach dem Bau von 200 Flugzeugen endete die Fertigung und Mitte der 1980er Jahre begann die schrittweise Ausmusterung der Tu-128 bei der Heimatverteidigung.

1962 Sukhoi Su-15 Flagon

Ab 1960 befasste sich das Konstruktionsbüro von Pavel O. Sukhoi mit der Entwicklung eines Nachfolgers der Abfangjagdflugzeuge Su-9 und Su-11, die bei der NATO unter dem Namen Fishpot geführt wurden.

Bei Sukhoi war es Gewohnheit, die Flugzeugmuster nach ihrer Flügelgeometrie zu katalogisieren. Pfeilflügler trugen den Kennbuchstaben S (Strelovidnyi/gepfeilt) und Deltaflügler T für (Treugolnyi/Triangel). Ebenso wie die Su-9 und Su-11 sollte auch das neue Flugzeug über ein Deltatragwerk verfügen, sodass die Arbeiten unter dem Kürzel T-58 anliefen. Das Projekt durchlief verschiedene Stadien, die letztlich zur T-58D führten. Ein Jagdeinsitzer mit zwei R-21F-300-Triebwerken, deren Leistung 3.900 kg ohne und 6.170 kg mit Nachbrenner betrug. In der Sowjetunion war es üblich, den Jagdflugzeugen ein »System« mitzugeben, das aus der Kombination von Luft-Luft-Raketen und einem Feuerleit-Radar bestand. In diesem Fall K-8M-2 (alias R-98)-Raketen und Orel-2-Radar. Soweit wie möglich sollten Baugruppen der Vorgänger übernommen werden, unter ihnen das Fahrwerk der Su-11. Neu an der T-58 waren die an den Rumpfseiten angebrachten Lufteinläufe. Bis dato hatte Sukhoi stets auf Lufteinläufe im Bug oder am Bug gesetzt und nur das Experimentalflugzeug P-1 mit seitlichen Lufteinläufen konstruiert. Ebenfalls ungewöhnlich war der nach der Flächenregel eingeschnürte Rumpf. Ein vor allem im amerikanischen Flugzeugbau verwendetes Mittel, um die Schockwellen beim Übergang vom Unterschall- in den Überschallbereich zu reduzieren. Typisch für die russischen Deltaflugzeuge war die Beibehaltung eines separaten Höhenleitwerks. Auch die T-58 stellte hier keine Ausnahme dar.

Zunächst wurden drei Flugzeuge, die T-58D-1, D-2 und D-3 gebaut. Vladimir Ilyushin, Sohn des bekannten Flugzeugkonstrukteurs, führte die D-1 am 30. Mai 1962 zum Erstflug. In den kommenden Monaten gab es einiges zu ändern. Dabei fiel der Wechsel zum Smerch AS-Radar besonders ins Gewicht, da sich damit auch die Form des Radoms änderte. Die D-2 kam erst am 4. Mai 1963 zum Fliegen. Sie und die D-3 erhielten ein vergrößertes Seitenleitwerk und Räder mit Alkohol-Wasser-Kühlung. Die drei Flugzeuge führten zahlreiche Tests durch und wurden immer wieder mehr oder weniger umfangreich abgeändert. Zu den Modifikationen gehörten unter anderem die Erhöhung des Ausschlagwinkels der Querruder von 15 auf 18,5°, um das Flugzeug manövrierfähiger zu machen und die Erweiterung der Tankkapazität um 180 l. Dennoch entsprach die Reichweite der T-58D nicht den Erwartungen, sodass nichts anderes übrig blieb, als den Rumpf zu verbreitern. Dadurch stieg das Behältervolumen von 5.120 auf 6.860 Liter. In dieser Form akzeptierten die staatlichen Stellen das Muster, das als Su-15 (NATO-Name Flagon) in die Fertigung ging.

In den kommenden Jahren gab es zahlreiche Versuche mit dem Flugzeug, von denen die mit Hubtriebwerken herausragen. Das erste Versuchsmuster erhielt drei RD-36-35, die im Winkel von 10° im Rumpf eingebaut wurden. Die am 6. Juni 1966 begonnene

Su-15TM Flagon	
Spannweite	9,03 m
Länge	20,54 m
Höhe	4,84 m
Flügelfläche	15,71 m²
Leermasse	10.874 kg
Startmasse	17.900 kg
Höchstgeschwindigkeit	2.230 km/h in 13.000 m
Reichweite	1.380 km
Reichweite mit Zusatztanks	1.700 km
Dienstgipfelhöhe	18.500 m

Zweisitzer Sukhoi Su-15UM

Sukhoi Su-15TM

Baureihen und Varianten

Su-15
Basisausführung mit R-21F-300-Triebwerken. Nachbrennerschub 6.170 kg (60 kN). Einige später auf Doppel-Deltatragwerk umgebaut. Zwei Außenträger unter dem Rumpf für Zusatztanks oder Kanonenbehälter mit 23 mm-Gsh, zwei Stationen unter Tragwerk speziell für R-8 Luft-Luft-Raketen. Stets Mitfühung eines Radarsuchkopfes (R-8MR) mit Infrarotsuchkopf (R-8MT).

Su-15T (T-58T)
Baureihe mit R-13-300. Triebwerkleistung 4.100 kg (40 kN) bzw. mit Nachbrenner 6.600 kg (65 kN). Bugfahrwerk nun mit zwei Rädern. Lufteinläufe mit einem System zur Grenzschichtabsaugung. Fertigung ab 1970.

Su-15TM (T-58TM)
R-13-300-Triebwerke. Neues Doppel-Deltatragwerk. Erstflug 1970. Mitführung von zwei 500 kg-Bomben, zwei 1.200 l-Tanks, verschiedener Raketenbehälter oder zwei Gsh 23 mm-Kanonen an zwei Rumpfstationen möglich. Luft-Luft-Raketen an vier Flügelstationen. Überwiegend zwei R-8M und zwei R-60. Letztere für kurze Distanzen.

Su-15UM (U-58TM)
Zweisitzige Trainingsversion der Baureihe TM. Keine Rumpfverlängerung.

Su-15UT (U-58T)
Zweisitziger Trainer mit Korshun-58-Radar und vier R-98 Luft-Luft-Raketen. Rumpf um 45 cm verlängert. Innenkraftstoff reduziert. Erstflug 26. 8. 68. U-58B mit Taifoon Radar als Einzelstück.

Su-15bis
Zwei Flugzeuge auf Basis der Su-15TM mit R-25-300-Triebwerken ausgestattet. Schubleistung: 4.100 kg (40 kN), mit Nachbrenner 7.100 kg (70 kN). Mangels einer ausreichenden Zahl von Triebwerken nicht in den Serienbau genommen.

Erprobung zeigt, dass die Rollstrecke beim Start von 1.170 m auf 500 m reduziert werden konnte und sich die Landerollstrecke von 1.000 m auf 600 m verringerte. Dennoch überwogen die Nachteile (»tote Masse« und verringertes Tankvolumen) eines solchen Umbaus, worauf das Programm nicht weiterverfolgt wurde.

Während des Serienbaus gab es immer wieder Änderungen, von denen der Wechsel vom einfachen Deltatragwerk zum Doppel-Deltaflügel besonders hervorsticht. Dadurch erhöhte sich die Spannweite von 8,62 m auf 9,34 m. Standardmäßig erhielt die Baureihe Su-15TM den neuen Flügel. Im Laufe von Wartungsarbeiten wurden auch einige Flugzeuge der Basisausführung mit dem größeren Tragwerk ausgestattet.

Die ersten Su-15 trafen im Januar 1967 bei den Einsatzverbänden ein. Aus wirtschaftlichen Gründen hinkte die Fertigungsrate hinter den Zielen her und so dauerte es bis weit in die 1970er Jahre, ehe eine größere Zahl von Flugzeugen bereit stand.

Die Su-15 bildete zusammen mit der MiG-25 Foxbat das Rückgrat der sowjetischen Heimatverteidigung. Im Rahmen dieser Aufgabe gab es drei schwere Zwischenfälle, die international für Aufsehen sorgten. Der erste geschah am 20. April 1978, als eine Boeing 707 der Korea Airlines von Paris nach Seoul über den Pol fliegen wollte und dabei vom Kurs abkam. Eine Su-15 feuerte daraufhin eine Rakete auf den Airliner. Dem Piloten gelang zwar eine Notlandung, es waren aber zwei Tote und dreizehn Verletzte zu beklagen.

Am 18. Juli 1981 drang von Iran kommend ein viermotoriges Transportflugzeug vom Typ CL-44 in den sowjetischen Luftraum ein. Das unter argentinischer Flagge operierende Flugzeug wurde von Schweizern geflogen. Als eine Su-15 den Eindringling stellte, reagierte dieser auf die Aufforderung zum Folgen nicht. Daraufhin rammte die Su-15 den Transporter. Beim Absturz kam die Besatzung ums Leben. Auch der Jagdflieger ging zu Boden, konnte sich aber retten.

Der schwerste und politisch brisanteste Zwischenfall ereignete sich am 31. August 1983. Erneut war es ein Flugzeug der Korea Airlines, das einer Su-15 zum Opfer fallen sollte. Diesmal traf es eine Boeing 747, die auf dem Weg von New York nach Seoul in Alaska Zwischenstation gemacht hatte und anschließend vom Kurs abgekommen war. Der Abschuss des Flugzeuges kostete 269 Menschen das Leben.

Von 1966 bis 1979 wurden 1.290 Su-15 gefertigt. Bei den Einsatzverbänden schieden die letzten Exemplare 1996 aus. Nach dem Zerfall der Sowjetunion hatte die Ukraine einige Flugzeuge übernommen.

1962 **Lockheed SR-71 Blackbird**

Im Sommer 1956 begannen die USA mit dem Einsatz des Spionageflugzeuges Lockheed U-2 über Osteuropa und der UdSSR. Die Flüge brachten eine Vielzahl von Informationen, sodass sie immer weiter ausgedehnt wurden und von verschiedenen Einsatzorten aus erfolgten*. Die in rund 20.000 m Höhe operierende, knapp 700 km/h fliegende U-2 konnte von den Sowjets nicht abgefangen werden. Dennoch war es nur eine Frage der Zeit, wann dies der Abwehr gelingen würde. Frühzeitig befasste sich der amerikanische Geheimdienst CIA mit einem Nachfolger, der alle bis dahin bekannten Flugzeuge in den Schatten stellen sollte. Entsprechende Arbeiten liefen 1958 bei General Dynamics und Lockheed unter den Kodenamen Fish und Archangel an. Am Ende ging Lockheed Chef-Konstrukteur »Kelly« Johnson mit dem Entwurf A-12 als Sieger aus dem Wettbewerb hervor.

Der zweistrahlige Aufklärer gehörte zu den ersten Flugzeugen, bei denen durch bestimmte Maßnahmen die Radarsignatur reduziert wurde, sodass sie nur schwer zu orten war. Aber nicht nur das, die A-12 wich in ihrer Formgebung von allen bekannten Flugzeugen deutlich ab. Das Tragwerk des Mitteldeckers hatte eine Pfeilung von 60° und eine modifizierte Deltaform. Die beiden überdimensionierten Triebwerkgondeln teilten die Tragwerke in innere und äußere Bereiche. Die Vorderkanten der Innenflügel wurden an den Rumpfseiten bis zum Bug geführt. Sie bewirkten eine Erhöhung des Auftriebs und verbesserten die Richtungsstabilität. An der Flügelhinterkante befanden sich kombinierte Höhen-Quer-Ruder. Das Leitwerk bestand aus zwei Seitenruder, die im Winkel von 15° nach innen geneigt waren. Der Rumpf hatte einen dreieckigen Querschnitt. Er nahm, ebenso wie die Innenflügel, Kraftstoffbehälter auf. Der Gesamtvorrat betrug 46.200 l. Der schwer entzündliche Sonderkraftstoff JP-7 wurde im Übrigen zur Kühlung der Zelle verwendet. Diese heizte sich zwischen 260 und 427° auf. Das J58 von Pratt & Whitney bildete die Triebwerkanlage. Es war ein Einwellen-Turbinen-Luftstrahltriebwerk, das durch Anfügen von Bypass-Kanälen zum Hybridantrieb wurde und bei hohen Geschwindigkeiten wie ein Staustrahltriebwerk arbeitete. Bei Mach 3,2 lieferte die Turbine nur noch 17 % Schubanteil, der Rest kam über den Staustrahleffekt. Das Fahrwerk bestand aus zwei Bugrädern und dem dreiräderigen Hauptfahrwerk, bei dem die Räder nebeneinander angeordnet waren und das von außen in die Rumpfseiten eingeschwenkt wurde.

Die A-12 war für eine Reisegeschwindigkeit von Mach 3,2 und Flughöhen von bis zu 27.000 m konzipiert. Das waren Anforderungen, die bis dahin kein anderes Flugzeug auch nur annähernd erreicht hatte. Die wenigen Experimentalflugzeuge, die eine solche Geschwindigkeit erzielten, schafften dies nur für wenige Minuten. Die A-12 sollte aber stundenlang in diesem Bereich im Einsatz sein. Neben der Formgebung der Zelle und der Entwicklung des Triebwerkes war die Auswahl der Materialien von entscheidender Bedeutung. Titan wurde dabei bevorzugt. Doch dieser Werkstoff war damals wenig gebräuchlich und seine Herstellung und Verarbeitung bereitete Probleme. Aus Johnsons

* Die Geschichte des US-Spezialaufklärers wird in dem 2008 beim Motorbuch Verlag erschienenen Band »US-Spionageflugzeuge« von Hans-Jürgen Becker ausführlich dargestellt.

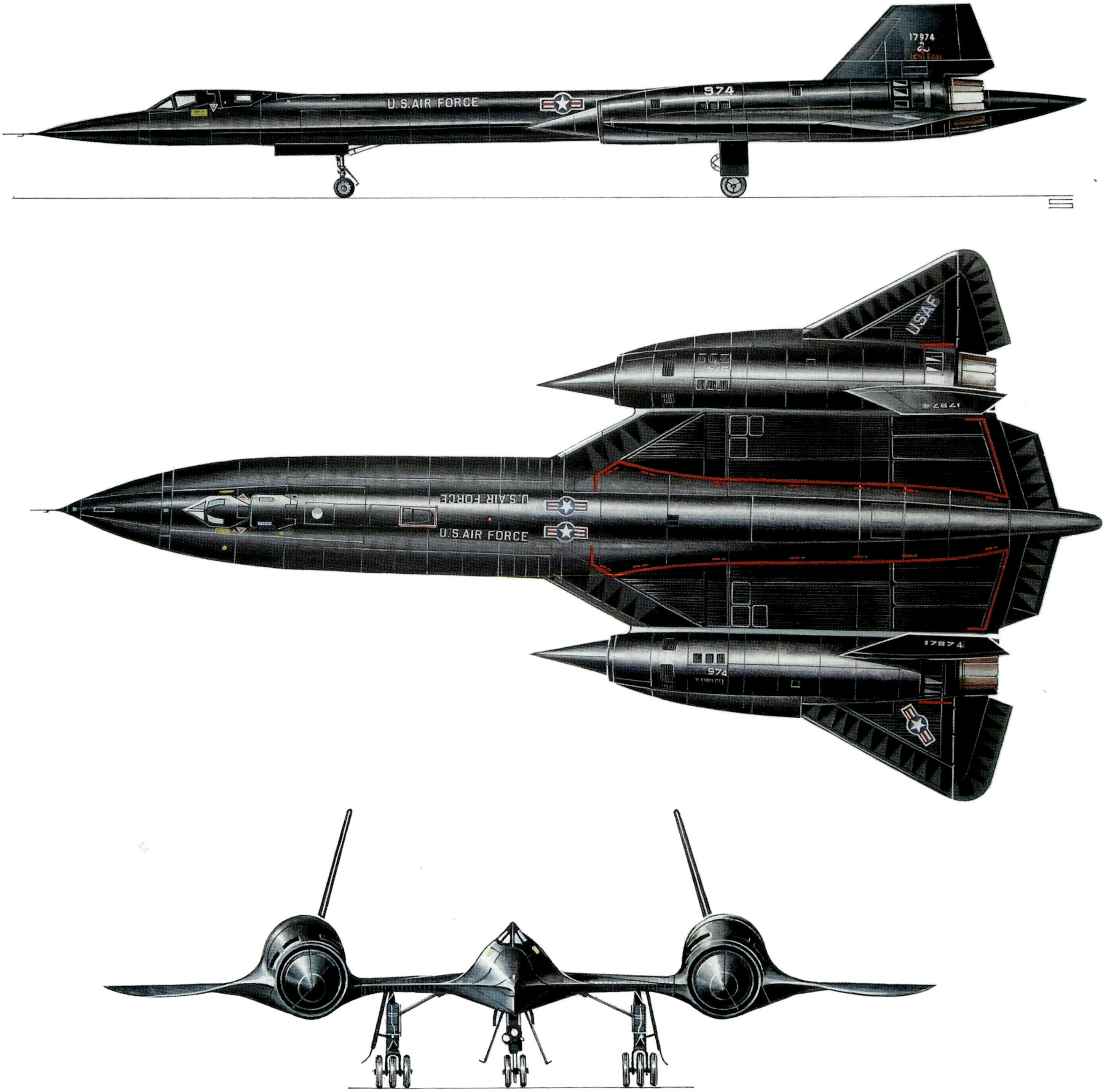

Lockheed SR-71A Blackbird

Lockheed SR-71A Blackbird

Spannweite	16,95 m
Länge	32,74 m
Höhe	5,64 m
Flügelfläche	167,23 m²
Leermasse	27.215 kg
Startmasse	77.110 kg
Höchstgeschwindigkeit	3.529 km/h
Maximale Dauergeschwindigkeit	3.219 km/h
Maximale Flughöhe	26.213 m
Dienstgipfelhöhe	24.400 m
Reichweite bei Mach 3 in 24.000 m	4.800 km

Baureihen und Varianten

A-12 Serial Numbers 60-6924 bis 60-6939
Einsitziges Aufklärungsflugzeug für den Einsatz bei der CIA. Ein Flugzeug (60-6927, Erstflug 22.1.1964) zum zweisitzigen Trainingsflugzeug mit zweitem, überhöht angebautem Cockpit gefertigt.

M-21 Serial Numbers 60-6940 und 60-6941
Zweisitzige Ableitung der A-12 zum Trägerflugzeug der Lockheed D-21-Drohne.

YF-12A Serial Numbers 60-6934 bis 60-6936
Zweisitziges Jagdflugzeug. Erstflug 7.8.1963. Stellte 1965 mehrere Weltrekorde auf und zwar: 24.463 m Höhe, 3.330 km/h auf der 15/25 km Strecke. 2.717 km/h auf dem 500 km Rundkurs und 2.643 km/h auf dem 1.000 km Rundkurs.

SR-71A Serial Numbers 61-7950 bis 61-7955 und 61-7958 bis 61-7980
Zweisitziger Langstreckenaufklärer. 61-7958 stellte 1976 folgende Weltrekorde auf: 3.366 km/h und 3.528 km/h auf dem 1.000 km Rundkurs. 61-7959 hatte ein neues Heck mit verlängertem Konus, in welchem Nutzlasten von bis zu 400 kg transportiert werden konnten.

SR-71B Serial Numbers 61-7956 und 61-7957
Schulflugzeug mit zweitem, überhöht angebautem Cockpit. Erstflug 18.11.1965.

SR-71C Serial Number 61-7981
Das Flugzeug entstand durch den Zusammenbau der SR-71-Bruchzelle (Heck) und dem Vorderteil der YF-12A 60-6934.

persönlichen Aufzeichnungen geht hervor, dass das Programm wegen ungezählter Schwierigkeiten zu scheitern drohte. Hinzu kam der Zeitdruck, den die CIA ausübte. Das komplexe Projekt hinkte deutlich hinter dem Zeitplan her. Am 26. April 1962 – rund 1 Jahr nach dem geplanten Erstflugtermin – konnte Lockheeds Testpilot Lou Schalk den Erstflug durchführen. Stolz verkündete Johnson, dass es bis zum Jahre 2000 kein Flugzeug geben würde, das die Leistungen der A-12 überbieten würde. Er sollte recht behalten!

Dennoch waren die Probleme nicht zu übersehen. Der Prototyp musste mit einem J58- und einem J75-Triebwerk in die Erprobung gehen. Das J58 stand noch nicht in ausreichender Zahl zur Verfügung und bei den Testflügen zeigte sich, dass das Triebwerk noch eine Reihe von Mängeln aufwies, die nach und nach abgestellt wurden. Schritt für Schritt wurde die Geschwindigkeit erhöht und am 20. Juli 1963 erstmals Mach 3 erreicht. Aber es gab auch negative Nachrichten. Am 9. Juli 1964 war Bill Park mit einer A-12 abgestürzt, konnte sich jedoch retten.

Zu dieser Zeit wartete die CIA ungeduldig auf das Flugzeug. Nachdem die Sowjets am 1. Mai 1960 eine U-2 nahe Swerdlowsk und eine weitere am 27. Oktober 1962 über Kuba abgeschossen hatten, wurde die A-12 dringend benötigt. Tatsächlich wurden 1964 erste Einsätze über Kuba geplant, schließlich aber verworfen. Vietnam rückte in den Fokus des Geheimdienstes. Drei A-12 verlegten nach Okinawa und begannen von dort am 31. Mai 1967 mit den Aufklärungsflügen. Dabei wurden die Flugzeuge von der Luftabwehr mit Flak-Raketen unter Feuer genommen ohne sie zu treffen.

Unabhängig von diesen Missionen hatten sich einige Änderungen ergeben. So wurde die A-12 unter der Bezeichnung M-21 als Trägerflugzeug für die Mach 3-Aufklärerdrohne D-21 modifiziert. Dabei lagerte die Drohne auf einem Träger auf der Rumpfoberseite zwischen den Seitenleitwerken. Die Flugversuche erwiesen sich als sehr gefährlich. Am 30. Juni 1966 kam es während der Trennung des Gespanns zum Absturz. Während sich Bill Park retten konnte, kam sein Begleiter ums Leben. Dies war das Ende der M-21-Versuche. Die D-21 wurde indes weiter erprobt und eingesetzt. Als Träger fungierte nun der B-52-Bomber.

Während sich Lockheed noch mit der D-21 beschäftigte, nahmen zwei weitere Entwicklungen Gestalt an, die auf der A-12 basierten. Zum einen das Jagdflugzeug YF-12A und zum anderen der Aufklärer SR-71. Trotz hoher Leistungen konnte sich die YF-12A nicht durchsetzen. Sie war aber das erste Flugzeug, das US-Präsident Lyndon B. Johnson am 29. Februar 1964 der Öffentlichkeit vorstellte. Bis dahin war die gesamte Entwicklung unter strenger Geheimhaltung gelaufen.

Die SR-71 entsprach den Vorstellungen, die die US Air Force an einen Aufklärer stellte. Sie wollte selbst über ein überlegenes Flugzeug verfügen und das Feld nicht mehr allein der CIA überlassen. Das erste dieser Muster startete am 22. Dezember 1964 zum Jungfernflug. Die schrittweise Einführung bei den Einsatzverbänden begann ab 1966. Von da an kam die SR-71 immer wieder an zahlreichen Brennpunkten in vielen Teilen der Erde zum Einsatz. Neben diversen Kameras für Stereo- und Panoramafotos führten die Flugzeuge dabei auch unterschiedliche Sensoren für elektronische Aufklärung sowie ein hochmodernes Seitenblickradar mit. Die Missionen waren stets gefährlich. Rund 1.000 Raketen wurden auf die SR-71 abgefeuert, von denen nicht eine einzige traf. Nicht ein Flugzeug ging durch Fremdeinwirkung verloren. So erwarb das Muster, das wegen seines schwarzen Spezialanstrichs Blackbird genannt wurde, den Ruf der Unverwundbarkeit. Dennoch ging auch die Zeit an der SR-71 nicht spurlos vorbei. Am 1. Oktober 1999 startete das Flugzeug zu seinem letzten Flug. Viele Blackbirds sind erhalten geblieben und werden an verschiedenen Plätzen in den USA ausgestellt. Dass ein solches »Wunderflugzeug« nicht ins Ausland verkauft wurde, versteht sich von selbst, nur die NASA durfte den außergewöhnlichen Jet für eine Reihe von Versuchen nutzen.

Saab JA-37 Viggen der Flygflottilj 21 J der schwedischen Luftstreitkräfte.

1967 **SAAB 37 Viggen**

Zerklüftetes, bergiges Gelände, zahllose Seen, große Waldgebiete, monatelange Dunkelheit und eine Wetterlage, die oft von Regen und Schnee beherrscht wird, das sind die natürlichen Gegebenheiten, unter denen in Schweden Militärflugzeuge operieren müssen. Als die Luftstreitkräfte (Flygvapnet) des Landes 1962 ein neues Mehrzweck-Kampfflugzeug bei SAAB in Auftrag gaben, war dies alles bei der Konzeption des Flugzeuges zu berücksichtigen. Ferner ging es darum, das Muster einfach und preiswert zu gestalten. Gleichzeitig sollte es leistungsstark, zuverlässig und einfach zu warten sein und schließlich wurden Kurzstart und -landeeigenschaften (STOL, Short Take-Off and Landing) erwartet. Unter dem Oberbegriff System 37 begann SAAB unverzüglich mit den Arbeiten. Dabei konnte das Unternehmen auf etwa 1.500 Entwurfsstudien, die seit den 1950er Jahren erstellt worden waren, zurückgreifen. Schlussendlich fiel die Wahl auf ein einsitziges, einstrahliges Muster mit seitlichen Lufteinläufen, einem steuerbaren, zweiräderigen Bugfahrwerk und einem Hauptfahrwerk mit Tandem-Rädern. Das Fahrwerk war für Sinkgeschwindigkeiten von 5 m/sec. und Seitenwinden von bis zu 70 km/h ausgelegt.

Das hohe Seitenleitwerk war klappbar, sodass das Flugzeug in kleinen Bunkern untergebracht werden konnte. Unter dem Heck befand sich noch eine Flosse zur Erhöhung der Richtungsstabilität.

Eine Besonderheit stellte der große Nasenflügel mit einer Spannweite von 5,45 m dar. Er hatte an den Hinterkanten Klappen und erhöhte den Auftrieb des Flugzeuges um 50 %. So wurden ausgezeichnete STOL-Eigenschaften erzielt und auf komplexe Systeme wie Schwenkflügel oder Hubtriebwerke konnte verzichtet werden.

Als Antrieb wurde das Pratt & Whitney JT8D ausgesucht, das in Schweden in Lizenz als RM 8A gefertigt und für den Einsatzzweck umfänglich geändert wurde. Der Motor lieferte im Nachbrennerbetrieb 11.800 kg (116 kN). Er war mit einem Schubumkehr-System ausgestattet, das beim Aufsetzen der Fahrwerkräder automatisch aktiviert wurde. Außer-

19

SAAB AJ-37 Viggen	
Spannweite	10,60 m
Länge über alles	16,30 m
Höhe	5,60 m
(bei umgeklapptem Seitenleitwerk 4,00 m)	
Flügelfläche einschließlich Nasenflügel	16,30 m²
Leermasse	ca. 9.450 kg
Startmasse	ca. 16.000 kg
Höchstgeschwindigkeit	Mach 2
Dienstgipfelhöhe	18.000 m
Reichweite	2.000 km

Baureihen und Varianten

AJ 37 Seriennummern 37001 bis 37108
Angriffsflugzeug mit sieben Außenstationen für gesteuerte Luft-Luft oder Luft-Boden-Raketen, Raketenbehältern für ungesteuerte 13,5 cm-Raketen, zwei Behältern mit 30 mm Aden-Kanonen, Minen, Zusatztanks, verschiedene Bomben oder ECM-Behälter.

SF-37 Seriennummern 37950 bis 37977
Aufklärer. Erstflug 21. Mai 1973, Serienbau ab 1977. Sieben Kamerafenster im Bug. Diverse Kameras für Tag-, Nacht- und Infrarotaufnahmen. Zwei Sidewinder-Luft-Luft-Raketen zur Selbstverteidigung.

SH-37 Seriennummern 37901 bis 37927
Kombinierte Aufklärer-Angriffs-Version. Speziell für den Einsatz über See konzipiert. Waffenanlage wie AJ 37. Mitführung eines Aufklärungsbehälters möglich.

SK-37 Seriennummern 37801 bis 37817
Zweisitziger Trainer mit reduziertem Innenkraftstoff und neuen Kabinenhauben. Erstflug 2. Juli 1970. Serienfertigung ab 1972. Umschulung bei der F15 in Söderhamm.

JA-37 Seriennummern 37301 bis 37449
Jagdflugzeug mit komplett neuer Avionik und fest eingebauter Oerlikon KCA 30 mm-Kanone (150 Schuss). Rumpf zwischen Nasenflügel und Tragwerk um 10 cm verlängert. Mitführung von bis zu sechs Luft-Luft-Raketen unterschiedlicher Bauart. Erstflug am 27. September 1974. RM 8B mit 12.750 kg (125 kN) Schub. Ab 1978 im Einsatz. 149 Stück.

AJS-37, AJSF-37 und AJSH-37
Etwa 100 Einsatzflugzeuge wurden durch Änderung der Avionik unter den obigen Bezeichnungen modernisiert.

SK-37E Seriennummern 37807 bis 37811 und 37813 bis 37817
Umbau von zehn Trainern zu ECM-Schulflugzeugen.

dem machte die Schubumkehr das Flugzeug von Schleppfahrzeugen unabhängig, da es auch rückwärts rollen konnte. Schubumkehr und Nasenflügel führten zu einer deutlichen Reduzierung der Rollstrecken. Sie lagen bei Start und Landung bei rund 500 m. Vergleichbare Muster benötigen dafür um 1.500 m.

Ein weiteres Entwurfsziel war, das Flugzeug von Bodenstationen weitgehend unabhängig zu machen und den Flugzeugführer zu entlasten. Dieser saß im Übrigen auf einem Schleudersitz, der eine Rettung bei Höhe 0 und Geschwindigkeit 0 möglich machte. Die Abdeckung der druckbelüfteten, klimatisierten Kabine erfolgte durch einen einteiligen Windschutz und eine ebenfalls einteilige, muschelförmige Haube, die das Auftreffen eines 1 kg wiegenden Vogels mit 1.100 km/h aushielt.

Zur Arbeitsentlastung des Piloten erhielt das Flugzeug modernste Avionik, wobei ein zentraler, digitaler Bordrechner das Herz des Systems bildete und dem Flugzeugführer vieles abnahm. So die Navigation, den Waffeneinsatz und die Treibstoffkontrolle, und außer dem war das Flugkontrollsystem mit dem Computer vernetzt. Damit der Jet auch unter schwierigsten Wetterverhältnissen bei Tag und Nacht landen konnte, hatte er ein taktisches Instrument-Landesystem an Bord.

Voller Stolz konnten SAAB und die Flygvapnet die 1:1-Attrappe des Flugzeuges am 5. Mai 1965 vorstellen und den Bau des Musters unter der Bezeichnung AJ-37 Viggen (Thors Hammer mit den drei Pfeilen) bekannt geben. Der Erstauftrag lautete über 100 Flugzeuge, er wurde später auf 180 erhöht. Zunächst wurden sieben Erprobungsflugzeuge gefertigt, die unterschiedliche Aufgaben übernahmen. Die 37-1 führte am 8. Februar 1967 unter Kontrolle von Erik Dahlström den Erstflug durch. Aufgabe des Musters sollte das Ausloten der Flugeigenschaften und die Prüfung der Hydraulik und der Klimaanlage sein. Die 37-2 folgte am 21. September des Jahres. Sie testete das Flugkontrollsystem und den Autopiloten. Am 29. März 1968 flog die 37-3, die Tiefflüge und Waffeneinsätze durchführte. Der 37-4 – Erstflug 28. Mai 1968 – oblag die Untersuchung des Triebwerkes und des Nachbrenners. Mit der am 17. Mai 1969 gestarteten 37-5 erfolgten Waffenversuche und der Abwurf von Zusatztanks. Am 24. Januar 1969 kam die 37-6 zum Fliegen, sie war das Musterflugzeug für die AJ-37-Serie. Als letztes Erprobungsflugzeug erschien am 2. Juli 1970 das zweisitzige Schulflugzeug 37-8.

Im Rahmen der Flugversuche zeigten sich zwei Schwächen. Sie betrafen das Rollen mit Schubumkehr und die Strömungsverhältnisse am Rumpf. Änderungen am Triebwerk und der Anbau einer buckelartigen Verkleidung vor dem Leitwerk brachten Abhilfe, sodass mit der Produktion der Serie 1971 begonnen werden konnte. Nach und nach trafen die Flugzeuge bei den Einheiten ein. Zu den ersten gehörten: F6 in Karlsberg, F7 in Såtennäs und F15 in Söderhamm. Zunächst nahmen die Dinge ihren normalen Gang, doch 1974/75 gingen drei Flugzeuge verloren. Nachforschungen ergaben, dass eine fehlerhafte Fertigung des Flügelholms ursächlich war, worauf alle Flugzeuge geändert wurden. In der Folgezeit erwies sich die Viggen als ausgezeichnetes Waffensystem mit hohem Leistungsvermögen. Dies führte dazu, dass noch eine eigenständige Jagdvariante in 149 Exemplaren aufgelegt wurde. Ab 1998 rückte die Viggen mehr und mehr in den Hintergrund, um ihrem Nachfolger, der SAAB Gripen, Platz zu machen. Im Jahre 2007 schieden dann die letzten Viggen aus dem Einsatz aus. Es waren SK-37E ECM-Trainer.

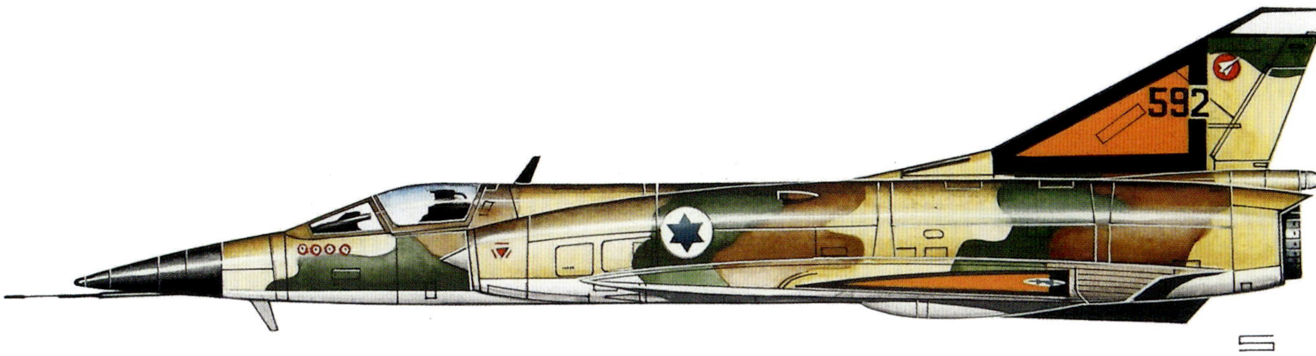

BIAI Nesher der israelischen Luftstreitkräfte.

1967 **Israel Aircraft Industries (IAI) Nesher**

Mit der Entwicklung des Mach 2-Jagdflugzeuges Dassault Mirage III (Erstflug: 17.11.56) hielt die französische Luftfahrtindustrie Anschluss an die internationale Spitzentechnologie. Das einsitzige, einmotorige Delta-Flugzeug entstand in verschiedenen Ausführungen, darunter auch zweisitzige Trainer. Das Muster war sehr erfolgreich. Es konnte in mehr als 30 Länder exportiert werden und wurde in Australien, Israel und der Schweiz nachgebaut. Insgesamt belief sich die Fertigung auf 1.422 Stück.

Israel entwickelte einen ganz besonderen Bezug zur Mirage. Hier entstanden mit der Barak und später der Kfir eigenständige Weiterentwicklungen.

Unabhängig davon hatten die israelischen Luftstreitkräfte eine Sonderausführung der Mirage III bei Dassault in Auftrag gegeben, die dort als Mirage 5 geführt wurde. Israel forderte einen Jagdbomber, bei dem auf ein Radargerät zu Gunsten einer höheren Waffenzuladung verzichtet wurde. Hierzu ist anzumerken, dass die besonderen Wetterverhältnisse des Nahen Ostens die Verwendung eines Radargerätes eigentlich nur bei Nacht oder als Navigationshilfe erforderlich machen.

Am 19. Mai 1967 nahm die erste Mirage 5 den Flugbetrieb auf. Die Serienfertigung begann im folgenden Jahr. Israel erhielt aber weder die ersten der 30 bestellten und bezahlten Exemplare noch die 20 Flugzeuge der optionalen Bestellung. Grund war ein Waffenembargo, das Frankreich am Vorabend des 6-Tage-Krieges des Jahres 1967 gegen Israel verhängt hatte. Die für Israel bestimmten Mirage 5 wurden von den französischen Luftstreitkräften übernommen. Weitere Flugzeuge folgten für den Export. Insgesamt wurden 582 Mirage 5 gefertigt und in 20 Länder verkauft. Auch Israel erhielt seine Bestellung. Wie es dazu kam, ist aber nicht vollständig geklärt. Offiziell wird davon gesprochen, dass sich die Israelis die Baupläne des Flugzeuges beschafft und es zwischen 1969 und 1974 in 61 Exemplaren, darunter zehn Zweisitzer, unter dem Namen Nesher bei der Israel Aircraft Indusries (IAI) nachgebaut hätten. Andere Quellen wollen wissen, dass das Gros

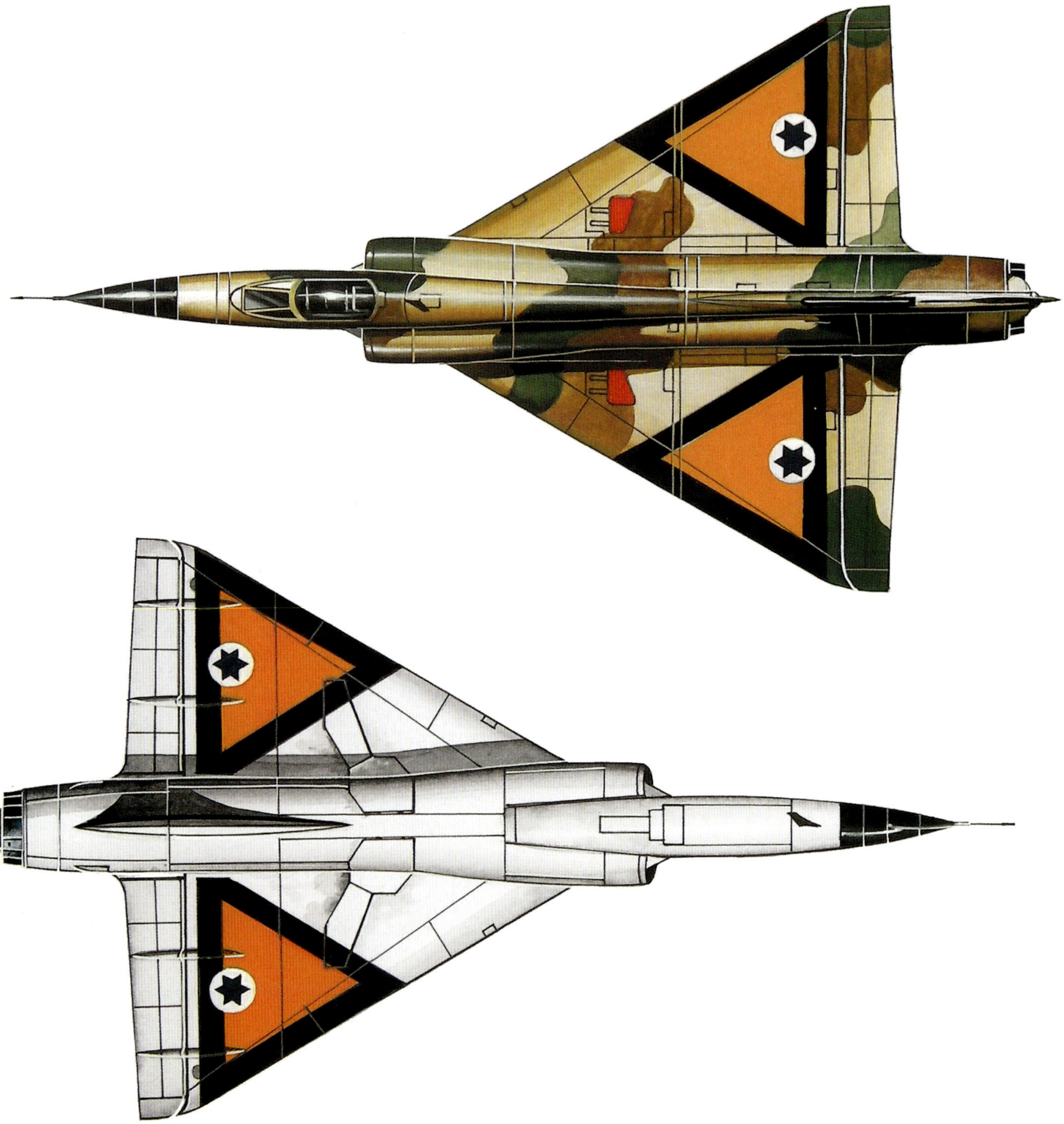

IAI Nesher	
Spannweite	8,22 m
Länge	15,55 m
Höhe	4,25 m
Flügelfläche	34,85 m^2
Leermasse	6.600 kg
Maximale Startmasse	13.500 kg
Höchstgeschwindigkeit	2.230 km/h
Aktionsradius	650 km
Dienstgipfelhöhe	18.000 m

der Flugzeuge aus Beständen der Armée de l´Air stammt, die die Flugzeuge in zerlegtem Zustand nach Israel geliefert hätten. Wie dem auch sei. Die Nesher unterscheidet sich in einigen Punkten von der Mirage III. Neben dem flachen Rumpfbug ist der Austausch französischer Geräte gegen israelische ebenso zu erwähnen wie der Einbau eines Martin-Baker Zero-Zero-Schleudersitzes, der eine Rettung bei Höhe und Geschwindigkeit 0 ermöglicht.

Die Nesher verfügt insgesamt über sieben Außenstationen zur Mitnahme von Bomben, Raketen, Lenkwaffen und Zusatztanks mit einer Gesamtmasse von 4.200 kg. Ferner ist sie mit zwei 30 mm DEFA 552-Bordkanonen mit je 125 Schuss bestückt. Als Antrieb dient das SNECMA Atar 9C mit einer Nachbrenner-Schubleistung von 6.200 kg (60,8 kN).

Nach Beginn der Flugversuche im September 1969 wurde das Muster den Einsatzverbänden ab Mai 1971 zugeführt und während des 1973 geführten Yom Kippur Krieges mit Erfolg eingesetzt. Mehr als 100 Luftsiege reklamierten Jagdstaffeln für sich. Die Verluste an Nesher werden auf zirka 15 beziffert. Mit der Verfügbarkeit der Kfir begann um 1977 die Ausmusterung. In zwei Chargen von 26 und dreizehn Flugzeugen erfolgte 1978 und 1980 die Abgabe des Flugzeuges an Argentinien. Dort trugen die 35 Einsitzer den Namen Dagger A, während die vier Zweisitzer als Dagger B bezeichnet wurden. Auch die Argentinier setzten das Muster militärisch ein. Anlässlich des Falkland-Krieges im Jahre 1982 kam es zu 153 Einsätzen gegen Erd- und Seeziele, bei denen die Beschädigung von sechs britischen Schiffen gelang. Elf Dagger gingen bei den Kämpfen verloren. Noch vor Kriegsbeginn hatten die Argentinier unter dem Namen Finger eine Optimierung der Flugzeuge bei IAI in Auftrag gegeben. Sie beinhaltete einige Änderungen der Avionik und den Einbau einer Blickfeld-Anzeige (Head-Up-Display, HUD).

Argentinische IAI Dagger.

1970 Sukhoi Su-24 Fencer

Zu Beginn der 1960er Jahre gehörten Kurzstart- und Kurzlandeeigenschaften zu den wichtigsten Forderungen, die die Militärs an neue Kampfflugzeuge stellten.

In der Sowjetunion antworteten die Konstruktionsbüros von Mikojan und Sukhoi mit dem Einbau von Hubtriebwerken auf diese Problemstellung. Auf Basis der MiG-21 und Su-15 entstanden erste Erprobungsträger. Doch das war nur der Anfang. Ganz konkret wurde das Thema mit den Neuentwicklungen MiG-23.01 Faithless und Sukhoi T-6 angegangen. Rasch kristallisierte sich die Lösung als Irrweg heraus. Die Gründe dafür lagen auf der Hand. Aus heutiger Sicht ist nicht nachzuvollziehen, dass sie von den Konstrukteuren nicht erkannt bzw. nicht ausreichend gewürdigt und das Konzept der Hubtriebwerke weltweit bearbeitet wurde. In der Hauptsache sprechen folgende Fakten gegen ihre Verwendung:

- Der Einbau mehrerer Antriebe macht das Flugzeug teuer.
- Die Vielzahl der Triebwerke und der damit verbundenen Systeme erhöhen den Wartungsaufwand und machen das Flugzeug störanfällig.
- Die Hubtriebwerke benötigen Platz, der anderweitig z. B. für Tanks besser genutzt werden kann.
- Die Zusatztriebwerke werden nur in der Start- und Landephase benötigt. Ansonsten stellen sie »tote Masse« dar.

Mikojan brach die Hubtriebwerk-Versuche ab und wandte sich mit der MiG-23 Flogger dem Schwenkflügler zu. Auch Sukhoi reagierte so. Dort war mit der T-6 ein zweisitziges, taktisches Kampfflugzeug entstanden, das über zwei Marsch- und vier Hubtriebwerke verfügte und den leicht abgewandelten Deltaflügel der Su-15 Flagon hatte. Als der Schulterdecker am 2. Juli 1967 zum Fliegen kam, befand sich bereits eine Schwenkflügel-Variante in der Entwicklung, die parallel zur S-22I – ein Ableger der Su-7 Fitter – bearbeitet wurde. Das neue Flugzeug flog in Form der T6-2I am 17. Januar 1970 zum ersten Mal. Testpilot Vladimir Ilyushin, Sohn des berühmten Konstrukteurs, saß dabei am Steuer. Hauptunterschiede zum Vorgänger ergaben sich durch den Schwenkflügel und den Ausbau der Hubtriebwerke. Der gewonnene Platz wurde im Wesentlichen von neuen Kraftstofftanks genutzt. Aber auch die Führung der Luftkanäle und die Fahrwerkschächte konnten optimiert werden. In den Jahren 1970/71 folgten noch die Versuchsmuster T6-3I und T6-4I und im Dezember 1973 begann die Lieferung der ersten Serienflugzeuge unter der Bezeichnung Su-24. Bis zur Einsatzreife sollte es aber noch dauern. Die Flugversuche hatten gezeigt, dass mit dem Muster noch nicht alles in Ordnung war und eine Vielzahl von Änderungen durchgeführt werden mussten. Die Triebwerkkühlung wurde verbessert und die Lufteinläufe und das Heck geändert. Eine überarbeitete Struktur brachte Gewichtseinsparungen und durch die Aufstockung auf acht Außenstationen ließen sich mehr Kampfmittel mitführen. Nach dem Bau einer Vorserie begann 1975 mit der Su-24M die eigentli-

Su-24M Fencer	
Spannweite	17,64 m (bei 16° Pfeilung)
Spannweite	10,37 m (bei 69° Pfeilung)
Länge	22,67 m
Höhe	6,12 m
Flügelfläche	55,16 m² (bei 16°)
Flügelfläche	51,00 m² (bei 69°)
Leermasse	22.300 kg
Startmasse	33.500 kg
Maximale Startmasse	39.700 kg
Höchstgeschwindigkeit	
auf Meereshöhe	1.400 km/h
in 11.000 m.	1.700 km/h
Dienstgipfelhöhe	17.000 m
Reichweite mit Zusatztanks	2.850 km
Einsatzradius mit 3 Zusatztanks	
und sechs 500 kg-Bomben	560 km

Schwenkflügel-Kampfflugzeug Sukhoi Su-24.

Baureihen und Varianten

Su-24M
Zweisitziger, taktischer Bomber. Zwischen 400 und 480 Stück gefertigt. Ganzmetall-Schalenbauweise. Rumpf besteht aus drei Baugruppen. Besatzung auf K-36DM-Schleudersitzen (sogenannte Zero-Zero-Sitze). Kabinenabdeckung durch feststehenden Windschutz und zwei halbschalenförmige Klapphauben.
Schulterdecker mit festem Innen- und beweglichen Außenflügeln. Vier verschiedene Stellungen des Schwenkflügels: 16° für Start und Landung. 35° für Reiseflug. 45° für Manöverflug und 69° für Überschall. Zwei Störklappen auf jedem Außenflügel. Vierteiliger Vorflügel und drei Klappen je Tragwerk. Seitenleitwerk und Pendel-Höhenruder mit 55° Pfeilung. Hydraulisches 3-Bein-Fahrwerk mit je zwei Rädern. Hauptfahrwerk schwenkt von hinten nach vorne in die Rumpfunterseiten ein. Bremsschirm vorhanden. Zwei Lyulka AL-21F-3. Schub mit Nachbrenner 11.200 kg (110 kN). Drei Rumpftanks für 11.060 l.
Eingebaute GSch 23 mm-Kanone mit sechs Läufen und 500 Schuss. Acht Außenträger für Bomben, Raketen, Lenkwaffen und Kanonenbehälter. Mitführung von zwei 3.000 l-Tanks unter dem Tragwerk und einem 2.000 l-Tank unter dem Rumpf möglich. Gesamtgewicht der Außenlasten bis zu 8 Tonnen. Größtes Bombenkaliber 1.500 kg.

Su-24MK
Exportversion mit geänderter Avionik. Fertigung ab 1988. Ab 2000 wurde das Exportmodell überarbeitet und als Su-24MK2 angeboten.

Su-24MR
Aufklärerbaureihe. Etwa 200 Exemplare. Kanone ausgebaut. Zum Eigenschutz meist mit zwei Luft-Luft-Raketen bewaffnet. Rumpfbug mit Seitenblick-Radar neu gestaltet. Rumpflänge auf 20,53 cm reduziert. Mitführung diverser Aufklärungsbehälter zur optischen und elektronischen Aufklärung möglich. Darunter Fernsehkameras und Infrarotsysteme. Unter den Bezeichnungen Su-24MRK und Su-24MRK2 existieren Exportversionen.

Su-24MP
ECM-Variante. Zwei V-Muster – T6M-25 und T6M-35 – 1979 gebaut. Ab 1983 mehr als 20 Stück gefertigt.

che Fertigung. Diese Flugzeuge hatten einen um 75 cm verlängerten Rumpf und neue Zielflug- und Navigationsgeräte. Außerdem waren sie für Flugbetankung ausgelegt und konnten mittels eines Spezialbehälters auch selbst als Tanker fungieren.
Die Einführung des komplexen, mit modernster Avionik ausgestatteten Flugzeuges führte zu einer Reihe von Problemen, die aber nach und nach beseitigt werden konnten, sodass relativ schnell ein kampfstarkes, zuverlässiges Muster bereit stand, das auch bei den Marinefliegern eingeführt wurde.

1974 unterrichtete die US Navy die Öffentlichkeit darüber, dass sich in der UdSSR ein neues Kampfflugzeug in der Erprobung befände, über das kaum Angaben vorlagen. Nach Auffassung der Militärs lautete die Bezeichnung Su-19. Aus der ungeraden Nummer schloss die NATO, dass es sich um ein Jagdflugzeug handelte und teilte den Namen Fencer zu. Ob der Westen tatsächlich so unwissend war, kann nicht überprüft werden. Es wäre aber unklug gewesen, zu viel Wissen preiszugeben, da sich daraus Rückschlüsse auf die Quellen hätten ziehen lassen und Spione gefährdet gewesen wären.

Als die Su-24 1979 auf das Gebiet der DDR verlegt wurde, tauchten die ersten guten Fotos in der Luftfahrtpresse auf. Aber auch bei Abfangeinsätzen über See konnte das für den Westen hochinteressante Flugzeug fotografiert werden. Nach und nach sickerten immer mehr Informationen durch, sodass aus vielen Mosaiksteinen ein umfassendes Bild der Musters entstand. Danach war die Su-24 ein Kampfflugzeug mit hohem Bedrohungspotenzial, speziell für Westeuropa einschließlich Großbritannien.

Einsatzmäßig trat das Flugzeug während des Afghanistan-Krieges in Erscheinung. Ab April 1984 operierten bis zu 30 Su-24 über dem Einsatzgebiet. Die Mehrheit der Missionen, die ohne Verluste durch Feindeinwirkung abliefen, beinhalteten Bombenangriffe mit unterschiedlichen Kalibern.

Nach dem Zerfall der Sowjetunion kam es zu einer Zersplitterung der Luftstreitkräfte, auf die hier nicht näher eingegangen werden kann. Nur soviel: die Su-24 befindet sich bei einigen der ehemaligen Mitgliedsstaaten der UdSSR im Einsatz.

Als Devisenbringer wurde die Su-24 an Algerien, Iran, Irak, Libyen und Syrien verkauft. Belorussland folgte später dem russischen Beispiel und veräußerte einige Fencer an Angola.

1972 McDonnell Douglas F-15 Eagle

Im Oktober 1965 veröffentlichte die US Air Force ein Anforderungsprofil für ein Jagdflugzeug, das allen anderen Mustern auch über das Jahr 1975 hinaus überlegen sein sollte. Acht Firmen beteiligten sich an der Ausschreibung. Nach einer ersten Sichtung kamen die Vorschläge von Fairchild-Hiller, North American und McDonnell Douglas in die engere Wahl. In einem aufwändigen Prüfverfahren, das sich über ein Jahr erstreckte, wurde der McDonnell Douglas-Entwurf am besten beurteilt. Die USAF erteilte daraufhin im Dezember 1969 einen Auftrag über 20 Vorserienflugzeuge (Full Scale Development (FDS) Aircraft) und 107 ein- und zweisitzige Flugzeuge, die die Bezeichnungen F-15 bzw. TF-15 erhielten. Irving L. Burrows startete am 27. Juli 1972 von der Edwards Air Force Base zum Jungfernflug. In den kommenden Wochen und Monaten zeigten die Flugversuche, dass das Flugzeug weitgehend in Ordnung war. Dennoch musste einiges geändert werden. Neben 30 Detailänderungen gab es noch drei Hauptbereiche, die zu überarbeiten waren. Die Flügelspitzen erzeugten Stoßwellen, sodass sie geändert werden mussten. Ein Sägezahn wurde zur Wirbelerzeugung in das Höhenruder integriert und die Fläche der auf dem Rumpfrücken platzierten Luftbremse erfuhr eine mehr als 50-prozentige Vergrößerung. Während das Flugzeug als solches zufrieden stellte, gab es beim Triebwerk – dem Pratt & Whitney F-100-PW-100 Turbofan – eine Kette von Problemen, die nicht abreißen wollte und die vor allem die Blätter des Fan und der Turbine betrafen. Das Triebwerk, das einen Standschub von 6.744 kg (66 kN) und einen Nachbrennerschub von 10.809 kg (107 kN) erzeugte, arbeitete erst ab Anfang 1974 zuverlässig, sodass die ersten F-15 – Beiname Eagle – im November 1974 dem 555th Tactical Fighter Training Squadron auf der Luke AFB in Arizona zugeführt werden konnten. Recht bald kamen drei weitere Trainingsstaffeln hinzu und im Januar 1976 wurde der erste F-15-Einsatzverband für einsatztauglich erklärt. Es war das 1st Tactical Fighter Wing, das auf der Langley AFB in Virginia beheimatet war. Zuvor hatte die F-15 für einen werbewirksamen Paukenschlag gesorgt. Unter dem Namen Streak Eagle stellten verschiedene Flugzeugführer im Januar und Februar 1975 acht Steigzeitweltrekorde für Höhen zwischen 3.000 und 30.000 m auf. Darunter 9.000 m in 48,86 sec.; 20.000 m in 122,94 sec., und 30.000 m in 207,80 sec. Phantastische Werte, die auf das ausgezeichnete Schub-Masse-Verhältnis von 1,17:1 zurückzuführen waren. Hier ist anzumerken, dass die F-15 für den privat finanzierten Rekordversuch so leicht wie möglich gemacht worden ist.

Die F-15 machte auch optisch einen hervorragenden Eindruck. Der Schulterdecker hat ein Tragwerk mit einer Pfeilung von 45°. Die Planform ist deltaähnlich. Der Flügel mit drei Titan-Hauptholmen weist eine Wabenkonstruktion auf. Er verfügt über je ein Querruder und eine Landeklappe. Spoiler, Trimmklappen oder Enteisungsanlagen sind nicht vorhanden. Das Muster verfügt über zwei Seitenleitwerke mit einer Vorderkantenpfeilung von 36°34′. Das Pendel-Höhenleitwerk hat eine Pfeilung von 50°. Das hydraulisch betätigte 3-Bein-Fahrwerk hat Einzelräder, es schwenkt in den Rumpf ein. Für Notfälle steht ein Fang

Israelische McDonnell Douglas F-15 Eagle.

haken zur Verfügung. Die Triebwerke liegen nebeneinander im Rumpfheck. Sie sind durch ein Titannetz voneinander getrennt. So soll vermieden werden, dass bei einem Schaufelblattbruch oder anderen Defekten das intakte Triebwerk ebenfalls beschädigt wird. Die Luftzufuhr erfolgt über rechteckige Einläufe an den Rumpfseiten unterhalb des Tragwerkes. Ein Rampensystem steuert die Luftzufuhr in Abhängigkeit von der Geschwindigkeit. Vier Rumpf- und zwei Flügeltanks nehmen 6.659 l auf. Ferner besteht die Möglichkeit der Luftbetankung und der Mitnahme verschiedener Zusatztanks, z. B. 3 x 2.309 l. Dies ermöglicht es der USAF, die F-15 binnen Stunden an jeden Punkt der Erde zu bringen, ohne dass es dafür anderer Transportmittel bedarf. Das Muster verfügt über eine 20 mm-Bordkanone mit bis zu 940 Schuss in der rechten Rumpfseite. An Rumpfstationen können vier AIM-7 Sparrow und an Flügelträgern vier AIM-9 Sidewinder Luft-Luft-Raketen mitgeführt werden. Der ursprüngliche Gedanke, die F-15 ausschließlich als Jagdflugzeug einzusetzen, wurde sehr schnell aufgegeben. Die Mitnahme unterschiedlichster Waffenlasten ist bis zu einem Gewicht von 4.082 kg möglich. Als Bordradar und Feuerleitsystem steht das APG-63 zur Verfügung. Soweit die Beschreibung der Basisversion A.

Im Laufe der Jahre entstanden weitere Baureihen, von denen die F-15E besonders zu erwähnen ist, da sie neben ihrer ureigensten Aufgabe des Luftüberlegenheitsjägers auch als Langstrecken-Jagdbomber operieren kann. Das im Verhältnis zur F-16 und F-18 teure Flugzeug konnte auf dem Exportmarkt nur fünf Abnehmer finden, und zwar Israel, Saudi-Arabien, Südkorea, Singapur und Japan.

Erste Einsatzerfahrungen sammelte Israel bei den verschiedenen Nahost-Konflikten. Aus der Vielzahl der Missionen ragt der Angriff auf den Osirak-Atomreaktor nahe Bagdad heraus. Die F-15 kam auch während der Operation Desert Storm in größerem Umfang zum Einsatz und verbuchte 36 Luftsiege, darunter zwei MiG-25. Aber auch als Jagdbomber bewährte sich das Flugzeug ganz besonders.

Nachdem die Baureihen A und B trotz verschiedener Modernisierungen bei der US Air Force nach und nach ausgemustert wurden, übernahm die Air National Guard (ANG) einen großen Teil. 1998 verfügte die ANG über 116 Maschinen.

Die NASA macht sich die außergewöhnlichen Leistungen des Musters ebenfalls zunutze. Sie hat vier F-15 in ihrer Flotte, die zahlreiche Sonderaufgaben übernehmen.

Im November 2007 kam es zum Absturz einer F-15C wegen eines Strukturfehlers. Daraufhin wurden alle noch im Einsatz befindlichen Flugzeuge der Baureihen A bis D stillgelegt und nach entsprechenden Prüfungen nach und nach wieder für den Flugbetrieb freigegeben. Die Aktion war am 15. Februar 2008 abgeschlossen. Boeing – seit der Übernahme von McDonnell Douglas – für die F-15 zuständig, geht derzeit davon aus, dass die Air Force ihre 178 C- und 224 E-Flugzeuge bis über das Jahr 2025 im Einsatz hält.

McDonnell Douglas F-15C Eagle	
Spannweite	13,05 m
Länge	19,43 m
Höhe	5,63 m
Flügelfläche	56,49 m²
Leermasse	12.383 kg
Startmasse mit vollen Innentanks und vier AIM-7 Luft-Luft-Raketen	20.244 kg
Maximale Startmasse	30.844 kg
Höchstgeschwindigkeit	
auf Meereshöhe	1.472 km/h
in 10.975 m	2.655 km/h
Dienstgipfelhöhe	18.900 m
Überführungsreichweite mit Zusatztanks	4.635 km

Baureihen und Varianten

F-15A Serial Numbers 71-0208 bis 71-0289; 72-0113 bis 72-0120; 73-0085 bis 73-0107; 74-0081 bis 74-0136; 75-0018 bis 75-0079; 76-0114 bis 76-0120; 76-1505 bis 76-1523 und 77-0061 bis 77-0153
384 Stück gefertigt. Ein Flugzeug als Erprobungsträger für die ASM-135 Anti-Satelliten-Rakete genutzt. Wenngleich die Versuche erfolgreich waren, lehnte der US-Kongress die Finanzierung von 20 Flugzeugen ab. Die F-15A wurde, wie andere Baureihen auch, mittels eines »Multi-Stage Improvement Program« (MSIP) laufend modernisiert. Zu den Maßnahmen gehörten eine Erhöhung der Speicherkapazität und der Geschwindigkeit des APG-63-Rechners, sowie der Einbau einer Verkabelung für den Einsatz der AIM-120 Luft-Luft-Rakete.
24 F-15A wurden an Israel geliefert. Sie haben Treibstoffbehälter (je 2.840 l), die sich der Rumpfkontur anpassen und die an den Rumpfseiten montiert sind. Ihr Widerstand ist gegenüber herkömmlichen Zusatztanks deutlich geringer. An der Unterseite der CFT (Conformal Fuel Tanks) befinden sich Schlösser für die AIM-7 Sparrow. Die US Air Force verwendete für vier F-15A FSD-Flugzeuge die Bezeichnung YF-15A.

F-15B (TF-15A) Serial Numbers 71-0290 bis 71-0291; 73-0108 bis 73-0114; 74-0137 bis 74-0142; 75-0080 und 75-0089; 76-0124 bis 76-0142; 76-1524 bis 76-1525 und 77-0154 bis 77-0168
61 Stück von der USAF übernommen. Zweisitziger Einsatz-Trainer mit Doppelsteuer. Gegenüber Einsitzer minimale strukturelle Änderungen. Einteiliges Kabinendach. Zwei Flugzeuge an Israel.
Die erste F-15B wurde zur NF-15B umgebaut. Es war ein Erprobungsträger für das S/MTD-Programm (STOL and Maneuver Technologie Demonstrator), das einen Einsatz von einer 15 m breiten und 305 m langen Startbahn ohne Bodenkontrolle (auch bei schlechtem Wetter) ermöglichen sollte. Das Flugzeug erhielt eine 4-Kanal-Fly-By-Wire-Steuerung, an die auch die Triebwerksteuerung angeschlossen war. Ferner hatte es ein verstärktes Fahrwerk für höhere Aufsetzgeschwindigkeiten und für den Einsatz auf unebenem Gelände. Äußerlich unterschied sich das Flugzeug durch zwei große Nasenflügel von den Serienmaschinen. Erstflug 7.9.88. In einem weiteren Schritt wurden rechteckige Schubdüsen zur Schubablenkung und Schubumkehr angebaut. Erstflug 16.5.89. Die USAF verwendete für die FSD-Flugzeuge auch die Kennung YF-15B.

F-15C Serial Numbers 78-0468 bis 78-0550; 79-0015 bis 79-0081; 80-0002 bis 80-0053; 80-0062 bis 80-0106; 80-122 bis 80-0130; 81-0002; 81-0020 bis 81-0056; 82-0008 bis 82-0038; 83-0010 bis 83-0043; 83-0054 bis 83-0062; 84-0001 bis 84-0031; 85-0093 bis 85-0128 und 86-0143 bis 86-0180
473 Stück für die USAF gebaut. Erstflug 26.2.79. Israel übernahm 23 und Saudi-Arabien 48. Hauptunterschied zur F-15A bildet das auf 7.836 l gesteigerte Tankvolumen. Austausch der F-100-PW-100 gegen die Version -220 im Laufe der Zeit. Antrieb mit Verbesserungen, reduzierter Nachbrennerschub von 10.673 kg (105 kN).

F-15D Serial Numbers 78-0561 bis 78-0574; 79-0004 bis 79-0014; 80-0054 bis 80-0061; 80-0107 bis 80-0121; 80-0131 bis 80-0136; 81-0003: 81-0061 bis 81-0065; 82-0044 bis 82-0048; 83-0049 bis 83-0050; 83-0063 bis 83-0064; 84-0042 bis 84-0046; 85-0129 bis 85-0134 und 86-0181 bis 86-0182.
Erstflug 19.6.79. Zweisitzer. Nur geringe Unterschiede zur F-15B. Acht an Israel, 16 an Saudi-Arabien. Japan erhielt zwölf als F-15DJ und baute 25 weitere bei Mitsubishi.

F-15E
237 für die USAF. Zweisitziger Allwetter-Jagdbomber und Luftüberlegenheitsjäger. Erstflug 11.12.86. Verstärkte Struktur. Maximale Startmasse 36.741 kg. 7.643 l Innenkraftstoff. Anbau von CFT möglich. APG-70-Radar. Waffenlast bis zu 10.659 kg. In Außenbehältern können verschiedene Sensoren bzw. Radar mitgeführt werden, darunter das LANTRIN (Low Altitude Navigation and Targeting Infrarot System for Night). Pratt & Whitney F-100-PW-229-Triebwerk.

F-15I
Israel übernahm 25 Flugzeuge auf Basis der Baureihe E, baute Systeme aus eigener Fertigung ein.

F-15J
141 Flugzeuge für Japan. Zwei baute McDonnell Douglas, die übrigen fertigte Mitsubishi.

F-15K
Korea erhielt ab 2005 40 Flugzeuge, die weitgehend der F-15E entsprachen.

F-15S
Saudi-Arabien orderte 72 Flugzeuge für 9 Milliarden US-Dollar, die zunächst als F-15XP bezeichnet wurden. Die Avionik ist gegenüber den US-Flugzeugen auf einem älteren Stand. Die erste F-15S konnte am 19.6.95 in die Erprobung gehen.

F-15SG
Singapur bestellte im September 2005 zwölf Flugzeuge und schloss eine Option für acht weitere ab. Die Flugzeuge gleichen der F-15K und verfügen über das APG-63(V) 3-Radar mit der AESA (Active Electronically Scanned Array)-Antenne von Raytheon. Singapur schätzt den Bedarf an F-15 auf 80 Stück.

Lockheed Martin F-16A Fighting Falcon der 35th TFS »Wolf Pack«, Korea 1981.

1974 **Lockheed Martin F-16 Fighting Falcon**

Der explosionsartige Anstieg der Entwicklungskosten und die damit verbundenen hohen Stückpreise führten Anfang der 1970er Jahre bei der US Air Force zu einem Umdenken. Eine neue Generation von leichten und preiswerten Jagdflugzeugen – Lightweight Fighter (LWF) und Low Cost Fighter (LCF) genannt – sollten die Kostenspirale stoppen.

Die Planer dachten an einen Luftüberlegenheitsjäger mit weitreichendem Radar und hoher Beweglichkeit bei Geschwindigkeiten von Mach 0,6 bis Mach 1,6. Die Bewaffnung war auf eine 20 mm-Kanone und zwei Sidewinder Luft-Luft-Raketen begrenzt. Außenträger für Waffen oder Tanks sollten nicht zum Anbau kommen. Als Stückpreis wurden 3 Millionen US-Dollar für ein Serienflugzeug angesetzt.

Unter diesen Prämissen ließ die USAF eine Ausschreibung unter den amerikanischen Herstellern zirkulieren, die von sechs Firmen aufgegriffen wurde. Nach Sichtung der Vorschläge erhielten General Dynamics (Modell 401) und Northrop (P-600) 1972 Aufträge über den Bau von je zwei Versuchsmustern unter den Bezeichnungen YF-16 und YF-17.

Bei GD gingen die Dinge gut voran. Bereits am 13. Dezember 1973 konnte der Rollout des ersten Flugzeuges gefeiert werden. Im Anschluss daran verlegte die YF-16 zur Edwards AFB, wobei sie zusammen mit der YF-17 ausgiebig getestet werden sollte. Während der ersten Rollversuche hob das Muster am 21. Januar 1974 unbeabsichtigt vom Boden ab und blieb 6 Minuten in der Luft. Am Steuer saß dabei Phil Oestricher. Den eigentlichen Jungfernflug absolvierte das Flugzeug am 2. Februar 1974. Er dauerte 90 Minuten.

Die YF-16 und YF-17 waren völlig unterschiedlich ausgelegt. Northrop stellte einen zweimotorigen Einsitzer mit seitlichen Lufteinläufen und zweikieligem Seitenleitwerk vor. General Dynamics favorisierte ein einmotoriges Muster mit Lufteinlauf unter dem Bug und herkömmlichem Leitwerk. Beide Flugzeuge hatten aber eines gemeinsam: sie waren hochmodern. Auf die YF-16 bezogen bedeutete dies unter anderem, dass das Flugzeug über

ein Tragwerk verfügte, das fließend in den Rumpf übergeht. Strakes an den Rumpfseiten ermöglichen den Anbau eines gering gepfeilten Flügels, sodass das Flugzeug optimale Langsam- und Schnellflugeigenschaften aufweist und darüber hinaus extrem manövrierfähig ist. Zur Beweglichkeit trägt auch die instabile Auslegung des Entwurfs mit seinem weit hinten liegenden Schwerpunkt bei. Damit das Flugzeug dennoch beherrschbar ist, verfügt es über eine Fly-By-Wire-Steuerung, bei der die Signale der Bordrechner über Leitungen direkt an die Stellmotoren der Steuersegmente weitergegeben werden.

Der Jäger verfügt über automatische Vorflügel, die je nach Geschwindigkeit und Anstellwinkel ausfahren. An der Flügelhinterkante sind Flaperons (Kunstwort, das für die Kombinationen von Querrudern und Klappen steht) angebracht, die auf bis zu 52° ausfahren. Das einteilige Höhenleitwerk ist leicht nach unten abgewinkelt und trägt ebenso zur Rollstabilität bei wie die zwei großen Heckflossen.

Das Flugzeug verfügt über die Möglichkeit der Luftbetankung. Es hat Luftbremsen und einen Fanghaken. Je nach Baureihe ist auch ein Bremsschirm von 7 m Durchmesser vorhanden. Unterschiedlich ist auch die Motorisierung, die entweder aus einem Pratt & Whitney F100- oder General Electric F110-Turbofantriebwerk besteht.

Als eines der ersten Flugzeuge war die YF-16 für Manöver von bis zu 9 g (g für Erdbeschleunigung) ausgelegt. Eine für den Flugzeugführer ungeheure Belastung. Sie wird durch einen auf bis zu 30° kippbaren Schleudersitz gemildert. Für den Fall, dass der Pilot dennoch ohnmächtig wird, steht ein automatisches Abfangsystem bereit.

Nachdem am 9. Mai 1974 auch die zweite YF-16 die Flüge aufgenommen hatte, konnte der Wettkampf mit der YF-17 beginnen. Dabei brachte es der Jäger auf eine Flugzeit von 417 Stunden und 330 Flügen. Am Ende stand die YF-16 als Sieger fest. Sie hatte die Northrop nach Meinung der Air Force in fast allen Bereich auf den zweiten Platz verwiesen.

Damit war der Startschuss für den Serienbau gefallen, wobei die USAF an mindestens 650 Flugzeuge dachte. Zuvor sollten aber sechs einsitzige F-16A und zwei zweisitzige F-16B als Vorserienflugzeuge gebaut werden. Die erste A flog am 20. Oktober 1976 und die erste B am 8. August 1977. Gegenüber den Prototypen hatten sich einige bedeutende Änderungen ergeben. Der Rumpf war um 27 cm verlängert, der Radom und das Leitwerk waren vergrößert und eine einteilige Bugradklappe ersetzte die zweiteilige. Bei der Leermasse war ein Anstieg um rund 25 % zu verzeichnen, sodass sich das bis dahin sehr günstige Schubverhältnis von 1,4:1 auf 0,8:1 reduzierte.

Zu dieser Zeit hatte das Muster auch international einen Durchbruch erzielt. Auf der Suche nach einem Starfighter-Nachfolger hatten sich die Niederlande (102), Norwegen (71), Dänemark (58) und Belgien (116) für die F-16 entschieden, wobei der Bau der Flugzeuge auf Produktionsstraßen in den Niederlanden, Belgien und Norwegen erfolgen sollte. Später folgten weitere Länder. Die Türkei richtete eine Fertigung für den eigenen Bedarf (bis heute 232) und den Export (46 an Ägypten) ein. Ferner fand der Nachbau in Korea (132 KF-16) und Indien (108) statt.

Als erster F-16-Verband wurde die 388th Tactical Fighter Wing (TFW) auf der Hill Air Force Base am 1. Oktober 1980 für einsatzbereit erklärt. Als Namen hatte die Air Force Fighting Falcon ausgewählt, der aber bei den Flugzeugführern wenig Anklang fand, sodass sich inoffiziell der Name Viper durchsetzte.

1993 übernahm Lockheed General Dynamics und schloss sich 1998 mit Martin zusammen. Diese Entscheidungen hatten auf die weitere Entwicklung des Flugzeuges keine Auswirkungen. Das Muster gilt heute mit mehr als 4.400 Exemplaren und einem Einsatz bei 25 Luftstreitkräften als eines der erfolgreichsten seiner Art. Dazu hat vermutlich auch der Wandel vom leichten Jagdflugzeug zum schweren Jagdbomber beigetragen. Die F-16 ist

Lockheed Martin F-16 C Fighting Falcon

Spannweite (inkl. Raketen-Startschuh)	9,45 m
Länge	15,03 m
Höhe	5,09 m
Flügelfläche	27,87 m^2
Leermasse	8.273 kg
Maximale Startmasse (Jagdeinsatz)	12.331 kg
Maximale Startmasse (Jagdbomber)	19.187 kg
Höchstgeschwindigkeit in 12.200 m	2.414 km/h
Dienstgipfelhöhe	18.000 m
Überführungsreichweite	3.890 km
Einsatzradius mit vier 907 kg-Bomben, 1.136 l in Zusatztanks sowie zwei Sidewinder Luft-Luft-Raketen und Flugprofil hoch-tief-hoch	630 km

Baureihen und Varianten

F-16A und F-16B
Basisversion mit AN/APG-66-Radar und PW F100-PW-200. Die USAF erhielt 674 F-16A-Einsitzer und 121 F-16B-Zweisitzer. Die Fertigungsblöcke 1, 5, 10 unterschieden sich kaum voneinander. Block 15 hatte ein vergrößertes Höhenleitwerk und zwei zusätzliche Außenstationen. Block 15 OCU wurde in 214 Exemplaren gefertigt und konnte eine größere Bandbreite an Lenkwaffen einsetzen. Der für Taiwan bestimmte Block 20 (150 Stück) verfügte über einen leistungsstärkeren Rechner. Die F-16ADF war eine Spezialausführung für die US National Air Guard mit Einsatzzweck Abfangjäger.

F-16C und F-16D
Die ersten einsitzigen F-16C (Block 25) flogen ab Sommer 1984. Zunächst hatten sie das PW F100-PW-200 und dann das verbesserte -220E. Es folgten die Blöcke 30 und 32, die den Einbau des GE F110-GE-100 erlaubten. Änderungen betrafen ferner die Avionik, die Navigations- und die Feuerleitsysteme. Die F-16D war die zweisitzige Ausführung. Die US Navy übernahm 22 Flugzeuge als F-16N, von denen vier als TF-16N für ein spezielles Kampftraining Verwendung fanden.
Weitere Blöcke wurden gebaut. Zunächst 40 und 42, dann 50 und 52 und schließlich 50 und 52 Plus. Immer wieder stand dabei eine Modernisierung und/oder Erweiterung der Avionik und der Navigations- und Feuerleitsysteme im Vordergrund. Israel war Abnehmer dieser Variante (F-16I Sufa) und ersetzte etwa die Hälfte der amerikanischen Avionik durch eigene Geräte.

F-16E und F-16F
Die einsitzige F-16E und die zweisitzige F-16F bauen auf den Blöcken 50 und 52 auf. Sie verfügen über das F110-GE-132 mit Nachbrennerschub von 14.755 kg (144 kN). Das Feuerleitsystem (AN/APG-80) erlaubt die gleichzeitige Bekämpfung von Land- und Luftzielen. Durch Anbau einer Rumpfrückenverkleidung können hier zusätzlich 2.045 l Kraftstoff mitgeführt werden, sodass die ansonsten von Zusatztanks belegten Unterstationen für Waffen frei wurden.

in der Lage, an zwei Stationen an den Flügelenden sowie an sechs Unterflügel- und drei Rumpfstationen insgesamt bis zu 9.276 kg an Außenlasten mitzuführen. Das Spektrum der Lenkwaffen spannt sich dabei von den diversen Luft-Luft-Lenkwaffen wie Sidewinder, Sparrow und AIM-120 über die Luft-Boden-Lenkwaffen Shrike, Maverick und Harm bis zu den Anti-Schiff-Lenkwaffen Penguin und Harpoon. Neben Bomben von unterschiedlichen Kalibern – einschließlich der B61-Atombombe – kann die F-16 auch ECM-Behälter, Infrarotköder oder Fackeln zur Ablenkung von Lenkwaffen mitführen. Darüber hinaus stehen drei unterschiedliche Zusatztanks mit je 1.136 l, 1.402 und 2.271 l zur Verfügung.

Während der langen Fertigungsdauer kamen zahlreiche Varianten zur Ablieferung, auf die nachfolgend noch eingegangen wird. Einige von ihnen kamen bei verschiedenen Konflikten zum Einsatz. So unter anderem auf dem Balkan, in Afghanistan und dem Irak sowie bei den indisch-pakistanischen Auseinandersetzungen im Jahre 1999.

Neben den unzähligen Varianten bzw. Blocknummern existieren noch Modernisierungsprogramme und Spezialversionen. Ab 1980 lief das »Multinational Staged Improvement Program« (MSIP) an, das im Wesentlichen den Einbau von Steckverbindungen für den unkomplizierten Austausch diverser Geräte wie zum Beispiel der Blickfeldanzeige erlaubt, sodass ohne großen Aufwand eine laufende Modernisierung der Flugzeuge möglich ist. In einer zweiten Stufe des MSIP wurde das System auch auf den Triebwerksektor ausgedehnt, d. h. der wahlweise Einbau des GE F110 oder PW F100 ist ohne große Probleme möglich. Das ab 1985 eingeführte MSIP III bezog sich in erster Linie auf Waffentechnik und Feuerleitradar. Es ermöglicht den Einsatz zahlreicher Lenkwaffen, aber auch von Zusatzbehältern für Navigation und Zielsuche. Mit dem Mid-Life Update (MLU)-Paket – das ab 1995 zur Verfügung stand – brachte General Dynamics ein Nachrüstsystem heraus, mit dessen Hilfe bereits ausgelieferte Flugzeuge modernisiert werden konnten. Die F-16 ist von Hause aus für 8.000 Flugstunden ausgelegt. Änderungen der Leer- und Startmassen sowie der Einsatz als Jabo führten zu einer Reduzierung auf 5.500 Stunden. Mittels der Programme »Service Life Improvement« (SLIP) und »Service Life Extension« (SLEP) konnte eine Verbesserung von 6.000 Stunden erreicht werden. In einem weiteren Schritt folgte STAR (Structural Augmentation Roadmap), das bis in das Jahr 2014 geplant ist und den Austausch besonders belasteter Baugruppen beinhaltet. Ebenfalls aktuell ist das Common »Configuration Implementation Program« (CCIP), das auf neue Bordelektronik abzielt, die vor allem der Bekämpfung von Zielen außerhalb der Sichtweit des Flugzeugführers sowie der Verbesserung der Datensysteme dient. Losgelöst von den Maßnahmen des Herstellers gibt es noch weitere Programme, die von verschiedenen Betreibern initiiert wurden.

1974 **Panavia Tornado**

Mitte der 1960er Jahre stellte das Bundesministerium für Verteidigung Überlegungen hinsichtlich eines Starfighter-Nachfolgers an, der im Rahmen der 1967 festgelegten neuen NATO-Strategie der massiven Vergeltung auch als Atombomber dienen sollte.

Zunächst war an ein einsitziges, leichtes Muster mit einem Aktionsradius von nur 300 km gedacht. Bei einer Abnahme von 1.000 Exemplaren erwartete der Auftraggeber einen Stückpreis von rund 10 Millionen D-Mark. Ferner bestand die Absicht, für den als NKF (Neues Kampfflugzeug) bezeichneten Jet ausländische Partner zu finden, die sich an Entwicklung und Bau beteiligten.

Der Schritt zum NKF bedeutete gleichzeitig das Ende des deutsch-amerikanischen Gemeinschaftsprojekts AVS (Advanced V/STOL), das ein Mach 2-Flugzeug mit einer Startmasse von 23 Tonnen und einem Einsatzradius von 850 km vorsah.

Nun galt es, die vorhandenen Entwicklungskapazitäten auf das neue Programm auszurichten und sich auf die Suche nach geeigneten Partnern zu begeben. Dabei erwies sich der letztgenannte Punkt problematischer als erwartet. Nachdem die erhoffte Zusammenarbeit mit Frankreich nicht zustande kam, trafen sich im Mai 1968 die Chefs der Luftstreitkräfte der Niederlande, Italiens, Belgiens, Kanadas und der Bundesrepublik Deutschland, um gemeinsam die Ansprüche an einen Starfighter-Nachfolger zu formulieren. Nur wenige Wochen später schloss sich Großbritannien der Arbeitsgruppe an, um eigene Vorstellungen einzubringen. Die Briten hatten aus politisch-ökonomischen Gründen das hochmoderne Tiefangriffs-Flugzeug TSR 2 aufgegeben und auch den Kauf des US-Schwenkflüglers F-111 verworfen. Die RAF suchte nun nach einer Ersatzlösung und Partnern, die einen guten Teil der Entwicklungskosten tragen sollten. Die für die Projektierung und den späteren Bau vorgesehenen Firmen kamen im August 1968 bei Fokker in Schiphol zusammen. Das Treffen offenbarte eine Vielzahl von Problemen und Schwierigkeiten, die schließlich dazu führten, dass Kanada und Belgien aus der Gruppe ausschieden.

Mit dem Ausscheren der beiden Länder stand das Programm auf der Kippe, zumal es nicht nur um das Flugzeug als solches ging, sondern handfeste politische Interessen im Spiel waren.

Die Luftwaffe untersuchte unabhängig von allen Planungen verschiedene vorhandene Muster auf ihre Eignung hin und Frankreich brachte von sich aus das Schwenkflügelflugzeug Mirage G ins Gespräch. Die USA unternahmen bei der Bundesregierung ebenfalls einen massiven Vorstoß, ging es doch um ein Milliardengeschäft, an dem man teilhaben wollte. Doch das, was die Amerikaner anzubieten hatten, entsprach nicht den Vorstellungen der künftigen Betreiber, sodass an einer europäischen Gemeinschaftsentwicklung weiter gearbeitet wurde. Damit dies koordiniert und unter einem Dach geschehen konnte, erfolgte am 26. März 1969 die Gründung der Panavia GmbH mit Sitz in München. Die Anteile an dem Unternehmen waren wie folgt aufgeteilt: Britisch Aircraft Corporation (BAC) und Messerschmitt-Bölkow-Blohm je 42,5 %, Aeritalia 15 %. Für die Bereiche Trieb-

Panavia Tornado des JaboG 31.

werkbau und Avionik wurden weitere Gemeinschafts-Unternehmen gegründet.

Um den Bedürfnissen und Anforderungen der verschiedenen Luftstreitkräfte entgegenzukommen, wurden zwei Versionen des Flugzeuges ins Auge gefasst. Zum einen die einsitzige Panavia 100 mit reduzierter Avionik und zum anderen der schwere, zweisitzige Jagdbomber Panavia 200, der von der RAF gefordert wurde. Beide Baureihen sollten zu 85 % identisch sein, sodass bei einer multi-nationalen Fertigung keine Probleme erwartet wurden.

In dieser Phase – wir schreiben das Jahr 1969 – wird deutlich, dass die BAC einen sehr starken Einfluss auf das als MRCA (Multi-Roll-Combat-Aircraft) bezeichnete Flugzeug nimmt und immer wieder eigene Vorstellungen durchdrückt. Die deutsche Seite akzeptiert dies trotz erheblicher Bedenken. Nicht so die Niederländer: Sie sehen ihre Interessen nicht gewahrt und steigen im April 1969 aus dem Programm aus. Nun sind nur noch Großbritannien, Italien und Deutschland übrig geblieben. Wenngleich auch Italien erhebliche Bedenken wegen des britischen Vorgehens äußert, fällt dennoch die Entscheidung zum Bau des Flugzeuges. Die Bundeswehr beabsichtigt, 600 Flugzeuge (480 für die Luftwaffe und 120 für die Marine) zu beschaffen, während Großbritannien und Italien an 385, respektive 200 Stück denken. Des Weiteren erfolgt die Festlegung der Fertigungsorte und der Beschluss über die Aufgabe der Panavia 100. Damit sind alle deutschen Forderungen an das neue Kampfflugzeug hinfällig geworden. Anstelle eines Luftunterstützungs- und Luftüberlegenheitsjagdflugzeuges erhält die Bundeswehr ein ganz auf die Jagdbomberrolle zugeschnittenes Flugzeug. Zur Erfüllung der verwaisten Aufgaben – aber auch, weil Großbritannien das MRCA erst in den 1980er Jahren benötigt – erwirbt Deutschland zunächst 88 McDonnell F-4 Phantom-Aufklärer und etwas zeitlich versetzt weitere 175 F-4, die als Jagdflugzeuge und zur Bodenunterstützung zum Einsatz kommen sollen. Mit dem Kauf der Flugzeuge konnten nun auch die USA zufrieden gestellt werden, die endlich den lange geforderten Großauftrag erhielten.

Die Beschaffung der Phantom führte allerdings zu einer Reduzierung des MRCA-Auftrages auf nunmehr 444 Exemplare (322 für die Luftwaffe und 122 für die Marine). Doch das war noch nicht das Ende, später strich die Bundeswehr das Programm noch weiter zusammen.

Nachdem das MRCA-Projekt verschiedene Phasen durchlaufen hatte, konnte Mitte 1970 die endgültige Auslegung vorgestellt werden.

An das Flugzeuge wurden verschiedene Anforderungen gestellt, die sich nur schwer zusammenfassen ließen. Beste Kurzstart- und Kurzlandeeigenschaften wurden ebenso erwartet wie Überschallgeschwindigkeit im extremen Tiefflug und Mach 2+ in großen Höhen. Aus Sicht der Ingenieure konnte dies alles nur ein Schwenkflüger leisten. Eine Lösung, die dem damaligen Zeitgeist entsprach, heute aber in Vergessenheit geraten ist.

Das MRCA – später als Tornado bezeichnet – ist ein Schulterdecker, dessen Tragwerk zwischen 25° und 67° gepfeilt werden kann. An den Tragwerkhinterkanten befinden sich jeweils vier kombinierte Querruder/Landeklappen. Ferner sind zwei Störklappen (Spoiler) auf jeder Flügeloberseite vorhanden. An den beweglichen Teilen der Tragflächen sind dreiteilige Vorflügel angebracht. An den festen Flügelvorderkanten befinden sich Krügerklappen.

Das einteilige Höhenruder dient – wenn es gleichsinnig bewegt wird – zur Steuerung um die Querachse. Bei gegensinniger Betätigung übernimmt es die Funktion eines Querruders.

Das Seitenleitwerk ist auffällig großflächig. Rechts und links von ihm sind auf der flachen Rumpfoberseite große Luftbremsen angeordnet.

Das 3-Bein-Fahrwerk wird hydraulisch in den Rumpf eingefahren. Während die Haupt-

Panavia Tornado GR. Mk.4

Spannweite	13,91 m (25° Pfeilung)
	8,60 m (65° Pfeilung)
Länge	16,72 m
Höhe	5,95 m
Flügelfläche	26,60 m²
Leermasse	14.092 kg
Startmasse	20.411 kg
Maximale Startmasse	28.500 kg
Höchstgeschwindigkeit auf Höhe	2.337 km/h
in Bodennähe	1.422 km/h
Dienstgipfelhöhe	15.240 m
Mittlerer Einsatzradius	1.390 km
Überführungsreichweite	3.890 km

einheiten Einzelräder haben, ist das Bugfahrwerk doppelt bereift.

Die fast quadratischen Lufteinläufe für die Turbo-Union RB.199-Turbofantriebwerke befinden sich an den Rumpfseiten unmittelbar unterhalb der Flügelwurzeln. Das RB.199 leistet je nach Baureihe einen Schub zwischen 3.949 kg (38,7 kN) und 4.131 kg (40,5 kN) bzw. mit Nachbrenner 6.737 kg (66 kN) bis 7.298 kg (71,5 kN). Die Triebwerke verfügen über einen stufenlos regelbaren Nachbrenner. Außerdem sind sie mit einem Schubumkehrsystem ausgestattet, das beim Aufsetzen aktiviert wird. Für Notfälle steht ferner ein Fanghaken bereit.

In Flügeltanks können 955 l und in Rumpfbehältern bis zu 4.887 l Kraftstoff mitgeführt werden. Der Anbau einer einziehbaren Flugbetankungssonde ist ebenso möglich wie die Mitführung von Zusatztanks mit unterschiedlichem Volumen oder eines Spezialbehälters (Buddy-Buddy-Type) mit 1.135 l und einem Schlauch-Trichter-System, der den Tornado zum Tanker macht.

Serienmäßig verfügt das Flugzeug über zwei eingebaute IWKA-Mauser 27 mm-Kanonen mit je 180 Schuss. Sieben Außenstationen stehen für Bomben, Lenkwaffen, Luft-Luft-Raketen, Sonderbehälter und Zusatztanks zur Verfügung.

Wenngleich verschiedene Systeme wie das Terrain Following Radar einen automatisierten Flug (auf bis zu 60 m Höhe!) erlauben, ist die Arbeitsbelastung für den Flugzeugführer zu hoch. Der Tornado wurde daher als Zweisitzer ausgelegt, wobei der Waffensystemoffizier hinten sitzt und in der Hauptsache für die Navigation und den Waffeneinsatz verantwortlich ist. Als Rettungsgeräte stehen Martin Baker Mk.10A-Schleudersitze zur Verfügung, die als sogenannte Zero-Zero-Sitze eine Rettung bei Höhe und Geschwindigkeit 0 ermöglichen.

Als das erste Versuchsmuster – die P.01 D-9591 – am 14. August 1974 unter der Führung der BAC- und MBB-Testpiloten Paul Millet und Niels Meister von Manching aus zum Erstflug startete, hatte das Programm zwar eine Vielzahl von Klippen umschifft, aber noch nicht alle Hürden genommen. Dabei ragte der Konkurs von Rolls-Royce heraus, der das Triebwerkprogramm ins Wanken gebracht hatte und der dafür verantwortlich war, dass die P01 noch nicht über RB.199-Triebwerke mit voller Leistung verfügte.

Panavia Tonado ECR bei der »Wehrtechnische Dienststelle für Luftfahrzeuge« der Bundeswehr.

Baureihen und Varianten

Tornado IDS / GR.1 / GR.4
Basisausführung als Jagdbomber (s. Baubeschreibung des Haupttextes). In Großbritannien als GR.1 bezeichnet und ab Januar 1982 in Dienst gestellt. GR.1A ist ein Tag- und Nachtaufklärer ohne 27 mm-Bordkanonen. GR.1B wurde für den Einsatz der Anti-Schiff-Lenkwaffe Sea Eagle abgeändert. Durch die Modernisierung von 124 GR.1 entstand die GR.4, die nur über eine 27 mm-Kanone verfügt. Bevor der Umbau begann, wurden ab 1992 drei Musterflugzeuge entsprechend modifiziert.Einige wenige wurden als GR.4A für die Aufgabenstellung Tag- und Nachtaufklärer mit seitlich blickenden Infrarotsensoren abgewandelt.

Tornado ADV / F.2 / F.3
Ausführung als Abfangjagdflugzeug für die RAF. Neuer Rumpfbug für die Unterbringung des Foxhunter-Radars. Dadurch Rumpf auf 18,68 m verlängert. Pfeilung des Tragwerks maximal 68°. Automatische Flügelpfeilung (AWS), automatische Manöverhilfen (AMDS) und Anti-Trudel-System (SPILS). Eine 27 mm-Kanone und verschiedene Luft-Luft-Lenkwaffen, z. B. vier Sidewinder, an Flügelstationen und vier Sky Flash halbversenkt in Rumpfmulden. F.2 hatte noch nicht das starke RB.199-34R Mk.104 (82,77 kN Nachbrenner-Schub) und außerdem Probleme mit dem Foxhunter-Radar, daher nur 18 Stück gebaut. Einige davon später auf den Standard der F.3 gebracht und als F.2A bezeichnet. 162 als F.3 mit Mk.104-Triebwerken und verbessertem Foxhunter gefertigt. Höchstgeschwindigkeit 2.414 km/h, Steigleistung 203 m/min.

Tornado ECR
35 Stück exklusiv für die Bundeswehr gefertigt. Die Musterflugzeuge 98+03 und 98+79 flogen ab 1988. Spezialausführung für elektronische Ge-fechtsfeldaufklärung und zur Bekämpfung des gegnerischen Radars. Zur Ausstattung gehören u.a. Infrarotsystem und Empfänger zum Aufspüren der Abstrahlung von Radartransmittern. Einsatzverband ist das JaboG 32. Seit dem 20. April 2007 sind sechs Flugzeuge im Rahmen der ISAF auf dem Flugplatz von Mazar-e-Sharif in Afghanistan stationiert.

Tornado RECCE
Bezeichnung für italienische und deutsche Aufklärer. Flugzeuge der Bundeswehr beim AG 51 Immelmann in Jagel zusammengefasst. Einheit übernahm die Flugzeuge des Marinefliegergeschwader 1 (MFG1), das den Tornado von 1982 bis 1993 flog. Der zweite Marineverband, das MFG2, hat sich 2005 vom Tornado getrennt. Deutsche Aufklärer verwenden seit 1994 Aufklärungsbehälter, der Kamerasystem beherbergt, das horizontale, vertikale und schräge Aufnahmen ermöglicht. Der Tag- und Nachtaufklärer verfügt ferner über einen Infrarot-Zeilenabtaster.

Insgesamt wurden neun Versuchsmuster (P.01-P.09) und eine Bruchzelle (P.10) aufgelegt, denen sechs Vorserienflugzeuge folgten. Die Fertigung der Zellen teilte sich wie folgt auf:

- Seitenleitwerk und Bug- und Heckbaugruppe: BAC (British Aerospace) Großbritannien
- Tragwerk einschließlich Hochauftriebshilfen: Aeritalia (Alenia) Italien
- Rumpfmittelteil und Lufteinläufe: MBB (EADS) Deutschland

Die Erprobung und die Zuführung der weiteren Versuchsflugzeuge gingen Schritt für Schritt voran. Am 30. Oktober 1974 kam die P.02 XX946 und am 5. August 1975 die P.03 XX947 von Warton aus zum Fliegen. Ihnen folgte am 2. September 1975 die P.04 D-9592 in Manching und am 5. Dezember 1975 die P.05 X-586 im italienischen Caselle. Bis zum Jungfernflug des ersten Vorserienflugzeuges (P.11 98+01) sollte es noch bis zum 5. Februar 1977 dauern und die ersten Serienflugzeuge kamen erst 1979 zur Ablieferung.

Damit sich die Besatzungen mit dem Muster vertraut machen konnten, wurde von den Betreibern das Trinational Tornado Training Establishment (TTTE) auf dem RAF-Stützpunkt Cottesmore aufgestellt, das bis 1999 bestand. Darüberhinaus erhielten in den kommenden Jahren Luftwaffe und Marineflieger 55 bzw. zwölf Tornados mit Doppelsteuer. Als erster Einsatzverband der Luftwaffe wurde 1983 das JaboG 38 auf dem Fliegerhorst Jever mit dem Flugzeug ausgerüstet. Die als Tornado IDS (Interdiction/Strike) bezeichneten Maschinen dienten als reine Jagdbomber mit den Einsatzschwerpunkten Gefechtsfeldabriegelung, Abriegelung des gesamten Kampfgebietes, Bekämpfung der gegnerischen Luftstreitkräfte am Boden, Luftnahunterstützung der eigenen Bodenkräfte und Luftaufklärung.

Ähnlich waren die Tornados der Italiener aufgestellt. Die 100 Flugzeuge (darunter zwölf mit Doppelsteuer) wurden auf vier Gruppen verteilt, die neben den IDS-Aufgaben auch als elektronische Störflugzeuge bzw. Aufklärer Verwendung finden.

Die Royal Air Force führte ebenfalls die Jagdbomberausführung zuerst ein. Später folgte die Tornado ADS (Air Defence Version) als Abfangjäger.

Nachdem das Muster bei der Luftwaffe eingeführt war, erfolgte 1986 eine Nachbestellung von 35 Tornados ECR als elektronische Kampfflugzeuge. Ein Teil dieser Flugzeuge war es auch, der erstmals nach dem Zweiten Weltkrieg Kampfeinsätze der Luftwaffe durchführte, die von der NATO autorisiert waren und 1995 über dem ehemaligen Jugoslawien stattfanden.

Als Deutschland ab den 1990er Jahren von seinen Verbündeten mehr und mehr zur Teilnahme an verschiedenen Missionen gedrängt worden war, zeigte sich, dass der Tornado dringend aufgefrischt werden musste. Dies erfolgte durch verschiedene Programme zur Kampfwertanpassung (KWA), die auch als ASSTA (Avionics System Software in Ada) bekannt sind und sich vornehmlich auf einen verbesserten Zentralrechner, eine leistungsstärkere Navigationsanlage und den Einbau eines Infrarotsystems beziehen. Dadurch ist es möglich, das Waffenspektrum zu vergrößern und die Zielgenauigkeit zu erhöhen.

Während der Balkaneinsätze waren die Tornados der Luftwaffe nicht auf sich alleine gestellt. Auch die britischen und italienischen Verbände waren vertreten. Diese nahmen im Übrigen auch am Golfkrieg teil und wurden dabei von Saudi-Arabien unterstützt. Neben Deutschland (357), Großbritannien (398) und Italien (100) ist Saudi-Arabien (120) der einzige Kunde, den Panavia für den Kauf des Tornados gewinnen konnte.

1975 Mikojan MiG-31 Foxhound

Mit der Einführung der Schwenkflügelbomber F-111 und B-1, sowie der ersten Generation von Cruise-Missiles gegen Ende der 1960er Jahre, setzten die USA die sowjetische Luftabwehr unter massiven Druck. Die ohnehin nur ungenügend verteidigte Polarregion war nun noch gefährdeter als zuvor. Die zur Verfügung stehenden Jagdflugzeuge Su-15 und Tu-128 mussten dringend abgelöst und durch ein neues Muster ersetzt werden. Das Konstruktionsbüro von Mikojan wurde 1968 mit der Entwicklung eines hochmodernen Jagdflugzeuges beauftragt, das in der Lage sein sollte, unabhängig von Bodenstationen bei jedem Wetter, Tag und Nacht, mehrere Ziele gleichzeitig zu bekämpfen. Dabei durften Geschwindigkeit, Flugrichtung und Flughöhe keine Rolle spielen. Direkt anfliegende oder abfliegende Angreifer musste das Jagdflugzeug ebenso ausschalten können wie niedrig oder hoch fliegende. Bei der Flughöhe reichte die Bandbreite von 100 bis 30.000 m und bei der Geschwindigkeit betrug das Limit 4.000 km/h. Das waren gewaltige Anforderungen, die an das Waffenkontrollsystem des neuen Flugzeuges gestellt wurden. Mikojan zeichnete dafür aber nicht verantwortlich. Hier ging es einzig um die Entwicklung der geeigneten Zelle. Nach der Ausarbeitung verschiedener Studien – unter anderem mit Schwenkflügel – kehrten die Konstrukteure zur bewährten MiG-25 Foxbat zurück. Dieses Muster bot genügend Potenzial für eine Weiterentwicklung und so liefen die Arbeiten unter der Bezeichnung Je-155MP bzw. MiG-25MP an. Es war von vornherein klar, dass aufgrund der Arbeitsbelastung ein Waffensystem-Offizier (WSO) an Bord sein musste. Dies war der erste Unterschied zur Foxbat. Weitere betrafen das überarbeitete Tragwerk mit einer Peilung von 41° und verlängerten Flügelwurzeln, sowie das Fahrwerk und die Triebwerke. Mittels der neuen Flügelwurzeln mit einer Pfeilung von 70° konnten höhere Anstellwinkel geflogen werden. An der Vorderkante des Tragwerkes befinden sich je vier Vorflügel und an der Hinterkante jeweils zweiteilige Klappen und Querruder. Sie werden mechanisch betätigt. Das Flugzeug verfügt über Doppelsteuer, sodass es bei Bedarf vom WSO geflogen werden kann.

Die Je-115MP hat ebenso wie die MiG-25 ein doppelt bereiftes Bugfahrwerk, es schwenkt aber nicht nach vorne, sondern nach hinten in den Rumpf ein. Das Hauptfahrwerk besteht aus je zwei Rädern, die hintereinander angeordnet sind. Beim vorderen Rad ist das Federbein außen, beim hinteren innen angeschlossen. Die besondere Art der Fahrwerkkonstruktion bewährt sich besonders bei Schnee und anderen weichen Untergründen. Die Luftbremsen des Flugzeuges sind zugleich Bestandteil der Fahrwerkabdeckung. Des Weiteren sind zwei Bremsschirme mit einer Gesamtfläche von 50 m² vorhanden.

Als Antrieb kommt das Turbofan-Nachbrenner-Triebwerk D30F von Solowjow zum Einbau, das einen Schub von 9.500 kg (94 kN) ohne und 15.500 kg (153 kN) mit Nachbrenner abgibt. Der Kraftstoffvorrat von 18.500 l verteilt sich auf sieben Rumpf-, vier Tragwerk- und zwei Leitwerktanks. Die Mitführung von zwei 2.500 l-Zusatztanks unter dem Tragflügel ist möglich.

Mikojan MiG-31 Foxhound	
Spannweite	13,45 m
Länge	22,66 m
Höhe	5,15 m
Flügelfläche	61,6 m²
Leermasse	21.820 kg
Startmasse mit vier R-33	37.100 kg
Startmasse mit vier R-33 und zwei 2.500 l-Zusatztanks	46.200 kg
Höchstgeschwindigkeit auf Höhe	3.000 km/h
Höchstgeschwindigkeit auf Meereshöhe	1.500 km/h
Dienstgipfelhöhe	20.600 m
Reichweite mit vier R-33 bei Mach 2,35	1.400 km
Reichweite mit vier R-33 und zwei 2.500 l-Zusatztanks und Mach 0,8	3.000 km

Langstrecken-Abfangjäger Mikojan MiG-31.

Baureihen und Varianten

MiG-31 Basismodell
Serienbau ab 1977. Zunächst in sehr geringen Zahlen. Gegenüber den V-Mustern in einigen Bereichen wie Klappen, Leitwerk und Luftbremsen überarbeitet. Bewaffnung bestehend aus einer GSch 23 mm-Kanone mit 260 Schuss. Vier Langstrecken-Luft-Luft-Raketen vom Typ R-33 (Gewicht 500 kg, Höchstgeschwindigkeit 3.600 km/h, Reichweite 120 km) an Rumpfstationen. Einige wenige mit einziehbarer Luftbetankungssonde in der linken Bugseite.

MiG-31B
Waffenkontrollsystem, elektronische Abwehrsysteme und Navigationssystem verbessert. R-33S-Raketen mit erhöhter Reichweite und der Möglichkeit, Nuklearsprengköpfe mitzuführen. Unterflügelstation für vier R-60 Kurzstrecken-Luft-Luft-Raketen. Luftbetankungssonde.

MiG-31BS
Umbau des Basismodells auf Stand der Baureihe B, jedoch ohne Tanksonde.

MiG-31M
Neue Kraftstoffanlage mit zusätzlichen 300 l Innenkraftstoff und geänderter Tanksonde. D30F-6M-Triebwerke. Zaslon-M-Waffenkontrollsystem mit größerer Antenne, dadurch neuer Bug. Unterschiedliche Lenkwaffen können mitgeführt werden, so z. B. sechs R-37 (Reichweite 300 km) oder die Mittelstreckenrakete R-77. Startmasse maximal 52 Tonnen.

MiG-31BM
Ende der 1990er Jahre vorgeschlagene Modernisierung der Baureihe B zum Mehrzweckjäger. Für die Bekämpfung von Bodenzielen sollten TV- oder lasergesteuerte Bomben zum Einsatz kommen. Bombenlast bis zu 8 Tonnen. Serienbau aus finanziellen Gründen aufgegeben.
Die Bezeichnung BM wurde später erneut verwendet, nun für eine moderne Abfangjagdversion mit neuem Waffenkontrollsystem, das Abschüsse auf Entfernungen von 200 km erlaubt. Cockpit-Instrumentierung ebenfalls neu. Zwei Versuchsträger sind durch Umbau von MiG-31B-Flugzeugen entstanden. Zur Zeit keine weiteren Einzelheiten bekannt.

MiG-31D
Zwei Flugzeuge zur Erprobung von Anti-Satelliten-Raketen abgeändert. Kein Serienbau.

MiG-31E
Exportausführung mit »abgespecktem« Waffenkontrollsystem. Unbestätigten Meldungen zufolge sollen Bestellungen aus China und Syrien (8 Stück) vorliegen.

Vom Vorgänger wurde das zweikielige Seitenleitwerk mit einer Pfeilung von 57° übernommen, das um 8° nach außen abgewinkelt ist. Auch beim Pendel-Höhenleitwerk mit einer Spannweite von 8,75 m ergaben sich nur unwesentliche Änderungen zur Foxbat.

Gegenüber der MiG-25 erfolgte eine komplette Revision der Werkstoffe. Der Anteil von Stahl (80 %) ging drastisch zurück. Etwa 16 % der Zelle wurden aus Titan und 33 % aus Aluminium gefertigt.

Erster Versuchsträger war die 831, die aus dem Umbau einer MiG-25RB entstanden war. Sie ging am 16. September 1975 in die Flugerprobung, gefolgt von der 832, die ab Mai 1976 flog.

1977 lief im bescheidenen Rahmen der Serienbau in Gorki an. Wegen der vielen Unterschiede zur MiG-25 wurde die Bezeichnung von MiG-25MP in MiG-31 geändert. Der Westen erfuhr angeblich erst Anfang der 1980er Jahre von der Existenz des Flugzeuges, das den NATO-Kodenamen Foxhound erhielt.

Die MiG-31 war damals der modernste sowjetische Jäger. Er verfügte über eine Vielzahl äußerst komplexer Systeme. Es kann daher nicht überraschen, dass diese das eine oder andere Problem bereiteten. Insbesondere beim Waffenkontrollsystem musste ständig nachgearbeitet werden. Die Leistungen, die ihm abverlangt werden, sind enorm. Kern des Systems ist das Zaslon-Radar mit phasengesteuerter Gruppenantenne, bei der eine Bündelung der Strahlungsenergie durch Verschaltung von Einzelstrahlern erreicht wird. Im Extremfall soll das Waffenkontrollsystem vier R-33 Luft-Luft-Raketen auf vier Ziele mit unterschiedlicher Flughöhe und Geschwindigkeit lenken, die sich auf einer Breite von bis zu 600 km im An- oder Abflug befinden. Schlussendlich zeigte das System seine Einsatzbereitschaft bei verschiedenen Tests. Sehr eindrucksvoll war eine Übung, bei der zehn funkgesteuerte Drohnen Wolgograd »angriffen«. Vier MiG-31 konnten sie abfangen und abschießen.

Dennoch gingen die Dinge um die MiG-31 nur langsam voran und es waren herbe Rückschläge hinzunehmen. Am 4. April 1984 stürzte Mikojans Chef-Testpilot Alexander W. Fedotow zusammen mit seinem Waffensystemoffizier ab. Beide fanden dabei den Tod. Ursache für den Absturz war eine fehlerhafte Kraftstoffanzeige, die Fedotow zu einigen gewagten Flugmanövern verleitete, da er so rasch wie möglich landen wollte. Als Folge des Absturzes wurde Flugakrobatik untersagt, das Trudelverhalten des Flugzeuges erforscht und ein Anstellwinkel-Anzeiger eingebaut.

Im Einsatz schieden sich die Geister an der MiG-31. Einerseits ein hochmoderner Jäger mit einem ebenso leistungsstarken Waffenkontrollsystem, andererseits ein Flugzeug, das die volle Aufmerksamkeit des Flugzeugführers verlangt und keine Fehler verzeiht. Von den bis heute verzeichneten rund 25 Abstürzen fällt ein sehr hoher Anteil unter die Rubrik »menschliches Versagen«.

Die Fertigung der MiG-31 endete nach der Ablieferung von 505 Flugzeugen. Einige ausländische Luftstreitkräfte haben zwar Interesse an dem Muster bekundet, jedoch liegen diesbezüglich keine verlässlichen Angaben vor.

Die russische Jagdwaffe hat etwa 280 Flugzeuge im Einsatz und rund 100 in Reserve. Weitere 33 MiG-31 stehen in Kasachstan im Dienst.

Eurofighter Typhoon

1994 **Eurofighter Typhoon**

Die Geschichte des Eurofighters weist zahlreiche Parallelen zum Panavia Tornado auf. Alles begann Ende der 1970er Jahre, als die Bundeswehr ein taktisches Kampfflugzeug forderte, das ab den 1990er Jahren zum Einsatz kommen sollte und demzufolge das Kürzel TKF 90 trug.

In Zusammenarbeit mit Großbritannien und Frankreich wurden 1980 erste Entwurfsstudien für ein nun als European Combat Aircraft (ECA) bezeichnetes Flugzeug ausgearbeitet. Die Beteiligten konnten sich jedoch auf keinen gemeinsamen Nenner einigen und trennten sich. Allerdings nur vorübergehend. Bereits 1982 lebte die Zusammenarbeit wieder auf. Nun konzentrierte sich das Konsortium auf einen Abfang- und Luftüberlegenheitsjäger, der unter dem Begriff Agile Combat Aircraft (ACA) geführt wurde.

Mehr als ein Jahr später – Italien war inzwischen dem Bund beigetreten – erfuhr das Programm einige Änderungen. Es lief von da an unter dem Namen European Fighter Aircraft (EFA).

Recht bald zeigte sich, dass die Interessen Frankreichs und Großbritanniens so unterschiedlich waren, dass sich Frankreich aus dem Verbund löste und eine eigene Entwicklung kreierte, die bei Dassault als Rafaele gefertigt wurde.

British Aerospace (BAe), Messerschmitt-Bölkow-Blohm (MBB) und Aeritalia verfolgten das Programm weiter, wobei sie verschiedene Vorarbeiten leisteten. Bei BAe entstand mit dem EAP (Experimental Aircraft Programm) ein Versuchsflugzeug, das ab dem 8. August 1986 in die Erprobung ging und 128 Testflüge absolvierte. MBB baute eine F-104 zum CCV-Flugzeug um, mit dem künstliche Stabilität untersucht werden konnte. Weitere Erkenntnisse ergaben sich durch den Bau der X-31, die MBB gemeinsam mit Rockwell entworfen hatte.

Die Dinge entwickelten sich recht erfreulich, sodass es 1986 zur Gründung der Eurofighter Jagdflugzeug GmbH mit Sitz Hallbergmoos bei München kam. Die beteiligten

Nationen hatten durch verschiedene multi-nationale Programme viele Erfahrungen sammeln können, insbesondere in Bezug auf die Projektarbeit und die Fertigungssteuerung. Zur Durchführung dieser Arbeiten wurde am 1. Februar 1987 das NATO European Fighter Aircraft Development and Logistic Management Agency geschaffen, das u.a. die Produktionsanteile je Nation festlegte.

Das Programm erhielt durch den Beitritt Spaniens am 9. September 1988 weiteren Auftrieb. Doch dann trat es auf der Stelle. Gründe dafür gab es einige. Neben politischen Querelen waren es die ständig steigenden Kosten und der Zerfall der Sowjetunion. Die Gefahr einer Konfrontation mit dem Osten schien ein für alle Mal gebannt. Darüber hinaus übernahm nach der deutschen Wiedervereinigung die Bundeswehr den MiG-29-Bestand der DDR. Der sowjetische Jäger wurde eine Zeit lang als Alternative zum Eurofighter angesehen, hielt aber bei einer näheren Prüfung einem Vergleich nicht stand, sodass schlussendlich das Gemeinschaftsprojekt weiter bearbeitet wurde.

Die allgemeine Auslegung des Flugzeuges stand eigentlich schon seit 1983 fest. MBB hatte damals umfangreiche Vorarbeiten im Rahmen des TKF 90-Projekts geleistet und erste Skizzen vorgelegt, die bis auf das zweifache Seitenleitwerk schon weitgehend dem Aussehen des späteren Eurofighters entsprachen.

Der Eurofighter ist ein um die Querachse instabiler Tiefdecker mit Deltatragwerk. Die instabile Auslegung hat den Vorteil, dass das Flugzeug gegenüber herkömmlichen Jägern deutlich agiler und manövrierfähiger ist. Damit es dennoch beherrschbar bleibt, verfügt es über Canards (auch Entenleitwerk genannt), ein rechnergesteuertes Flugkontrollsystem und ein vierfach ausgelegtes Fly-By-Wire-System, mit dem Steuersignale in Bruchteilen von Sekunden an die Stellmotoren der Steuerflächen übertragen werden. Der Flugzeugführer kann in das Geschehen nur noch bedingt eingreifen und so ist es ihm auch nicht mehr möglich, das Flugzeug in einen überzogenen Zustand zu bringen. Die Arbeitsentlastung des Piloten steht beim Eurofighter im Vordergrund, zumal das Flugzeug Manöver von bis zu 9 g (g für Erdbeschleunigung) fliegt, die den Flugzeugführer an die Grenzen seiner Belastbarkeit bringen. Neben einem völlig neuen, feuerbeständigen Anti-G-Anzug, der auch gegen atomare, chemische und biologische Waffen schützen soll, gibt es einige Hilfsmittel. So können bestimmte Kommandos per Sprache übermittelt werden und für den Notfall steht ein »Panik«-Knopf bereit, der das Flugzeug automatisch in eine weniger belastende Lage zurückführt. Des Weiteren ist das Cockpit optimal belüftet und beheizt. Für den Notausstieg steht mit dem Martin-Baker Mk.16 ein Schleudersitz der neuen Generation bereit.

Das Tragwerk verfügt über verschiedene Klappen und zwar Vorflügel und vier kombinierte Querruder-Landeklappen (Flaperons). Charakteristisches Kennzeichen des Eurofighters sind die deutlich nach unten abgewinkelten Canards am Rumpfbug, sie machen ein Steigen und Sinken des Flugzeuges ohne Änderung des Anstellwinkels ebenso möglich wie das Fliegen mit sehr hohen Anstellwinkeln.

Das Seitenleitwerk weist einen herkömmlichen Aufbau auf. Eine große Luftbremse auf dem Rumpfrücken sowie ein Fanghaken und ein Bremsschirm sind vorhanden. Ungewöhnlich ist die Lage der Lufteinläufe. Sie befinden sich unter dem Rumpf, haben bewegliche Einlauflippen und versorgen die im Heck nebeneinander montierten Eurojet EJ200 Turbofan-Triebwerke. Die Antriebe haben einen Standschub von je 6.125 kg (60 kN) bzw. mit Nachbrenner 9.194 kg (90 kN).

Rumpftanks nehmen bis zu 5.640 l Kraftstoff auf. Weitere Tanks befinden sich im Tragwerk. Außerdem steht eine Luftbetankungssonde an der rechten Rumpfseite zur Verfügung. Darüber hinaus ist die Mitführung von Zusatztanks (z. B. 3 x 1.000 l oder 1 x 2.000 l) möglich.

Eurofighter	
Spannweite	10,95 m
Länge	15,96 m
Höhe	5,28 m
Flügelfläche	50,0 m²
Leermasse	11.150 kg (Einsitzer)
Leermasse	11.700 kg (Zweisitzer)
Startmasse	15.500 kg
Maximale Startmasse	20.800 kg
Überlast-Startmasse	23.500 kg
Höchstgeschwindigkeit	Mach 2
Dienstgipfelhöhe	16.765 m
Einsatzradius mit Zusatztanks	1.389 km

Das hydraulisch betätigte 3-Bein-Fahrwerk hat Einzelräder. Das Bugrad wird beim Einfahren gedreht und liegt flach in der Unterseite der Lufteinläufe. Das Hauptfahrwerk schwenkt von außen nach innen ein, wobei die Radschächte sich in der Rumpfunterseite befinden.

Der Eurofighter ist mit einer 27 mm Mauser-Kanone bestückt. Er verfügt außerdem über dreizehn Außenstationen, an denen diverse Waffen oder Zusatzbehälter mit einer Gesamtlast von bis zu 8,5 Tonnen mitgeführt werden können. Kern des Waffensystems ist ein neues Radar – Captor Radar genannt – das vom Euroradar-Konsortium entwickelt und in verschiedenen Testeinrichtungen am Boden und in der Luft ausgiebig untersucht wurde. Trotz modernster Bauweise kann eine Radarabstrahlung nach wie vor verräterisch sein. Um das Risiko der Entdeckung zu minimieren, verfügt der Eurofighter über ein zweiteiliges Infrarot-System, das Ziele auf bis zu 50 km Entfernung aufspüren kann und unter dem Kürzel PIRATE geführt wird. Das Flugzeug verfügt im Übrigen über eine reduzierte Radarsignatur, jedoch wurde auf die vollständige Anwendung der Tarnkappentechnologie verzichtet, da dies Einschnitte bei den Leistungen und der Beweglichkeit bedeutet hätte. Auch der Einbau von radarabsorbierendem Material ist sehr begrenzt. Dennoch kommt der Eigenschutz nicht zu kurz. Neben raucharmen Triebwerken ist das Defensive Aids Subsystem (DASS) zu erwähnen. Es beinhaltet ein ganzes Bündel von Maßnahmen zur Raketenabwehr. Ferner sind ein Radarwarner und ein geschleppter Täuschkörper Bestandteile des DASS. Für die Zukunft ist der Einsatz des Passiv Infrared Missile Approach Warning System (PIMAWS) geplant, das vor anfliegenden Infrarot-Lenkwaffen warnt.

Nachdem das Programm zahlreiche Hürden genommen hatte, tat sich plötzlich ein neues Problem auf. Kurz hintereinander waren die Lockheed Martin YF-22 und die Saab JAS 39 Griepen wegen fehlerhafter Software des Flugkontrollsystems abgestürzt. Aus Sorge, dass Ähnliches dem Eurofighter widerfahren könnte, erfolgte eine langwierige Kontrolle und Revision des Programms, die die Flugerprobung um etwa 18 Monate zurückwarf.

1994 trat das Programm in eine neue Phase. Das erste von sieben Versuchsflugzeugen (Development Aircraft, DA), die DA1 (98+29), startete unter der Führung von Peter Weger am 27. März 1994 von Manching aus zum Erstflug. Zu diesem Zeitpunkt hatte es innerhalb der europäischen Luftfahrtindustrie eine Reihe von Änderungen gegeben, die so komplex sind, dass sie hier aus Platzgründen nicht dargestellt werden können. Es muss bei einer Auflistung der aktuellen Unternehmen und ihrer Anteile bleiben:

- EADS Deutschland
  33 % (Zentralrumpf)
- EADS CASA Spanien
  13 % (rechte Tragfläche und Vorflügel)
- BAE Systems Großbritannien
  33 % (vorderer Rumpf, Canards, Cockpit-Haube, Rumpfrücken, Seitenleitwerk, innere Flaperons, hinterer Rumpf (für Tranche 1)
- Alenia Italien
  21 % (linke Tragfläche, äußere Flaperons, hinterer Rumpf (ab Tranche 2)

Die Triebwerke liefert die Eurojet Turbo GmbH, die sich aus den Firmen Avio (Italien), MTU (Deutschland), ITP (Spanien) und Rolls-Royce (UK) zusammensetzt.

Nachdem der erste Prototyp bis Ende 2005 erfolgreich in der Erprobung stand, wurde er dem Deutschen Museum zur Ausstellung überlassen. Auch die DA2 (ZH588), die ab 6. April 1994 vom britischen Warton aus getestet wurde, fand nach Abschluss der Versuche ihren Weg ins Museum. Sie ist heute im Royal Air Force Museum in Hendon ausgestellt.

Anzumerken ist, dass die beiden ersten Versuchsmuster mit RB.199-Triebwerken in die Erprobung gehen mussten, da das EJ200 noch nicht verfügbar war. Erst später konnte der neue Antrieb in die Flugzeuge eingebaut werden.

Die DA3 (MMX-602) kam ab dem 4. Juni 1995 von Caselle (nahe Turin) aus zum Fliegen und diente in der Hauptsache der Bordwaffenerprobung. Das erste zweisitzige Flugzeug war die DA4 (ZH590). Sie startete am 14. März 1997 zum Jungfernflug. Heute dient dieser Eurofighter als Bodengerät der Ausbildung von RAF-Technikern. Der am 24. Februar 1997 eingeflogenen DA5 (98+30) oblag es, das Bordradar zu testen. Die DA6 (XCE.16-01 Erstflug 31. August 1996) war ein weiterer Zweisitzer. Das Flugzeug stürzte nach Ausfall beider Triebwerke am 21. November 2002 ab. Das Lenkwaffen-Testflugzeug DA7 kam von Italien aus zur Erprobung. Es trug die Kennung MMX-603 und hob erstmals am 27. Januar 1997 vom Boden ab.

Den Prototypen folgten sieben Vorserienflugzeuge (Instrumented Production Aircraft, IPA) und ein Instrumented Series Production Aircraft (IPSA). Die IPA1 startete am 15. April 2002 zum Jungfernflug. Die IPSA1 folgte am 11. Mai 2004. Schwerpunktmäßig testete das Flugzeug das DASS-System und den speziell für die Eurofighter-Piloten entwickelten Helm, der unter anderem über zwei Restlicht verstärkende Kameras verfügt, deren Bilder direkt auf das Visier projiziert werden.

Lange Zeit sah es so aus, als ob der Eurofighter zu Fall kommen würde. Heute ist das Programm lebendiger denn je. Rund 100.000 Menschen in mehr als 400 Firmen in acht Ländern sind momentan an der Fertigung beteiligt. Großbritannien wird 232 Flugzeuge erhalten, Deutschland 180, Italien 121 und Spanien 87. Des Weiteren konnte 2003 ein Vertrag mit Österreich über 18 Flugzeuge geschlossen werden, der allerdings auf 15 reduziert wurde. 2007 erwarb Saudi-Arabien 72 Eurofighter und weitere Länder, darunter die Schweiz, zeigen großes Interesse an dem Muster, sodass weitere Aufträge zu erwarten sind, zumal das hochmoderne Flugzeug auch mit ebenso fortschrittlichen Waffen wie der Luft-Luft-Langstreckenrakete Meteor und dem Marschflugkörper Taurus bestückt werden kann. Darüber hinaus wird es sowohl als Einsitzer, Zweisitzer und Trainer eingesetzt.

Die Fertigung des Eurofighters für die Partnerländer erfolgt in drei Tranchen. Die erste von 148 Stück ist abgeschlossen, die zweite von 236 läuft gegenwärtig und soll 2013 enden. Die dritte wird sich dann anschließen. Die Exportflugzeuge – Typhoon genannt – haben einen anderen Zeitplan. Die österreichischen Eurofighter werden bis 2009 abgeliefert sein, während die Fertigung der Flugzeuge für Saudi-Arabien 2009 anlaufen wird.

In Deutschland wurde zunächst die 2./JG 73 »Steinhoff« ab April 2004 als Ausbildungseinheit mit dem Muster ausgerüstet. Es folgte das JG 74 und ab 2009 weitere Geschwader.

Großbritannien begann 2008 mit der Aufstellung der ersten Einsatzstaffeln. Wegen der vorrangigen Belieferung Saudi-Arabiens mit der Typhoon muss die Royal Air Force allerdings ihr Programm zeitlich zurückfahren, sodass in den nächsten Jahren weniger Squadrons mit dem Flugzeug bestückt werden können als geplant.

In Italien laufen die Dinge wie vorgesehen. Als erster Einsatzverband konnte das 4° Stormo in Grosseto über das Flugzeug – das u.a. den F-104S Starfighter ablöst – verfügen. Auch die Österreicher wollen mit dem Eurofighter einen Veteranen ersetzen, und zwar die Saab Draken. Ab Juli 2007 trafen die ersten Jagdflugzeuge in Zeltweg, der künftigen Heimat des Eurofighters, ein. Sie übernahmen sogleich die Luftüberwachung während der Fußball-Europameisterschaft.